Σ BEST
シグマベスト

生物
の
必修整理ノート

文英堂編集部　編

文英堂

本書のねらい

1 見やすくわかりやすい整理の方法を提示

試験前に自分のとったノートをひろげ，何が書いてあるのかサッパリわからない——という経験を持つ人も多いだろう。授業中には理解できているつもりでも，それを要領よくまとめるのは，結構むずかしい。そこで本書では，「生物」の全内容について最も適切な整理の方法を示し，それによって内容を系統的に理解できるようにした。

2 書き込み・反復で重要事項を完全にマスター

本書では，学習上の重要事項を空欄で示してある。したがって，空欄に入れる語句や数字を考え，それを書きこむという作業を反復することで，これらの重要点を完全にマスターすることができる。そしてテストによく出題される範囲には出るマークをつけ，最低限覚えておかなければならない重要事項を〔重要〕として明示した。

3 図解・表解で，よりわかりやすく

知識の整理と理解を効果的にするために，図解・表解などをできるだけ多く掲載した。これらの図解・表解を自分のものにするだけでも，かなりの実力が身につく。

4 重要実験もバッチリOK！

重要実験 テストに出そうな重要な実験のコーナーを設け，操作の手順や注意点，実験の結果とそれに対する考察などを，わかりやすくまとめた。

5 精選された例題・問題で実力アップ

本文の空欄をうめて整理を完成することは，同時に問題練習にもなるが，知識の整理をさらに確実にし，応用力をつけるためには，問題演習は欠かすことができない。

例題研究	必要に応じて本文に設け，模範的な問題の解き方を示した。
ミニテスト	学習内容の理解度をすぐに確認できるように，各項目ごとに設けた。
練習問題	章ごとに設けた。定期テストに出そうな問題ばかりを精選し，実戦への応用力が身につくようにした。
定期テスト対策問題	編ごとに設けた。実際のテスト形式にしてあるので，しっかりとした実力が身についたかどうか，ここで確認できる。

本書は以上のねらいのもとに編集してある。諸君が実際に自分の手で書き込み，テストに通用する本当の実力を身につけてほしい。

文英堂編集部

目 次

第1編 生命現象と物質

1章 細胞と分子
1. 細胞の構造とはたらき …………………………… 6
2. タンパク質 ………………………………………… 10
3. 酵素とその性質 …………………………………… 12
4. 細胞膜と細胞骨格 ………………………………… 18
5. 抗体と生体防御 …………………………………… 22
6. 呼　吸 ……………………………………………… 24
7. 発　酵 ……………………………………………… 28
8. 光合成 ……………………………………………… 30
9. 光合成のしくみ …………………………………… 33
10. 細菌の炭酸同化 …………………………………… 36
11. 窒素同化 …………………………………………… 38
   練習問題 …………………………………………… 40

2章 遺伝情報とその発現
1. DNAとその複製 ………………………………… 42
2. 遺伝情報と形質発現 ……………………………… 46
3. 形質発現の調節 …………………………………… 52
4. バイオテクノロジー ……………………………… 54
5. バイオテクノロジーの応用 ……………………… 57
   練習問題 …………………………………………… 60

定期テスト対策問題 …………………………………………… 62

第2編 生殖と発生

1章 生殖と遺伝
1. 生殖の方法 …… 66
2. 減数分裂と染色体 …… 68
3. 染色体と遺伝 …… 72
4. 染色体と遺伝子組換え …… 76
5. 動物の配偶子形成と受精 …… 80
- 練習問題 …… 82

2章 発生とそのしくみ
1. 卵割と初期発生 …… 84
2. 誘導と発生のしくみ …… 88
3. 形態形成と遺伝子 …… 92
4. 植物の生殖と発生 …… 94
- 練習問題 …… 98

定期テスト対策問題 …… 100

第3編 生物の環境応答

1章 動物の刺激の受容と反応
1. ニューロンと興奮の伝わり方 …… 102
2. 受容器とそのはたらき …… 106
3. 中枢神経系と末梢神経系 …… 109
4. 効果器とそのはたらき …… 112
5. 動物の行動 …… 115
- 練習問題 …… 118

2章 植物の環境応答
1. 成長と植物ホルモン …… 120
2. 光に対する環境応答 …… 126
3. ストレスに対する環境応答 …… 129
- 練習問題 …… 130

定期テスト対策問題 …… 132

第4編 生態系と環境

1章 生物群集と生態系
- 1 個体群と環境 …… 134
- 2 個体群内の相互作用 …… 138
- 3 個体群間の相互作用 …… 141
- 4 生態系の物質収支 …… 144
- 5 生態系と生物多様性 …… 145
- 練習問題 …… 148

定期テスト対策問題 …… 150

第5編 生物の進化と系統

1章 生物の起源と進化
- 1 生命の誕生 …… 152
- 2 海での生物の誕生と繁栄 …… 154
- 3 陸上への進出と繁栄 …… 158
- 4 進化の証拠 …… 162
- 5 進化説 …… 166
- 練習問題 …… 170

2章 生物の系統と分類
- 1 生物の多様性と分類 …… 172
- 2 生物の分類体系 …… 176
- 3 細菌ドメインと古細菌ドメイン …… 178
- 4 真核生物ドメイン（原生生物界・菌界）…… 179
- 5 真核生物ドメイン（植物界）…… 182
- 6 真核生物ドメイン（動物界）…… 184
- 練習問題 …… 188

定期テスト対策問題 …… 190

◉ 別冊 解答集

1章 細胞と分子

1 細胞の構造とはたらき

解答 別冊 p.2

❶ 細胞

① すべての生物のからだは細胞からなり，細胞は生命の基本単位である。
② 細胞は（❶　　　　　）で囲まれ，遺伝物質は（❷　　　　　）である。細胞は自己複製を行うなど，基本構造や機能は共通している。
③ 細胞は核の有無で，原核細胞と（❸　　　細胞）に大別される。

> **重要**
> 〔細胞〕
> 細胞は生命の基本単位で，構造上・機能上の単位でもある。

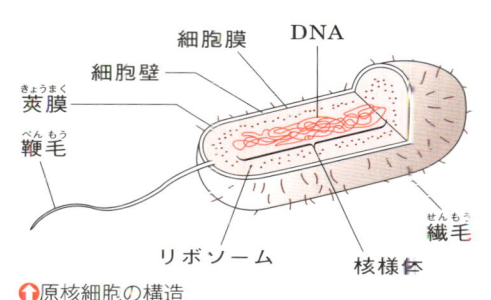

♣1
細胞は細胞分裂によって増える。細胞分裂は，単細胞生物では個体を増やし，多細胞生物ではからだを成長させる。

↑原核細胞の構造

❷ 原核細胞

1 原核細胞の構造
① 原核細胞は1～10 μm程度の原始的な細胞で，（❹　　　　）で包まれた核をもたず，ミトコンドリアや葉緑体などの（❺　　　　　）ももたない。
 └→ 1 μm = 0.001 mm
② DNAは核様体という領域に偏在している。
③ 細胞膜の外側にペプチドグリカンからなる（❻　　　　　）をもつ。
 └→ アミノ酸を含む糖の一種

2 原核生物
① 原核細胞でからだができている生物を（❼　　　生物）という。
 例 細菌類，シアノバクテリア
         └→ ラン藻ともよばれる。
② 近年では，原核生物は，細菌類（バクテリア）と（❽　　　　　）（アーキア）に大きく分けられる。

♣2
ペプチドグリカンは，アミノ酸を含む糖の一種である。植物の細胞壁の成分はセルロースであり，ペプチドグリカンは含まれていない。

♣3
生物の分類
近年の分類学では，生物を細菌，古細菌，真核生物の3つに大別する3ドメイン説が取られている（→p.177）。

❸ 真核細胞

1 真核細胞
① 真核細胞は核膜で包まれた（❾　　　　）をもつ。
② 核内には染色体があり，これはDNAが（❿　　　　　）というタンパク質に巻きついてクロマチン繊維という構造をつくっている。
③ 真核細胞の大きさは10～100 μmぐらいである。
④ ミトコンドリア，葉緑体などの（⓫　　　　　）をもつ。

1章 細胞と分子　7

2 真核生物

① 真核細胞でからだができた生物を（⑫　　　生物）という。

② 真核生物には，からだが1つの細胞からできた（⑬　　　生物）と多数の細胞からなる**多細胞生物**がある。

③ 真核生物は，単細胞の（⑭　　　生物），動物，植物，菌類に分けられる。

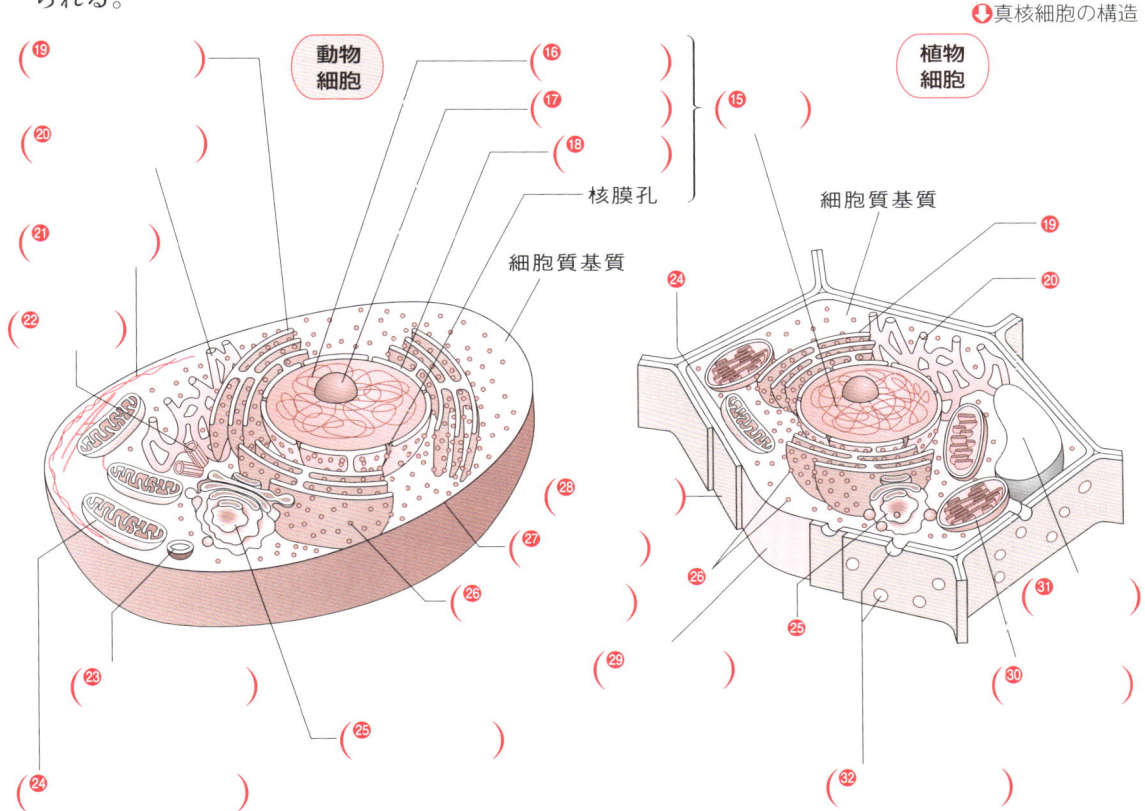

⬇真核細胞の構造

（⑲　　　）
（⑳　　　）
（㉑　　　）
（㉒　　　）
（㉓　　　）
（㉔　　　）

動物細胞

（⑯　　　）
（⑰　　　）
（⑱　　　）
核膜孔
細胞質基質
（㉘　　　）
（㉗　　　）
（㉖　　　）
（㉕　　　）

（⑮　　　）

植物細胞

細胞質基質
（㉔　　　）
（㉖　　　）
（㉕　　　）
（㉙　　　）
（⑲　　　）
（⑳　　　）
（㉛　　　）
（㉚　　　）
（㉜　　　）

❹ 真核生物の細胞内構造の連携

1 遺伝情報の保持・転写

① （㉝　　　）…二重膜構造の**核膜**で包まれた構造で，内部に**DNA**（遺伝子の本体）と**ヒストン**からできた
　┗内膜と外膜
（㉞　　　）と，1〜数個の（㉟　　　）がある。
┗デオキシリボ核酸の略称。
　　┗クロマチン繊維
核膜には**核膜孔**という多数の小孔があいている。

② DNAの遺伝情報は，核内で**mRNA**に（㊱　　　）されて細胞質に伝えられる（→p.47）。

③ DNAの遺伝情報の発現は，細胞質の状態などで調節されている。

DNAの遺伝情報が転写されてmRNAが合成され，mRNAは核膜孔を通ってリボソームへ移動する

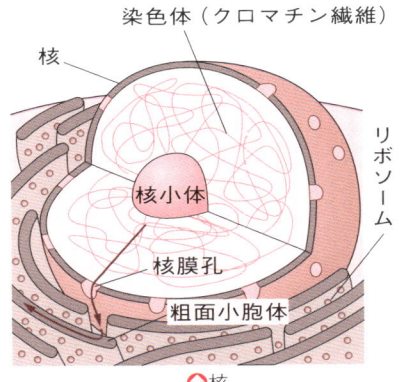

染色体（クロマチン繊維）
核
リボソーム
核小体
核膜孔
粗面小胞体

⬆核

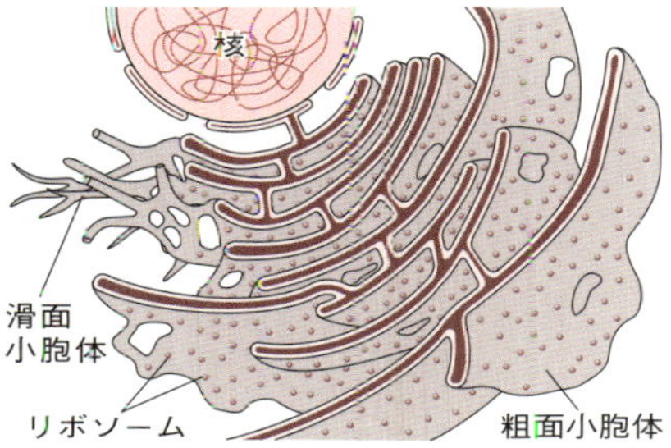

⬆小胞体

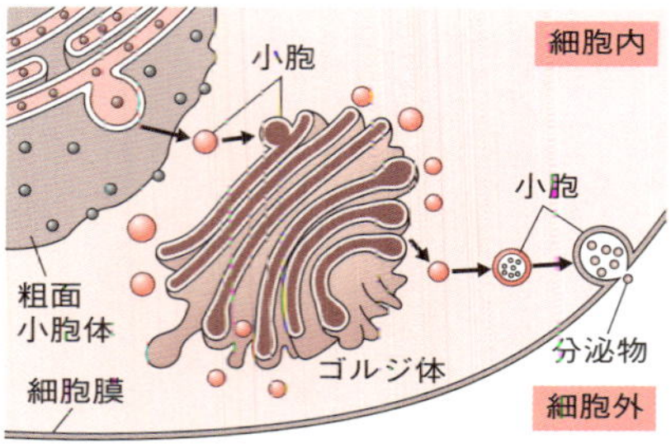

⬆ゴルジ体

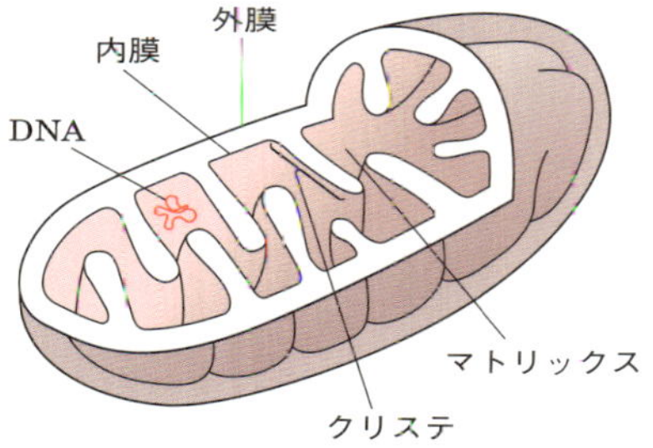

⬆ミトコンドリア

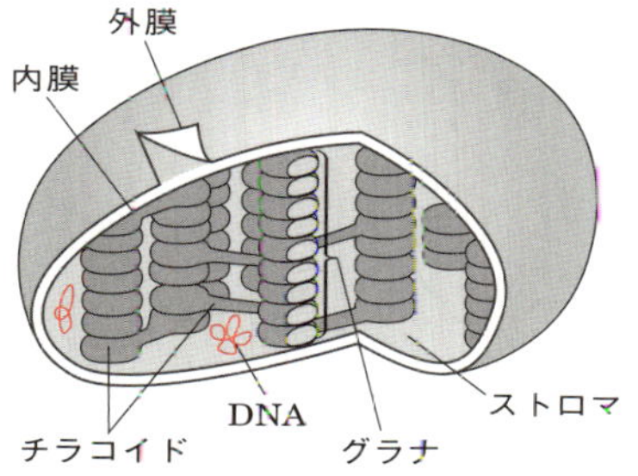

⬆葉緑体

2 タンパク質の合成・輸送

① 細胞質基質中に移動した**mRNA**に（㊲　　　）
↳rRNAとタンパク質の複合体。
が結合し，mRNAの情報（塩基配列）をアミノ酸の配列に（㊳　　　）して，（㊴　　　）を合成する。

② （㊵　　　）は表面に**リボソーム**が付着していて，合成されたタンパク質などの物質の輸送通路になっている。

③ 表面にリボソームが付着していない（㊶　　　）は，**粗面小胞体**と**ゴルジ体**の移行領域に多く存在し，脂質成分の合成などに関係する。

3 物質の分泌と分解

① （㊷　　　）は，**一重の膜**からなる袋状構造で，リボソームで合成されたタンパク質を小胞体から受け取って（㊸　　　）する。これを小胞に包んで細胞外に（㊹　　　）しやすい状態にする。ホルモン・酵素・粘液の**分泌細胞**で発達している。

② 内部に分解酵素を含んで細胞内の不要物を分解する小胞を（㊺　　　）という。
↳細胞内消化に関与する。

4 エネルギーの変換

① （㊻　　　）は，**内外2枚の膜**で囲まれ，独自のDNAをもち，細胞内で分裂・増殖することができる。大きさは幅0.5 μm前後の糸状または粒状で，グルコースなどを分解して生命活動に必要なエネルギーを（㊼　　　）の形で取り出す（㊽　　　）の場である。エネルギーを多く必要とする細胞ほど多く含まれている（→p.24）。

② （㊾　　　）は，**内外2枚の膜**で囲まれ，独自のDNAをもち，細胞内で分裂・増殖することができる。
植物細胞に含まれていて，光エネルギーを利用して（㊿　　　）を行う場である。

③ ㊾の大きさは長径5～10 μm，厚さ2～3 μmで，内部には（51　　　）という扁平（へんぺい）な袋状構造がある（→p.31, 33）。この袋状構造の膜に光合成色素のクロロフィルなどが含まれている。
↳これが層状に積み重なってグラナを形成する。

1章 細胞と分子 | 9

5 細胞内構造の支持・細胞の動き
① (㊾   ) は，細胞内構造を支持している(→p.21)。
② 細胞内を葉緑体などが流れるように見える(㊼   流動)にも**細胞骨格**が関係している。
③ 動物細胞で見られる(㊼   )♣4は，細胞分裂のときに，**紡錘糸**の起点となる。

6 細胞膜 細胞の外側を包む膜を(㊽   )といい，細胞内外の物質の出入りを調節する。また，細胞外の刺激や変化を細胞内に伝える情報の伝達にも関係している。

7 植物細胞で見られる構造
① 植物細胞の細胞膜の外側にある丈夫な壁を(㊽   )といい，細胞を保護し形態を保持する。その構成成分は(㊼   )とペクチンである。
　↳増粘安定剤(とろみを加える食品添加物)として利用される。
　　　　　　　　　　　　　　　　　　グルコースが直鎖状に重合したもの。
② 細胞壁には小さな孔が開いており，この孔でとなりの細胞とつながっている。これを(㊽   )という。
③ 内部に(㊼   液)を満たした一重の膜で包まれた袋状の構造体を(㊽   )といい，成長した植物細胞で特に発達している。㊼には，老廃物や(㊽   )などの色素が含まれている。

↑中心体

♣4
中心体は，1対の中心小体(微小管が3本で1セットになったものが9つ環状に並んだ構造)からなり，鞭毛や繊毛の形成にも関係する。

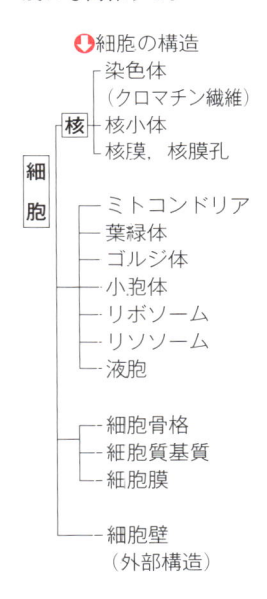

↓細胞の構造
細胞 ─ 核 ─ 染色体(クロマチン繊維)
　　　　　　核小体
　　　　　　核膜，核膜孔
　　　ミトコンドリア
　　　葉緑体
　　　ゴルジ体
　　　小胞体
　　　リボソーム
　　　リソソーム
　　　液胞
　　　細胞骨格
　　　細胞質基質
　　　細胞膜
　　　細胞壁(外部構造)

重要 〔真核細胞の細胞内構造と機能〕

核	遺伝情報の保持
リボソーム	タンパク質の合成
小胞体	タンパク質などの輸送通路
ゴルジ体	タンパク質などの分泌
リソソーム	不要物の分解
ミトコンドリア	呼吸の場
葉緑体	光合成の場
細胞骨格	細胞内構造の支持
中心体	細胞分裂のときの紡錘糸の起点
細胞膜	物質の出入りの調節，細胞内へ情報を伝達
細胞壁	植物細胞の形態保持・保護
液胞	老廃物や色素(アントシアンなど)の貯蔵

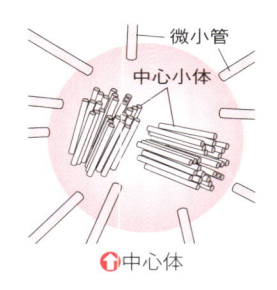

ミニテスト　　　　　　　　　　　　　　　　　　　　　　　　　解答 別冊p.2

☐❶ 原核細胞と真核細胞の相違点は何か。　　　☐❹ 呼吸の場となる細胞小器官は何か。
☐❷ 植物細胞のみに見られる構造は何か。　　　☐❺ 光合成の場となる細胞小器官は何か。
☐❸ 動物細胞で発達している細胞小器官は何か。　☐❻ 粗面小胞体と滑面小胞体の違いは何か。

2 タンパク質

解答 別冊 p.2

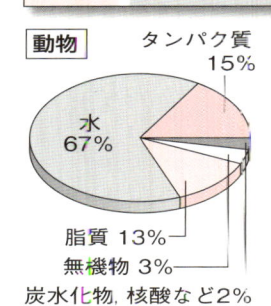

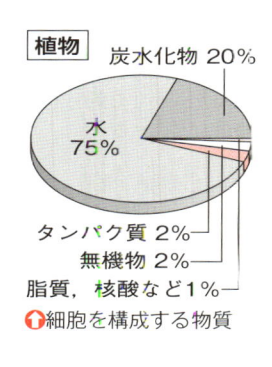

❶ 細胞とタンパク質

① **タンパク質**は，動物細胞の構成成分のなかで，水に次いで多い物質である。

② タンパク質には，ケラチンのように頭髪や爪などの生体の構造をつくるもの，アクチンやミオシンのように（❶　　　　）にはたらくもの，アミラーゼのように（❷　　　　）としてはたらくもの，インスリンのように（❸　　　　）としてはたらくもの，免疫のときに（❹　　　　）としてはたらくもの，ヘモグロビンのように酸素の（❺　　　　）にはたらくものなど，さまざまなはたらきをするものがある。

> **重要** 〔タンパク質のはたらき〕
> 構造形成，運動，酵素，ホルモン，抗体，運搬などにはたらく。

❷ タンパク質の構造

1 アミノ酸の構造

① タンパク質は，約50～1000個の（❻　　　　）が鎖状に結合した分子である。タンパク質をつくるアミノ酸は，側鎖の違いによって，（❼　　　種類）ある。

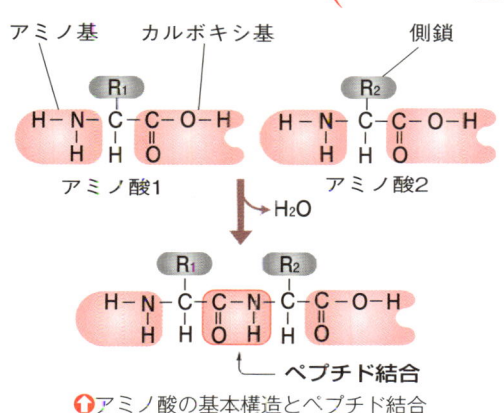

② アミノ酸は，炭素原子（C）に水素原子（H），側鎖（一般にRで示す），（❽　　　基）（－NH₂），（❾　　　基）（－COOH）が結合したものである。

2 アミノ酸どうしの結合

① 一方のアミノ酸の**カルボキシ基**と他方のアミノ酸の**アミノ基**から（❿　　　　）1分子がとれて（⓫　　　結合）（－CO－NH－）をつくり，2分子のアミノ酸が結合したペプチドができる。

② ペプチド結合がくり返されて，多数のアミノ酸が鎖のように結合した（⓬　　　　）鎖（ポリペプチド）ができる。タンパク質は1つあるいは複数のペプチド鎖からなる。

3 タンパク質の構造

① タンパク質は，**ポリペプチド鎖**からなる高分子化合物である。ポリペプチド鎖をつくる（⑬　　　）の配列を，タンパク質の（⑭　　構造）という。DNAの塩基配列をもとに配列が決められる。

② ポリペプチド鎖は，アミノ酸配列によって部分的に，（⑮　　結合）などにより，ねじれてらせん状になる（⑯　　構造），びょうぶ状に折れ曲がった（⑰　　構造）などの立体的な構造をつくる。このような部分的な立体構造を（⑱　　構造）という。

③ ポリペプチド鎖は，部分的に二次構造をつくりながら，分子全体として複雑な立体となることが多い。これをタンパク質の（⑲　　構造）という。

④ 赤血球の成分であるヘモグロビンは，2本のα鎖と2本のβ鎖，合計4本のポリペプチド鎖が一緒になったタンパク質分子である。このような複数のポリペプチド鎖がつくる構造を（⑳　　構造）という。

⑤ 硫黄（S）を側鎖に含むアミノ酸どうしがつくる橋渡し結合を（㉑　　結合）といい，ペプチド鎖中やペプチド鎖間の橋渡しをして，タンパク質の立体構造の保持に重要なはたらきをする。ジスルフィド結合ともよばれる。

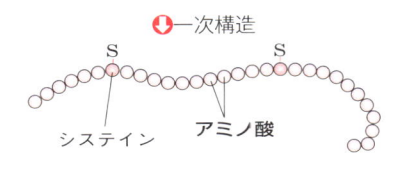

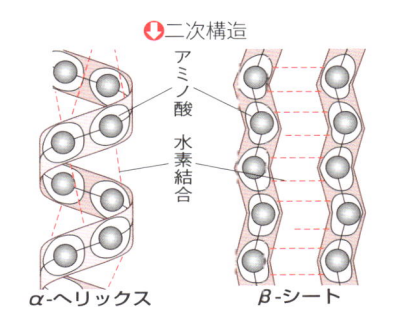

↓一次構造　システィン　アミノ酸

↓二次構造　アミノ酸　水素結合　α-ヘリックス　β-シート

↓三次構造（ミオグロビン）　二次構造　ヘム〔酸素が結合する部位〕

↓四次構造（ヘモグロビン）　β鎖　ヘム　α鎖　三次構造♣1

♣1 四次構造をつくる三次構造をサブユニットという。

> **重要** 〔タンパク質の構造〕
> アミノ酸→ペプチド→ポリペプチド→タンパク質
> ペプチド結合の連続→一次，二次，三次，四次構造

4 タンパク質の変性

① タンパク質は熱や酸・アルカリなどで立体構造が変化する。
② ①によりタンパク質の性質が変化することを（㉒　　）という。
③ ②で，酵素タンパク質が活性を失うことを（㉓　　）という。

ミニテスト　　　解答 別冊p.2

- ❶ タンパク質を構成する基本単位は何か。
- ❷ ❶の基本単位どうしの結合を何というか。
- ❸ アミノ酸の配列をタンパク質の何次構造というか。
- ❹ αヘリックス構造はタンパク質の何次構造か。
- ❺ ヘモグロビンは何次構造からなるタンパク質か。
- ❻ 熱や酸・アルカリなどでタンパク質の立体構造が変化し，性質が変化することを何というか。

3 酵素とその性質

解答 別冊 p.2

❶ 酵素とは

1 代謝と酵素
① 生体内で起こる化学反応をまとめて（❶　　　）という。
② 代謝には（❷　　　）とよばれる物質がはたらいている。

2 化学反応と活性化エネルギー

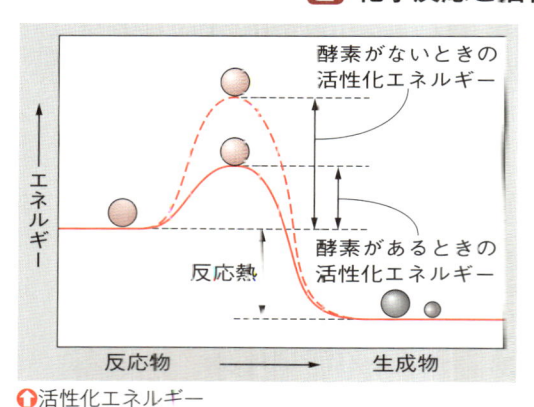

↑活性化エネルギー

① 自然界にある物質は安定な物質が多いため，これを変化させるためには，熱などのエネルギーを与えて活性化する必要がある。そのために必要なエネルギーを（❸　　エネルギー）という。
　→反応しやすい状態にする。

② 化学反応に必要な活性化エネルギーを減少させるが，反応の前後で自らは変化しない物質を，（❹　　　）という。

③ 白金や酸化マンガン(Ⅳ)などは触媒作用をもつ無機物である。これを（❺　　触媒）という。
　　　　　　　→二酸化マンガンともよばれる。

④ それに対して，タンパク質でできた酵素も触媒作用をもつので，これを（❻　　触媒）という。

⑤ 生体内では，酵素による触媒作用によって，常温・常圧で化学反応が速やかに進行している。酵素が作用する物質を（❼　　　），酵素反応の結果できた物質を（❽　　　）という。

3 代謝と酵素

↑代謝と反応系
物質A（初期産物）
　↓←酵素①
物質B
　↓←酵素②
物質C
　↓←酵素③
物質D
　↓←酵素④
物質E
　↓←酵素⑤
物質F（最終産物）

① 生体内で進む代謝は，いくつもの化学反応が連続している場合が多い。ふつう1種類の酵素は（❾　　種類）の化学反応を触媒するため，細胞内には多数の酵素が存在する。

② 一連の反応に関係する酵素は，まとまって存在することが多く，1つの反応系をつくっている。

> **重要** 〔酵素と活性化エネルギー〕
> 酵素はタンパク質でできた**生体触媒**であり，活性化エネルギーを減少させる。

❷ 酵素の構造

① 酵素は，(⑩　　　　　　)を主成分とする**生体触媒**である。
② 酵素には，タンパク質以外の有機物や金属などの**補助因子**♣1をもつものもある。そのうち低分子の有機物を(⑪　　　　　)という。
③ 酵素には，特有の立体構造をした(⑫　　　部位)があり，ここに基質が結合して反応が進む。

> **重要**
> ・基質 ⟹ 生成物
> 　　↑触媒作用
> 　　**酵素**(主成分は**タンパク質**)
> ・基質は酵素の活性部位に結合して触媒作用を受ける。

♣1 **補助因子**
酵素の活性部位に結合して酵素に関係する因子。酵素によっては，鉄(Fe)や亜鉛(Zn)などの金属が補助因子として必要なものもある。

❸ 酵素の性質

① 基質は，酵素と結合して(⑬**酵素－基質**　　)をつくったのち，**生成物**に分解される。
　→合成が起こる酵素反応もある。
② 酵素は種類によって反応する基質が決まっている。これを(⑭　　　性)という。
③ 酵素が最もよくはたらく温度を(⑮　　　　)という。30～40℃の範囲で最もよくはたらく酵素が多い。
④ 酵素が最もよくはたらくpHを(⑯　　　　)という。胃液中のペプシンのように，胃酸があるところではたらく酵素は，強酸性でよくはたらく。また，すい液中のトリプシンのように，弱アルカリ性で最もよくはたらく酵素もある。

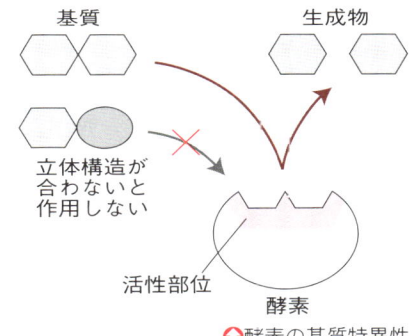

↑酵素の基質特異性

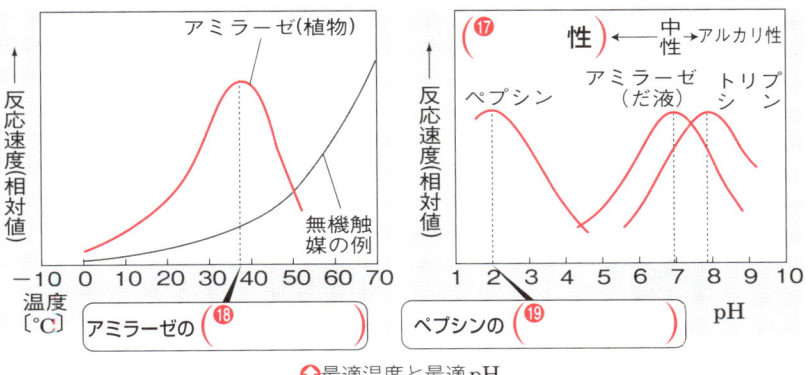

アミラーゼの(⑱　　　)
ペプシンの(⑲　　　)
(⑰　　性)

↑最適温度と最適pH

④ 基質濃度が増すにしたがって，酵素反応の速度は上昇するが，一定以上に達すると反応速度は(⑳　　　)となる。♣2

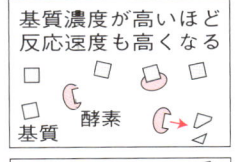

♣2 **基質濃度と反応速度**
基質濃度が高いほど反応速度も高くなる

飽和の状態

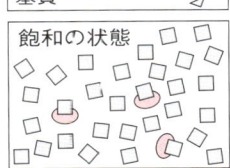

すべての酵素が複合体を形成している状態では，それ以上基質を増しても反応速度は上昇しない。

重要〔酵素の特性〕
①**基質特異性**：酵素は特定の基質にのみ反応する。
②**最適温度**：30～40℃の範囲に最適温度がある酵素が多い。
③**最適pH**：ペプシン…pH2，だ液アミラーゼ…pH7，
　　　　　　トリプシン…pH8
④酵素反応の速度は，一定濃度以上になると速くならない。

重要実験　カタラーゼのはたらきと条件

方法（操作）と結果▼

カタラーゼは，過酸化水素（H_2O_2）をH_2OとO_2に分解する酵素であり，動植物の細胞の中に含まれていて，呼吸（→p.24）のときに生成するH_2O_2を分解する。

① 試験管10本に，基質として4％の過酸化水素水を2 mLずつ入れた。
② 中性にする溶液には水2 mL，酸性にする溶液には5％塩酸2 mL，アルカリ性にする溶液には5％水酸化ナトリウム水溶液2 mLを加えた。
③ 乳鉢ですりつぶした肝臓片に蒸留水を加えたものをA液（酵素液），MnO_2（酸化マンガン(Ⅳ)）粉末に蒸留水を加えたものをB液，細かな石英砂に蒸留水を加えたものをC液とした。
④ 次の表の組み合わせで調べ，結果をまとめた。

液　性	中　性						酸　性		アルカリ性	
加えた液	A液	煮沸したA液	氷で冷やしたA液	B液	煮沸したB液	C液	A液	B液	A液	B液
結　果	○	㉑	△	○	㉒	×	㉓	㉔	㉕	㉖

○…泡が出る，△…ほとんど泡が出ない，×…泡は出ない

考察▼

① 酸化マンガン(Ⅳ)は，カタラーゼと同じ触媒作用を（㉗　　　）のに対して，石英砂は（㉘　　　）。
② 煮沸したA液（酵素液）が触媒作用を（㉙示　　　）のは，カタラーゼが熱によって（㉚　　　）したからである。また，氷で冷やした試験管でほとんど泡が発生しなかったのは，温度が低いと反応速度が（㉛　　　）するからである。
③ 水酸化ナトリウムや塩酸を加えた試験管でほとんど泡が発生しなかったのは，カタラーゼの最適pHが（㉜ アルカリ性／酸性　性）（（㉝ pH＝　　　））付近にあるからである。
④ 発生した泡に含まれる気体が酸素であることを確認するためにはどうすればよいか。
答　気体の大部分が酸素というわけではない。
火のついた（㉞　　　）を試験管に入れ，それが（㉟　　　る）ことで確認する。

④ 酵素の種類

酵素の種類	酵素の例	酵素のはたらき
酸化還元酵素 →呼吸などにはたらく。	脱水素酵素(デヒドロゲナーゼ) 酸化酵素(オキシダーゼ) (㊲　　　　　)	基質から(㊱　　　)を奪う。 基質と酸素を結合する。 $2H_2O_2$(過酸化水素) $\longrightarrow 2H_2O + O_2$
加水分解酵素 →消化などにはたらく。	(㊳　　　　　) ペプシン リパーゼ (㊶　　　ATP　　　)	デンプン $\longrightarrow$ マルトース(麦芽糖) →アミロースとアミロペクチンの2種類がある。 (㊴　　　　) $\longrightarrow$ ペプチド (㊵　　　　) $\longrightarrow$ モノグリセリド + 脂肪酸 ATP $\longrightarrow$ ADP + リン酸
その他の酵素 →転移酵素など	アミノ基転移酵素(トランスアミナーゼ)「転移」の意味 (㊷　　　酵素　　　)(デカルボキシラーゼ)「除く」という意味 DNAリガーゼ	基質からアミノ基($-NH_2$)を奪い他の物質に移動させる。 基質のカルボキシ基($-COOH$)を分解してCO_2を発生させる。♣3 DNAどうしを結合させる。→p.54

♣3 呼吸の経路で、ピルビン酸→活性酢酸の過程や、クエン酸回路ではたらく(→p.24)。

⑤ 酵素反応の調節

1 補酵素とそのはたらき

① 酵素タンパク質にビタミンB群などの**低分子の有機化合物が補助因子**として結合している場合、これを(㊸　　　　)という。
　→ビタミンB_1, B_2など

② ①の補助因子を欠くと、酵素のはたらきは失われる。
　両者を混ぜ合わせれば再び触媒作用をもつ。

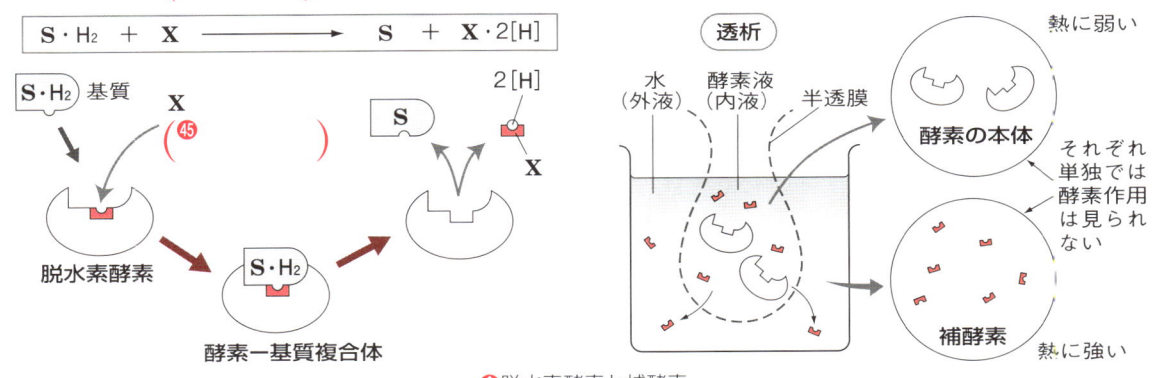

③ 半透膜で(㊹　　　)すると酵素タンパク質と補酵素を分離できる。

$S \cdot H_2 + X \longrightarrow S + X \cdot 2[H]$

脱水素酵素 — 酵素—基質複合体

(㊺　　　)

↑脱水素酵素と補酵素

透析：酵素の本体（熱に弱い）／補酵素（熱に強い）／それぞれ単独では酵素作用は見られない

重要
補酵素は酵素の触媒作用に必要な低分子の有機物で、**熱に強い**。
補酵素は、**透析**によって酵素タンパク質から分離できる。

2 脱水素酵素と補酵素

① 脱水素酵素の補酵素には，**NAD⁺**（ニコチンアミドアデニンジヌクレオチド）、**FAD**（フラビンアデニンジヌクレオチド）、**NADP⁺**（ニコチンアミドアデニンジヌクレオチドリン酸）などがある（→ p.25, 33）。
　　　↳ビタミン類のニコチン酸を成分とする。
　　　↳ビタミンB_2を成分とする。

② 呼吸の脱水素反応ではたらくNAD^+は，水素イオン（H^+）と電子（e^-）およびエネルギーを受けとって還元されて（㊻　　　　　）となる。

③ ㊻はH^+と電子とエネルギーを電子伝達系に運び，再び（㊼　　　　　）にもどる。$NADP^+$は光合成で同様のはたらきをする。

♣4 水素または電子を得る反応を還元，その逆を酸化という。NAD^+は酸化型であり，これが還元されて還元型のNADHとなり，再び酸化されれば，NAD^+に戻る。

NAD^+のはたらき➡

基質／NAD^+（補酵素）／脱水素酵素／酵素－基質複合体／NADH 還元型／NAD^+ 酸化型／電子伝達系

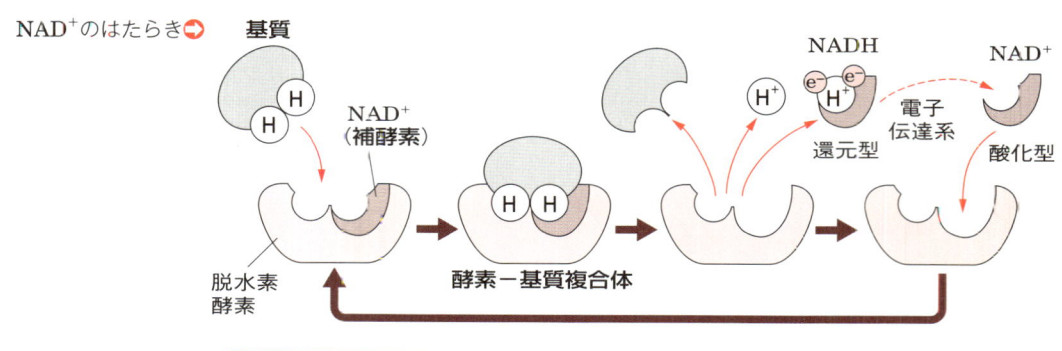

> **重要**　〔脱水素酵素の補酵素〕
> NAD^+やFAD……呼吸，$NADP^+$…光合成

重要実験　酵素の透析

酵母菌をすりつぶした液にはアルコール発酵（→ p.28）を起こす酵素が含まれている。

方法（操作）
① 右図のように，すりつぶした酵母菌のしぼり汁を入れたセロハンの袋を，流水中と静水中にしばらく入れておく。
② 右図の原液，A液，B液，A液＋B液，A液＋沸騰したB液，沸騰したA液＋B液について，グルコース溶液を加えてアルコール発酵の有無を調べる。

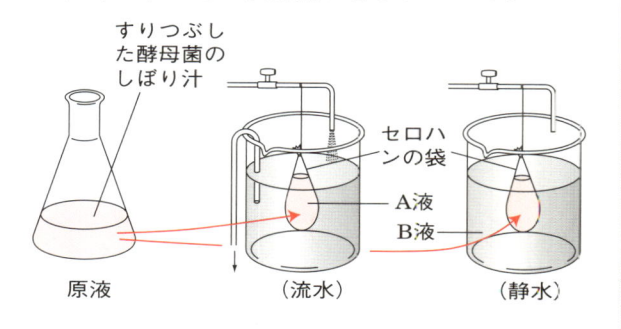

すりつぶした酵母菌のしぼり汁／セロハンの袋／A液／B液／原液／（流水）／（静水）

結果と考察
① アルコール発酵は，A液やB液では起こらず，A液＋B液では起こる。また，A液＋沸騰したB液では（㊽　　　　　）。沸騰したA液＋B液では（㊾　　　　　）。
② アルコール発酵を起こす酵素反応は，補酵素を（㊿必要と　　　　　）。
③ 補酵素は熱に（51　　）く，酵素タンパク質は熱に（52　　）い。

1章 細胞と分子 | 17

3 競争阻害

① 基質と立体構造がよく似た物質で，酵素の活性部位に結合して，基質が結合するのを妨げる物質を(53　　　物質)という。

② 基質と阻害物質の両者が溶液中に存在する場合，酵素の(54　　　部位)を基質と阻害物質が奪い合うことになる。

③ 阻害物質が先に結合すると，酵素は本来の基質と結合できなくなる。このような関係にある阻害を(55　　　阻害)という。

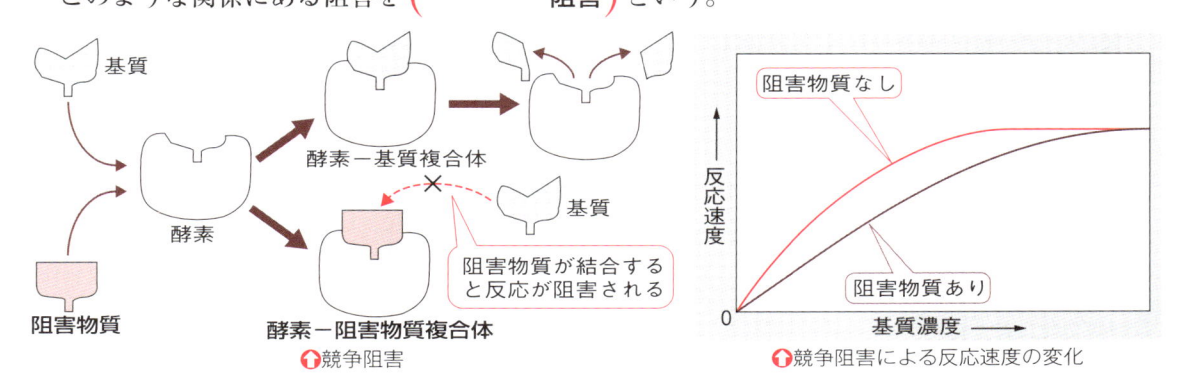

⬆競争阻害

⬆競争阻害による反応速度の変化

4 アロステリック酵素

① 酵素には，基質と結合する活性部位とは別に，特定の物質と結合する(56　　　部位)とよばれる部分をもつものがある。

② ①の部位に物質が結合して酵素の立体構造が変化し，酵素の活性が影響を受ける現象を(57　　　効果)という。

③ 反応系の最終産物が初期の反応にかかわる酵素に対して②の効果を生じ，その酵素が関係する反応系全体の進行を抑制(調節)することを(58　　　調節)という。

♣5
非競争阻害
アロステリック部位をもつ酵素のように，活性部位以外の部分に阻害物質が結合する場合を非競争的阻害という。

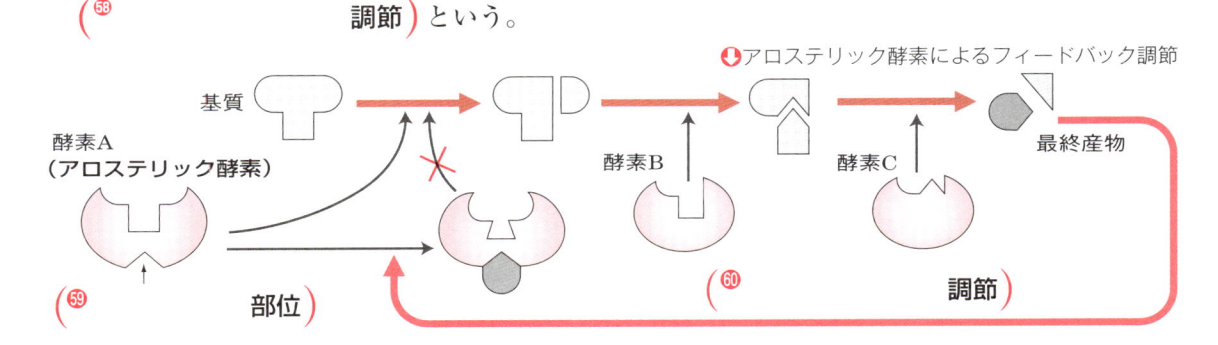

⬇アロステリック酵素によるフィードバック調節

(59　　　)部位　　(60　　　)調節

ミニテスト　　　解答 別冊 p.3

- ❶ 酵素の主成分となる物質は何か。
- ❷ 酵素と無機触媒との化学成分上の違いを答えよ。
- ❸ 酵素と無機触媒の反応上の相違点を答えよ。
- ❹ 熱などで酵素が活性を失うことを何というか。
- ❺ ある種の酵素のはたらきに必要な低分子の補助因子を何というか。
- ❻ 脱水素酵素の補酵素を2つ答えよ。

4 細胞膜と細胞骨格

解答 別冊p.3

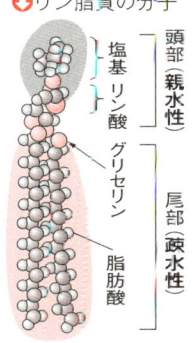

① 生体膜

1 生体膜の構造

① 細胞膜や細胞小器官の膜は，基本構造が共通しているので，これらをまとめて（❶　　　　）という。

② 生体膜は（❷　　　　）とタンパク質などからできている。

③ リン脂質の分子は，水となじみやすい（❸　　　性）の部分と，水となじみにくい（❹　　　性）の部分をもっている。

④ 生体膜は，リン脂質の疎水性の部分を内側に向けて向かい合った2層構造の間に（❺　　　　）がはまり込んでいる。
　→脂質二重層という。

⑤ リン脂質やタンパク質の分子は，その位置が固定されずに，膜内を比較的自由に動き回っているので，この膜モデルを（❻　　　モデル）という。このような構造のため，生体膜には柔軟性がある。

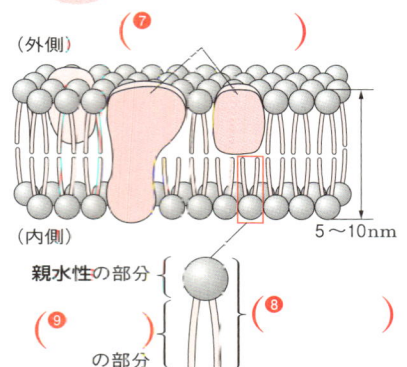

↓リン脂質の分子
頭部（親水性）：塩基・リン酸
尾部（疎水性）：グリセリン・脂肪酸

（外側）
（❼　　　　）
5〜10nm
（内側）
親水性の部分
（❾　　　）の部分　（❽　　　）
↑生体膜の構造

重要　〔生体膜の構造〕
リン脂質＋タンパク質 → 流動モザイクモデル

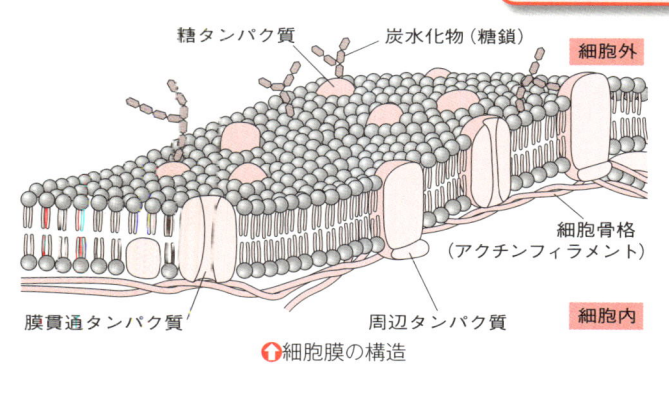

2 細胞膜のはたらき

① 細胞内外の物質が自由に（❿　　　　）するのを防ぎ，細胞膜で囲まれた内側に独自の代謝系をつくる。

② 細胞膜を通じて，膜の内外での物質の（⓫　　　　）が行われる。

③ 細胞膜は外部からの情報を受容し，細胞間の（⓬　　　伝達）に関係する。
　→シグナル伝達ともいう。

糖タンパク質　炭水化物（糖鎖）　細胞外
細胞骨格（アクチンフィラメント）
膜貫通タンパク質　周辺タンパク質　細胞内
↑細胞膜の構造

3 細胞膜を構成するタンパク質のはたらき

① 膜貫通タンパク質…細胞膜を貫通しているタンパク質は，水やイオンなどの物質の出入りの調節，ホルモンの受容および細胞間接着にはたらく。
　→チャネルやポンプ（→p.19）など。

② 周辺タンパク質…細胞骨格（→p.21）とともに膜の形態を維持する。

③ 糖タンパク質…細胞膜表面につく糖は細胞の標識となっている。
　→血液型を決定する赤血球表面の凝集原など。

❷ 細胞膜と物質の出入り

1 受動輸送
物質は**濃度勾配**にしたがい(⑬　　　　)する。これによる物質の輸送を(⑭　　　　)という。

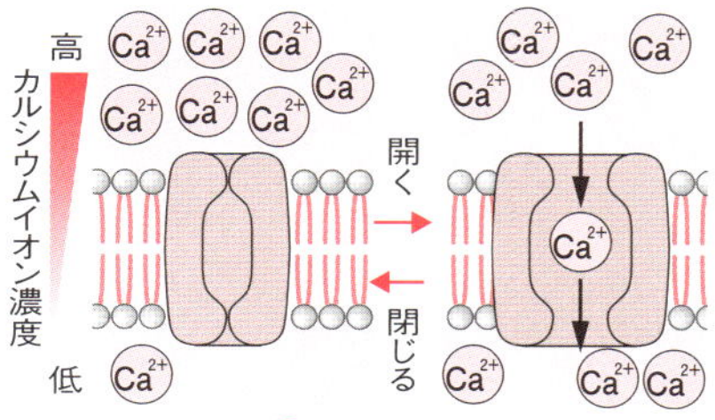

↑チャネル

2 選択的透過性
① 細胞膜が特定の物質だけを通す性質を(⑮　　　　)という。
② 細胞膜のリン脂質部分を通過するのは，比較的小さな O_2，CO_2 や疎水性の分子である。アミノ酸・糖・イオンなどは透過できず，膜を貫通した(⑯　　　　)の部分を通過する。
③ **輸送タンパク質**には，(⑰　　　　)，**担体**，**ポンプ**がある。ポンプ以外での物質の輸送は，基本的に(⑱　　　　)である。
④ 水分子は(⑲　　　　)という**チャネル**を通して行われる。
⑤ K^+，Na^+ など特定の(⑳　　　　)を通すチャネルなどもある。
⑥ 細胞膜には，アミノ酸やグルコースなどの大きな分子を運ぶ，**担体**とよばれるタンパク質もある。

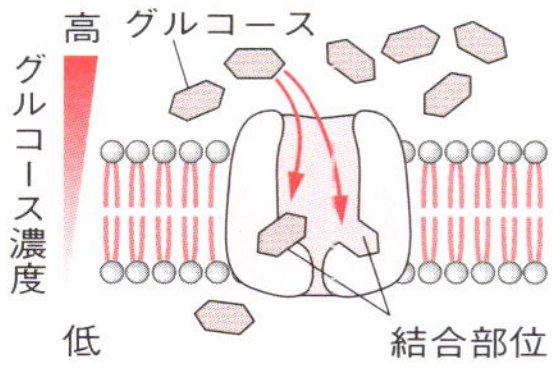

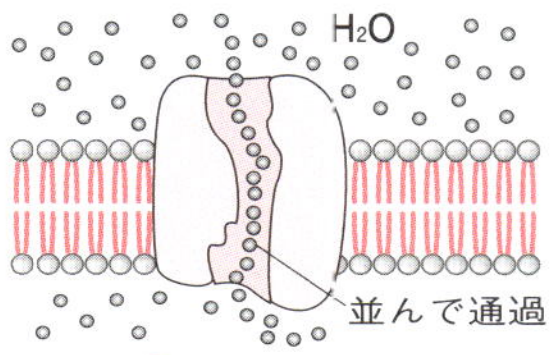

↑担体

↑アクアポリン

3 能動輸送
① 濃度勾配に逆らって物質を輸送することを(㉑　　　　)という。**ATP**のエネルギーを使って，(㉒　　　　)が行う。
② 細胞膜にある**ナトリウムポンプ**は，濃度勾配に逆らって細胞内から外部へ(㉓　　　　)を排出し，K^+ を取り込む。
　→ナトリウムイオン　→カリウムイオン

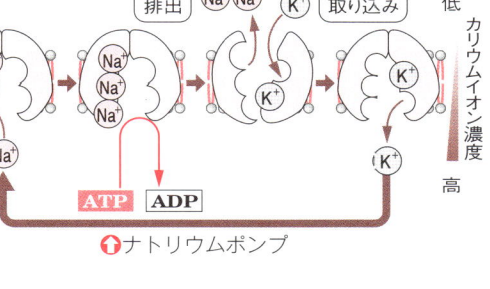

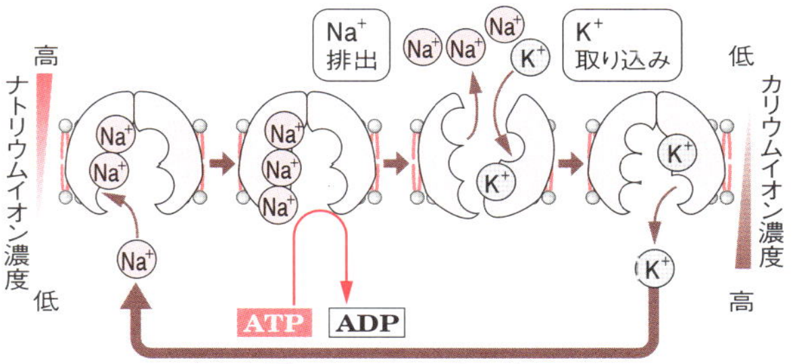

↑ナトリウムポンプ

4 食作用と飲作用
① 大きな物質は小胞と細胞膜の融合によって出入りする。
② ①による物質の取り込みを(㉔　　　　)といい，大きな粒子を取り込む場合を(㉕　　作用)，液体などの取り込みを(㉖　　作用)という。
③ ①による物質の分泌を(㉗　　　　)という。タンパク質は(㉘　　　　)で合成され，**粗面小胞体**の膜タンパク質を通って小胞体内に入って折りたたまれる。次に，小胞で包まれて(㉙　　　　)に移動し，濃縮される。その後，**ゴルジ体**から放出されて**分泌小胞**となり，細胞膜に移動して**エキソサイトーシス**で放出される。

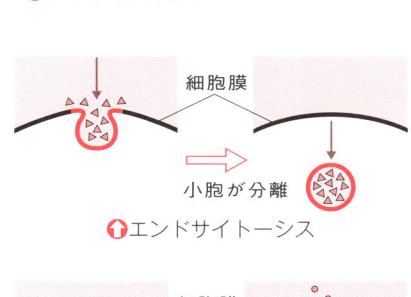

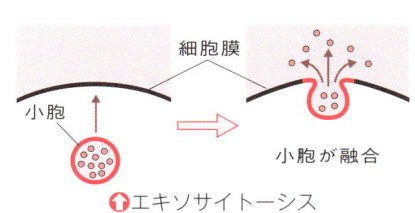

↑エンドサイトーシス

↑エキソサイトーシス

❸ 細胞間結合（細胞接着）

1 細胞間結合とは

① 細胞どうしの結合を（㉚　　　結合）（細胞接着）といい，皮膚・消化管内面・血管内面などの（㉛　　　組織）で発達している。♣1

② **細胞間結合**には，密着結合・（㉜　　　　　）・ギャップ結合の3種類がある。細胞間結合は，多種多様に分化した細胞が秩序だって存在するために重要な性質で，ここで**情報**の交換も行なっている。
　　　↳接着タンパク質の違いにより さらに3種類に分けられる。

2 密着結合

① 1層の細胞からなる（㉝　　　管）の内面の上皮細胞どうしを密着させる結合を（㉞　　　　　）という。

② 細胞膜を貫通する**接着タンパク質**で細胞どうしを密着させ，小さな分子でも通過できないほど密着している。

③ 密着結合によって，細胞間にある物質が上皮組織からもれ出すのを防いでいる。

3 固定結合

隣接する細胞の表面どうしを接着タンパク質で接着するとともに，細胞内部で**細胞骨格とも結合**している。次の3つがある。

① **接着結合**…（㉟　　　　　）は，細胞骨格（→p.21）の1つの**アクチンフィラメント**と結合している。この結合によって，細胞は湾曲などの力に耐えられるようになる。
　　↳接着タンパク質の一種。

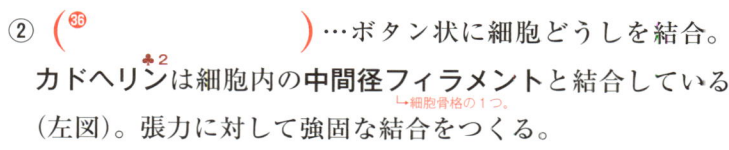

② （㊱　　　　　　　）…ボタン状に細胞どうしを結合。**カドヘリン**♣2は細胞内の**中間径フィラメント**と結合している（左図）。張力に対して強固な結合をつくる。
　　　↳細胞骨格の1つ。

③ **ヘミデスモソーム**…（㊲　　　　　）が細胞と外部の構造を結びつけ，細胞内で**中間径フィラメント**と結合。
　　↳カドヘリンとは異なる接着タンパク質。

4 ギャップ結合

① **管状のタンパク質**による結合を（㊳　　　　　）という。
　　↳膜貫通性のタンパク質である。　　　↳植物での原形質連絡に類似している。

② ギャップ結合の管状のタンパク質を通って，低分子の物質や無機イオンなどが移動する。

♣1 植物細胞では，おもに細胞壁どうしが接着して結合し，原形質連絡という孔でとなりの細胞とつながり連絡している。

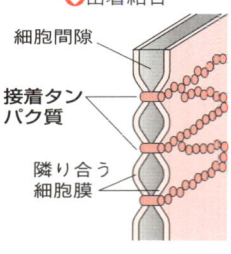

♣2 カドヘリン
カドヘリンは多種類あるが，同種のカドヘリンどうししか接着せず，細胞選別に関係する。また，カドヘリンどうしの結合にはCa^{2+}が必要である。

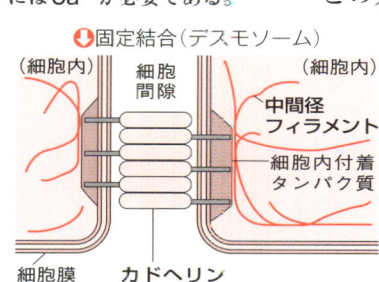

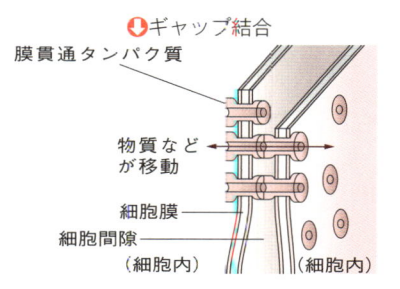

重要 〔細胞間結合（細胞接着）〕
上皮組織で発達。
密着結合，固定結合，ギャップ結合がある。

4 細胞骨格

1 細胞骨格をつくる繊維　細胞の形や細胞小器官を支えるタンパク質でできた繊維からなる構造を（㊴　　　　）という。これをつくる繊維は次の3つがある。

↓細胞骨格の繊維の直径

アクチンフィラメント	7 nm
微小管	25 nm
中間径フィラメント	10 nm

① （㊵　　　　**フィラメント**）…球状タンパク質のアクチンが連なった構造で，（㊶　　　　**運動**）や（㊷　　　　**収縮**），**原形質流動**，動物細胞の細胞質分裂時のくびれの形成などに関係する。
（↱マイクロフィラメントともいう。）

② （㊸　　　　）…α，βの2種類の球状タンパク質の**チューブリン**が結合して鎖状に連なり，これが13本集合してできた中空の管。中心体から伸び，細胞分裂のとき（㊹　　　　）をつくる。繊毛（せんもう）や鞭毛（べんもう）の中にも存在して9＋2構造をつくる。（㊺　　　　**タンパク質**）による細胞小器官の移動や物質輸送の軌道にもなる。
（↳ミオシン，ダイニン，キネシンなどがある。）

③ （㊻　　　　**フィラメント**）…細胞膜の内側に張りついたような，繊維状の丈夫な構造。鉄筋のように細胞の形を保つ。

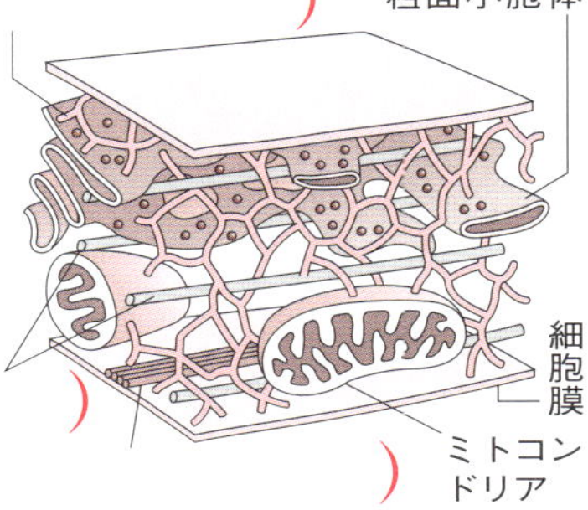

（㊾　　　　）
粗面小胞体
細胞膜
（㊽　　　　）
（㊼　　　　）
ミトコンドリア

↑細胞骨格

2 細胞骨格とそのはたらき

① **中心体**…**中心小体**とそのまわりにある（㊿　　　　）からなる。中心小体は**三連微小管**（3つの微小管が結合したもの）9組ででき，細胞分裂のとき（(51)　　　　）となる。
（↳中心粒ともよばれる。）

② **アメーバ運動**…細胞の後端部で（(52)　　　　**フィラメント**）の網目状構造が**ミオシン**と相互作用して，流動性のあるゾルを（(53)　　　　）の方向に絞りだす。これによって前進する。

③ **原形質流動**（**細胞質流動**）…ミトコンドリアや葉緑体などは**ミオシン**（**モータータンパク質**）と結合してアクチンフィラメント上を移動する。これを（(54)　　　　）という。♣3

↓中心体と紡錘体

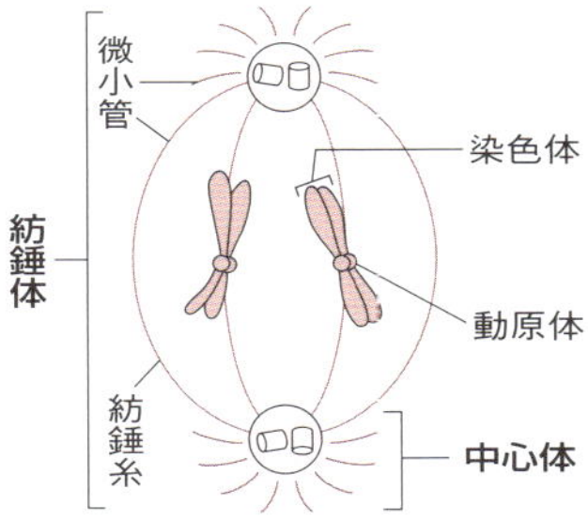

微小管
染色体
紡錘体
動原体
紡錘糸
中心体

↓アメーバ運動

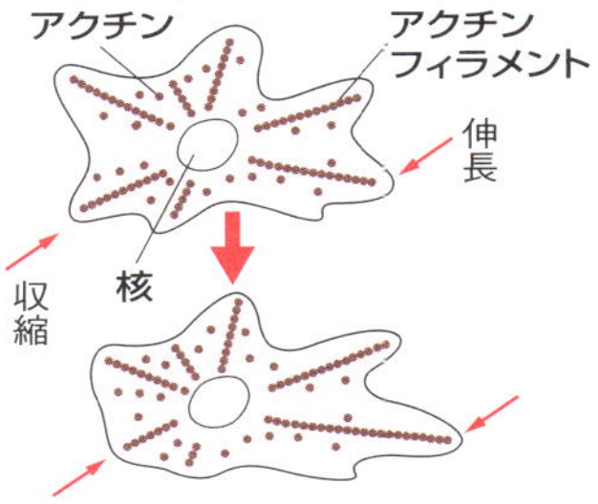

アクチン
アクチンフィラメント
伸長
収縮
核

♣3
原形質流動は，オオカナダモなどでよく見られる。

重要
〔細胞骨格〕
アクチンフィラメント，微小管，中間径フィラメント

ミニテスト

解答 別冊 p.3

- ☐❶ 生体膜のおもな化学成分を2つ答えよ。
- ☐❷ 生体膜のモデルを何というか。
- ☐❸ 細胞膜にある水を通すタンパク質の名称は？
- ☐❹ 細胞間接着にはどのようなものがあるか。
- ☐❺ 細胞骨格をつくる3種類の繊維状構造の名称を答えよ。

5 抗体と生体防御

解答 別冊 p.3

❶ 抗体とタンパク質

1 抗体の構造

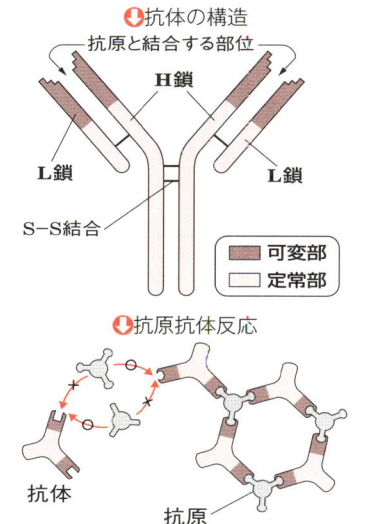

① 抗体は（❶　　　　　　　）というタンパク質からなる。
→体液性免疫において主要なはたらきをする。

② 免疫グロブリンは，2本の長い（❷　　　鎖）と2本の短い
→英語で表すと，Heavy Chainという。
（❸　　　鎖）の合計4本のポリペプチド鎖からできており，ど
→英語で表すと，Light Chainという。
の抗体も基本構造は同じである。

③ 抗体には，同じアミノ酸配列をもつ（❹　　　部）と，抗体
によってアミノ酸配列が異なる（❺　　　部）がある。この❺
で抗体は（❻　　　　　）と結合する。この部分のアミノ酸配列の
違いによって立体構造に違いができるため，結合できる抗原が
変わる。そのため抗体は抗原と特異的に結合する。

④ 抗原と抗体が特異的に結合する反応を（❼　　　　　　　　　）
という。
→抗原において，抗体が結合する部位をエピトープという。

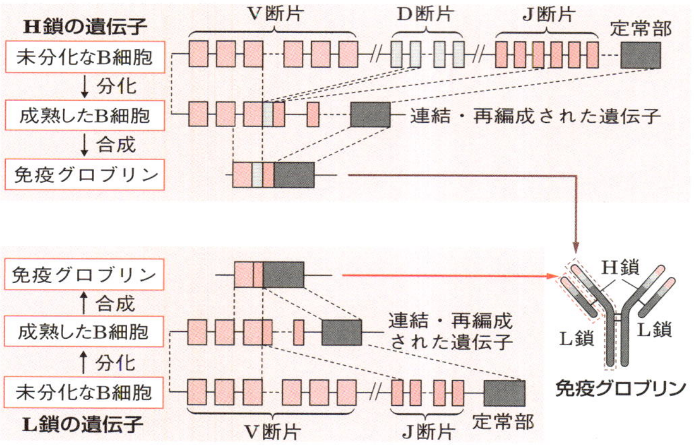

2 抗体の多様性のしくみ

① 成熟した1個のB細胞は1種類
→抗体産生細胞となるリンパ球
の可変部分をもつ（❽　　　　　）
しかつくらない。抗原の種類は無
数にあるので，無数の種類のB細
胞をつくる必要があるが，抗体を
つくる遺伝子の数は限られている。

② 抗体のH鎖の可変部分の遺伝子
は，V遺伝子群(40種類)，D遺
伝子群(25種類)，J遺伝子群(6種
類)である。

③ 未熟なB細胞が分化して成熟したB細胞になるとき，H鎖の可変部
分の各遺伝子群から（❾　　　個）ずつ，合計3個の遺伝子を選択し
て連結・再編成し，分化したB細胞となる。

④ またL鎖の可変部の遺伝子群にもV遺伝子群とJ遺伝子群があり，B
細胞が分化するとき，同様に選択・連結・再編成する。そのため，多
様な遺伝子の組み合わせが可能となる。このしくみは，1977年に
（❿　　　　　　　）によって解明された。
→日本人科学者。1987年にノーベル医学・生理学賞受賞。

♣1
H鎖で6000通りあり，L鎖で320通りあるため，抗体全体では192万通りの組み合わせがある。

3 クローン選択説

① 抗原が侵入し，ヘルパーT細胞が抗原情報を発すると，無数の遺伝子の組み合わせをもつB細胞のなかから，抗原に適合する特定の抗体をつくる遺伝子の組み合わせをもつB細胞が(⑪　　　)される。

② 選択されたB細胞が分裂・増殖した後，(⑫　　　細胞)となり，抗体を生産して体液中に放出する。
　　↳形質細胞ともよばれる。

> **重要**　〔抗体の構造と多様性〕
> 抗体…免疫グロブリンからなり，定常部と可変部がある。
> 可変部の遺伝子の組み合わせ→抗体の多様性

❷ 自己・非自己の識別とHLA

1 MHC抗原（主要組織適合抗原）

① 細胞膜の表面に存在する糖タンパク質を(⑬　　　抗原)（主要組織適合抗原）という。T細胞は，その表面の(⑭　　　)（T細胞受容体）でMHC抗原を特異的に認識し，自己と非自己を識別する。
　　↳主要組織適合性複合体ともよばれる。　　↳T細胞レセプター（T cell recepter）ともよばれる。

② MHC抗原が違う組織や臓器などを移植すると，T細胞がTCRによって非自己として認識し，(⑮　　　反応)が起こる。

2 ヒトの白血球抗原（HLA）

① ヒトのMHCは，(⑯　　　)（ヒト白血球抗原）とよばれる。

② HLAは複数の(⑰　　　)の組み合わせによってつくられる。
しかも，それぞれのHLA遺伝子には，複数の対立遺伝子が存在するので，ヒトのもつHLA遺伝子の組み合わせは無数にある。

③ そのため，HLAが他人と一致する確率は低く，他人からの臓器移植では，多くの場合(⑱　　　反応)が起きる。

♣2 生後に獲得する**獲得免疫**のうち**体液性免疫**においては，B細胞から変化した**抗体産生細胞**のつくった**抗体**が，主要なはたらきをする。

♣3 非自己抗原を認識したT細胞はサイトカインを放出する。その結果ヘルパーT細胞やキラーT細胞が増殖する。これらのはたらきにより，非自己抗原をもつ組織や臓器は攻撃を受ける。

♣4 HLA遺伝子は近接した遺伝子座にあるため，遺伝子間で組換え（→p.76）はほとんど起こらない。したがって，同じ夫婦から生まれる子では，
$\frac{1}{2} \times \frac{1}{2} \times 100 = 25(\%)$
の確率で一致することになる。これは親子鑑定に利用される。

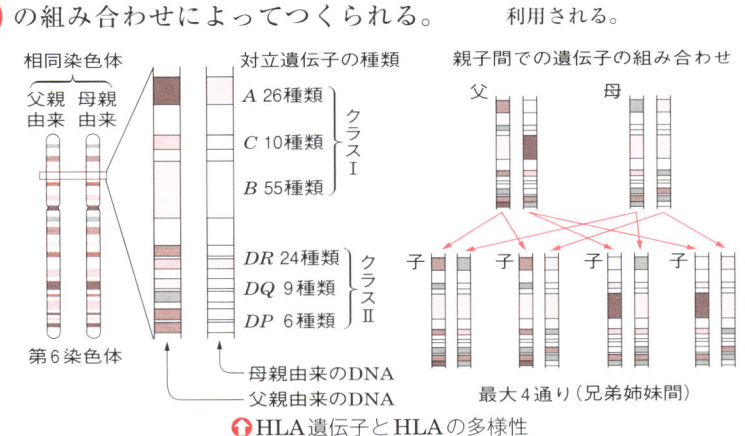

↑HLA遺伝子とHLAの多様性

対立遺伝子の種類：A 26種類，C 10種類，B 55種類（クラスⅠ），DR 24種類，DQ 9種類，DP 6種類（クラスⅡ）

第6染色体／母親由来のDNA／父親由来のDNA／親子間での遺伝子の組み合わせ／最大4通り（兄弟姉妹間）

ミニテスト　　　　　　　　　　　　　　　　　　　　　　　解答　別冊p.3

□❶ 抗体は何というタンパク質でできているか。
□❷ なぜB細胞は多様な抗原に対応して抗体を産生できるのか。

6 呼 吸

解答 別冊 p.3

❶ 代謝とエネルギー

1 代 謝

① 生体内で起こる化学反応全体をまとめて（❶　　　　）という。

② 代謝の中でCO_2とH_2Oなどの簡単な物質から生体物質をつくる過程を（❷　　　　）という。その代表が（❸　　　　）である。

③ 逆に，生体物質をCO_2やH_2Oなどの簡単な物質に分解する過程を（❹　　　　）という。その代表が（❺　　　　）である。

2 ATP（アデノシン三リン酸）

① 呼吸や光合成にともなって出入りするエネルギーの仲立ちをする物質は，「エネルギーの通貨」とよばれる（❻　　　　）である。

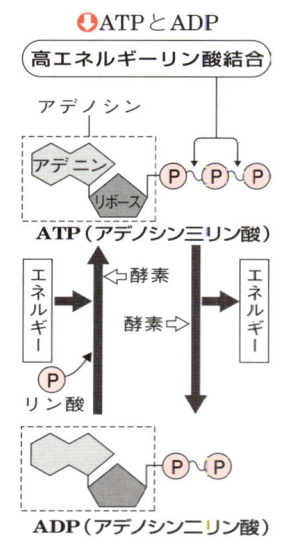

② ATPは，（❼　　　　）とリボースと3個のリン酸が結合した化合物である。リン酸どうしの結合を（❽　　　　結合）
リン酸（H_3PO_4）はPと略記されることもある。
といい，そこにエネルギーを蓄え，ADPに分解されるときにエネルギーを放出する。このエネルギーが生命活動に利用される。
←アデノシン二リン酸

> **重要** 〔代謝とATP〕
> 代謝…同化（光合成など）と異化（呼吸など）
> 代謝に必要なエネルギーはATP（アデノシン三リン酸）が供給

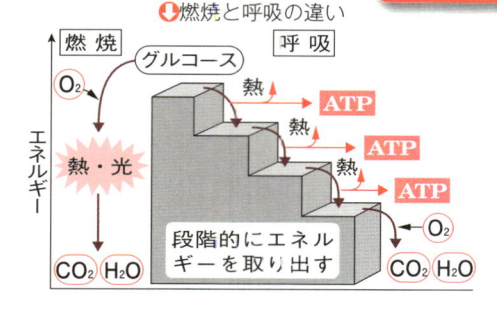

❷ 呼 吸

1 呼吸と燃焼

① 有機物などを，O_2を使って一気に酸化する反応が（❾　　　　）で，光と（❿　　　　）を多量に発生してCO_2とH_2Oに分解される。

② 有機物の段階的な酸化でエネルギーを取り出す過程が（⓫　　　　）で，光や高熱を出さず，効率的にエネルギーがATPに蓄えられる。

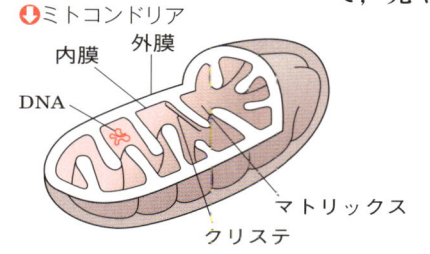

2 呼吸の場

① 呼吸の場は，細胞内の（⓬　　　　）である。　←細胞小器官の1つ。

② ミトコンドリアは二重の膜で囲まれていて，内膜は（⓭　　　　）とよばれる多数の突起をもつ。内膜で囲まれた部分を**マトリックス**という。

❸ 呼吸のしくみ（解糖系→クエン酸回路→電子伝達系）

1 解糖系

① (⑭　　　　　　　　)において，2分子のATPを使ってグルコース1分子を活性化し，**基質レベルのリン酸化**♣1をすることで，2分子ずつの(⑮　　　　　　　)，**NADH**♣2，H^+および4分子のATPが生じる。

② 反応：$C_6H_{12}O_6 + 2NAD^+ \longrightarrow 2C_3H_4O_3 + 2NADH + 2H^+ + 2($⑯　　)

2 クエン酸回路

① ミトコンドリアの(⑰　　　　　　　)で行われる。

② ピルビン酸がミトコンドリアに入ると，脱炭酸酵素によってC_2の化合物となる。これにコエンザイムAが結合して(⑱　　　　CoA)となる。これが(⑲　　　　　酢酸)(C_4化合物)と結合して，(⑳　　　　　　)(C_6化合物)となる。

③ クエン酸は，(㉑　　　　酵素)のはたらきでCO_2を段階的に放出する。このとき，(㉒　　　　酵素)のはたらきで脱水素が起こる。

④ この過程でも**基質レベルのリン酸化**で(㉓　　　ATP)が生成する。

⑤ 反応：$2C_3H_4O_3 + 6H_2O + 8NAD^+ + 2FAD$♣3
　　$\longrightarrow 6CO_2 + 8($㉔　　　$) + 8H^+ + 2($㉕　　　　$) + 2ATP$

3 電子伝達系

① ミトコンドリアの(㉖　　　　　　)で行われる。

② **NADH**や**FADH₂**が運んできた電子は(㉗　　　系)に渡され，ミトコンドリアの**内膜**にあるタンパク質複合体を受け渡しされるとき，エネルギーが遊離する。これを使い，(㉘　　　)をマトリックス側から外膜と内膜の間にくみ出す。

③ 膜間のH^+濃度が高くなると，濃度勾配にしたがってH^+は**ATP合成酵素**を通ってマトリックス側にもどる。

④ このH^+の流れを使ってATP合成酵素はATPを合成する。これを(㉙　　　　リン酸化)という。

⑤ 電子伝達系を流れた電子とH^+は酸素と結合して(㉚　　　　)となる。

⑥ 反応：$10NADH + 10H^+ + 2FADH_2 + 6O_2$
　　$\longrightarrow 10NAD^+ + 2FAD + 12($㉛　　　$) + $最大$($㉜　　　ATP$)$

⬇解糖系の反応

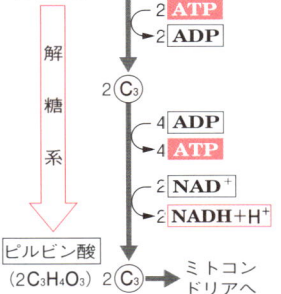

♣1 リン酸の結合した中間生成物が生じ，このリン酸がADPに転移することでATPを合成する。

♣2 NAD（ニコチンアミドアデニンジヌクレオチド）は，脱水素酵素の補酵素で，基質から水素を外してNADHとH^+にする。

♣3 FAD（フラビンアデニンジヌクレオチド）も，脱水素酵素の補酵素で，基質から水素を外して$FADH_2$となる。コハク酸の酸化にはたらく。

⬇電子伝達系

4 呼吸全体の反応

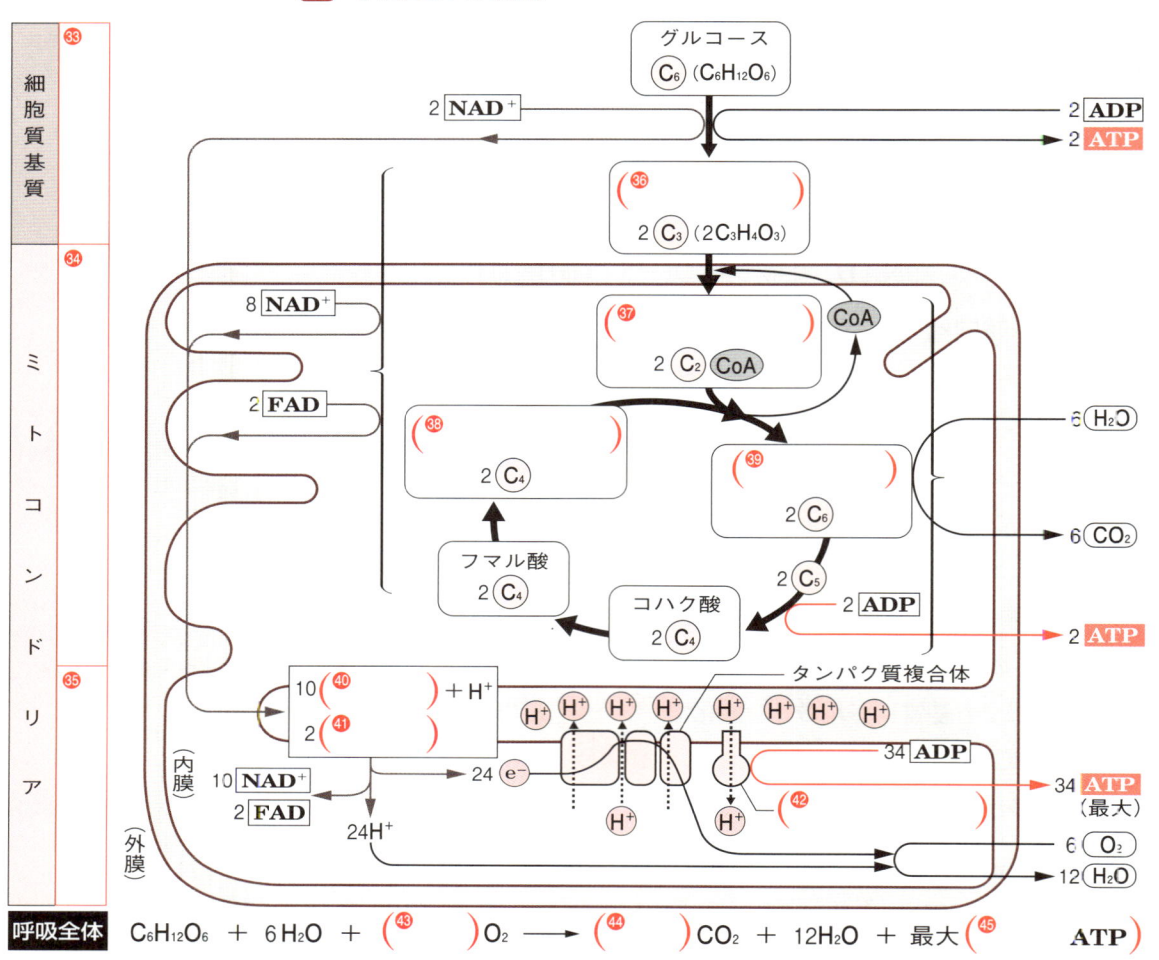

細胞質基質 ㉝

ミトコンドリア ㉞ ㉟

グルコース C_6 ($C_6H_{12}O_6$)

2 NAD^+ 2 ADP / 2 ATP

(㊱) 2 C_3 ($2C_3H_4O_3$)

8 NAD^+ 2 FAD

(㊲) 2 C_2 CoA CoA

(㊳) 2 C_4

フマル酸 2 C_4

コハク酸 2 C_4

(㊴) 2 C_6

2 C_5 2 ADP / 2 ATP

6 H_2O 6 CO_2

タンパク質複合体

10 (㊵) + H^+ 2 (㊶)

(内膜) (外膜)

10 NAD^+ 2 FAD

24 e^- 24H^+

H^+ H^+ H^+ H^+ H^+ H^+ H^+ H^+

H^+ H^+

34 ADP / 34 ATP（最大）

(㊷)

6 O_2
12 H_2O

呼吸全体 $C_6H_{12}O_6 + 6H_2O +$ (㊸)$O_2 \longrightarrow$ (㊹)$CO_2 + 12H_2O +$ 最大(㊺) **ATP**

重要実験 — 脱水素酵素の実験

方法(操作)

① ニワトリの胸筋をすりつぶし，ガーゼでろ過した後，ツンベルク管の主室に入れる。副室にはコハク酸ナトリウム（基質）とメチレンブルー（指示薬）を入れる。

② ツンベルク管内から排気し，副室を回して密閉する。

③ 副室と主室の液を混合して40℃に保ち，色の変化を調べる。

結果と考察

① ツンベルク管の色は青色から(㊻ 色)に変化する。

② これは，脱水素酵素によってコハク酸から(㊼)が奪われ，その水素により，メチレンブルー（青色）が(㊽ メチレンブルー)（無色）となるためである。

③ 副室を回して酸素を入れると，液は再び(㊾ 色)にもどる。これは酸素が還元型メチレンブルーから(㊿)を奪ったためである。

（副室／基質＋指示薬／アスピレーターで排気／グリースをぬる／主室(酵素液)／ツンベルク管）

4 タンパク質と脂肪の分解

1 タンパク質の分解

① タンパク質は加水分解されてアミノ酸となる。アミノ酸は（(51)　　　　反応）でアミノ基を（(52)　　　　）として遊離する。残る部分は，（(53)　　　　）や有機酸となって（(54)　　　　回路）に入る。

② アンモニアは，肝臓で毒性の低い（(55)　　　　）にされる。♣3

2 脂肪の分解

① 脂肪は加水分解され，脂肪酸と（(56)　　　　）となる。後者は解糖系で分解される。

♣3
アンモニアは毒性が強いので，血液を介して肝臓に運ばれ，**尿素回路**(オルニチン回路)によって毒性の低い**尿素**に合成されてから，排出される。

⬇呼吸基質の分解

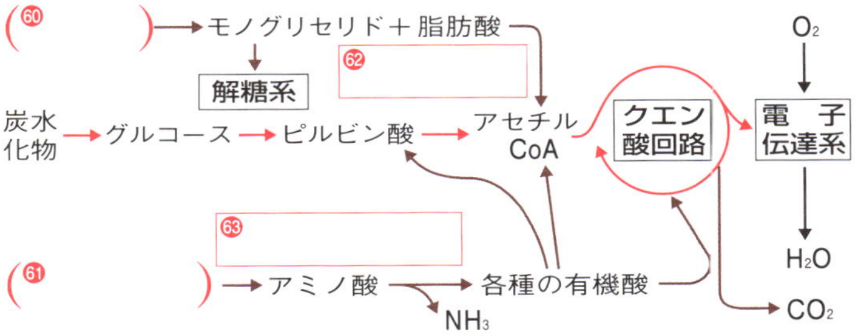

② 脂肪酸は（(57)　　　　酸化）の過程で，端から炭素数2個の化合物として切り取られ，これにコエンザイムAが結合して（(58)　　　　CoA）となり，（(59)　　　　回路）に入ってCO_2とH_2Oに分解される。

3 呼吸商(RQ)

① 呼吸で発生するCO_2と消費したO_2の体積比を**呼吸商(RQ)**という。♣4（$\frac{CO_2}{O_2}$で求められる。）

② 炭水化物：$C_6H_{12}O_6 + 6H_2O + 6O_2 \longrightarrow 6CO_2 + 12H_2O$（└グルコース）

RQ＝6/6＝（(64)　　　　）

タンパク質：$2C_6H_{13}O_2N + 15O_2 \longrightarrow 12CO_2 + 10H_2O + 2NH_3$（└ロイシン）

RQ＝12/15＝（(65)　　　　）

脂肪：$2C_{57}H_{110}O_6 + 163O_2 \longrightarrow 114CO_2 + 110H_2O$（└トリステアリン）

RQ＝114/163＝（(66)　　　　）

重要

〔いろいろな呼吸基質の分解〕

炭水化物…解糖系➡クエン酸回路➡電子伝達系

タンパク質→アミノ酸…脱アミノ反応➡クエン酸回路

脂肪→｛モノグリセリド…解糖系
**　　　　脂肪酸…β酸化(→アセチルCoA)➡クエン酸回路**

♣4
呼吸商は次のような装置を使って調べる。

① 吸収された酸素の量は次のようにして調べる。

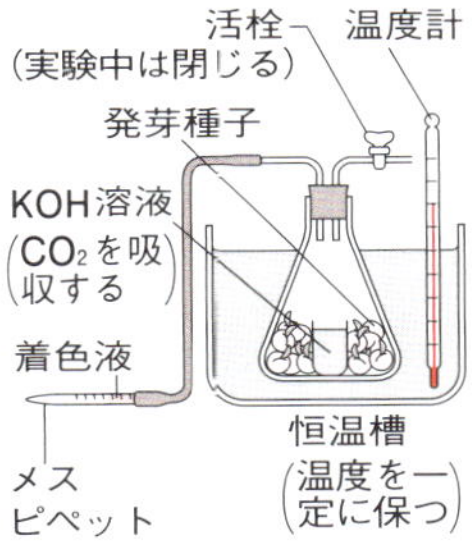

② 放出された二酸化炭素の量は①と次の実験結果の差から求める。

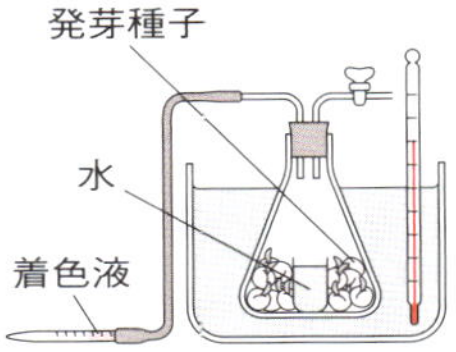

ミニテスト

解答　別冊 p.4

□❶ 呼吸と燃焼の違いを説明せよ。

□❷ 呼吸の3段階の過程を進行順に答えよ。

□❸ $C_6H_{12}O_6$から，最大何分子のATPができるか。

□❹ 脂肪酸はβ酸化によって何になるか。

7 発酵

解答 別冊 p.4

❶ 発酵とは

① 有機物が(❶　　　)のない条件下で分解されて，ATPを生成する過程を(❷　　　)という。

② 発酵では，解糖系の脱水素酵素のはたらきで生じた(❸　　　)は，ピルビン酸を(❹　　　)などに(❺　　　)することで，自身は(❻　　　)されてNAD^+に再生される。

❷ いろいろな発酵

▶乳酸発酵の過程

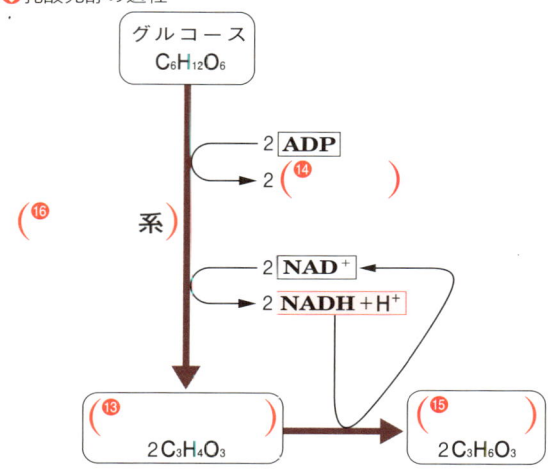

グルコース
$C_6H_{12}O_6$

2 ADP
→ 2 (⓮　　　)

(⓰　　　系)

2 NAD^+ ←
→ 2 $NADH + H^+$

(⓭　　　)
2 $C_3H_4O_3$

→ (⓯　　　)
2 $C_3H_6O_3$

♣1 これを利用して，ヨーグルトや漬物などがつくられる。

♣2 グリコーゲンは多数のグルコースが結合してできた多糖で，ヒトは体内にとり入れたグルコースをグリコーゲンの形で肝臓などに貯蔵する。

♣3 酵母が発酵によってエタノールをつくるはたらきは，酒の製造などに利用されている。

1 乳酸発酵

① **乳酸菌**では，解糖系の脱水素反応の結果生じた**NADH**は，ピルビン酸($C_3H_4O_3$)を(❼　　　)($C_3H_6O_3$)に(❽　　　)し，酸化されて(❾　　　)にもどる。
　→原核生物の一種

② この反応式は次のように示される。
　$C_6H_{12}O_6 \longrightarrow 2C_3H_6O_3$ + (❿　　　ATP)
　　→グルコース　　→乳酸

③ 乳酸菌が行うこの過程を(⓫　　　)という。最終産物の(⓬　　　)は細胞外に放出される。♣1

2 解糖

① 激しい運動をしている(⓱　　　)などでは，ATPの供給が不足すると，乳酸発酵と同じ過程でグルコースや(⓲　　　)♣2を分解してATPを生成する。筋肉には(⓳　　　)が蓄積する。

② このようなしくみを(⓴　　　)という。

3 アルコール発酵

① **酵母**では，解糖系で生じたピルビン酸は，(㉑　　　酵素)のはたらきでCO_2が奪われて(㉒　　　)になる。
　→真核生物の一種

② アセトアルデヒドはNADHによって還元されて(㉓　　　)(C_2H_5OH)となる。このときNADHは酸化されてNAD^+にもどって，再利用される。

③ 最終産物としてエタノールとよばれるアルコールがつくられるので，(㉔　　　)♣3という。

④ この反応式は次のように示される。

$C_6H_{12}O_6$ ⟶ (㉕　　C_2H_5OH) + $2CO_2$ + 2ATP
（$C_6H_{12}O_6$ …グルコース，C_2H_5OH …エタノール）

⑤ エタノールとCO_2は細胞外に放出される。

重要
〔発酵〕
発酵…酸素のない条件下でATPを生成
乳酸発酵・解糖
…グルコース→ピルビン酸→乳酸
アルコール発酵
…グルコース→ピルビン酸→エタノール

アルコール発酵の過程

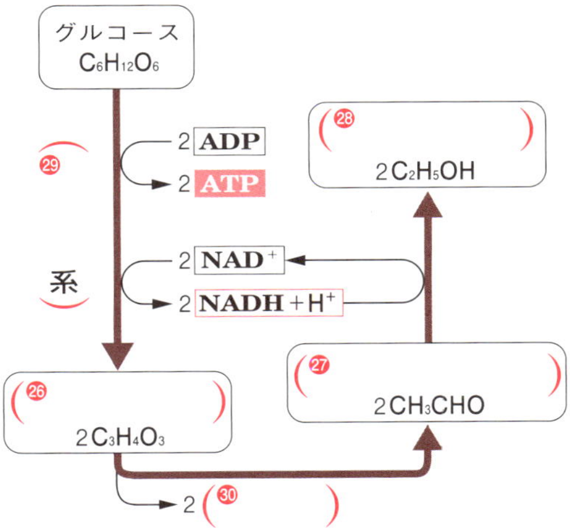
グルコース
$C_6H_{12}O_6$
2 ADP
2 ATP
㉙
系
2 NAD$^+$
2 NADH + H$^+$
(㉘　　)
2 C_2H_5OH
(㉗　　)
2 CH_3CHO
(㉖　　)
2 $C_3H_4O_3$
2 (㉚　　)

重要実験　アルコール発酵の実験

方法（操作）

(1) 10% グルコース溶液にパン酵母を加えて発酵液をつくる。

(2) (1)の発酵液を (㉛　　　　**発酵管**) に静かに入れる。盲管部に気体が残らないようにする。

(3) 発酵管を恒温器に入れて40℃に維持する。2分ごとに盲管部にたまる気体の量を測定して記録する。

(4) 気体が十分に発生したら，(㉝　　　　　　**の粒**) を発酵管に2粒程度入れ，盲管部の気体が溶けて減少していくのを観察する。

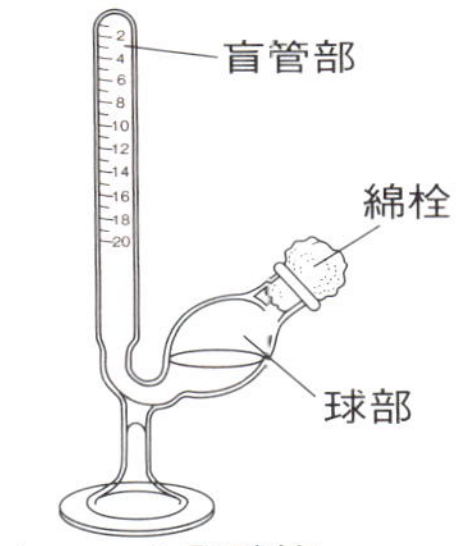
盲管部
綿栓
球部

キューネ発酵管

(5) 反応液に (㉜　　　　**溶液**) を加え，60℃に保温して色と匂いの変化を観察する。

結果と考察

① (3)で発生した気体は (㉞　　　　) である。このときの反応式は次のようになる。

$C_6H_{12}O_6$ ⟶ 2 (㉟　　　　) (液体) + 2 (㊱　　　　) (気体)

② (4)では，紫色が黄色に変化して，やや甘い匂いがしてきた。これは (㊲　　　　) が (㊳　　　　) に変化したためである。

③ (5)で盲管部の気体が減少したのは，(㊴　　　　) が水酸化ナトリウムに溶けたためである。このことから，発生した気体が (㊵　　　　) であることが確認できる。

ミニテスト

解答　別冊 p.4

□❶ アルコール発酵と乳酸発酵を行う生物名，および反応式をそれぞれ答えよ。

□❷ ❶の反応は酸素を必要とするか。

□❸ アルコール発酵・乳酸発酵・解糖のすべてに共通する過程を何というか。

□❹ ❸の結果できる共通の中間産物は何か。

8 光合成

解答 別冊 p.4

❶ 光合成

① 緑色植物などが，(❶　　　エネルギー)を利用してCO_2とH_2Oからデンプンなどの有機物をつくるはたらきを(❷　　　　)という。

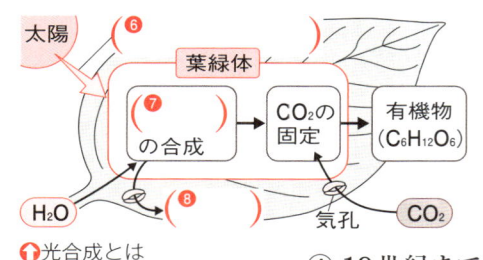

② 光合成では，(❸　　　　)などの光合成色素が太陽の光エネルギーを捕集し，このエネルギーを利用して，まず(❹　　　　)がつくられる。

③ 合成したATPを使って(❺　　　　)からデンプンなどの有機物が合成される。

④ 19世紀までの研究で，次のことが解明されていた。

「光合成の材料は**二酸化炭素と水**であり，光合成の結果，デンプンなどの有機物ができ，(❾　　　　)が放出される。」

「光合成の場は(❿　　　　)であり，**赤色光と青色光**が利用される。」

> **重要** 〔光合成〕
> 二酸化炭素＋水＋光エネルギー→デンプンなどの有機物＋酸素

↑光合成とは

♣1 ヒルはシュウ酸鉄(Ⅲ)を用いた。電子を受け取りやすいということは，還元されやすいということである。シュウ酸鉄(Ⅲ)は還元されて，シュウ酸鉄(Ⅱ)となる。

↓ヒルの実験

空気を抜いて密閉（CO_2除去）
ハコベの葉のしぼり汁
葉緑体
シュウ酸鉄(Ⅲ)
O_2が発生しない

空気を抜いて密閉（CO_2除去）
O_2
葉緑体
シュウ酸鉄(Ⅱ)
O_2が発生

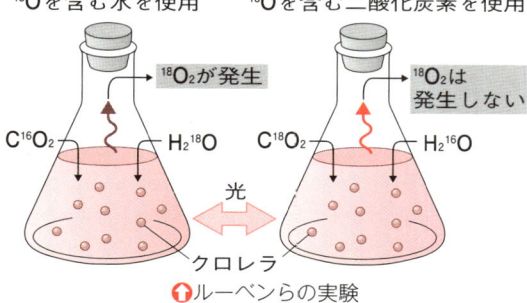

^{18}Oを含む水を使用
$C^{16}O_2$　$H_2^{18}O$
$^{18}O_2$が発生

^{18}Oを含む二酸化炭素を使用
$C^{18}O_2$　$H_2^{16}O$
$^{18}O_2$は発生しない

光　クロレラ

↑ルーベンらの実験

❷ 光合成のしくみの解明（20世紀の研究）

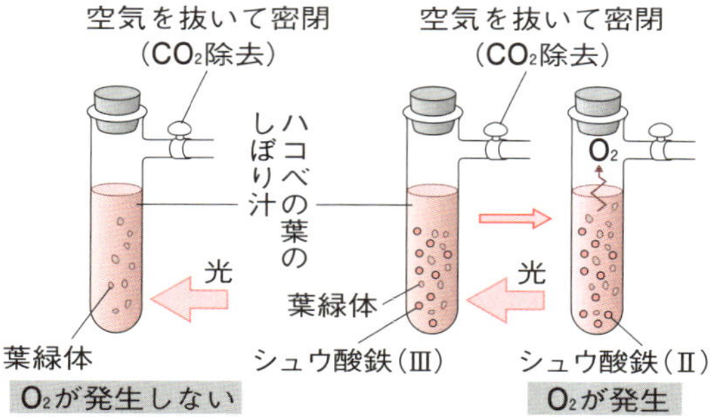

1 ヒルの実験とルーベンの実験

① **ヒルの実験**（1939年）…二酸化炭素がない状態で，葉をすりつぶした液に電子を受け取りやすい物質を入れ，光を照射すると，酸素が発生した。この反応を**ヒル反応**という。

→(⓫　　　　)がなくても酸素が発生。

② **ルーベンらの実験**（1941年）…酸素の同位体^{18}Oを含む水（$H_2^{18}O$）と二酸化炭素（$C^{18}O_2$）を
  ↳ふつうの酸素原子(^{16}O)よりも中性子が2個多い。
別々にクロレラに与えると，$H_2^{18}O$のみを与
  ↳単細胞の緑藻である。
えた場合は$^{18}O_2$が発生したが，$C^{18}O_2$のみを与えた場合は$^{18}O_2$が発生しなかった。

→光合成で発生する酸素は(⓬　　　　)に由来。

2 カルビンとベンソンの実験

① 緑藻に炭素の同位体^{14}Cからなる$^{14}CO_2$を取
  ↳ふつうの炭素原子(^{12}C)よりも中性子が2個多い。

り込ませて光合成を行わせ，時間の経過に伴い^{14}Cがどの物質に取り込まれているかを，(⑬　　　法)で追跡した。

② 時間の経過によって^{14}Cが取り込まれている反応生成物が異なることから，回路状の反応経路(→p.34)が存在することをつきとめた。これを，(⑭　　　回路)という。

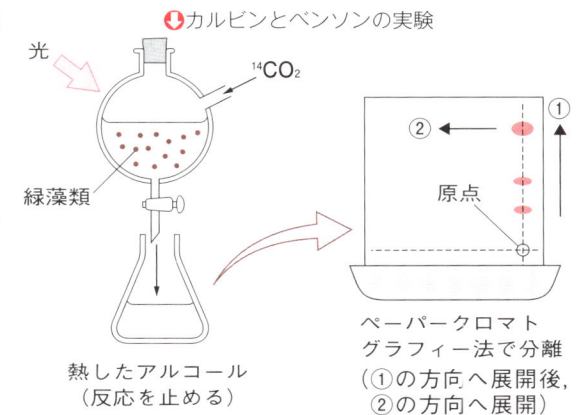

●カルビンとベンソンの実験

ペーパークロマトグラフィー法で分離
(①の方向へ展開後，②の方向へ展開)

熱したアルコール（反応を止める）

❸ 光合成の場と光合成色素

1 光合成の場

① 光合成は，緑葉の(⑮　　　組織)や海綿状組織の細胞に含まれる(⑯　　　)で行われる。
② 葉緑体は二重膜で包まれた直径3～10μmの細胞小器官で，内部に(⑰　　　)という扁平な袋状構造をもつ。この間を埋める部分を(⑱　　　)といい，液状である。
③ チラコイドが重なった部分を(⑲　　　)という。

●葉の断面の構造

●葉緑体

> **重要**　〔光合成の場〕
> **さく状組織や海綿状組織に含まれる葉緑体**

2 光合成色素

① 緑葉の光合成色素には，(⑳　　　)[青緑色の色素]，クロロフィルb[緑色の色素]，(㉑　　　)[橙色の色素]，キサントフィル[黄色の色素]などがある。
② (㉒　　　スペクトル)…光の波長と吸収率の関係を示したグラフ。光合成色素は，おもに(㉓　　　色光)と赤色光を吸収する。♣2
③ (㉔　　　スペクトル)…光の波長と光合成速度の関係を示したグラフ。吸収スペクトルと作用スペクトルのグラフはほぼ一致する。

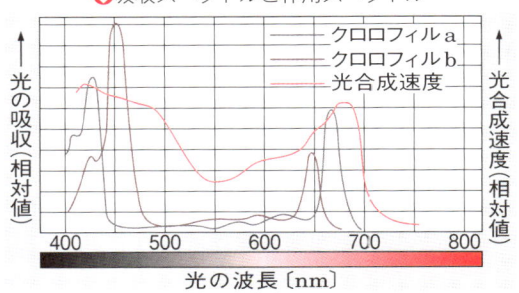

♣2
青色と赤色の光を吸収し，残りの波長の光を反射したり透過したりするため，葉などは緑色に見える。

> **重要**　〔光合成色素〕
> 光合成色素には，**クロロフィルa**，**クロロフィルb**，**カロテン**，**キサントフィル**などがある。
> 光合成におもに利用される光は，**青色光と赤色光**である。

●吸収スペクトルと作用スペクトル

重要実験 光合成色素の分離

方法(操作)

(1) 乳鉢ですりつぶした緑葉に抽出液（メタノール：アセトン＝３：１）を加え，光合成色素を抽出する。
 薄層クロマトグラフィーの場合はジエチルエーテルかエタノール

(2) ペーパークロマトグラフィー用ろ紙の下から約２cmのところに（㉕　　　）で基線を引き，その中央（原点）にガラス毛細管で(1)の抽出液をつけて乾かす。

(3) 試験管の底部に展開液（石油エーテル：アセトン＝７：３など）を入れ，ろ紙を約５mm展開液につけ，試験管を密栓して直立させ，展開液が上端近くに上がるまで静置する。

(4) 展開液が上端近くまで上がったら，ろ紙を取り出して鉛筆で溶媒前線と色素の輪郭をなぞる。薄層クロマトグラフィー（TLC）シートを使う場合も同様に操作する。

(5) （㉖　　　）値を次の式から求める。

$$Rf 値 = \frac{原点から各色素のしみの中点までの距離}{原点から展開液の上昇した上端までの距離}$$

▶ペーパークロマトグラフィー

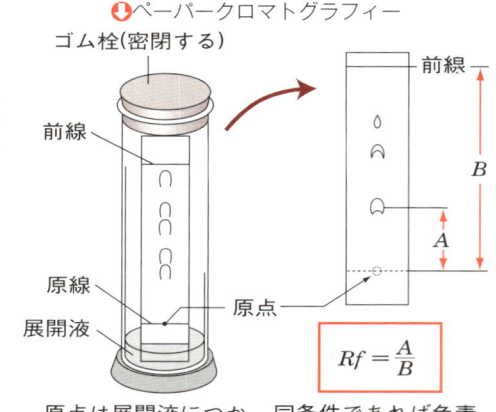

$$Rf = \frac{A}{B}$$

同条件であれば色素によってRf値は一定

結果と考察

① ろ紙での分離とTLCシートでの分離では，（㉗　　　）類の展開される位置が異なること（右図）に注意する。

② 光合成色素は水に（㉘　　　），有機溶媒に（㉙　　　）。

③ 光合成色素を含む溶液を透過してきた光を直視分光計で見ると，（㉚　　　光）と赤色光の部分が（㉛　　　く）見える。

▶実験結果

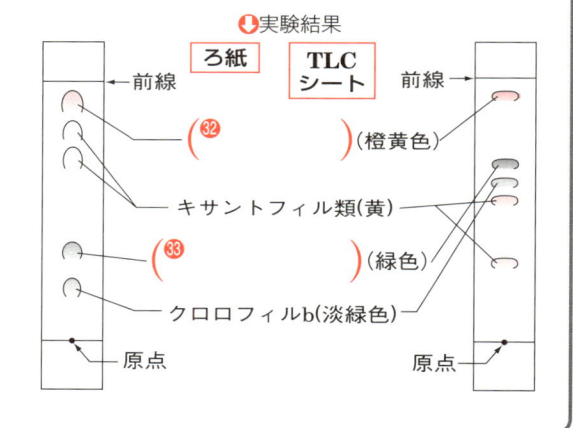

ろ紙 / TLCシート

（㉜　　　）（橙黄色）
キサントフィル類（黄）
（㉝　　　）（緑色）
クロロフィルb（淡緑色）

ミニテスト　　　　　　　　　　　　解答 別冊p.4

❶ 緑葉の光合成の材料は何か。
❷ 光合成の場は何とよばれる細胞小器官か。
❸ 葉の組織の中で❷を多く含む組織を２つ答えよ。
❹ 緑葉の光合成の結果，排出される気体は何か。
❺ 光合成の結果排出される❹の気体は，何に由来するか。
❻ 緑葉がもつ光合成色素を４つ答えよ。
❼ 光合成色素が最もよく吸収する波長の光は何色と何色の光か。
❽ 光の波長と吸収率の関係を示したグラフを何というか。
❾ 光の波長と光合成速度の関係を示したグラフを何というか。

9 光合成のしくみ

解答 別冊 p.5

光合成のしくみが解明されるにつれて、光化学系が2つあることや、水が必要な理由、ATP合成のしくみなどが明らかになってきた。

❶ チラコイドでの反応

1 光エネルギーの吸収

① チラコイド膜の上には、(❶　　　　　　　)、光化学系Ⅱとよばれる光エネルギーを捕集する2つの反応系がある。

② 2つの反応系は、クロロフィルa・b、カロテノイドなどの光合成色素とタンパク質の複合体からなる。
カロテノイドは、カロテンとキサントフィルに大きく分けられる。

③ カロテノイドなどの光合成色素が集めた光エネルギーは、反応中心の(❷　　　　　　)に集められる。

♣1
NADPはニコチンアミドアデニンジヌクレオチドリン酸という脱水素酵素の補酵素の略称で、呼吸の過程のNAD$^+$と同様のはたらきをする。

2 光化学系Ⅱ・Ⅰでの反応

① 光エネルギーを受容した**光化学系Ⅱ**では、**クロロフィルから**(❸　　　　)が飛び出し、電子伝達系へと流れる。このとき不足した電子は(❹　　　　)をO_2とH^+に分解したときに生じた電子で補充される。(❺　　　　)は気孔から排出される。

② 光エネルギーを受容した**光化学系Ⅰ**では、電子受容体にわたされた電子は**NADP$^+$**♣1にわたされて、H^+とともに(❻　　　　)となる。このとき不足した電子は、光化学系Ⅱから(❼　　　系)を通ってきた電子で補充される。♣2

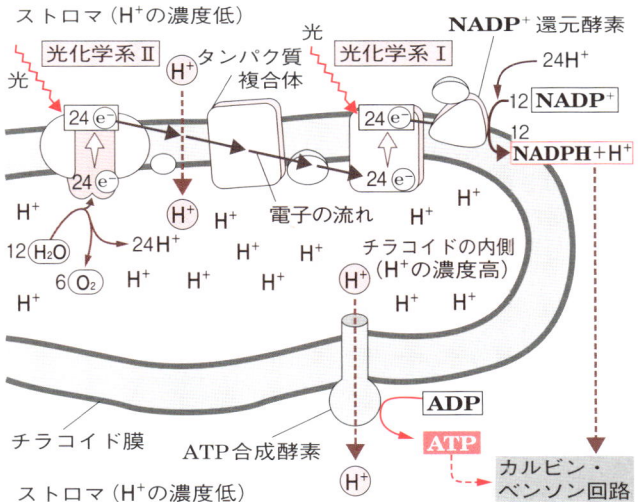

3 電子伝達系での反応

① 電子が光化学系Ⅱから光化学系Ⅰに伝達される過程を(❽　　　　)という。これは、呼吸における**ミトコンドリアの内膜**にある電子伝達系とよく似たしくみである。

② 電子が電子伝達系で受けわたしされるときに生じるエネルギーを利用して、(❾　　　　)がストロマ側からチラコイドの内側に運ばれる。

↯チラコイドでの反応

♣2
光合成での電子の源
緑葉の光合成では、光化学系Ⅱの電子の補充のために水(H_2O)の分解で生じた電子が使われるが、光合成細菌では、硫化水素(H_2S)から電子が補充される。

4 ATPの合成

① チラコイド内の(⑩　　　イオン濃度)が上がり，ストロマ側との濃度勾配が大きくなると，チラコイド膜にある膜貫通タンパク質である(⑪　　　　　　　)を通って，H^+がストロマ側にもどる。

② このときのH^+の流れによって，(⑫　　　　　)が合成される。この反応を(⑬　　　　　)という。♣3

♣3 光リン酸化のしくみは，呼吸のとき，ミトコンドリアでATPが生成される酸化的リン酸化とよく似ている。

> **重要**　〔チラコイドでの反応〕
> NADPHの生成，水の分解とO_2の放出，ATPの生成が起こる。

2 ストロマでの反応

1 カルビン・ベンソン回路

① ストロマの部分では，チラコイド膜でつくられたATPとNADPHを使ってCO_2を(⑭　　　)して有機物に合成する。

② まず，CO_2はC_5化合物のRuBP(リブロース二リン酸)と結合し，直ちに分解して，2分子のC_3化合物の(⑮　　　　　)(ホスホグリセリン酸)となる。♣5
　└→ リブロース1,5-ビスリン酸ともよばれる。
　└→ 3-ホスホグリセリン酸ともよばれる。

③ PGAは，ATPのエネルギーとNADPHを使って還元され，C_3化合物の(⑯　　　　　)(グリセルアルデヒドリン酸)となる。この一部は有機物に合成され，残りはRuBPにもどる。
　└→ グリセルアルデヒド3-リン酸ともよばれる。

④ ②，③の反応系を(⑰　　　　　　　　)という。

♣4 RuBPを2分子のPGAに分解する酵素をルビスコ(RubisCO：RuBPカルボキシラーゼ／オキシゲナーゼ)という。

♣5 CO_2を取り込んで，まずPGAのようなC_3化合物をつくるタイプの光合成を行う植物をC_3植物という。

2 光合成全体の反応式

$$6CO_2 + 12H_2O + 光エネルギー \longrightarrow 有機物(C_6H_{12}O_6) + 6H_2O + 6O_2$$
　　　　　　　　　　　　　　　　　　　　　　　　　　　└→ グルコース

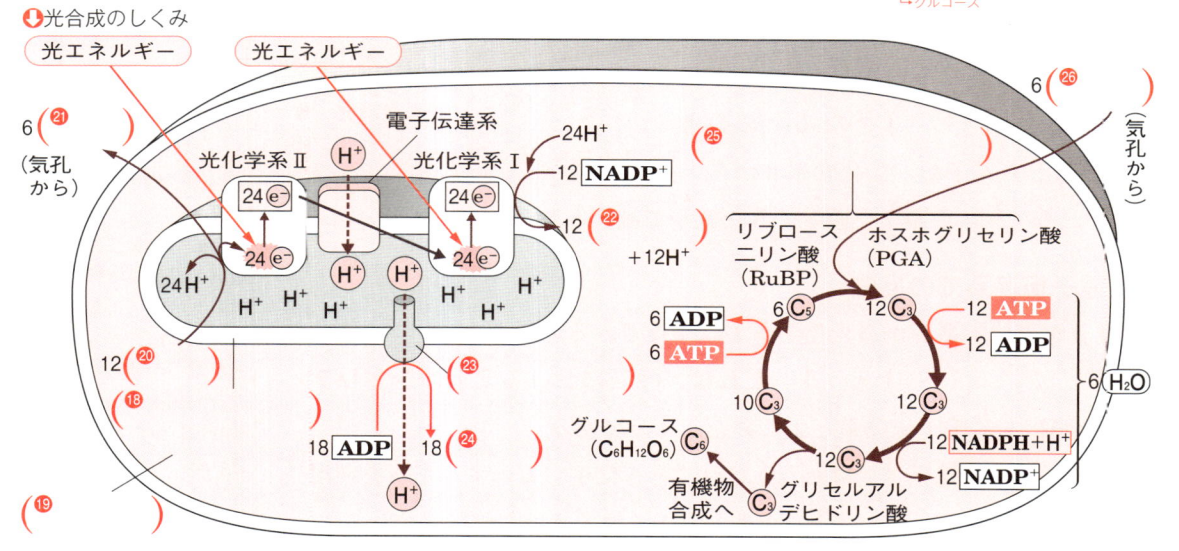

⬇光合成のしくみ

1章 細胞と分子 | 35

> **重要** 〔光合成の反応は4段階〕
> ①光エネルギーの吸収→②NADPHの生成→③ATPの合成
> →④カルビン・ベンソン回路（CO_2を固定して有機物を合成）

❸ C_4植物，CAM植物の光合成

1 C_4植物の光合成

① (㉗　　　植物)…カルビン・ベンソン回路以外に，CO_2をC_4化合物に一時的に蓄えるC_4回路をもっており，CO_2を効率よく固定する。♣6
  └→熱帯原産のサトウキビやトウモロコシなど。

② CO_2は，**葉肉細胞**の葉緑体で**リンゴ酸**（C_4化合物）などに固定され，維管束の周囲の**維管束鞘細胞**に送られて，(㉘　　　回路)で有機物に合成される。

2 CAM植物の光合成

① (㉙　　　植物)…砂漠地帯で，水分が蒸発しやすい昼間には気孔を開かず，夜間に気孔を開いてCO_2を吸収して蓄えるしくみ（ベンケイソウ型代謝）をもつ。♣6
  └→極端に乾燥した地域のサボテンやベンケイソウなどの多肉植物。
  └→この略称をCAMという。

② CO_2は(㉚　　　)にリンゴ酸（C_4化合物）などに固定されて**液胞**に蓄えられ，昼間になると，**カルビン・ベンソン回路**に送られて，有機物に合成される。

❹ 光合成と呼吸の共通点

① ミトコンドリアの(㉛　　　)にある**電子伝達系**と，葉緑体の(㉜　　　)の**電子伝達系**のしくみはよく似ている。

② クリステとチラコイドの膜上に存在する(㉝　　　酵素)はよく似ている。また，(㉞　　　)の流れを使ってATPを生成するしくみもよく似ている。ただし，呼吸では(㉟　　　リン酸化)とよばれ，光合成では(㊱　　　リン酸化)とよばれる。

♣6
C_4植物はCO_2の吸収を**空間的に分離**することで光合成速度が低下することを防いでいる。一方，CAM植物はCO_2の吸収を**時間的に分離**することで，CO_2の吸収に際して水分が失われることを防いでいるといえる。

ミニテスト　　　　　　　　　　　　　　　　　　　解答 別冊p.5

□❶ 光合成の場は何とよばれる細胞小器官か。
□❷ 光化学系の反応中心にある色素は何か。
□❸ チラコイドで光エネルギーを使ってATPを合成する過程を何というか。
□❹ 葉緑体で生成する酸素は何の分解産物か。
□❺ 葉緑体でCO_2を固定する反応系を何というか。
□❻ 光合成全体の化学反応式を答えよ。
□❼ 光合成と呼吸の共通点を2つ答えよ。

10 細菌の炭酸同化

解答 別冊 p.5

❶ 細菌の光合成

1 光合成細菌

① 原核生物の細菌の中で，光合成を行うものを(❶　　　　　　)という。

② **光合成細菌**には，**紅色硫黄細菌**，(❷　　　　　　細菌)などがある。♣1

③ これらの細菌は，葉緑体をもたないが，細胞内に光合成色素として(❸　　　　　　)をもつ。

④ 電子伝達系に電子を供給する物質として，水ではなく，(❹　　　　　　)を使う。その結果，周囲には**硫黄**が析出する。

⑤ 化学反応式は次のようになる。

$$6CO_2 + 12(\text{❺　　　}) + 光エネルギー \longrightarrow (C_6H_{12}O_6) + 6H_2O + 12(\text{❻　　　})$$

↳炭水化物

2 シアノバクテリアの光合成

① シアノバクテリアも葉緑体をもたないが，細胞内に光合成色素として(❼　　　　　　)をもち，**光化学系ⅠとⅡを使って緑葉と同じような光合成を行う**。♣2

② 電子伝達系に電子を供給する物質として，(❽　　　　　　)を使い，**酸素**を発生する。

③ 化学反応式は次のようになる。

$$6CO_2 + 12(\text{❾　　　}) + 光エネルギー \longrightarrow (C_6H_{12}O_6) + 6H_2O + 6(\text{❿　　　})$$

④ 以上のことから，シアノバクテリアが緑色植物と近縁であることがわかる。

⑤ シアノバクテリアには，(⓫　　　　　　)などがある。

> **重要** 〔細菌の炭酸同化〕
> **光合成細菌**…バクテリオクロロフィルをもち，H_2Sを使用。
> 　反応の結果，Sが析出する。
> **シアノバクテリア**…クロロフィルaをもち，H_2Oを使用。
> 　反応の結果，O_2が発生する。

♣1 緑色硫黄細菌は光化学系Ⅰに似た光化学系を，紅色硫黄細菌は光化学系Ⅱに似た光化学系をもつ。

◐光合成細菌の光合成
光エネルギー
CO_2 → 有機物($C_6H_{12}O_6$)
H_2S H → バクテリオクロロフィル → H_2O
　　　S → S
紅色硫黄細菌・緑色硫黄細菌など

◐シアノバクテリアの光合成
光エネルギー
CO_2 → 有機物($C_6H_{12}O_6$)
H_2O H → クロロフィルa → H_2O
　　　O → O_2
ネンジュモなど

♣2 シアノバクテリアはクロロフィルaをもち，光化学系ⅠとⅡをもつことから，緑色硫黄細菌と紅色硫黄細菌が何らかの形で合体してできたと考えられる。

❷ 化学合成

1 化学合成細菌

① (⑫　　　　　　)…酸素を使って無機物を酸化するときに生じる
(⑬　　　　エネルギー)を使って行う**炭酸同化**。

② 化学合成を行う細菌を(⑭　　　　　　)という。

③ 化学合成細菌には，(⑮　　　　　)・**硝酸菌**・(⑯　　　　　)・
　↳NH_4^+を酸化　　　　　　　　　　　↳H_2Sを酸化
鉄細菌などがある。

④ 亜硝酸菌と硝酸菌の化学合成の化学反応式は次のようになる。

亜硝酸菌：$2NH_4^+ + 3O_2 \longrightarrow 2NO_2^- + 2H_2O + 4H^+ +$ 化学エネルギー
　　　　　↳アンモニウムイオン　　↳亜硝酸イオン

$6CO_2 + 12H_2O +$ 化学エネルギー $\longrightarrow (C_6H_{12}O_6) + 6H_2O + 6O_2$
　　　　　　　　　　　　　　　　　　　　　↳有機物

(⑰　　　菌)：$2NO_2^- + O_2 \longrightarrow 2NO_3^- +$ 化学エネルギー
　　　　　　　　　　　　　　　↳硝酸イオン

$6CO_2 + 12H_2O +$ 化学エネルギー $\longrightarrow (C_6H_{12}O_6) + 6H_2O + 6O_2$

⑤ 亜硝酸菌と硝酸菌は，ともにはたらいて土中や水中でアンモニウムイオンから**硝酸イオン**をつくるので(⑱　　　菌)という。♣3

⑥ 硝化菌が行う(⑲　　　作用)は窒素循環において重要である。
↳硝化細菌ともいう。

2 深海の化学合成細菌

① **硫黄細菌**は，深海の(⑳　　　　　　)などに生息している。♣4
　　　　　　　　　　↳マグマによって熱せられた水が噴き出している場所。

② **硫黄細菌**は，(㉑　　　　　)を酸素で酸化するときなどに生じる
　　　　　　　　↳H_2S
化学エネルギーを利用しており，次のような反応を行う。

$2H_2S + O_2 \longrightarrow 2S + 2H_2O +$ 化学エネルギー

$2S + 3O_2 + 2H_2O \longrightarrow 2H_2SO_4 +$ 化学エネルギー
　　　　　　　　　　　　　↳硫酸

$6CO_2 + 12H_2O +$ 化学エネルギー $\longrightarrow (C_6H_{12}O_6) + 6H_2O + 6O_2$

> **重要**　〔化学合成〕
> 化学合成細菌：亜硝酸菌・硝酸菌・硫黄細菌・鉄細菌など
> O_2で無機物を酸化 $\longrightarrow$ 化学エネルギー発生
> ⇩
> $6CO_2 + 12H_2O +$ 化学エネルギー
> 　　　　　　　　　$\longrightarrow (C_6H_{12}O_6) + 6H_2O + 6O_2$

♣3 有機物の分解で生じた有毒物質のNH_4^+は，亜硝酸菌や硝酸菌の**硝化作用**によって無害なNO_3^-に酸化され，水とともに植物の根から吸収されて植物の窒素同化の材料として利用される。これらの**硝化菌**は生態系内の窒素循環において重要なはたらきをしている。

♣4 深海の**熱水噴出孔**付近に生息するシロウリガイやチューブワーム（ハオリムシ）は，体内に**硫黄細菌**を共生させていて，硫黄細菌がつくった有機物を利用して生きている。

ミニテスト　　　　　　　解答 別冊p.5

- ❶ 光合成細菌がもつ光合成色素は何か。
- ❷ 光合成細菌を2つあげよ。
- ❸ 光合成細菌が電子の供給源とする物質は何か
- ❹ シアノバクテリアがもつ光合成色素は何か。
- ❺ シアノバクテリアの例を1つあげよ。
- ❻ シアノバクテリアが電子の供給源とする物質は何か。
- ❼ 化学合成に使われるエネルギー源は何か。

11 窒素同化

解答 別冊 p.5

❶ 植物の窒素同化

1 窒素同化

♣1 有機窒素化合物は窒素を含む化合物であり、アミノ酸、タンパク質、DNA、RNA、ATP、クロロフィルなどがある。

① 植物が、体外から取り入れたNO_3^-などの無機窒素化合物からタンパク質などの有機窒素化合物を合成することを、（❶　　　　　）という。
　↳硝酸イオン

② 植物は、NO_3^-やNH_4^+などを根から吸収し、葉に運んで、NO_3^-を
　↳アンモニウムイオン
（❷　　　　酵素）と亜硝酸還元酵素を使って（❸　　　　）に還元した後、（❹　　　　　　）に合成する。

③ グルタミン酸の（❺　　　　）をアミノ基転移酵素でいろいろな
　　　　　　　　　↳ -NH₂
有機酸に転移して、20種類の**アミノ酸**を合成する。

④ 20種のアミノ酸を**ペプチド結合**させて、（❻　　　　　　）を合成する。

⑤ また、アミノ酸などから核酸、ATP、（❼　　　　　　）などの
　　　　　　　　　　　　　　　　　　　↳光合成色素
いろいろな有機窒素化合物を合成する。

> **重要**
> 〔窒素同化〕
> 無機窒素化合物（NO_3^-やNH_4^+） → アミノ酸を合成
> 　　　　　　　　　　　　　　　　　→タンパク質、核酸、ATP、クロロフィルを合成

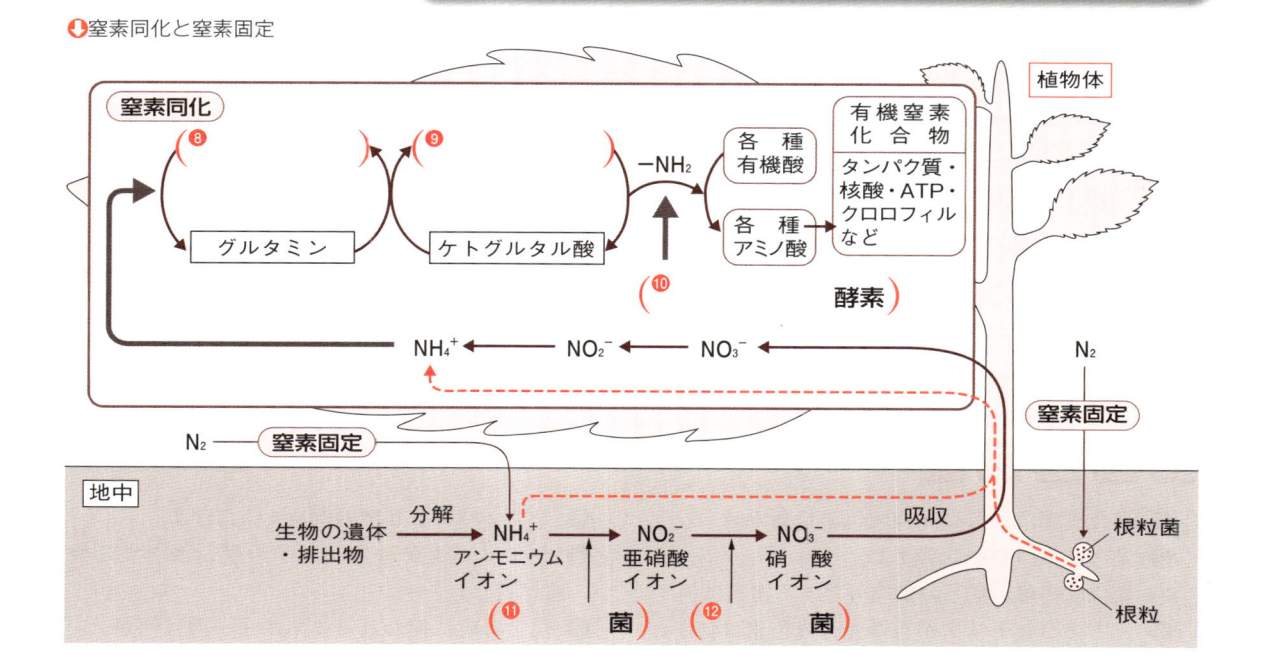

◉窒素同化と窒素固定

[図：窒素同化と窒素固定の経路図]

窒素同化：
グルタミン ⇄（❽）ケトグルタル酸 ⇄（❾）各種有機酸／各種アミノ酸（-NH₂転移）→ 有機窒素化合物（タンパク質・核酸・ATP・クロロフィルなど）

NH_4^+ ← NO_2^- ← NO_3^- ←（❿　　酵素）

植物体／窒素固定：N_2 → 根粒菌・根粒

地中：N_2（窒素固定）／生物の遺体・排出物 →（分解）→ NH_4^+（アンモニウムイオン）→ NO_2^-（亜硝酸イオン）→ NO_3^-（硝酸イオン）→ 吸収
（⓫　　菌）（⓬　　菌）

2 窒素固定

① (⑬　　　　　　)…細菌などのからだに，空気中の(⑭　　　　　　)を取り込んでNH₄⁺に還元する過程をいう。
　　　　　　　↑アンモニウムイオン

② 窒素固定でできた(⑮　　　　　　)を利用して窒素同化を行い，必要な有機窒素化合物を合成する。

③ N₂を固定するニトロゲナーゼという酵素をもっていて，窒素固定を
　↑窒素
　行う，根粒菌・(⑯　　　　　　)・クロストリジウム・シアノバクテリアなどの細菌を(⑰　　　　　　)という。

④ 根粒菌はマメ科植物の根に根粒をつくって(⑱　　　　　　)すると，窒素固定でつくった(⑲　　　　　　)をマメ科植物に供給し，マメ科植物からは光合成でできた有機物をもらう。そのため，マメ科植物は窒素源の少ないやせた土地でも生育できる。

♣2
窒素固定細菌の生活
根粒菌はマメ科植物と共生生活をしており，アゾトバクターやクロストリジウム，シアノバクテリアは独立生活をしている。

> **重要** 〔窒素固定〕
> 窒素固定細菌が，窒素からアンモニウムイオン(NH₄⁺)をつくる過程

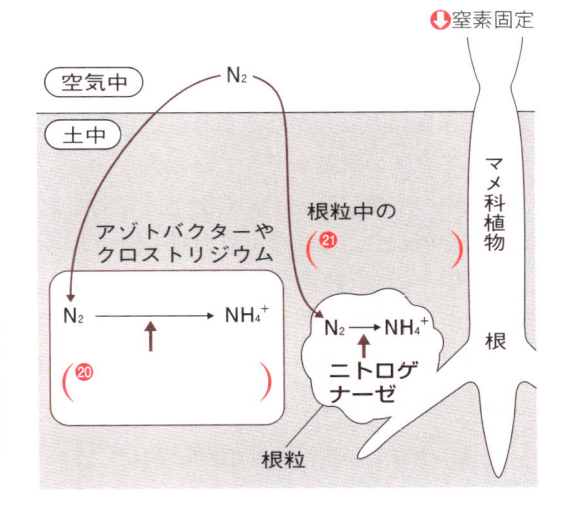

●窒素固定

❷ 動物の窒素同化

① 消化…動物は，食物として有機窒素化合物を取り込んで消化の過程で(㉒　　　　　　)に分解する。

② アミノ酸からタンパク質を合成したり，核酸(DNA・RNA)，ATPなどを合成したりする。

③ 動物が体内で合成できない(㉓　　　　アミノ酸)は，
　　　　　　　　　　　　　　　　↑動物によって異なる。
　食物から取り入れる必要がある。

> **重要** 〔動物の窒素同化〕
> 食物(タンパク質)→アミノ酸→有機窒素化合物
> 　　　　　　　　↑消化　　↑窒素同化

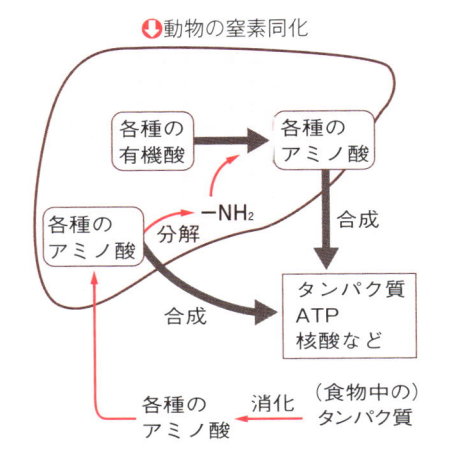

●動物の窒素同化

ミニテスト　　　　　　　　　　　　　　　解答 別冊 p.6

☐❶ 植物の窒素同化の材料となる無機窒素化合物は何か。

☐❷ 窒素固定とはどのような過程をいうか。

☐❸ 植物と共生生活をしたときだけ❷を行う細菌は何か。

☐❹ 動物は窒素同化の材料を何から得ているか。

1章 細胞と分子　練習問題

解答　別冊p.20

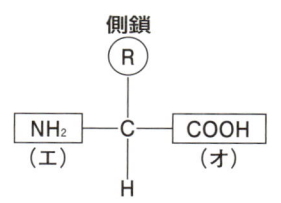

❶〈タンパク質の構造〉
▶わからないとき→ p.10, 11

タンパク質について説明した次の文について，あとの問いに答えよ。

タンパク質は，右図のような構造の(ア)が多数(イ)結合したものである。(ア)の数や配列順序は，遺伝子の本体であるDNAの(a)塩基配列によって決定される。ペプチド鎖は水素結合によって，(b)ねじれる，(c)折りたたまれるなどして，(d)特有の立体構造をつくる。さらに，これが部分的構造となって，(e)より複雑な立体構造をつくる。また，赤血球の成分となっている(ウ)などでは，(f)4つのペプチド鎖が組み合わさって全体の構造ができている。

(1) 文中の空欄(ア)～(ウ)に適当な語句を記入せよ。
(2) 図中の(エ)，(オ)の部分の原子団の名称を答えよ。
(3) 図中のRは一般式で示したものである。Rに該当するものは何種類あるか。
(4) 文中の下線部(a)～(f)のタンパク質の構造を，それぞれ何というか。
(5) 高温や酸・アルカリでタンパク質の立体構造が変化し，タンパク質のもつ性質が変わることを何というか。

ヒント (2) (エ)，(オ)は官能基とよばれ，その名称の末尾は「基」で終わる。

❷〈酵素〉
▶わからないとき→ p.12～17

酵素はタンパク質でできた触媒なので，二酸化マンガンなどの無機触媒に対して生体触媒とよばれ，無機触媒には見られない色々な性質をもっている。これについて，次の問いに答えよ。

(1) 酵素が，ふつう1種類の基質としか反応しない性質を何というか。
(2) 酵素が最もはたらきやすい温度のことを何というか。また，一般的にはその温度は何度ぐらいか。
(3) 酵素が最もはたらきやすいpHのことを何というか。
(4) 次の酵素では，最もはたらきやすいpHはそれぞれいくらぐらいか。
　① ペプシン　　② トリプシン　　③ だ液アミラーゼ
(5) 酵素の活性部位に結合して酵素のはたらきを助ける低分子有機化合物を何というか。また，脱水素酵素の場合の例を1つ答えよ。

ヒント ペプシンは酸性で，トリプシンは弱アルカリ性でよくはたらく。

❸〈細胞膜〉
▶わからないとき→ p.18, 19

細胞膜や細胞小器官の膜は生体膜とよばれる。次の各問いに答えよ。

(1) 生体膜の主要な構成成分を2つ答えよ。
(2) 生体膜にある輸送タンパク質をそのはたらきにより3つに大別せよ。

❹〈細胞の構造を支えるしくみ〉
　細胞内部には，タンパク質の繊維状構造があり，これによって細胞の形が支えられている。これについて，次の問いに答えよ。
▶わからないとき→ p.20, 21

(1) 文中の下線部の構造を何というか。
(2) 図中の a ～ c をそれぞれ何というか。
(3) 次の文と最も関係の深いものは，それぞれ a ～ c のどの構造か。
　① アメーバ運動や筋収縮に関係している。
　② 細胞分裂のときに見られる紡錘糸は，この繊維状構造である。

ヒント (2) 細胞の形を支える繊維のうち，最も太いものが微小管である。

❺〈呼吸と発酵〉
　異化には呼吸と発酵がある。これについて，次の問いに答えよ。
▶わからないとき→ p.24～29

(1) 呼吸の過程は3つに分けることができる。その過程の名称および反応が行われる場所をそれぞれ答えよ。
(2) 呼吸で起こるADPのリン酸化には2種類ある。その名称を答えよ。
(3) 呼吸では，ATPの大半は電子伝達系でつくられる。この過程において，H^+の流れを利用してATPをつくる酵素の名称を答えよ。
(4) 呼吸では酸素は何のために利用されるか。
(5) ①乳酸菌，②酵母が行う発酵をそれぞれ何というか。

ヒント (4) NADHが運んできた電子(H)が蓄積すると呼吸の反応は停止する。

❻〈光合成〉
　緑葉の光合成は(a)<u>ある細胞小器官</u>で行われる。その中の(b)<u>袋状構造</u>の中に(c)<u>光合成色素</u>が含まれている。これについて，次の問いに答えよ。
▶わからないとき→ p.30～37

(1) 文中の下線部(a)のある細胞小器官とは何か。
(2) 文中の下線部(b)の膜状構造を何というか。
(3) 文中の下線部(c)のうち，中心となるのはどの色素か。
(4) 光合成色素が吸収する光は何色の光か。2つ答えよ。
(5) 水の分解をするのは光化学系ⅠかⅡかどちらか。
(6) 光合成の電子伝達系は葉緑体のどの部分にあるか。
(7) 光合成でATPを合成する反応を何というか。
(8) 二酸化炭素を固定する回路状の反応を何というか。

ヒント (7) 光合成では電子伝達系で光エネルギーを使ってATPをつくる。

2章 遺伝情報とその発現

1 DNAとその複製

解答 別冊 p.6

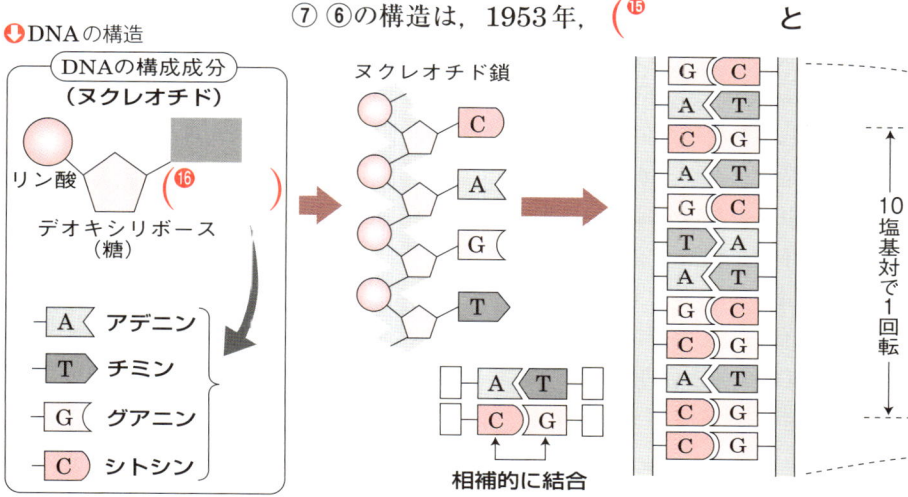

❶ DNAの分子構造

① 遺伝子の本体である**DNA**(デオキシリボ核酸)を構成する単位は（❶　　　　　　）で,リン酸・(❷　　　　　　)(糖)・塩基が結合したものである。

② DNAに含まれる塩基にはA：(❸　　　　　)，T：(❹　　　　　)，G：(❺　　　　　)，C：(❻　　　　　)の4種類がある。

③ DNAは**ヌクレオチド**どうしが，糖とリン酸の部分で多数結合した（❼　　　　　　）からできている。

④ ヌクレオチド鎖には方向性があり，リン酸側は(❽　　　末端)←数字を用いた名称，糖側は(❾　　　末端)←数字を用いた名称とよばれる。♣1

⑤ ヌクレオチドが次々と結合してヌクレオチド鎖が伸長するときには，(❿　　　末端)から(⓫　　　末端)の方向に伸長する。すなわち，ヌクレオチド鎖の3′末端に新しいヌクレオチドが結合していく。

⑥ 2本のヌクレオチド鎖は，Aと(⓬　　　)，Cと(⓭　　　)という**相補的**な塩基対どうしが結合して，DNAの(⓮　　　　　)←この結合を水素結合という。をつくる。

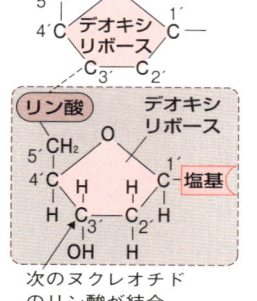

⑦ ⑥の構造は，1953年，(⓯　　　　　と　　　　　)が提唱した。

♣1
DNAを構成している**糖**(デオキシリボース)には，下図のように番号がつけられている。ヌクレオチドを構成するリン酸とは5′の炭素で結合し，次のヌクレオチドのリン酸とは3′の炭素部分で結合する。

↓DNAの構造

〔DNAの分子構造〕
4種類のヌクレオチドが5′→3′方向に結合・伸長してできる。
2本の鎖がAとT，GとCで相補的な塩基対→二重らせん構造

重要実験　DNAの抽出実験

方法（操作）
(1) 凍らせたタラの精巣（白子）をおろし金でおろした後，乳鉢ですりつぶす。
(2) (1)にトリプシン水溶液を加え，さらに食塩水を加えて軽く混ぜ，ビーカーに入れた後100℃で4分間湯せんする。これを氷水で冷やした後，ガーゼでろ過して（⑰　　　　　）を除去する。
(3) (2)のろ液に－10℃ぐらいに冷やしたエタノールを静かに加えてゆっくりとガラス棒でかき混ぜると，ガラス棒に繊維状物質が巻きつく。これを再び食塩水に溶かして湯せんした後，(2)の操作をくり返す。
(4) ガラス棒に巻きついた繊維状物質を少量の水で溶かして，ろ紙上にスポットした後，酢酸オルセイン溶液で染色して何色に染色されたかを調べる。

結果と考察
① (3)の繊維状物質は（⑱　　色）であり，(4)のスポットは（⑲　　色）に染色された。
② (2)と(3)の操作は，DNAからタンパク質を除去するための操作である。酢酸オルセインはDNAを**赤色**に染色する。メチルグリーン・ピロニン溶液で染色すると（⑳　　色）に染色される。

❷ DNAの複製

1 細胞分裂とDNAの複製

① 体細胞分裂や減数分裂時のDNA量の変化を調べると，それぞれ右図のようになる。
② 細胞の一生は，**分裂期**（M期）と**間期**に分けられ，DNAは間期のある時期に（㉑　　倍）となることから，この時期にDNAの複製が行われていると考えられる。
③ DNAの複製が行われる時期を（㉒　　期）（S期），S期の前後の時期を（㉓　　期）
　↳SはSynthesisの頭文字
（G₁期），分裂準備期（G₂期）とよぶ。
　↳GはGapの頭文字

●細胞分裂とDNA量の変化

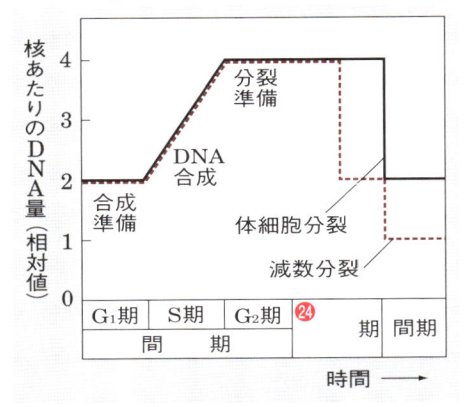

重要　体細胞分裂でも，減数分裂でも，DNAは間期のS期に2倍に複製される。

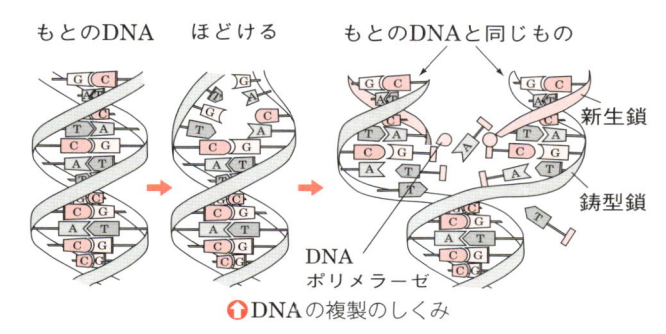

もとのDNA　ほどける　もとのDNAと同じもの

↑DNAの複製のしくみ

♣2
プライマー
DNAの新生鎖の合成には複製開始点となる塩基配列が必要であり、これをプライマーという。まず、プライマーに対応した短いRNAが合成され、ここからDNAの新生鎖が伸長する。

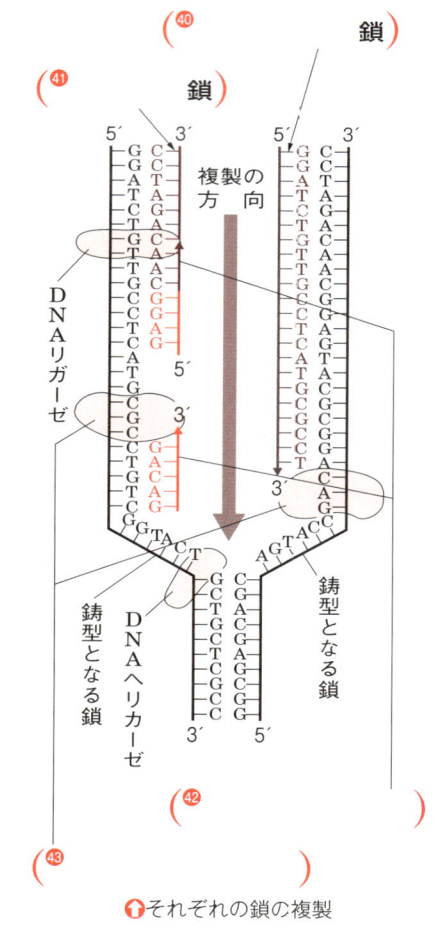

2 DNAの半保存的複製

① DNAの二重らせん構造がほどけて、もとの2本のヌクレオチド鎖がそれぞれ（㉕　　　　）となる。

② 鋳型の塩基と（㉖　　　的）な塩基をもつヌクレオチドが、Aと（㉗　　　）、Cと（㉘　　　）で対をつくる。

③ 新しく並んだヌクレオチドどうしが、（㉙　　　　酵素）（DNAポリメラーゼ）のはたらきによって次々と結合されて、新しいヌクレオチド鎖（新生鎖）がつくられる。♣2

④ このようにして、もとと同じ塩基配列をもつ（㉚　　本鎖）のDNAが（㉛　　つ）できる。

⑤ このようなDNAの複製のしくみを（㉜　　　　　）といい、（㉝　　　　と　　　　）によって証明された（→p.45）。

3 複製のしくみ

① まず、DNAの二重らせんを**DNAヘリカーゼ**が開く。　↳酵素

② 元の2本のヌクレオチド鎖が鋳型となって、新しいヌクレオチドが相補的に結合し、これをDNA合成酵素が順に結合していくが、DNA合成酵素は（㉞　　）→（㉟　　）方向だけにしかヌクレオチド鎖を伸ばすことができない。

③ （㊱　　　　　鎖）…DNAがほどけていく方向に連続的にできる、新しいヌクレオチド鎖。

④ （㊲　　　　　鎖）…リーディング鎖の反対側の鎖。DNA合成酵素は、5′→3′方向にしか鎖を伸ばせないので、（㊳　　　　　）とよばれる小さな断片ごとに、5′→3′方向にヌクレオチド鎖を結合させる。　↳岡崎令治によって発見された。

⑤ ラギング鎖では、不連続的につくられた断片的な鎖どうしは、（㊴　　　　　）によって結合されて、もとのヌクレオチド鎖と対応する新しいヌクレオチドが合成される。これらがもとの鎖と新しいDNAをつくる。　↳酵素

（㊵　　　鎖）
（㊶　　　鎖）
DNAリガーゼ
鋳型となる鎖
DNAヘリカーゼ
複製の方向
鋳型となる鎖
（㊷　　　）
（㊸　　　）

↑それぞれの鎖の複製

> **重要**
> 〔DNAの複製〕
> リーディング鎖は連続的に複製→新生鎖
> ラギング鎖は不連続的に複製→酵素で結合→新生鎖

2章 遺伝情報とその発現 | 45

4 複製の誤りと修復 DNAの複製時に誤った塩基対が形成されると，(㊹　　　合成酵素)は結合せず，誤ったヌクレオチドを取り除いてからヌクレオチドをつなぎ直すしくみをもっている(修復)。

重要実験　メセルソンとスタールの実験

方法(操作)▼

(1) 大腸菌は培地に糖のほか，塩化アンモニウム(NH_4Cl)を加えて培養できる。

(2) 窒素源として^{15}N(^{14}Nよりも重い窒素原子)からなる$^{15}NH_4Cl$を含む培地で大腸菌を何代も培養すると，大腸菌のDNAを構成するヌクレオチドの塩基中に含まれている窒素はすべて^{15}Nに置き換わる。このDNAを**重いDNA**(^{15}N-^{15}N DNA)と表示する。

(3) 重いDNA(^{15}N-^{15}N DNA)をもつ大腸菌を^{14}Nからなる$^{14}NH_4Cl$を含むふつうの培地に移し，分裂をそろえる薬剤を加えて培養し，分裂後の大腸菌のDNAの重さを密度勾配遠心法によって調べた。

結果と考察▼

1回目の分裂後，大腸菌のDNAのうち(㊺　　　)が中間の重さのDNA(^{14}N-^{15}N DNA)となった。2回目の分裂後には，^{14}N-^{15}N DNAと**軽いDNA**(^{14}N-^{14}N DNA)の比が(㊻　　：　　)となった。続く3回目，4回目の分裂後には，次のようになった。

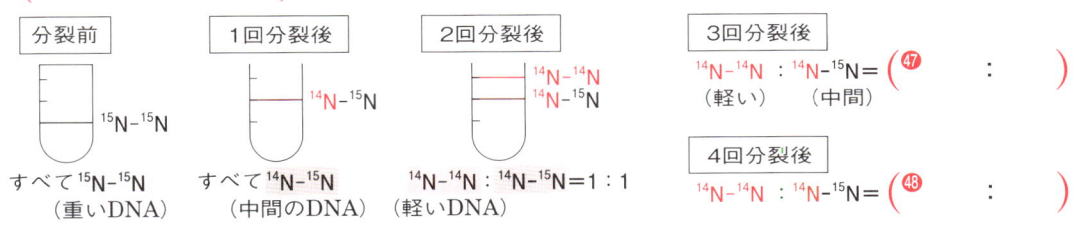

分裂前	1回分裂後	2回分裂後	3回分裂後
^{15}N-^{15}N	^{14}N-^{15}N	^{14}N-^{14}N ^{14}N-^{15}N	^{14}N-^{14}N : ^{14}N-^{15}N = (㊼　：　) (軽い)(中間)
すべて^{15}N-^{15}N (重いDNA)	すべて^{14}N-^{15}N (中間のDNA)	^{14}N-^{14}N : ^{14}N-^{15}N = 1 : 1 (軽いDNA)	4回分裂後 ^{14}N-^{14}N : ^{14}N-^{15}N = (㊽　：　)

上の結果をDNAで示すと次のように示すことができる。

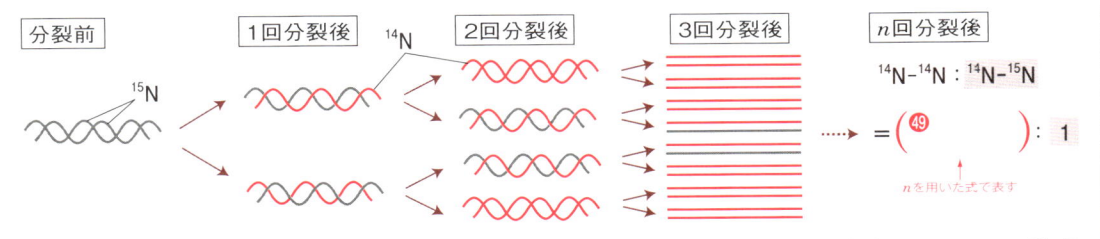

分裂前	1回分裂後	2回分裂後	3回分裂後	n回分裂後
^{15}N	^{14}N			^{14}N-^{14}N : ^{14}N-^{15}N ……→ = (㊾　　) : 1 nを用いた式で表す

解説▼

密度勾配遠心法…塩化セシウム($CsCl$)溶液に遠心力を加えると，塩化セシウムの濃度勾配ができ，底に近いほど濃度が高くなる。この試験管にDNAを加えると，DNAはその密度とつり合った部分に集まるので，^{14}N，^{15}Nのようなごくわずかな質量の差でも物質を分離することができる。

ミニテスト　　　　　　　　　　　　　　　　　　　　　　　　　　　解答 別冊p.6

☐❶ DNAの構成単位を何というか。　　　　☐❸ DNAの複製方式を何というか。
☐❷ ❶は何と何と何からできているか。　　☐❹ DNA断片を結合する酵素を何というか。

2 遺伝情報と形質発現

❶ RNA（リボ核酸）

核酸には、DNA 以外に **RNA**（リボ核酸）がある。

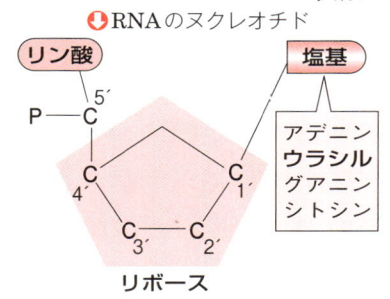

1 RNAの構成単位と構造

① **RNA** の構成単位は（❶　　　　　）である。　　　↳DNAと同じである。

② そのヌクレオチドは、リン酸，（❷　　　　　）（糖），
4種類の**塩基 A**：アデニン，**U**：（❸　　　　　），**G**：
グアニン，**C**：シトシンよりなる。　　↳DNAのT：チミンに対応する。

③ RNAは、DNAと異なり、一重らせん構造である。
　　　　　　　　　　　　　　　　　　　　↳DNAは二重らせん構造である。

重要　〔DNAとRNAの相違点〕

	糖	塩基	構造
DNA	デオキシリボース	A, T, G, C	二重らせん構造
RNA	リボース	A, U, G, C	一重らせん構造

2 RNAの種類

RNAには次の3種類があり、遺伝情報をもとに形質を発現する過程♣1
において、それぞれ異なった重要なはたらきをしている。

① （❹　　　　　）（伝令RNA）…DNAの塩基配列を**転写**（→p.47）し
　　　　　　　↳DNAの塩基配列がRNAに写し取られる過程を転写という。
て、DNAの情報を細胞質のリボソームに伝える。

② （❺　　　　　）（転移RNA）…mRNAの情報にしたがってアミノ
酸を運ぶ（→p.48）。

③ （❻　　　　　）（リボソームRNA）…タンパク質と共にリボソー
ムを構成し、**翻訳**（→p.48）の場となる。
　　↳mRNAの塩基配列がアミノ酸配列に読みかえられる過程を翻訳という。

重要　〔RNAの種類〕
mRNA，tRNA，rRNAの3種類があり、役割が異なる。

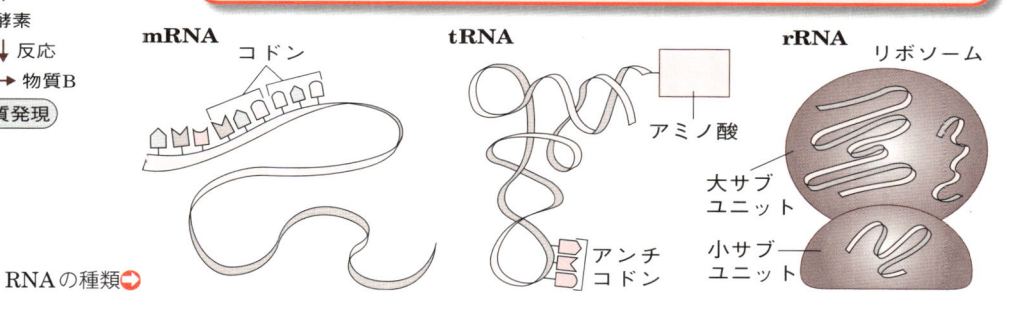

♣1 遺伝情報の流れは次のようになっており、2つのタイプの形質発現がある。

DNAの塩基配列
（遺伝情報）
↓ 転写
mRNAの塩基配列
↓ 翻訳
アミノ酸配列
↓
タンパク質の決定
①↓　　②↓
形質発現　酵素
　　　　　↓反応
　　物質A → 物質B
　　　　　形質発現

❷ 遺伝情報の転写（真核細胞の場合）

1 転写とそのしくみ

① 転写でも複製と同様にDNAが（❼　　　）となり，そのDNAの塩基配列と（❽　　　的）な塩基配列をもつRNAがつくられる。♣2
DNAの二本鎖のうち，どちらが転写されるかは決まっており，転写される鎖を**アンチセンス鎖**，転写されない鎖を**センス鎖**という。♣3

② DNAの特定の部分で水素結合が切れて二重らせんがほどける。すると，転写の目印となる塩基配列である（❾　　　）の部分に**基本転写因子**と（❿　　　　）（**RNA合成酵素**）が結合して転写を開始する。RNA合成ではDNA複製のようにプライマーを必要としない。

③ **RNAポリメラーゼ**は移動しながら，鋳型となるDNAの塩基配列を写しとり，RNAを（⓫　　→　　）方向に端から順に連結してヌクレオチド鎖をつくる。

④ この過程を（⓬　　　）といい，終了した部分からDNAはもとの二重らせん構造にもどる。

⑤ 遺伝情報の転写は，DNA上の終了を意味する塩基配列まで続き，そこで終了する。RNAの合成が終わると，RNAポリメラーゼはDNAからはずれる。

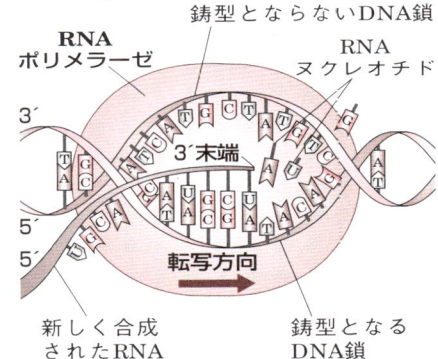

2 スプライシング

① 真核細胞では，DNAの塩基配列の中に遺伝子としてはたらく（⓭　　　）と，遺伝子としてはたらかない（⓮　　　）が含まれている。

② 転写によってできたRNAから**イントロン**を除去する過程を（⓯　　　）という。

③ ②の処理後のRNAが（⓰　　　）である。

3 選択的スプライシング
スプライシングの過程で，取り除くイントロンの部分が異なる結果，塩基配列の異なる（⓱　　　）ができることを（⓲　　　）という。

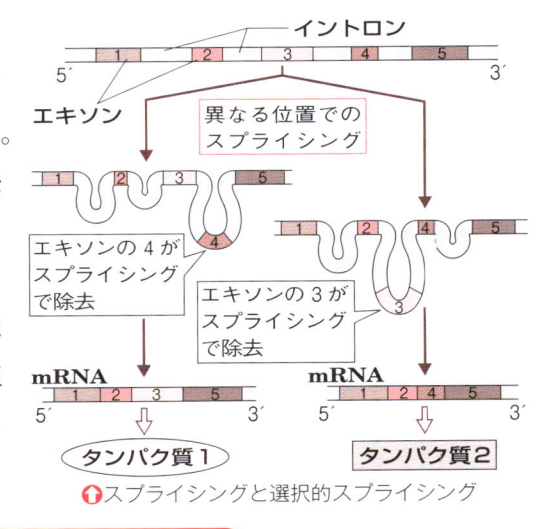

♣2
転写と塩基の対応

DNAの塩基	A	T	C	G
	↓	↓	↓	↓
RNAの塩基	U	A	G	C

♣3
DNAの2本の鎖のうち，mRNAと同じ塩基配列（TはUに置き換わる）を**センス（sense）鎖**という。これに対してmRNA合成の鋳型となる側の鎖を**アンチセンス鎖**という。実際に転写に使われるのはアンチセンス鎖である。

⬇転写とRNAポリメラーゼ

⬆スプライシングと選択的スプライシング

重要

DNAのアンチセンス鎖 ➡ RNA ➡ mRNA
　　　　　　　　　転写　　スプライシング

DNA

RNAポリメラーゼ

⑲

エキソン

(㉑　　　　　)

⑳

mRNA
（伝令RNA）

↑遺伝情報の転写

核膜孔 → 細胞質へ

核　核膜　細胞質

❸ 翻訳のしくみ（真核細胞の場合）

① タンパク質の合成は細胞質の(㉒　　　　　)上で行われる。
② mRNAの塩基配列は(㉓　　個)で1つのアミノ酸を指定する。この遺伝暗号を(㉔　　　　　)という。核膜孔から細胞質に出たmRNAは(㉕　　　　　)と結合する。
③ リボソームはmRNAの**コドン**を読み取る。そしてリボソームは，コドンに対応する(㉖　　　　　)をtRNAに運んでこさせる。
④ tRNAはコドンに対応する(㉗　　　　　)をもつ。指定されたアミノ酸を運んできたtRNAは**アンチコドン**の部分でコドンと結合し，リボソームにアミノ酸をわたしてから，mRNAから外れる。
⑤ リボソームはアミノ酸どうしを(㉘　　結合)させる。これをくり返すことで，DNAの塩基配列（遺伝情報）にしたがったタンパク質が合成される。この過程を遺伝情報の(㉙　　　　　)という。

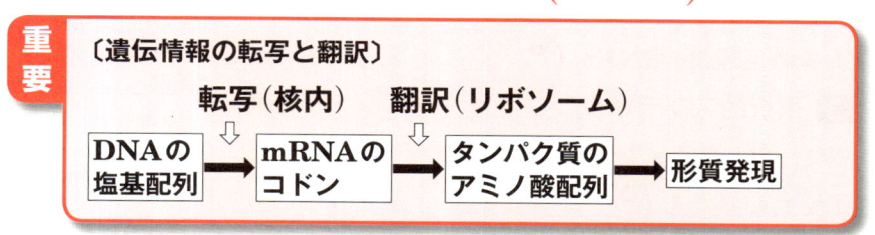

♣4
トリプレット説
DNAの塩基配列3つで1つのアミノ酸を指定するという説をトリプレット説という。トリプレットのうち，mRNAのものを**コドン**，tRNAのものを**アンチコドン**という。

♣5
次のページの表のようにコドンには翻訳の起点となる開始コドンと終わりを指定する終止コドンもある。

→ダルマ形をした細胞小器官。

【重要】〔遺伝情報の転写と翻訳〕

転写（核内）　　翻訳（リボソーム）
DNAの塩基配列 → mRNAのコドン → タンパク質のアミノ酸配列 → 形質発現

❹ 原核細胞の転写と翻訳

① 原核細胞のDNAには(㉞　　　　　)の部分がないので，(㉟　　　　　)の過程はなく，DNAの塩基配列を転写した

図: 遺伝情報の翻訳

（㉚　　　）（㉛　　　）

核から出てきたmRNA

ポリペプチド鎖

タンパク質

（㉜　　　）（㉝　　　）

バリン　セリン　チロシン　グルタミン酸

↑遺伝情報の翻訳

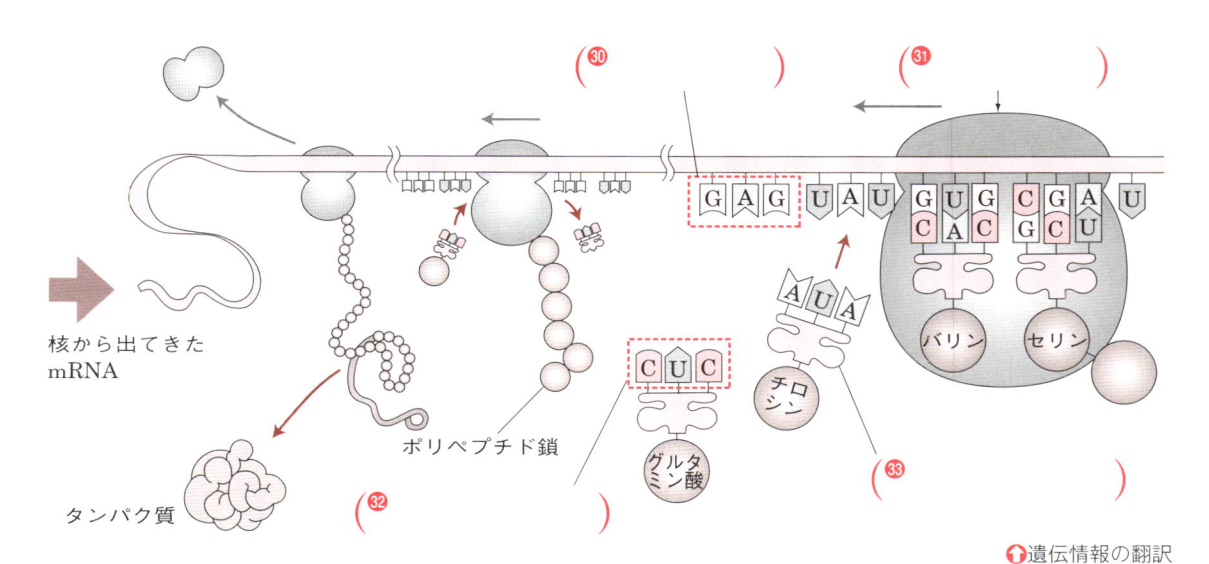

RNAはそのままmRNAとしてはたらく。
② mRNAが合成されるとその端に（㊱　　　）が結合して翻訳が始まり，タンパク質が合成される。すなわち，原核細胞では転写と（㊲　　　）が同時に行われる。

大腸菌のDNA　合成中のタンパク質
RNA　RNAポリメラーゼ

（㊳　　　）（㊴　　　）
↑原核生物の転写と翻訳

❺ コドン表（遺伝暗号表）

ニーレンバーグらの大腸菌抽出物と人工RNAを使った実験により，遺伝暗号が解明された。
翻訳に必要な酵素などはそろっている。

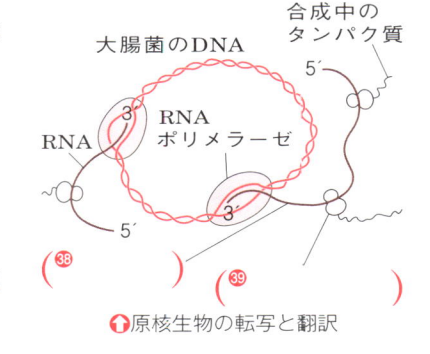

① UUUUUU…という塩基配列のRNAからは，（㊵　　　）のみからなるタンパク質が合成された。

② UGUGUG…という塩基配列の場合には，バリンのみ，システインのみのタンパク質が1:1，UGGUGG…という塩基配列の場合には，バリン，グリシン，トリプトファンのみからなるタンパク質が1:1:1でできた。
よって，GUGは（㊶　　　）を指定するコドンだと判明した。
同様の実験をくり返して，上のコドン表がつくられた。

		2番目の塩基				
		U	C	A	G	
1番目の塩基	U	UUU UUC フェニルアラニン UUA UUG ロイシン	UCU UCC UCA UCG セリン	UAU UAC チロシン UAA UAG 終止コドン	UGU UGC システイン UGA 終止コドン UGG トリプトファン	U C A G	3番目の塩基
	C	CUU CUC CUA CUG ロイシン	CCU CCC CCA CCG プロリン	CAU CAC ヒスチジン CAA CAG グルタミン	CGU CGC CGA CGG アルギニン	U C A G	
	A	AUU AUC イソロイシン AUA （開始コドン） AUG メチオニン	ACU ACC ACA ACG トレオニン	AAU AAC アスパラギン AAA AAG リシン	AGU AGC セリン AGA AGG アルギニン	U C A G	
	G	GUU GUC GUA GUG バリン	GCU GCC GCA GCG アラニン	GAU GAC アスパラギン酸 GAA GAG グルタミン酸	GGU GGC GGA GGG グリシン	U C A G	

↑コドン表（遺伝暗号表）

❻ 遺伝情報の変化と形質への影響

1 遺伝情報の変化

① (㊷　　　線)や化学物質の影響，または複製時の誤りによってDNAの塩基配列が変化することを，(㊸　　　　　)という。

② (㊹　　　　　)…1つの塩基が別の塩基に置き換わる場合。次のように，コドンの指定がどうなるかによって影響が異なる。
　　↳生命活動に必須であるタンパク質に影響すると，致命的な場合もある。

- コドンが同じアミノ酸を指定→形質変化は起こらない。
- コドンが異なるアミノ酸を指定→場合によって形質が変化する。
- コドンが終止コドンに変化→形質に大きく影響する。

③ (㊺　　　　　)と挿入…塩基が失われる**欠失**や余分の塩基が入る**挿入**が起こると，コドンの読みがずれる(㊻　　　　　)が起こる。→アミノ酸配列が大幅に変化→形質に大きく影響する。

重要　〔DNAの塩基配列の変化と形質〕
DNAの置換・欠失・挿入→アミノ酸配列の変化→|形質の変化|

2 かま状赤血球貧血症

① 遺伝子突然変異の例として，ヒトの(㊼　　　　　　　　)が知られている。これは，赤血球が酸素を放出すると鎌状(三日月状)に変形して壊れたり毛細血管を通りにくくなるために，酸素の運搬能力が著しく低下して貧血症状を起こす遺伝病である。

② ①は(㊽　　　　　)をつくるペプチド鎖の6番目のアミノ酸が正常なヒトではグルタミン酸であるのに対して(㊾　　　　　)に置き換わっていることで起こる。

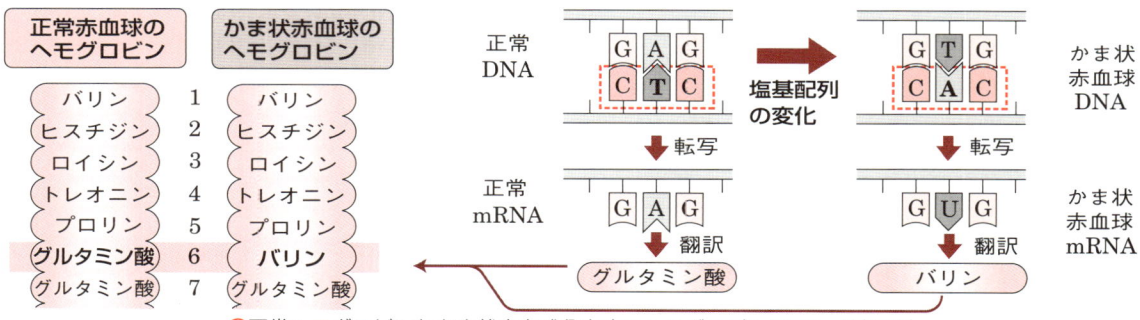

⬆正常ヘモグロビンとかま状赤血球貧血症のヘモグロビンのアミノ酸配列

重要　〔かま状赤血球貧血症〕
正常CTC→異常CACに変化→赤血球がかま状に変形

⬇塩基配列異常の例

① 正常な場合
（DNA→mRNA→アミノ酸：バリン・リシン・プロリン）

② 置換（終止コドン）
→タンパク質に大きな変化

③ 挿入（フレームシフト）
→バリン・グルタミン酸・トレオニン　以後ずれる
タンパク質に大きな変化

3 ヒトの代謝異常

① ヒトの代謝異常にはフェニルケトン尿症やアルカプトン尿症，アルビノなどがある。

② **フェニルケトン尿症**…右図の遺伝子Pに異常が起こって酵素Pがはたらかなくなり，(⑳　　　)が体内に蓄積して，脳に障害を与え，フェニルケトンが尿中に排出される(㉑　　　尿症)となる。♣6

③ **アルカプトン尿症**…遺伝子Hの異常により酵素Hが異常になると，(㉒　　　)が体内に蓄積して，尿中に排出される**アルカプトン尿症**となる。

④ 遺伝子Mの異常により酵素Mが異常になると，黒色色素である(㉓　　　)が合成できなくなる**アルビノ**(白子)となる。

⬇フェニルアラニンの代謝異常

食物 タンパク質 → フェニルアラニン ----> フェニルケトン
　　　　　　　　　　↑酵素P ⇐ 遺伝子P
　　　　　　　チロシン → メラニン(黒色色素)
　　　　　　　　　　↑酵素M ⇐ 遺伝子M
　　　　　　　アルカプトン
　　　　　　　　　　↑酵素H ⇐ 遺伝子H
　　　　　　　H_2O, CO_2

> **〔ヒトの代謝異常〕**
> **フェニルケトン尿症：フェニルアラニン→チロシンの酵素異常**
> **アルカプトン尿症：アルカプトン→H_2O, CO_2の酵素異常**
> **アルビノ：チロシン→メラニン(黒色色素)の酵素異常**

4 一塩基多型とゲノムの多様性

① 同種の個体間で見られる塩基配列(㉔　　　個)単位の違いを(㉕　　　)(**SNP**)という。ゲノム中に多く見られる。
→single nucleotide polymorphismの略

② これは，置換などで塩基の1つが変化して生じるもので，指定する(㉖　　　)はほとんど変化せず，個体の生存に不利益を与えないことが多い。**一塩基多型**は生物の(㉗　　　)に多様性を与えていると考えられる。♣7

5 DNAの修復

DNAの塩基配列に異常が起こった場合，異常を起こした部分やその周辺の一部を除去した後，正常な塩基配列に修復するしくみが細胞には複数備わっている。これを(㉘　　　)という。

♣6 **フェニルケトン尿症**
13個のエキソンと12個のイントロンからなる遺伝子Pが，スプライシングのときに，本来必要な12番目のエキソンを除去してしまうと，酵素Pが合成できなくなってフェニルケトン尿症が起こる。スプライシングの誤りが起こるのは，12番目のイントロンの最初にある塩基CAがCTに置き換わったためである。

♣7 **一塩基多型の利用**
薬に対する抵抗性や副作用などの個人差は一塩基多型によるものと考えられている。この解明が進めば，個人に最も適した**オーダーメイド医療**などが可能になると考えられている。

ミニテスト　解答 別冊p.6

□❶ DNAの塩基配列をRNAに写し取ることを何というか。

□❷ mRNAの塩基配列をアミノ酸配列に置き換えることを何というか。

3 形質発現の調節

解答 別冊 p.7

❶ 遺伝子の発現と調節

遺伝子発現の調節は，おもに（❶　　　　　）の開始段階を調節することで行われる。遺伝子の発現には次の2つのタイプがある。

- **構成的発現**…生存に必要な代謝に関係する酵素などを常に合成して発現すること。遺伝子の転写が常に行われている。
- **調節的発現**…発生段階などに応じてonとoffが切りかわるような発現。（❷　　　　遺伝子）によってつくられる（❸　　　　タンパク質）が他の遺伝子の転写を調節するなどして制御される。

♣1 **構成的発現の例**
ATP合成にはたらく酵素の遺伝子のように，どの細胞でも生存に必要な遺伝子は，常に発現している。

♣2 これは，1961年にジャコブとモノーによって提唱された考え方で，オペロン説とよばれる。また，ラクトースの分解に関係する酵素群の遺伝子のオペロンをラクトースオペロンという。

♣3 ラクトースオペロンのように，リプレッサー（抑制因子）とよばれる調節タンパク質が転写を抑制する調節は，**負の調節**とよばれる。
逆に，活性化因子とよばれる調節タンパク質が転写を促進する調節は，**正の調節**とよばれる。

❷ 原核生物の遺伝子の発現調節

1 遺伝子発現の転写調節機構（オペロン説）

原核生物では，関連する複数の遺伝子が隣り合った転写単位である（❹　　　　　）が存在し，**調節遺伝子**によって共通の制御を受けている。その調節のしくみは次のようになっている。

① ラクトースがない環境では，（❺　　　　遺伝子）がつくった調節タンパク質（リプレッサー）が抑制物質として（❻　　　　）（作動遺伝子）と結合し，ラクターゼをつくる遺伝子の転写を止めている。
　　　　　　　　　　　　　　　　　↳乳糖分解酵素。乳糖をグルコースとガラクトースに分解する。

② ラクトースがある環境では，**調節遺伝子**がつくった**調節タンパク質**にラクトースが結合し，調節タンパク質が**オペレーター**から離れる。すると，**RNAポリメラーゼ**が（❼　　　　　）の部分に結合し，（❽　　　　　）を合成する**転写領域**の転写が始まり，ラクターゼが合成されて，（❾　　　　　）が分解されるようになる。
　　　　　　　　　　↳RNA合成酵素

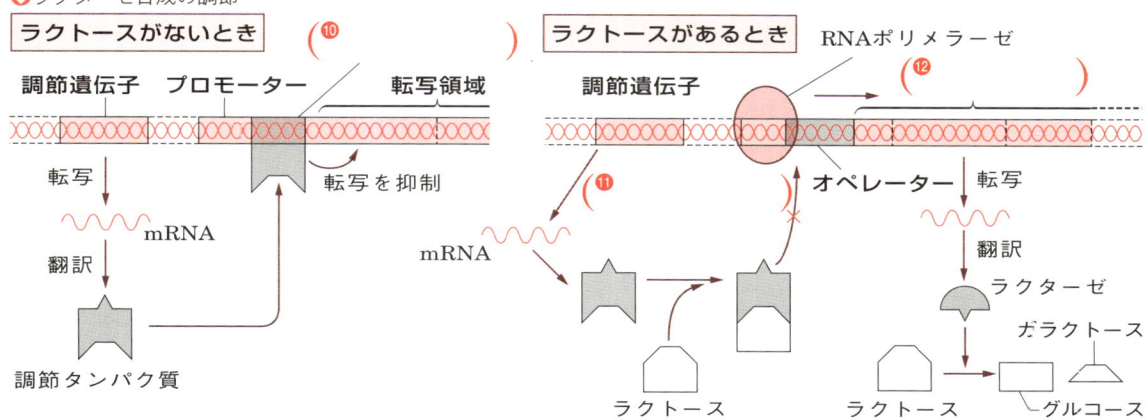

⬇ラクターゼ合成の調節

| ラクトースがないとき | （❿　　　） |
| 調節遺伝子　プロモーター　転写領域 |
| 転写を抑制 |
| mRNA |
| 翻訳 |
| 調節タンパク質 |

| ラクトースがあるとき | RNAポリメラーゼ （⓬　　　） |
| 調節遺伝子　オペレーター　転写 |
| （⓫）mRNA |
| 翻訳　ラクターゼ |
| ラクトース　ラクトース　ガラクトース　グルコース |

❸ 真核生物の転写調節

1 転写調節
① **構成的発現**…真核生物でも生存に必要な遺伝子は常に転写される。
② **調節的発現**…真核生物は，1つの遺伝子の発現について複数の転写発現を調節するしくみ♣4をもっており，環境に応じた調節が行われる。
③ 真核生物の(⑬　　ポリメラーゼ)は**基本転写因子**とともに**転写複合体**をつくり，(⑭　　　　　　)に結合して転写を調節する。
④ また，**リプレッサー**などの(⑮　　　　因子)も，転写複合体に作用して転写を調節している。
　→調節タンパク質

♣4 DNAの転写で合成されたRNAには，mRNA・tRNA・rRNAのほかにも小さなRNAがある。これがmRNAに結合して翻訳を妨げたり，酵素として作用してmRNAを分解したりする現象を**RNA干渉**という。ヒトでは，3分の1の遺伝子がRNA干渉を受けているといわれている。

2 染色体の構造と遺伝子発現
真核生物のDNAはヒストンに巻きついて**クロマチン繊維**をつくっている。これが高次に折りたたまれている部分では転写されにくく，ゆるんでいる部分では転写されやすい状態となる。
→クロマチン繊維が最も折りたたまれた状態が染色体である。

⬇クロマチン繊維と転写のされやすさ
転写されにくい状態　　転写されやすい状態
メチル基　　　　　　アセチル基
　　　　　　DNA　　　　　　ヒストン

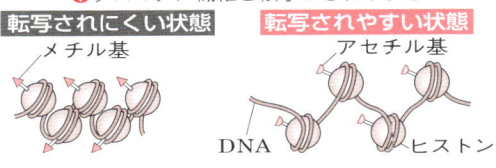

3 細胞の分化と調節遺伝子
① 多細胞生物では，ある調節遺伝子がつくった調節タンパク質が，次の(⑯　　　　　　)の発現を調節する。このくり返しで細胞は分化する。
② この調節遺伝子に突然変異が起こると，さまざまな突然変異体が生じる(→p.93)。
→これをホメオティック突然変異という。

⬇連続的な発現調節と遺伝子
調節遺伝子P
　↓
調節遺伝子Q　←調節タンパク質P→　調節遺伝子R
　↓　　　　　　　　　　　　　　　　↓
調節タンパク質Q　　　　　　　　調節タンパク質R
↓　　↓　　　　　　　　　　　↓　　↓
遺伝子S　遺伝子T　　　　　遺伝子U　遺伝子V
↓　　↓　　　　　　　　　　　↓　　↓
タンパク質S　タンパク質T　タンパク質U　タンパク質V

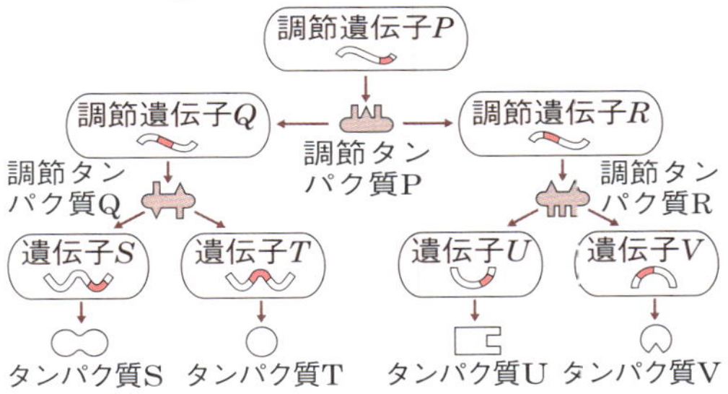

4 ホルモンによる遺伝子発現の調節
① ハエやカなどの**だ腺染色体**に見られる(⑰　　　　)の位置は，発生が進むにしたがって変化する。
② 前胸腺から分泌される(⑱　　　　　　)を注射すると，パフの位置が幼虫型から蛹型に変化して，幼虫の(⑲　　　　)が始まる。これは，**エクジステロイド**が細胞内の受容体と結合して複合体を形成し，調節タンパク質と同様にDNAの調節領域に結合して，(⑳　　　　)を調節しているためである。
→変態を促進するホルモンである。
→昆虫に見られる内分泌腺の1つ
→蛹への変態のこと。

⬇だ腺染色体のパフの変化
（キイロショウジョウバエ）
卵 → 幼虫 → 幼虫 → 蛹 → 成虫
蛹化開始　4時間後　8時間後　10時間後　12時間後

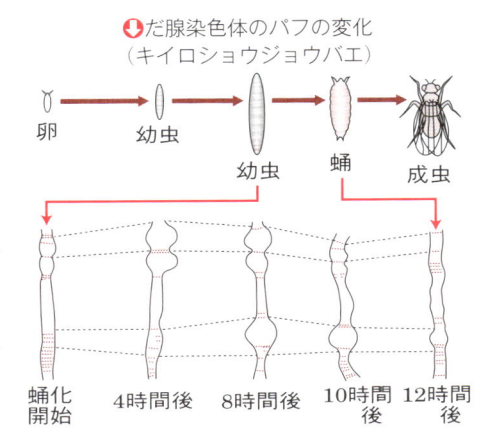

ミニテスト　　　　　　　　　　　　　　　　　　　解答 別冊p.7

□❶ オペロン説では，オペレーター(作動遺伝子)に結合して転写を止めるものを何というか。

□❷ エクジステロイドは，遺伝子発現のどの段階を調節することで形質発現を調節するか。

4 バイオテクノロジー

解答 別冊 p.7

❶ 遺伝子操作

1 遺伝子組換え

① ある生物に，その個体が本来もっていない遺伝子を組み入れることを(**❶遺伝子**　　　　)という。

② 大腸菌にヒトの成長ホルモンをつくらせる場合，ヒトの成長ホルモンをつくる遺伝子を含んだDNAを(**❷　　　酵素**)♣1で切り，同じ酵素で大腸菌の(**❸　　　**)♣2を切断して同じ切り口をつくる。**制限酵素**は，遺伝子組換えにおける「はさみ」のような役目をするものである。

③ ②の2つを混合して(**❹　　　**)♣3で処理すると，切断部をつなぎ合わせることができる。すると，ヒトの成長ホルモンをつくる遺伝子をもつ組換えDNAが得られる。**リガーゼ**は，遺伝子組換えにおける「のり」のような役目をするものである。

④ ③を大腸菌に取りこませ，大腸菌を増殖させると，ヒトの成長ホルモンを多量に合成する大腸菌が得られる。

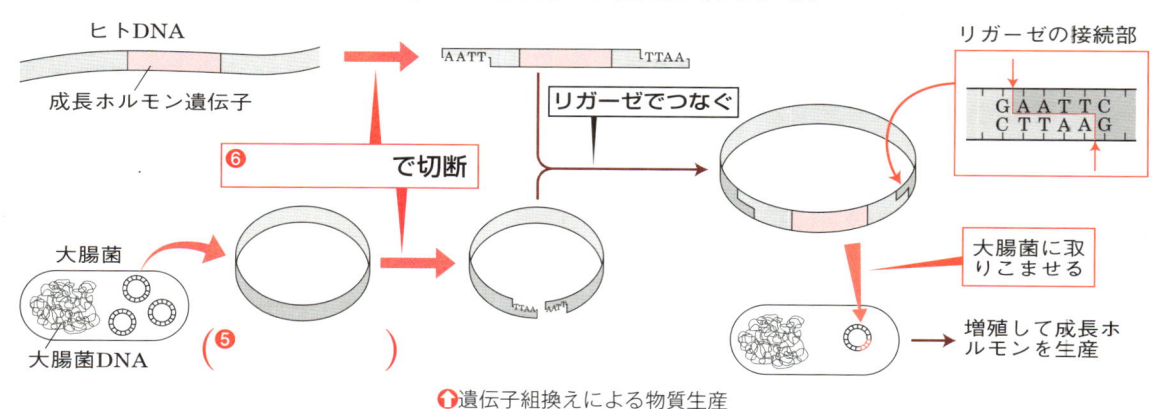

♣1 **制限酵素**は特定の塩基配列の部分で切断するので，切断された断片の末端の塩基配列はどれも同じとなる。

♣2 細菌類は染色体のDNA以外に，**プラスミド**という独自に増殖する小さな環状のDNAをもつ。

♣3 特定の塩基配列の部分でDNAどうしを結合させる酵素。

↑遺伝子組換えによる物質生産

> **重要** 遺伝子組換え…制限酵素で切り出した遺伝子を，リガーゼを使ってプラスミドDNAに組みこみ，細胞に導入する。

2 トランスジェニック生物

遺伝子組換えによって，その生物が本来もっていない遺伝子を導入した細胞からなる生物を(**❼　　　生物**)♣4という。農業や医療など，さまざまな分野で利用されている(→p.57)。

♣4 トランス(「転換」などを表す接頭語) + ジェニック(遺伝子の)。
遺伝子は英語でgene(ジーン)。

❷ DNAの増幅と解析

1 PCR法（ポリメラーゼ連鎖反応法）

① バイオテクノロジーでは，同一の塩基配列をもつDNAを大量に必要とする場合が多い。ポリメラーゼ連鎖反応法（❽　　　法）は，DNAを多量にコピーして増幅させる方法である。

② PCR法では，DNAを95℃に加熱して2本鎖をつくる塩基対の結合を切って（❾　　　）のDNAとする。
└→水素結合

③ 次に温度を（❿　　げて），②のDNAに相補的な塩基対をもつ短い（⓫　　DNA）とDNAポリメラーゼを加えて，ここを始点に，もとの鎖を鋳型としてもとのDNAと同じ塩基配列をもつ2本鎖DNAを複製する。
└→プライマーDNAとDNAポリメラーゼは追加しなくてもよい。

④ ②と③をくり返すことで，急速にDNAを増幅することができる。

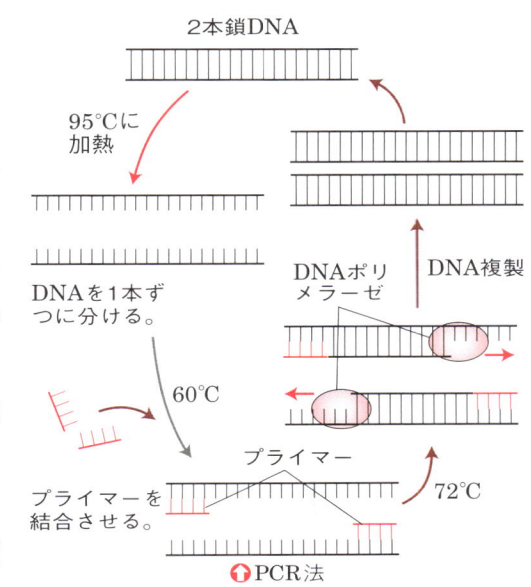

> **重要** PCR法…遺伝子の増幅方法。
> 1本鎖への分離 ⇌ 2本鎖DNAの合成

♣5 bpはDNA断片の塩基対の大きさ（長さ）を表す単位。1000塩基対を1000bpと示す。

↑PCR法

2 電気泳動法

① DNA分子など，正（＋）や負（－）の（⓬　　　）をもつ分子を電流の流れる溶液中で分離する方法を，（⓭　　法）という。
└→pHの変化をやわらげる作用をもつ溶液。

② DNA分子が負（－）に帯電するような緩衝液を含む寒天ゲル中で電気泳動を行うと，DNAは（⓮　　極）に向かって移動する。
└→ゼリー状の寒天で，アガロースゲルともいう。

③ このとき，長いDNA断片はゲルの網目に引っかかるため移動距離が（⓯　　く）なり，短いDNA断片は移動距離が（⓰　　く）なる。この性質を利用して，DNA断片のおよその（⓱　　）（bp：塩基対数）を測定することができる。 ♣5

> **重要** 電気泳動法…電気泳動を使い，DNA断片の長さを推定することができる。

↑電気泳動

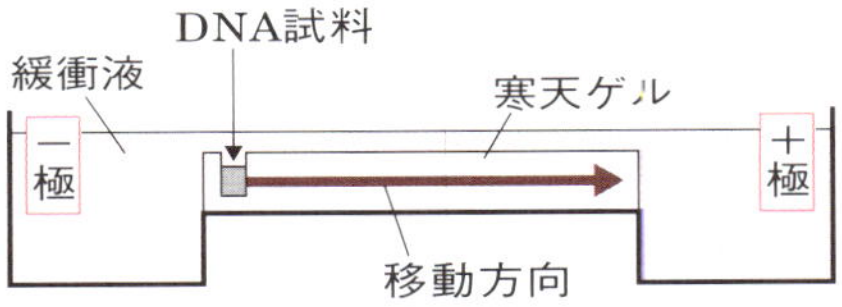

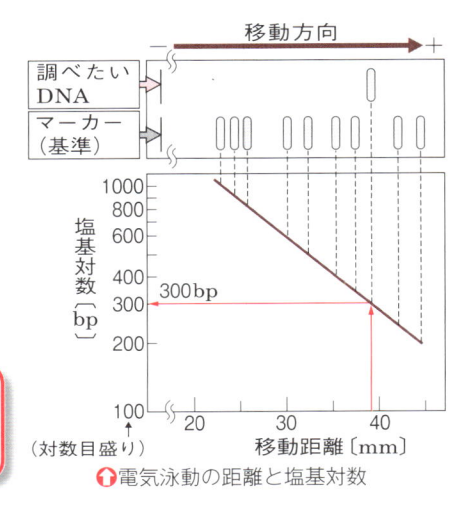

↑電気泳動の距離と塩基対数

♣6
塩基配列の解析方法として，次の2つがある。
方法1 制限酵素でDNA断片をつくって，制限酵素断片地図を作成し，その後，断片の塩基配列を調べる。
方法2 断片の塩基配列を解析してから，その情報をもとにして，断片がつながっていた順を解析する。

3 塩基配列の解析の原理 ♣6

① 解析したいDNA断片，DNAポリメラーゼ，プライマー，ヌクレオチド，4種類の蛍光色素をそれぞれつけた特殊なヌクレオチド（複製の過程でヌクレオチド鎖の伸長を止める）を入れた混合液をつくる。

② 加熱してDNAを（⑱　　　本鎖）にする。片方の鎖にだけ（⑲　　　）を結合させて複製を行う。

③ 伸長を停止する特殊なヌクレオチドが取りこまれると，ヌクレオチド鎖の伸長はいろいろな所で停止するので，いずれかの蛍光色素を端につけたさまざまな長さの（⑳　　　鎖）の断片ができる。

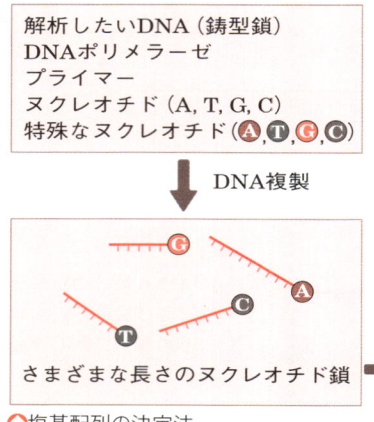

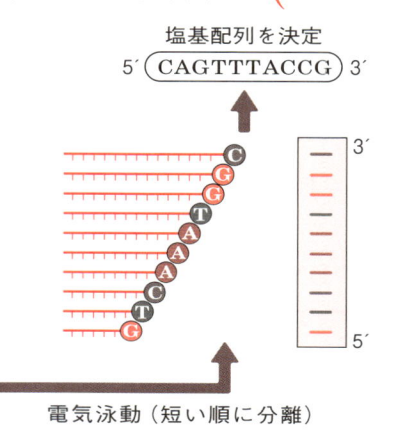

④ 合成されたヌクレオチド鎖を（㉑　　　）で分離すると，左図のようなバンドのパターン（電気泳動図）が得られる。

⑤ 電気泳動図を元に，末端にある蛍光色素の色を読み取り，（㉒　　　）を決定する。

解析したいDNA（鋳型鎖）
DNAポリメラーゼ
プライマー
ヌクレオチド（A, T, G, C）
特殊なヌクレオチド（A, T, G, C）
↓DNA複製
さまざまな長さのヌクレオチド鎖
↑塩基配列の決定法

塩基配列を決定
5' CAGTTTACCG 3'
↑
電気泳動（短い順に分離）

4 DNAシーケンサー

① 現在では，DNAを制限酵素で切断して800 bp以下のDNA断片をつくり，（㉓　　　）で自動的に塩基配列を解析できる。

② シーケンサーでは，電気泳動の結果できるバンドのパターンをコンピュータで自動解析して，塩基配列を決定する。

> **重要**　〔塩基配列の解析〕
> **DNA断片をつくる→シーケンサーで読み取る→塩基配列決定**

♣7
現在では，ヒト以外のいろいろな生物についてゲノム解析が行われている。

5 ゲノムプロジェクト（計画）
ヒトDNAの全塩基配列を解析する（㉔　　　）によって全塩基配列が解明された。♣7
↳2003年に完了。

ミニテスト　　　　　　　　　　　解答 別冊 p.7

- ❶ DNAの特定の塩基配列の部分で切断する酵素を何というか。
- ❷ DNA断片どうしをつなぎ合わせる酵素を何というか。
- ❸ 同じ塩基配列のDNA断片を短時間で大量に増やすため広く用いられている方法は何か。
- ❹ DNA断片の塩基対の長さを調べるには，何という方法を使うか。

5 バイオテクノロジーの応用

解答 別冊 p.7

❶ 農業への応用

本来もっていない遺伝子を導入した（❶　　　　　生物）をつくりだすバイオテクノロジーは、さまざまな形で農業に応用されている。特に、**トランスジェニック生物**を食品として利用する場合、そのような食品を（❷　　　　　）という。
→動物をトランスジェニック動物、植物をトランスジェニック植物という。
→遺伝子組換え作物(GM作物)ともいう。

1 トランスジェニック植物

遺伝子組換え作物（ダイズ，トウモロコシ，ゴールデンライス♣1）をはじめ，花弁が青いパンジーの遺伝子を導入してつくられた**青色のバラの花**などもある。
→青いバラは，自然界には存在しない。

① 植物に感染する土壌細菌の一種である（❸　　　　　）などのプラスミドに，目的とする形質の遺伝子を（❹　　　　　）の技術で組みこみ，これをアグロバクテリウムにもどす。♣2

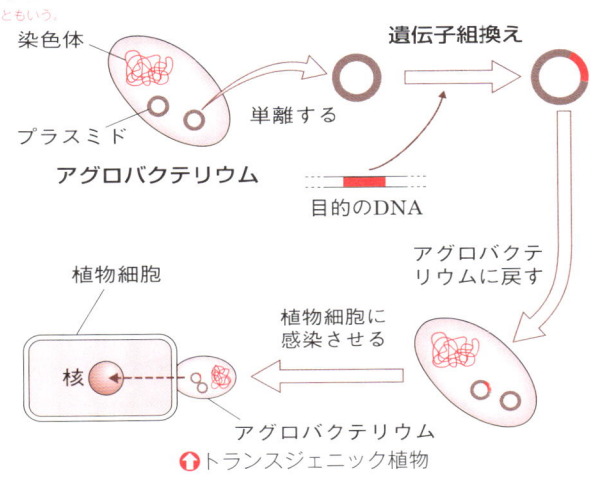

② このアグロバクテリウムを植物細胞に感染させ，細胞に目的の遺伝子を導入する。その後，目的の形質を発現している細胞を選別する。

③ 選別した細胞を増殖させて，（❺　　　　　）にする。
→未分化な細胞のかたまり。

④ カルスを（❻　　　　　）させて目的の植物体をつくる。

2 トランスジェニック動物

GFP♣3遺伝子を導入した光るカエルや，ヒトの成長ホルモンをつくる遺伝子を導入した大形の（❼　　　　　マウス）などがある。

① 哺乳類では，受精後すぐに卵核と精核は融合しない。融合前の精核に微細な注射針で外来のDNAを注入すると，そのまま発生を続けて外来遺伝子を取りこんだ（❽　　　　　動物）ができる。

② 植物のようにウイルスを（❾　　　　　）として導入することもある。また，遺伝子銃を使って遺伝子を導入する場合もある。
→「遺伝子の運び屋」を意味する。

> **重要**　〔トランスジェニック生物〕
> 組換え遺伝子を導入→細胞を選別・増殖
> →トランスジェニック生物

♣1 ゴールデンライスは，ビタミンA欠乏症予防に効くβカロチンをつくるように遺伝子操作したイネの一品種。

♣2 アグロバクテリウム
植物に感染すると，植物に腫瘍を形成させて寄生する性質をもつ土壌細菌である。

♣3 **GFP**（緑色蛍光タンパク質 green fluorescent protein）は，**オワンクラゲ**がもつGFP遺伝子によってつくられ，紫外線を照射すると緑色蛍光を発する。
GFPは現代生物学の研究には不可欠であり，ある遺伝子の発現の有無を調べるときに目印として広く用いられる。2008年に，**下村脩**はGFPの発見でノーベル化学賞を受賞した。

❷ 医療への応用

1 医薬品の製造

① 糖尿病の治療に使われる（❿　　　　）（血糖量を減少させるホルモン）などは，近年，遺伝子組換え技術を利用してつくられるようになった。

→以前は他の動物から抽出されていた。♣4

- ヒトのインスリンをつくる遺伝子DNAを，大腸菌内部の（⓫　　　　）に組みこんで大腸菌に導入し，これを培養して増殖させ，大腸菌からヒトインスリンを抽出する。

② B型肝炎はB型肝炎ウイルスに感染することにより発症する。これを予防する（⓬　　　　）の生産にも利用されるようになった。

- B型肝炎ウイルスに特徴的な（⓭　　　　）をつくる遺伝子をウイルスから取り出し，プラスミドに組みこんで酵母菌に導入する。酵母菌を培養すればこのタンパク質をつくるので，これを**ワクチン**として接種すると，B型肝炎ウイルスに対する免疫ができる。

2 DNAマイクロアレイ

① **DNAマイクロアレイ**は，小さな孔に既知の塩基配列をもつ1本鎖の（⓮　　　　）を入れたチップ状のものである。

② これに特定の組織や細胞から抽出した（⓯　　　　）に蛍光色素をつけたものを載せ，発色パターンを調べることで，遺伝子の解析や薬の効果の解析ができる。

3 ノックアウトマウス

遺伝子操作技術を使って特定の遺伝子が発現しないようにする技術を（⓰　　　　）といい，この技術を使ってつくったマウスを**ノックアウトマウス**という。機能が明らかでない遺伝子を**ノックアウト**することで，その遺伝子がはたらかないことの影響を調べ，その遺伝子の機能を解明していくことができる。

4 SNPの利用　オーダーメイド医療

患者個人の遺伝子の**一塩基多型（SNP）**♣5などを調べ，その患者にあう薬を投与する（⓱　　　　医療）を行うことが可能となる。

→テーラーメイド医療ともいう。

> **重要**
> 〔バイオテクノロジーの医療への応用〕
> 遺伝子組換え薬品（インスリン，B型肝炎ワクチンなど），DNAマイクロアレイ，ノックアウトマウスなど

◉大腸菌の遺伝子組換え

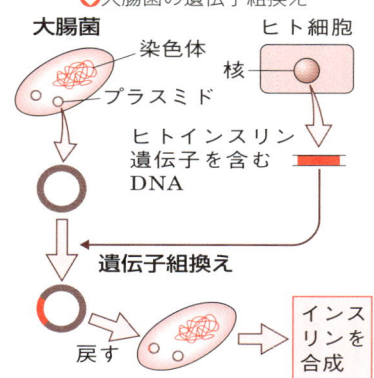

♣4 インスリン以外にも，インターロイキンやインターフェロンなども，同様にしてつくられている。

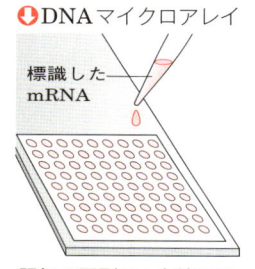

◉DNAマイクロアレイ

既知の配列の1本鎖DNAが並べられたチップ

♣5 一塩基多型（SNP）は1塩基単位の塩基配列の違いのこと（→p.51）。同じ種でも個体レベルで多様性が見られる。

❸ DNA型鑑定

① ヒトゲノムにも多くの個人差（遺伝子多型）がある。ゲノムに含まれている塩基配列のくり返し部分（反復配列）のパターンを調べることで個人の識別をすることができる。このような方法を（⑱　　　　）といい，犯罪捜査などに利用されている。

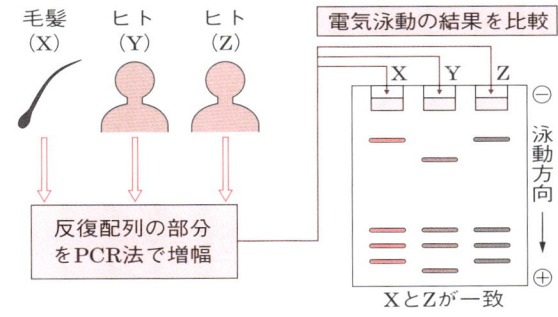

② 遺伝子鑑定では，毛髪などから（⑲　　　　）を採取し，その反復配列の部分を（⑳　　　法）で増幅する。これを（㉑　　　　）にかけてDNA断片の長さのパターンを調べ，その一致を鑑定する。♣6

↑DNA型鑑定

♣6 仮に，ある毛髪の遺伝子の反復配列のパターンが，ある人物の細胞のパターンと一致すれば，その毛髪がその人物のものである可能性が高いといえる。

重要　〔DNA型鑑定〕
DNAの反復配列のパターンを調べる→犯罪捜査などに利用

❹ バイオテクノロジー応用の課題

1 自然への影響
遺伝子組換え技術などよって作出された生物は，もともと自然界には存在しない生物であるため，（㉒　　　系）に悪影響を及ぼさないか十分に検証する必要がある。

2 遺伝子組換え食品の安全性に関する課題
遺伝子組換え食品を食べたことによって（㉓　　　　）などを引き起こさないか，その安全性を十分に検証する必要がある。

3 遺伝情報に関する倫理的問題♣7
① ゲノムの情報は究極の（㉔　　　情報）であるので，その利用には慎重を期する必要がある。
② 推定される遺伝病の扱いなどに倫理的問題が発生する可能性がある。

♣7 ポストゲノム時代
ゲノムの塩基配列の解析が容易にできる時代となったので，そのゲノム情報をどのように活用するかを考えるポストゲノム時代となってきた。

重要　〔バイオテクノロジー応用の課題〕
生態系への影響，食品の安全性，ゲノム情報の保護・倫理的問題

ミニテスト　　　　　　　　　　　　　　　　　　　　　解答 別冊 p.7

- ❶ 遺伝子組換え食品とは何か。
- ❷ ❶の例を2つあげよ。
- ❸ 植物の遺伝子導入に使う細菌は何か。
- ❹ ヒトのインスリンを大腸菌につくらせるために使う技術を何というか。
- ❺ ノックアウトマウスとは何か。

2章 遺伝情報とその発現　練習問題

解答　別冊p.21

❶ 〈DNAの複製のしくみ〉
▶わからないとき→ p.43〜45

DNAの複製に関する次の各問いに答えよ。

窒素源として重い窒素¹⁵Nのみを含む培地で何回も分裂させ，重い窒素¹⁵Nのみをもつ状態にした大腸菌を，軽い窒素¹⁴Nのみを窒素源としてもつ培地で分裂させた。1回目，2回目，3回目，4回目の分裂の後，大腸菌からDNAを取り出してその重さを測定した。ただし，重い窒素からなるDNAを¹⁵N-¹⁵N DNA，軽い窒素からなるDNAを¹⁴N-¹⁴N DNA，中間の重さのDNAを¹⁴N-¹⁵N DNAと示すものとする。

(1) このような実験をはじめて行ったのは誰と誰か。
(2) この実験により明らかになったDNAの複製のしくみを何というか。
(3) 1回目，2回目，3回目，4回目の分裂をさせた後のそれぞれのDNAの比（¹⁵N-¹⁵N DNA：¹⁴N-¹⁵N DNA：¹⁴N-¹⁴N DNA）はどのようになるか。

ヒント (2)(3) 2本のDNA鎖が1本ずつに分かれ，それぞれの対になる新たな鎖ができることで1分子のDNAから2分子のDNAが複製される。

❶
(1)
(2)
(3) 1回目
2回目
3回目
4回目

❷ 〈遺伝情報と形質発現〉
▶わからないとき→ p.46〜49

次の①〜⑥の文は，真核生物において遺伝情報をもとに形質が発現するしくみを順に示したものである。これについて，あとの各問いに答えよ。

① DNAの塩基配列と ⓐ 的な塩基配列をもつRNAがつくられる。
② ①のRNAから， ⓑ が除去され， ⓒ ができる。
③ ⓒ が核内から細胞質へと出て，リボソームに付着する。
④ ⓒ の情報にしたがったアミノ酸を， ⓓ がリボソームに運んでくる。
⑤ 運ばれてきたアミノ酸どうしが， ⓔ 結合によってつながれる。
⑥ ④，⑤がくり返されて，遺伝情報にしたがったペプチド鎖からなる ⓕ が合成され，その結果形質が発現する。

(1) ①〜⑥の文中のⓐ〜ⓕに適当な語句を入れて文章を完成させよ。
(2) ①の過程を何というか。
(3) ②の，遺伝子としてはたらかない塩基配列を除去する過程を何というか。
(4) (3)の過程で除去されずに残るのは，遺伝子としてはたらく塩基配列である。この塩基配列を何というか。
(5) ⑥の過程を何というか。
(6) DNAの塩基配列がATAAAGCTAであるとき，これにしたがったコドンの塩基配列を答えよ。
(7) DNAの塩基配列がATAAAGCTAであるとき，これにしたがったアンチコドンの塩基配列を答えよ。

ヒント (3)(4) 遺伝子としてはたらかない塩基配列をイントロンという。

❷
(1) ⓐ
ⓑ
ⓒ
ⓓ
ⓔ
ⓕ
(2)
(3)
(4)
(5)
(6)
(7)

❸ 〈オペロン説〉 ▶わからないとき→ p.52

大腸菌がつくるβガラクトシダーゼはラクトースをグルコースとガラクトースに分解するはたらきがある。グルコース培地では，大腸菌はβガラクトシダーゼをつくらないが，ラクトース培地ではβガラクトシダーゼを合成するようになる。この遺伝子発現の調節は①転写調節の一例である。②ある学者達はこの転写調節をオペロン説によって説明した。次の各問いに答えよ。

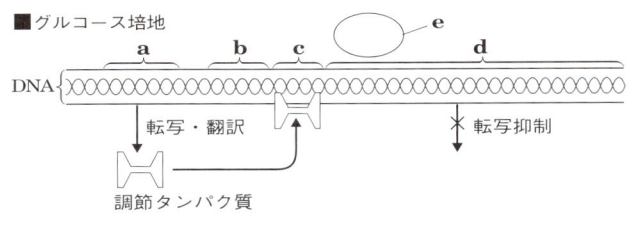

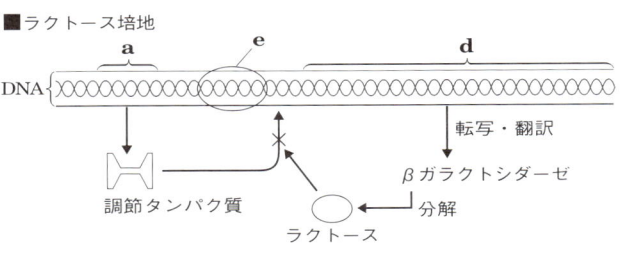

(1) 図中の**a**〜**d**の部分の名称を答えよ。
(2) 図中の**e**の酵素の名称を答えよ。
(3) 下線部①の転写調節は，負の調節か，正の調節か答えよ。
(4) 下線部②のある学者たちというのは，誰と誰か。

❹ 〈発生段階と遺伝子発現〉 ▶わからないとき→ p.52, 53

次の文を読み，下の各問いに答えよ。

ユスリカの幼虫のだ腺染色体を観察したところ，多数の①横しまが観察され，ところどころに②ふくらんでいる部分があった。

(1) 文中の下線部①の部分には何が存在するか。
(2) ②の部分を何というか。また，その部分では何が起こっているか。
(3) 発生段階やからだの部位に応じて必要な遺伝子が発現されるようコントロールする遺伝子を何というか。

ヒント (1) ①の横しまは幅や間隔が不均等で見分けやすく，生物種によって決まっている。

❺ 〈バイオテクノロジー〉 ▶わからないとき→ p.54〜59

バイオテクノロジーに関する次の各問いに答えよ。

(1) ある遺伝子のDNAを制限酵素で切り取り，リガーゼで遺伝子に組みこむなどして遺伝子の新しい組み合わせをつくることを何というか。
(2) 温度の上昇・下降をくり返し，DNAを急速に増幅させる方法を何というか。
(3) 電気泳動を行ったときに，DNA断片が短いほど，移動距離はどうなるか。
(4) ゴールデンライスやスーパーマウスのように，外来の遺伝子を導入してつくられた生物を何というか。
(5) 遺伝子を操作して特定の遺伝子が発現しないようにする技術を何というか。
(6) ゲノムに含まれている塩基配列のくり返し部分を調べることで，個人の識別をすることができる。これを何というか。

第1編 生命現象と物質 定期テスト対策問題

時　間▶▶▶ 50分
合格点▶▶▶ 70点
解　答▶別冊 p.23

1

酵素の反応と外的条件の関係を調べたところ、図1〜3のような結果が得られた。次の問1〜3に答えよ。

〔問1…3点，問2…各1点，問3…3点　合計9点〕

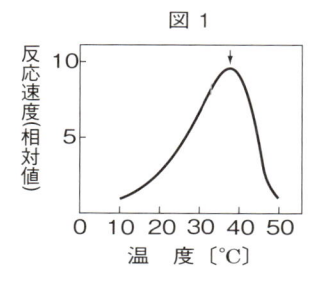

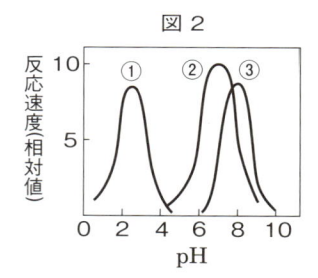

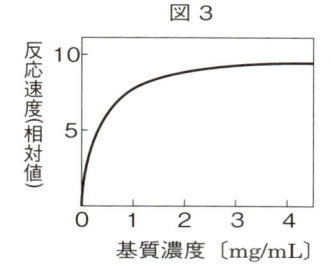

図1　図2　図3

問1　図1の矢印のような温度より高温になると反応速度が急激に低下するのはなぜか。

問2　次のア〜ウの酵素の最適pHはそれぞれ図2のどれに相当するか。
　ア　胃液のペプシン　　イ　だ液のアミラーゼ　　ウ　すい液のトリプシン

問3　図3で、基質がある濃度以上になると反応速度が上昇しなくなるのはなぜか。その理由を20字以内で説明せよ。

問1			
問2	ア	イ	ウ
問3			

2

光合成色素を緑葉から分離する実験を行った次の文を読み、下の問1〜4に答えよ。

〔各1点　合計8点〕

ホウレンソウの葉を乳鉢に入れてすりつぶして a)色素を抽出し、ガラス毛細管でこの色素をTLCシートの原線の部分につけ、b)展開液を入れた試験管にTLCシートの下端をつけ、密閉して展開し、色素を分離したところ、右図のような結果を得た。

問1　このような色素の分離法を何というか。

問2　文中の下線部aの色素は緑葉の何とよばれる細胞小器官に含まれるか。

問3　文中の下線部a、bに使う薬品として適当なものをそれぞれ下から選べ。
　ア　蒸留水
　イ　酢酸
　ウ　ジエチルエーテルまたはエタノール
　エ　石油エーテルとアセトンの混合液

問4　右図の①、②、③、④に含まれる光合成色素の名称をそれぞれ答えよ。

問1		問2		問3 a	b
問4 ①	②		③	④	

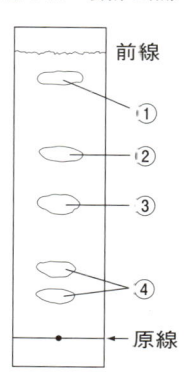

3

右図の呼吸の過程に関する次の問1〜6に答えよ。
〔問4…2点，それ以外各1点　合計20点〕

問1 図中のA〜Dに適する物質名を答えよ。

問2 図中のⅠ〜Ⅲの過程をそれぞれ何というか。また，その過程はそれぞれ細胞のどこで行われるか。

問3 図中のa〜cに適する数値を記せ。

問4 図中のⅠ〜Ⅲの過程全体を示す反応式を答えよ。

問5 図中の過程ⅠにXとYを合わせた過程はそれぞれ何とよばれているか。また，その反応をする微生物名を記せ。

問6 問5の呼吸様式をまとめて何というか。

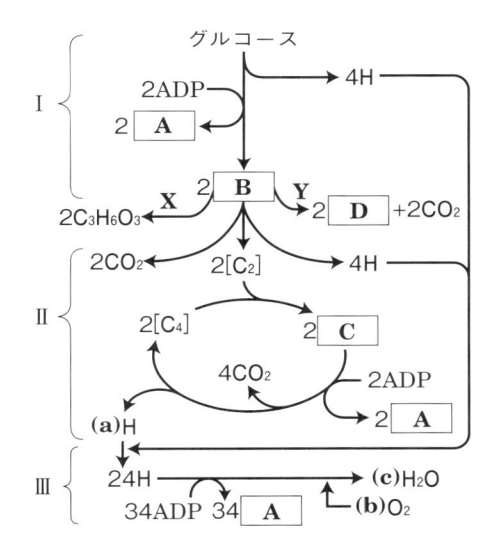

問1	A		B		C		D	
問2	Ⅰ				Ⅱ			
	Ⅲ				問3	a	b	c
問4								
問5	X				Y			
問6								

4

右図は光合成の反応経路を示したものである。次の問1〜4に答えよ。 〔各1点　合計13点〕

問1 図中のa〜eに最も適当な物質名または語句を記入せよ（eは一般的な物質を化学式で答えよ）。

問2 図の反応系A〜Dに関係の深いものを，下のア〜エから1つずつ選べ。
ア　光リン酸化をともなう反応。
イ　還元物質が生成する反応。
ウ　二酸化炭素が固定される反応。
エ　クロロフィルが関係している反応。

問3 図のA〜Dの反応で，①光の強さによって影響を受ける反応と，②温度によって影響を受ける反応をそれぞれ選べ（1つとは限らない）。

問4 図のA〜Dの反応を，①チラコイドで行われる反応と，②ストロマで行われる反応に分けよ。

問1	a		b		c		d	
	e		問2	A	B	C		D
問3	①		②		問4	①		②

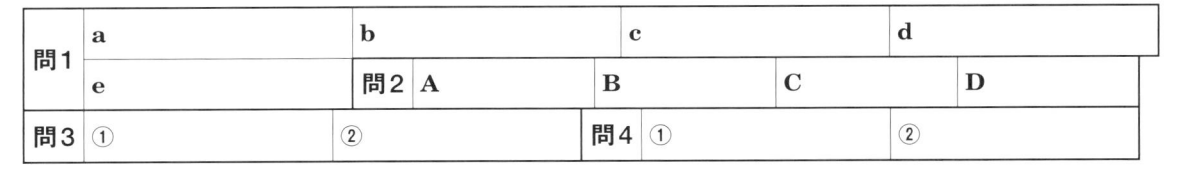

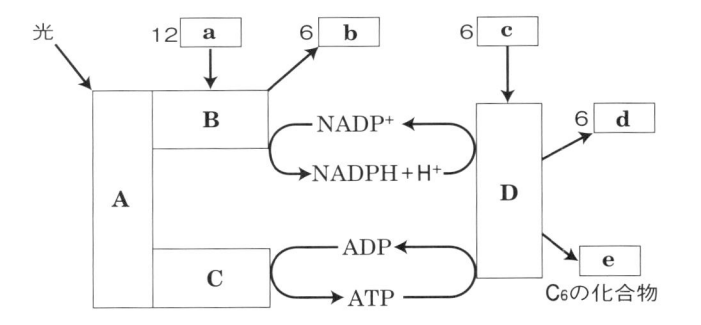

5 免疫のしくみに関する次の文を読み、以下の問1～3に答えよ。

〔問1…各1点, 問2・3…各2点　合計13点〕

病原体などの異物はヒトの体内に侵入すると（①）と認識されて、まず a)好中球や（②）、マクロファージなどが捕食して処理する。これは（③）性免疫の1つといえる。（②）は（①）の情報をリンパ球の1つである（④）細胞に示す。（④）細胞は活性化されて別のリンパ球である（⑤）細胞にその情報を伝える。（⑤）細胞は増殖・分化して（⑥）細胞に変化し、 b)ある種のタンパク質からなる（⑦）を放出する。（⑦）は（①）と（⑧）反応を起こして凝集し、無毒化する。（①）の情報は（⑤）細胞やT細胞の一部が変化した（⑨）細胞に記憶され、2度目に同じ（①）が入ってきたときには速やかに反応が起こり（①）が処理される。

問1 文中の空欄①～⑨に適当な語句を記入せよ。
問2 下線部aのようなはたらきを何というか。
問3 下線部bのタンパク質の名称を答えよ。

問1	①	②	③	④
	⑤	⑥	⑦	⑧
	⑨	問2	問3	

6 遺伝子の本体であるDNAの構造と複製に関する次の文Ⅰ, Ⅱを読み、以下の問1～8に答えよ。

〔問2・6・8…各2点, それ以外は各1点　合計17点〕

Ⅰ. 1953年, ワトソンとクリックは, a)DNAの立体構造を明らかにした。DNAは b)右図のような物質が構成単位になっている核酸の1つである。

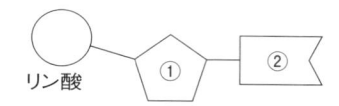

問1 下線部aの立体構造を何というか。
問2 下線部bの構成単位の名称を答えよ。
問3 図中の①と②を構成する物質の名称をそれぞれ答えよ。①は糖の種類を答え、②を構成する物質には4種類あるが、それぞれ記号ではなく物質名で答えること。
問4 DNA以外の核酸の名称を答えよ。
問5 問4の核酸がDNAと異なる点を、問3の①、②のそれぞれについて物質名で書け。
問6 ある生物のDNAに含まれる図中の②の物質のなかで、記号Gで示される物質の割合を調べたところ15%であった。記号Aで示される物質の割合は何%か。

Ⅱ. 窒素源として重い窒素（^{15}N）だけを含む培地で何代も培養して重い窒素だけをもつ大腸菌をつくり、この大腸菌を軽い窒素（^{14}N）だけを含む培地の中で培養し、細胞分裂前、1回分裂後、2回分裂後のDNAをそれぞれ遠心分離して密度を調べることでDNAの複製のしくみが明らかになった。

問7 このような実験をはじめて行ったのは誰と誰か。
問8 この実験より明らかになったDNAの複製のしくみを何というか。

問1		問2	
問3	①	②	
問4		問5 ① RNAでは	② DNAの　　　がRNAでは
問6		問7	問8

7

次のa～eの文および図は真核生物のタンパク質合成の過程を説明したものである。以下の問1～4に答えよ。

a. 細胞質中の（①）RNAはそれぞれ特定の（②）と結合し，これをリボソームへ運ぶ。
b. DNAの遺伝情報を写しとった（③）RNAは核膜孔を通って細胞質へ移動し，これにリボソームが付着する。
c. DNAの塩基対の結合が離れて2本の鎖になる。このうち一方の鎖を鋳型として（④）RNAが合成される。
d. リボソームが（⑤）RNA上を移動するにつれて（⑥）鎖は長くなり，タンパク質が合成される。
e. （⑦）RNAは，リボソーム内で（⑧）RNAのコドンと相補的に結合し，運ばれてきた（⑨）どうしが（⑩）結合でつながる。

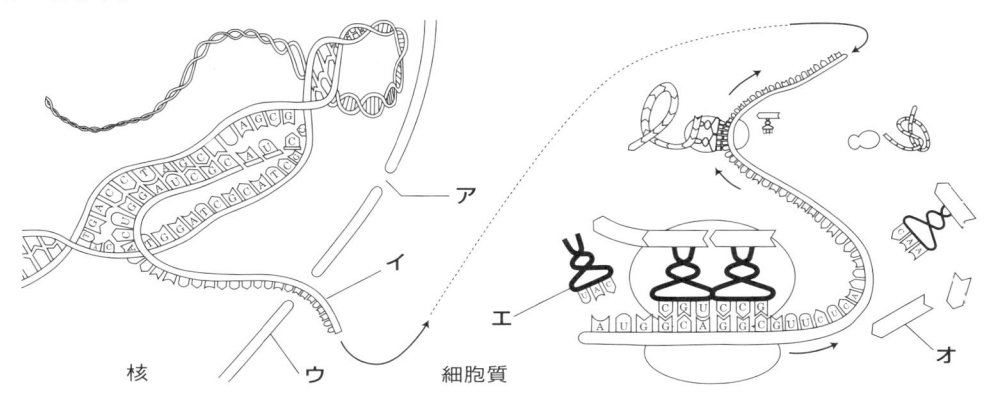

問1 上記a～eをタンパク質合成の正しい順序に並びかえよ。
問2 文中の①～⑩に適当な語句を入れて文章を完成せよ。ただし，同じ語句を何回使用してもよい。
問3 上図の記号ア～オにあてはまる名称をそれぞれ答えよ。
問4 GGGAATGAAAAAGGTで示されるDNAの遺伝情報からつくられるペプチドのアミノ酸配列を，右の表を参考にして答えよ。

コドン	対応するアミノ酸
UUU, UUC	フェニルアラニン
CUU, CUC, CUA, CUG, UUA, UUG	ロイシン
UCU, UCC, UCA, UCG, AGU, AGC	セリン
CCU, CCC, CCA, CCG	プロリン

問1	c → b → a → e → d			
問2	① tRNA（運搬）	② アミノ酸	③ mRNA（伝令）	④ mRNA（伝令）
	⑤ mRNA（伝令）	⑥ ポリペプチド	⑦ tRNA（運搬）	⑧ mRNA（伝令）
	⑨ アミノ酸	⑩ ペプチド		
問3	ア DNA	イ mRNA	ウ 核膜	エ tRNA
	オ リボソーム			
問4	プロリン – ロイシン – ロイシン – フェニルアラニン – プロリン			

1章 生殖と遺伝

1 生殖の方法

解答 別冊 p.8

❶ 無性生殖

1 無性生殖
① 雌雄の（❶　　）の区別に関係ない生殖方法で, 親の体細胞から新個体が生じるふえ方である。
② 無性生殖には, 分裂・（❷　　　　）, 根・茎などの栄養器官から新個体ができる（❸　　　生殖）などがある。

2 無性生殖の特徴
① 無性生殖でできる新個体は, すべて親と同じ遺伝子組成をもつ（左図）。
② 同じ遺伝子組成をもつ個体を（❹　　　　）という。
③ 無性生殖でできるクローン個体は, 遺伝子組成が親と全く同じなので, 多様性に乏しく, 環境変化などに（❺　　　　）しにくい。

3 いろいろな無性生殖
① （❻　　　　）…親のからだが2つ, あるいはそれ以上に分かれて新個体をつくる。　例 アメーバ, ゾウリムシ♣1, イソギンチャク
② （❼　　　　）…親のからだの一部がふくらんで成長し, それが新個体となる。　例 酵母菌（→菌類の一種。）, ヒドラ, サンゴ
③ （❽　　　　）…根・茎などの栄養器官の一部から新個体をつくる。　例 ジャガイモ（塊茎）, サツマイモ（塊根）, オニユリ（むかご）

↑無性生殖と遺伝情報

♣1 ゾウリムシの接合
ゾウリムシは, ふつうは分裂によってふえるが, 環境条件が悪化すると, 分裂を行わずに接合（→p.67）を行い, 小核を交換して, 新しい遺伝情報の組み合わせをもつようになると分裂能力を回復する。

重要　〔無性生殖〕
分裂, 出芽, 栄養生殖……クローン個体ができる。

分 裂（アメーバ）　　出 芽（ヒドラ）　　栄養生殖（ジャガイモ）

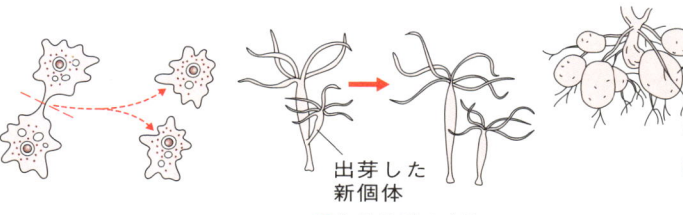

塊茎
芽
出芽した新個体

↑無性生殖の方法

❷ 有性生殖

1 有性生殖
① 卵や精子など，2種類の細胞の合体によって新個体をつくる生殖方法を（⑨　　　　）という。
② 合体して新個体をつくる細胞を（⑩　　　　）といい，（⑪　　　　）や精子などがある。
③ 配偶子をつくるために，（⑫　　　　分裂）をする必要がある。
④ ふつう，雌雄の性の別がある。

2 有性生殖の特徴
① 配偶子形成のとき，（⑬　　　　）を行って染色体数を半減させるので，$2n$（複相）の親がつくる配偶子は，（⑭　　　　）（単相）となる。
② 雌雄のつくる配偶子の合体（受精）によって，新個体の体細胞は（⑮　　　　）（複相）にもどる。
③ 減数分裂のときの染色体の組み合わせによって，多様な遺伝子組成をもつ（⑯　　　　）が形成される。
④ また，配偶子どうしの合体のとき，異なる遺伝子組成をもつ配偶子が組みあわさるので，新個体の遺伝的組成はより多様なものとなる。
⑤ 遺伝的組成が多様となるため，環境変化への適応力が（⑰　　　く）なる。

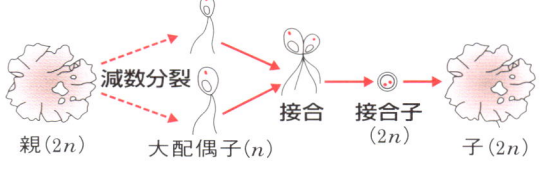

3 有性生殖の方法
① **接合**…2個の配偶子の合体で**接合子**ができる。
　例 クラミドモナス，アオサ
② （⑱　　　　）…**卵**と**精子**，または**卵細胞**と**精細胞**の合体で，（⑲　　　　）ができる。
　例 ほとんどの動植物

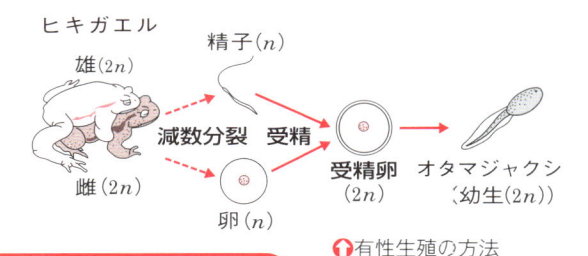

♣2
染色体数は種によって決まっているので，配偶子の染色体数をnとして，体細胞の染色体数を$2n$として表す。なお，ヒトでは，$2n=46$である。

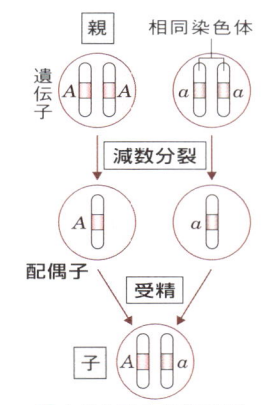

↑有性生殖と遺伝情報

↑有性生殖の方法

重要　〔有性生殖〕
接合や受精……遺伝的に多様性に富む。

ミニテスト　　　　　　　　　　　　　　　　　　　　　　　　　解答　別冊p.8

☐❶ 無性生殖の方法を3つ答えよ。
☐❷ 無性生殖は，環境変化に対して適応力の高い生殖方法といえるか。
☐❸ 有性生殖の方法を2つ答えよ。
☐❹ 有性生殖でできる新個体の遺伝的特徴は何か。また，環境変化に対する適応性はどうか。

2 減数分裂と染色体

解答 別冊p.8

❶ 遺伝子と染色体

1 染色体の構造

① 真核細胞では，遺伝子の本体である (❶　　　) はヒストン(タンパク質の一種)に巻きついて (❷　　　) を形成している。

② さらに，❷は規則的に積み重なった (❸　　　繊維) という構造をつくっている。

③ 細胞分裂のときには，❸がさらに何重にも折りたたまれて，太く短い (❹　　　) の構造をつくる。

④ DNAは分裂前に複製され，分裂期の前期には，(❺　　) 本の染色体が動原体で接着したトンボの羽のような構造の染色体となる。

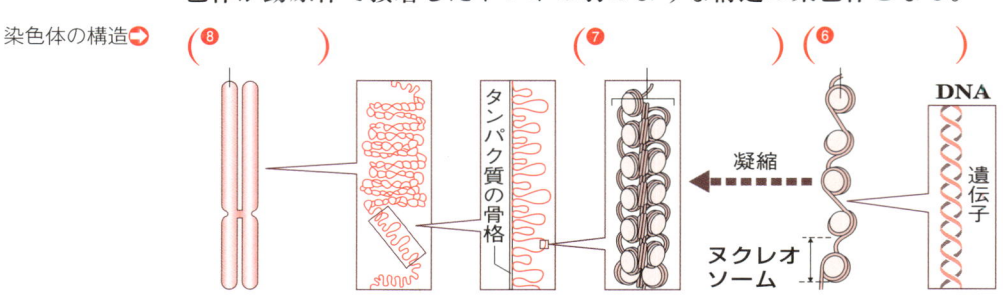

染色体の構造➡ (❽　　) (❼　　) (❻　　)

2 相同染色体と遺伝子座

♣1 受精の結果，父方と母方のn本ずつの染色体があわさり，$2n$本となる。

① 有性生殖をする生物では，父方の染色体が精子(精細胞)によってもたらされ，母方の染色体が卵(卵細胞)によってもたらされるため，体細胞($2n$)は同形同大の (❾　　対) の染色体をもっている。このような染色体を (❿　　) という。

⬇遺伝子座の例(ヒトの第11染色体)
インスリンの遺伝子
赤血球構成タンパク質(ヘモグロビンβ鎖)の遺伝子
過酸化水素分解酵素(カタラーゼ)の遺伝子

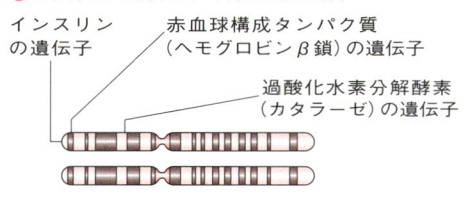

② どの染色体のどの位置にどの遺伝子があるかは，生物種によって決まっている。染色体上に占める遺伝子の位置を♣2 (⓫　　) という。

③ 同じ**遺伝子座**に存在する，異なる型の遺伝子を (⓬　　) という。

♣2 1本の染色体上には多数の遺伝子座が存在する。同じ染色体上にある遺伝子は連鎖しているという。

④ 同じ遺伝子が対になった状態(AAやaa)を (⓭　　接合体)，異なる遺伝子が対になった状態(Aa)を (⓮　　接合体) という。

> **重要** 〔遺伝子と染色体〕
> **遺伝子は染色体上の決まった位置にある遺伝子座に存在する。**

❷ 性染色体

① ヒトの性染色体

① ヒトの体細胞には，46本の染色体があり，そのうちの44本は男女に共通で，これを（⑮　　　）という。

② 残る2本は男女で異なる染色体で，これを（⑯　　　）という。女性の性染色体は同形の（⑰　　型）であるが，男性は形が異なる（⑱　　型）である。

③ 性染色体のうち，男女に共通している染色体を（⑲　　染色体），男性にのみ見られる小形の染色体を（⑳　　染色体）という。♣3

② ヒトの性決定

① 性決定に関係しない常染色体22本のセットをAで示すと，ヒトの体細胞はこれを2セットもっているので，2Aで示される。そこでヒトの女性は，2A＋（㉑　　），男性は，2A＋（㉒　　）で示される。

② このような性決定の様式をXY型性決定という。

❸ いろいろな性決定様式

性決定の様式には，XY型以外にも次のようなものがある。

① （㉓　　型）…雌は1対のX染色体をもつが，雄はX染色体を1本だけもつ。

② ZW型…雌が性染色体をヘテロ型，雄がホモ型にもつ場合。
　↳雌ヘテロのXY型であるともいえる。

③ （㉔　　型）…雌がZ染色体を1つもち，雄はホモ型にもつ。

↑ヒトの染色体構成
常染色体22対(44本)　性染色体1対(2本)；男女で異なる

♣3 ヒトのY染色体には，性決定に重要な役割をもつ*SRY*遺伝子の遺伝子座がある。*SRY*遺伝子は生殖腺を精巣に分化させ，精巣からは男性ホルモンが分泌されて雄へと分化する。*SRY*遺伝子がないと卵巣に分化して雌となる。

型		性	親の体細胞	配偶子	子の体細胞	生物例
雄ヘテロ	XY型	♀	2A＋XX	A＋X	2A＋XX(♀)	ヒト, ショウジョウバエ
		♂	2A＋XY	A＋X / A＋Y	2A＋XY(♂)	
	XO型	♀	2A＋XX	A＋X	2A＋XX(♀)	バッタ, トンボ
		♂	2A＋X	A＋X / A	2A＋X(♂)	
雌ヘテロ	ZW型	♀	2A＋ZW	A＋W / A＋Z	2A＋ZW (♀)	カイコガ, ニワトリ
		♂	2A＋ZZ	A＋Z	2A＋ZZ(♂)	
	ZO型	♀	2A＋Z	A / A＋Z	2A＋Z(♀)	ミノガ, トビケラ
		♂	2A＋ZZ	A＋Z	2A＋ZZ(♂)	

> **重要**　〔性染色体と性決定〕
> **常染色体は雌雄に共通**，**性染色体は雌雄で異なる染色体**。
> **性決定の様式**… XY型，XO型，ZW型，ZO型がある。

❹ 減数分裂

1 減数分裂の特徴

① 減数分裂は第一分裂と第二分裂の2回の分裂が引き続いて起こり，1個の母細胞(体細胞)から(㉕　　)個の娘細胞(配偶子)ができる。

② できた配偶子のもつ染色体数は，体細胞の(㉖　　)となる。

③ 減数分裂は，特定の生殖器官で起こる。

動物…卵巣と(㉗　　)，植物…(㉘　　)と葯

●減数分裂でのDNA量の変化

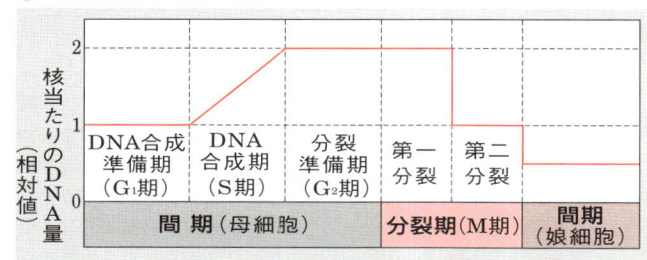

2 減数分裂とDNA量・染色体数

① 体細胞分裂でも減数分裂でも，分裂前にDNAは複製されるので，DNA量は(㉙　　)する。

② 体細胞分裂では，分裂によってできる娘細胞のDNA量は母細胞と同じ。

③ 減数分裂では，2回の分裂で4個の娘細胞ができ，DNA量は母細胞の(㉚　　)の量となる。染色体数も(㉛　　)となる。

重要　〔減数分裂の特徴〕
2回の分裂で4個の配偶子ができる。染色体数が半減する。

●キアズマ

❺ 減数分裂の過程

1 第一分裂

① **前期**…相同染色体が対合し，動原体の部分で接着して4本の染色体からなる(㉜　　)を形成する。二価染色体をつくる相同染色体の間で，染色体の一部が交さしてキアズマが起こると，染色体の(㉝　　)が起こる。

② **中期**…二価染色体が(㉞　　)に並び，紡錘体が完成する。

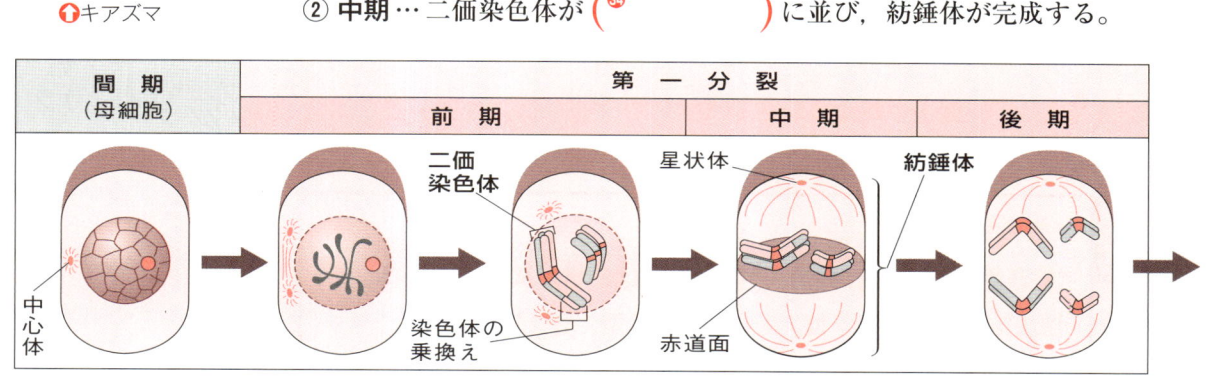

③ (㉟)…二価染色体が対合面で離れ，紡錘糸に引かれて両極に移動する。
④ (㊱)…細胞質が二分され，2個の細胞となる。この細胞ではDNAは複製されることなく，引き続いて第二分裂が始まる。

2 第二分裂

① (㊲)…染色体（もとの染色体と複製された染色体が接着した状態）が新しい細胞の赤道面に並んで紡錘体が形成される。
② (㊳)…紡錘糸に引かれて染色体が両極に移動する。ヒトでは23組の染色体のうちの1本ずつが娘細胞に引き継がれる。
③ (㊴)…核膜が再現し，細胞質の分裂が行われる。染色体数が(㊵)となった娘細胞（配偶子）が4個できる。

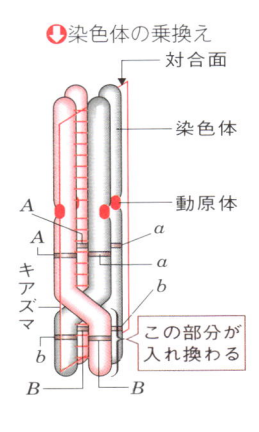

◯染色体の乗換え

♣4 植物の場合には，これを花粉四分子という。

> **重要** 〔減数分裂の過程〕
> 第一分裂で相同染色体が対合して**二価染色体**ができる。このとき染色体の**乗換え**が起こることがある。➡**配偶子の多様性**

重要実験 減数分裂の観察

方法（操作）
① ねぎ坊主（ネギの花の集まり）を採取して，酢酸アルコールに浸して固定しておく。
② 2〜3mmの大きさのつぼみを取り，柄付き針とピンセットで葯だけを取り出す。
③ 酢酸オルセイン溶液を1滴落として5分程度おいてから，カバーガラスをかけて，その上にろ紙を置いて親指の腹の部分で上から押しつぶす。
④ 顕微鏡で観察し，減数分裂の各段階の細胞を探してスケッチする。

結果と考察
① 花粉四分子や花粉ばかりが観察される場合，どうすればよいか。
→ もっと(㊶ 大きさ)つぼみから葯を採取する。
② 酢酸オルセイン溶液は何を赤く染色するか。→ (㊷ 物質名)を赤色に染色する。

◯減数分裂の過程

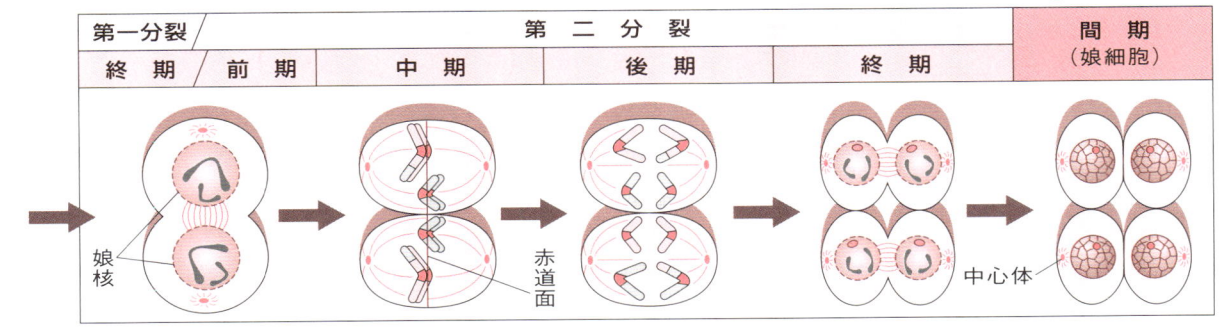

第一分裂	第二分裂				間期（娘細胞）
終期	前期	中期	後期	終期	

娘核　赤道面　中心体

3 染色体と遺伝

♣1 メンデルの調べた形質

形質	優性	劣性
種子の形	丸	しわ
子葉の色	黄色	緑色
花の位置	えき性	頂性
種皮の色	有色	無色
熟したさやの形	ふくれ	くびれ
未熟なさやの色	緑色	黄色
茎の高さ	高	低

■…収穫時にわかる形質

❶ メンデルの実験

① 19世紀, メンデルは(❶ エンドウ)を実験材料として, 7種類の遺伝形質について交配実験を行った。そして, 結果を数量的に分析し, (❷ 優性 の法則), 分離の法則, 独立の法則を発表した。しかし, 当時は認められなかった。

② 20世紀に入ると, ド・フリース, コレンス, チェルマクの3人がそれぞれ別々に実験し, メンデルの3つの遺伝法則を再発見した。

❷ 一遺伝子雑種

1 一遺伝子雑種　1対の(❸ 対立(優性) 形質)に関する遺伝を**一遺伝子雑種**という。メンデルは, これを次のように考えた。
→ただし, 彼は遺伝子の実体は何か, 細胞のどこにあるのかについては知らなかった。

2 一遺伝子雑種の遺伝のしくみ

① エンドウの種子の形には, 丸形としわ形がある。純系の丸形としわ形を**両親**(P)として**交雑**すると, その子である**雑種第一代**(F_1)はすべて丸形になった。⇒丸形が(❹ 優性 形質)である。

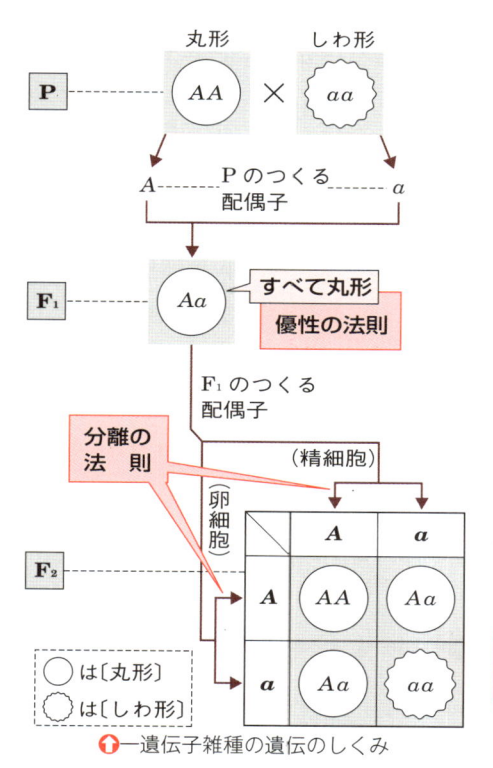

② Pの遺伝子型は,
　丸形…(❺ AA), しわ形…(❻ aa)
　→表現型は[A]とも表記される。　　→表現型は[a]とも表記される。
　Pのつくる配偶子は,
　丸形…(❼ A), しわ形…(❽ a)

③ よって, F_1の遺伝子型はすべて(❾ Aa)で, 表現型は(❿ Aa 形)[A]のみ。⇒(⓫ 分離 の法則)

④ F_1がつくる配偶子は, $A:a=$(⓬ 1 : 1)
　⇒(⓭ 分離 の法則) 優性

⑤ F_1どうしの**自家受精**によってできる**雑種第二代**(F_2)は, 配偶子どうしが自由に組み合わさるので,
　$AA:Aa:aa=$(⓮ 1 : 2 : 1)

⑥ AAとAaは優性形質である丸形を示すので, F_2の表現型の比は, 丸形：しわ形 = (⓯ 　：　)
　　　　　　　　　　　　　　　　　　　　→[A]　→[a]

> **重要**　〔一遺伝子雑種〕
> F_1は優性形質[A]のみ。F_2は[A]：[a]＝3：1

[図：一遺伝子雑種の遺伝のしくみ]
P：丸形 AA × しわ形 aa
Pのつくる配偶子：A, a
F_1：Aa　すべて丸形　優性の法則
F_1のつくる配偶子　(精細胞)(卵細胞)
分離の法則

	A	a
A	AA	Aa
a	Aa	aa

○は[丸形]
○(点線)は[しわ形]

↑一遺伝子雑種の遺伝のしくみ

❸ 遺伝子と染色体

① その後に研究によって，遺伝子は細胞の(⑯　　　)の中の(⑰　　　上)にあることがわかった。
② また，遺伝子の本体は(⑱　　　)であることも明らかになった。
③ 一遺伝子雑種を遺伝子と染色体との関係で説明すると，右図のようになる。
④ 対立遺伝子Aとaは，相同染色体の同じ(⑲　　　座)に存在し，その染色体と行動をともにしている。

> **重要** 〔遺伝子と染色体〕
> 遺伝子(DNA)…染色体上に存在。
> 対立遺伝子…相同染色体の同じ遺伝子座に存在。

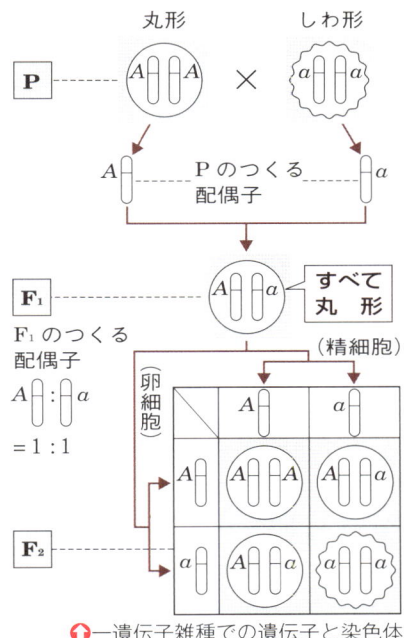

↑一遺伝子雑種での遺伝子と染色体

❹ 検定交雑と遺伝子型の決定

1 検定交雑

遺伝子型を調べるための(⑳　　　)の純系個体(ホモ接合体)との交雑を，(㉑　　　)という。この交雑の結果得られる子の表現型の比は，検定個体がつくる配偶子の(㉒　　　)の比と一致する。
→⑳の純系個体と交雑した個体

2 検定交雑による遺伝子型の決定

検定交雑の結果から，検定個体がつくる配偶子の(㉓　　　型)の比を次のように決定できる。

① 子の表現型がすべて劣性形質〔a〕
　　　　　　　→検定個体の遺伝子型は(㉔　　　)
　　検定個体は劣性ホモなので，形質を確認すれば判定できる。
② 子の表現型がすべて優性形質〔A〕
　　　　　　　→検定個体の遺伝子型は(㉕　　　)
③ 子の表現型の比が優性形質〔A〕：劣性形質〔a〕＝1：1
　　　　　　　→検定個体の遺伝子型は(㉖　　　)

> **重要** 〔検定交雑による遺伝子型の決定〕
> 子がすべて劣性形質➡検定個体は劣性ホモ接合体(aa)
> 子がすべて優性形質➡検定個体は優性ホモ接合体(AA)
> 子が優性：劣性＝1：1➡検定個体はヘテロ接合体(Aa)

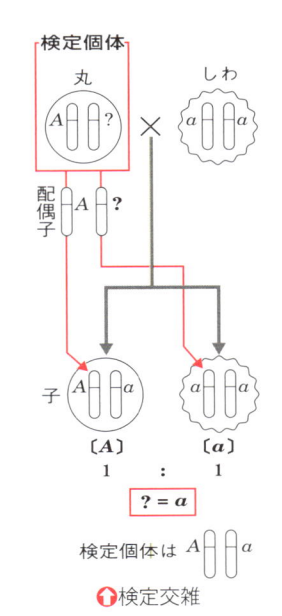

↑検定交雑

❺ 二遺伝子雑種

1 二遺伝子雑種 2対の対立形質に着目して，それぞれの形質をもつ純系の親どうしを交雑させたときに得られる子。

2 二遺伝子雑種の遺伝のしくみ

エンドウの2対の対立遺伝子に着目する。

- 種子の形：丸形(優性)…A，しわ形(劣性)…a
- 子葉の色：黄色(優性)…B，緑色(劣性)…b

遺伝子$A(a)$と$B(b)$は異なる相同染色体上の同一の遺伝子座にそれぞれある。

① 純系の丸形・黄色としわ形・緑色をPとして交配する。Pの遺伝子型は次のようになる。

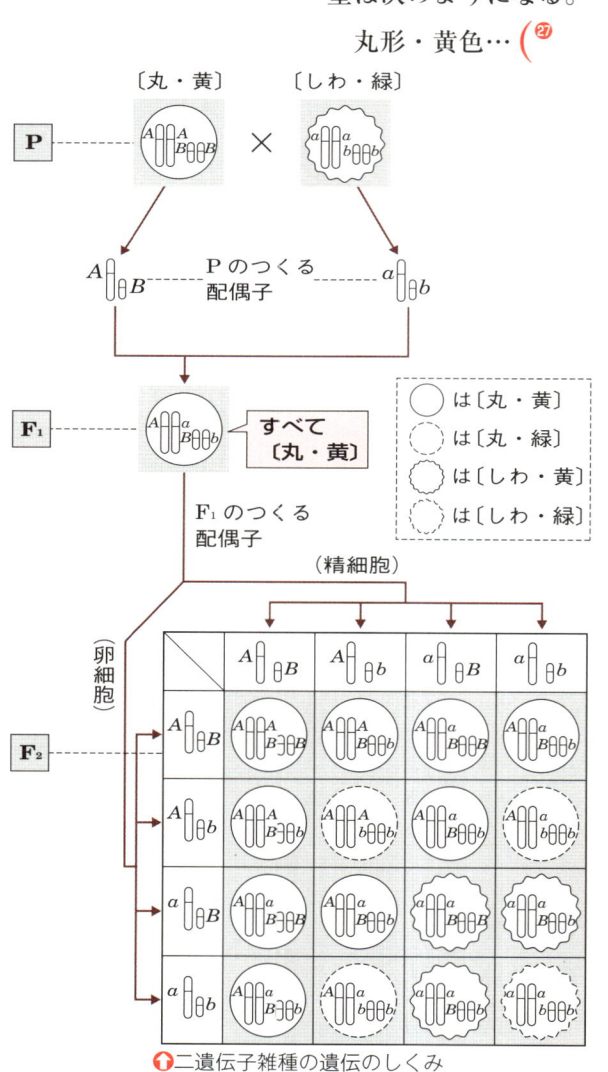

　丸形・黄色…(㉗　　　)，しわ形・緑色…(㉘　　　)

② 減数分裂のとき，異なる染色体は別々に行動する(独立の法則)。よって，Pのつくる配偶子の遺伝子型は次のようになる。

　丸形・黄色 ➡ (㉙　　　)のみ
　しわ形・緑色 ➡ (㉚　　　)のみ

③ F_1は，両親から伝えられた染色体をもつので，遺伝子型は(㉛　　　)，表現型は(㉜　　　)である。
　↳雑種第一代では優性形質のみ現れる。

④ F_1が減数分裂で配偶子をつくるとき，異なる染色体は別々に行動するので，F_1がつくる配偶子の遺伝子型の比は，

$AB : Ab : aB : ab =$ (㉝　：　：　：　)

⑤ F_1の自家受精によって得られるF_2は左図のようになり，表現型の比は，

丸形・黄色：丸形・緑色：しわ形・黄色：しわ形・緑色
= (㉞　：　：　：　)

↑二遺伝子雑種の遺伝のしくみ

重要
〔二遺伝子雑種〕
F_1…優性形質〔AB〕のみ。
F_2…〔AB〕：〔Ab〕：〔aB〕：〔ab〕
　　　= 9 : 3 : 3 : 1

1章 生殖と遺伝 | 75

例題研究　二遺伝子雑種の遺伝

種子が丸形で子葉が緑色のエンドウとしわ形・黄色のエンドウを交雑すると，F_1 はすべて丸形・黄色となった。種子の形の遺伝子を $A(a)$，子葉の色の遺伝子を $B(b)$ として，次の各問いに答えよ。

(1) F_1 の遺伝子型を答えよ。
(2) F_1 を自家受精して F_2 を得たとき，F_2 の表現型の比を求めよ。
(3) (2)の F_2 の丸形・黄色のある個体を検定交雑すると，得られた子の表現型は，丸形・黄色：丸形・緑色＝1：1であった。検定個体の遺伝子型を答えよ。

▶解き方

(1) F_1 がすべて丸形・黄色なので，種子の形は丸形，子葉の色は黄色が優性形質であり，それぞれ純系どうしの交雑であることがわかる。つまり，親のエンドウPの遺伝子型は，丸形・緑色が $AAbb$，しわ形・黄色が $aaBB$ である。したがって，この交雑でできた F_1 はヘテロ接合体であり，その遺伝子型は，(㉟　　　　)である。

(2) F_1 がつくる配偶子の遺伝子型の比は，$AB:Ab:aB:ab=1:1:1:1$ であるから，F_1 を求めると右表のようになり，F_2 の表現型の比は，

丸形・黄色：丸形・緑色：しわ形・黄色：しわ形・緑色 ＝ (㊱　：　：　：　)

(3) 対立形質ごとに遺伝子型を考える。

丸形：しわ形 ＝ 1：0 → (㊲　　　)
黄色：緑色 ＝ 1：1 → (㊳　　　)

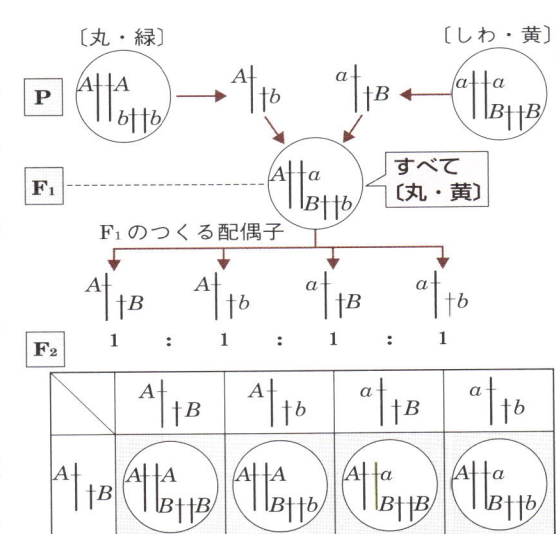

したがって，(㊴　　　　)である。

ミニテスト

解答 別冊 p.8

□❶ メンデルの3つの法則とは何か。
□❷ 遺伝子型 Aa の個体を自家受精させたとき，子の表現型〔A〕：〔a〕の比を求めよ。
□❸ 検定交雑したとき〔A〕：〔a〕＝1：1となった。検定個体の遺伝子型を答えよ。
□❹ $AaBb$ の個体を自家受精させたとき，子の表現型〔AB〕：〔Ab〕：〔aB〕：〔ab〕の比を答えよ。
□❺ ❹の中で〔AB〕の個体の遺伝子型とその割合を答えよ。
□❻ 遺伝子型 X の個体と F_1 の個体を交配したところ，次代の表現型の比は下のようになった。X の遺伝子型を答えよ。

〔AB〕：〔Ab〕：〔aB〕：〔ab〕
$X \times AaBb =$　3　：　1　：　3　：　1

4 染色体と遺伝子組換え

解答 別冊p.8

♣1 遺伝子の連鎖の例
- 成長制御遺伝子
- DNAポリメラーゼ遺伝子
- B細胞成熟遺伝子
- 血液凝固遺伝子

1 遺伝子の連鎖

① ヒトの染色体数は $2n=46$ で示され，（❶　　　対）の常染色体と1対の（❷　　　）をもっている。
　→ヒトの性染色体にはXとYがある（→p.69）。

② ヒトの遺伝子数は約20500個であるので，単純計算でも，1本の染色体上に（❸　　　）個近い遺伝子が存在することになる。
　→22000個という数字も出ている。

③ 同一の染色体上の異なる遺伝子座にある遺伝子どうしは，たがいに（❹　　　）している，という。♣1

④ 連鎖している遺伝子は，減数分裂のとき，連鎖している遺伝子の間で染色体の（❺　　　）が起こらない限り，行動を共にする。

⑤ 染色体の乗換えが起こると，遺伝子の（❻　　　）が起こる。

2 連鎖が完全な場合

① A と C, a と c が同一染色体上で連鎖しており，その**連鎖が完全**な場合，$AACC$ と $aacc$ をPとすると，Pがつくる配偶子は，それぞれ（❼　　　）と ac である。

② よって，F_1 は（❽　　　）となる。

③ F_1 がつくる配偶子の比は，
　$AC : ac =$ （❾　　：　　）

④ F_1 の自家受精によってできた F_2 の遺伝子型の比は，
　$AACC : AaCc : aacc$
　　→表現型〔AC〕　→表現型〔AC〕　→表現型〔ac〕
　　$=$ （❿　　：　：　　）

⑤ したがって，F_2 の表現型の比は，
　〔AC〕：〔Ac〕：〔aC〕：〔ac〕
　　$=$ （⓫　　：　：　：　　）

重要
〔連鎖が完全な場合〕
P　$AACC × aacc$
→F_1　$AaCc$
→F_1の配偶子…$AC : ac = 1 : 1$
→F_2の表現型…〔AC〕：〔ac〕$= 3 : 1$

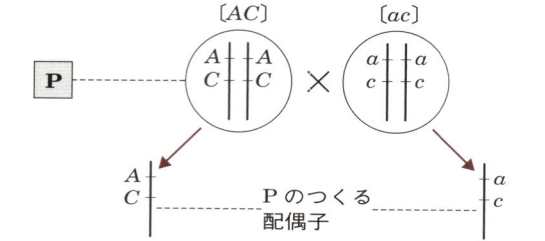

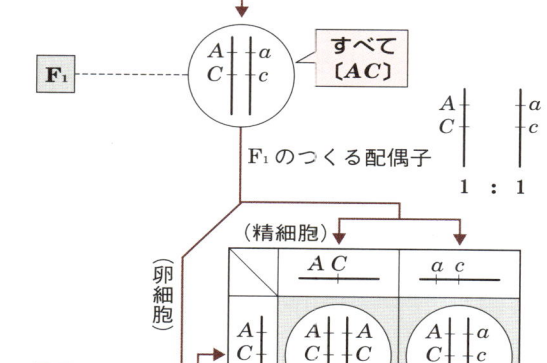

↑連鎖が完全な場合の遺伝

3 染色体の乗換えが起こる場合

① $AAEE$ と $aaee$ をPとしたとき，AE 間，ae 間で染色体の乗換えが起こっても，Pがつくる配偶子は（⑫　　　）と ae である。

② したがって，F_1 は（⑬　　　）となる。

③ F_1 が配偶子をつくるときには，染色体の乗換えによって遺伝子の（⑭　　　）が起こる。その結果，AE と ae 以外に，新たに Ae と（⑮　　　）の遺伝子の組み合わせをもつ配偶子もできる。

④ $n:1$ の割合で染色体の乗換えが起こるとすると，F_1 がつくる配偶子の割合は，

$AE:Ae:aE:ae$
$\qquad =$（⑯　　：　　：　　：　　）

となる。

⑤ この場合のそれぞれの配偶子の組み合わせでできる F_2 の表現型は右表のようになるので，F_2 の表現型の比は，

〔AE〕:〔Ae〕:〔aE〕:〔ae〕
$=$（⑰　　　）
　:（⑱　　　）
　:（⑲　　　）
　:（⑳　　　）

となる。ただし，$n>1$ の整数である。

> **重要** 〔染色体の乗換えが起こる場合〕
> P　$AAEE \times aaee$
> → F_1　$AaEe$
> → F_1 の配偶子の比は，
> 　$AE:Ae:aE:ae = n:1:1:n$
> → F_2 の表現型の比は，
> 　〔AE〕:〔Ae〕:〔aE〕:〔ae〕
> 　$=(3n^2+4n+2):(2n+1)$
> 　$\qquad\qquad :(2n+1):(n^2)$

組換えが起こる場合の遺伝

F_2　$AE:Ae:aE:ae = n:1:1:n$ とする

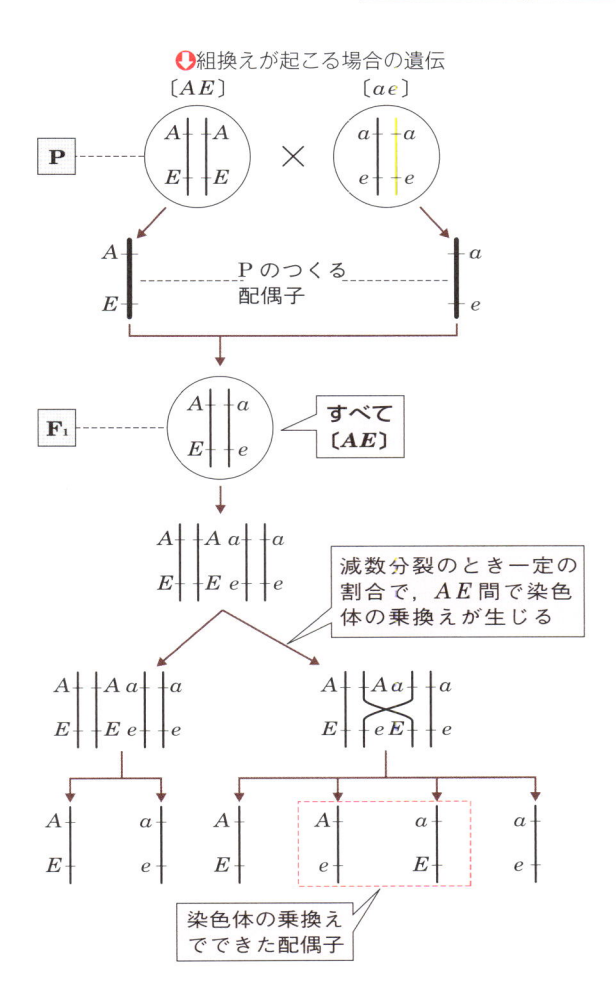

	nAE	Ae	aE	nae
nAE	n^2AAEE	$nAAEe$	$nAaEE$	n^2AaEe
Ae	$nAAEe$	$AAee$	$AaEe$	$nAaee$
aE	$nAaEE$	$AaEe$	$aaEE$	$naaEe$
nae	n^2AaEe	$nAaee$	$naaEe$	n^2aaee

〔AE〕:〔Ae〕:〔aE〕:〔ae〕
$=(3n^2+4n+2):(2n+1):(2n+1):n^2$

4 組換え価

① 連鎖している2つの遺伝子間では、ふつう一定の割合で染色体の(㉑　　　)が起こる。そしてその結果、遺伝子の(㉒　　　)が起こる。

② 遺伝子の組換えを起こした配偶子の割合を(㉓　　　)といい、次式で示される。ただし、組換え価<50%となる。

$$組換え価(\%) = \frac{(㉔　　　配偶子の数)}{(㉕　　　数)} \times 100$$

③ 組換えは、2つの遺伝子間の距離が近いほど起こりにくい。
→ 距離が近いほど、組換え価は(㉖　　　く)なる。
→ 組換え価は、遺伝子間の距離に(㉗　　　する)。
→ この関係を利用 →(㉘　　　地図)が作成される。

5 遺伝子と染色体地図

① モーガンは、キイロショウジョウバエについて染色体地図を作成し、遺伝子が染色体上に(㉙　　　)していることを明らかにした。

② 連鎖している3つの遺伝子A、B、Cについて、A-B、B-C、C-A間の遺伝子間の組換え価がそれぞれ、4%、5%、9%であったとすると、その遺伝子の位置関係は右図のようになる。

③ このような方法によって、3つの遺伝子の染色体上の位置関係を求める方法を(㉚　　　法)という。

④ このようにしてつくった染色体地図を(㉛　　　的地図)という。
　　　　　　　　　　　　　　　　　　　　↳連鎖地図ともいう。

> **重要** 〔遺伝子の組換え価と染色体地図〕
> 組換え価は遺伝子間の距離に比例する ➡ 三点交雑法 ➡ 染色体地図(遺伝学的地図)

♣2 **二重乗換え**
確率は低いが、2つの遺伝子間で、染色体の乗換えが2回起こる場合がある。これを二重乗換えという(下図②)。この場合は、遺伝子は見かけ上、組換えが起こっていないようになる。

↓遺伝子の乗換え

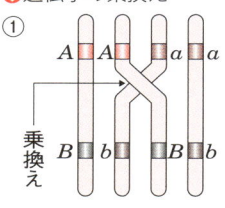

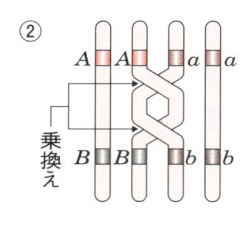

♣3
染色体の遺伝子座を蛍光色素などで染める方法で作成した染色体地図のことは、細胞学的染色体地図という。

例題研究　組換え価

遺伝子型AaBbの個体にaabbを交雑して次代の表現型の比を求めたところ、〔AB〕:〔Ab〕:〔aB〕:〔ab〕= 7:1:1:7となった。A-B間の組換え価を求めよ。

解き方　出現個体数の少ないA-b、a-Bが組換えによってできた個体である。

$$組換え価 = \frac{(㉜　　) + (㉝　　)}{7+1+1+7} \times 100 = 12.5 [\%] \cdots 答$$

例題研究　組換え価と遺伝子座

2組の対立遺伝子 $A \cdot a$ と $B \cdot b$ をヘテロ接合体としてもつ F_1 個体 ($AaBb$) を検定交雑したところ，次代の表現型の比 〔AB〕：〔Ab〕：〔aB〕：〔ab〕が次の①～④のようになった。①～④の F_1 個体の染色体と遺伝子座の関係を示した図として適当なものを，ア～クからそれぞれ選べ。

① 1 : 1 : 1 : 1　② 3 : 1 : 1 : 3　③ 7 : 1 : 1 : 7　④ 1 : 3 : 3 : 1

ア　A/a ，B/b
イ　A/B ，a/b
ウ　aA/bB
エ　BA/ba
オ　aA/bB
カ　BA/ba
キ　bA/Ba
ク　bA/Ba

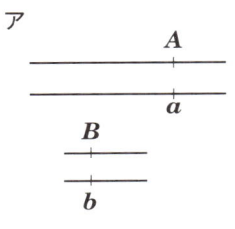

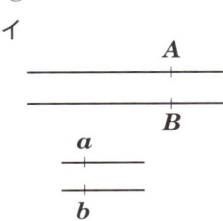

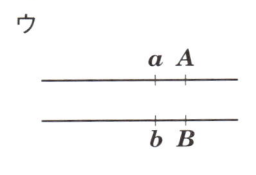

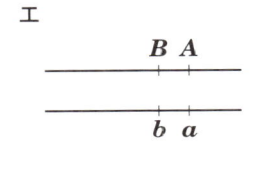

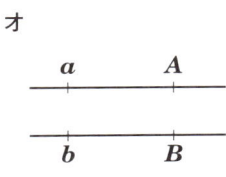

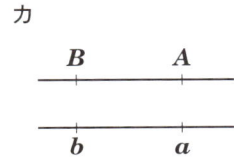

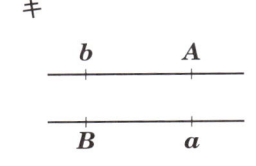

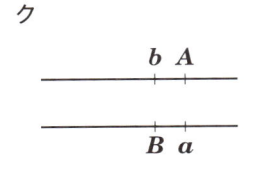

解き方

① F_1 の表現型の比は，遺伝子 $A(a)$ と $B(b)$ がそれぞれ独立した染色体上に存在することを示しているので，（㉞　　）である。

② 検定交雑したところ，〔AB〕と〔ab〕が多いので，$A-B$，$a-b$ が連鎖しており，組換えによって $A-b$，$a-B$ ができたと考えられる。その組換え価は，

$$\frac{1+1}{3+1+1+3} \times 100 = 25〔\%〕$$

であり，③より遺伝子座の間の距離が遠い（㉟　　）である。

③ ②と同様に $A-B$，$a-b$ が連鎖しており，数の少ない〔Ab〕と〔aB〕が組換えによってできたと考えられる。その組換え価は，

$$\frac{1+1}{7+1+1+7} \times 100 = 12.5〔\%〕$$

であり，②より2つの遺伝子座の間の距離が近い（㊱　　）である。

④ 数の少ない〔AB〕と〔ab〕が組換えによって生じた個体で，組換え価は②と同じなので，遺伝子座の距離は②と等しく，$a-B$，$A-b$ が連鎖した（㊲　　）である。

ミニテスト

❶ 遺伝子 A と a，B と b が完全に連鎖しているとき，$AAbb$ と $aaBB$ を P として交雑すると，F_1 の遺伝子型はどうなるか。また，F_1 の自家受精で得られる F_2 の表現型の比を求めよ。

❷ ある植物の紫花・長花粉 ($AABB$) と赤花・丸花粉 ($aabb$) を P として得た F_1 を検定交雑した結果，次代は，紫・長：紫・丸：赤・長：赤・丸 = 4 : 1 : 1 : 4 となった。組換え価を求めよ。

5 動物の配偶子形成と受精

解答 別冊p.9

❶ 動物の配偶子形成

1 精子の形成
雄の(①)内で，次の順序で行われる。

① 始原生殖細胞($2n$)の体細胞分裂で(②)($2n$)ができ，さらに体細胞分裂をくり返して成熟し，(③ 細胞)となる。

② **一次精母細胞**($2n$)は減数分裂を行い，第一分裂によって**二次精母細胞**(n)となり，第二分裂によって，4個の(④)(n)となる。

③ 精細胞(n)は変形して，運動性をもった(⑤)(n)になる。

2 卵の形成
雌の(⑥)内で，次の順序で行われる。

① 始原生殖細胞($2n$)の体細胞分裂で(⑦)($2n$)ができる。

② **卵原細胞**($2n$)は体細胞分裂をくり返して増殖し，やがて細胞内に卵黄をたくわえて(⑧ 細胞)($2n$)となる。
　→養分となる脂肪粒

③ **一次卵母細胞**($2n$)は減数分裂を行うが，これは著しい不等分裂で，第一分裂によって，細胞質に富む大きな(⑨ 細胞)(n)と小さな**第一極体**(n)になる。

④ さらに第二分裂によって，1個の大きな(⑩)(n)と3個の極体(n)ができる。極体はやがて退化・消失する。
　→二次卵母細胞が分裂してできた極体を第二極体という。

重要
1個の一次精母細胞($2n$) ──→ 4個の精子(n)
　　　　　　　　　　　→減数分裂
1個の一次卵母細胞($2n$) ──→ 1個の卵(n)＋3個の極体(n)

♣1 ヒトの精子形成
精細胞から精子への変形は，下図のようにして起こる。

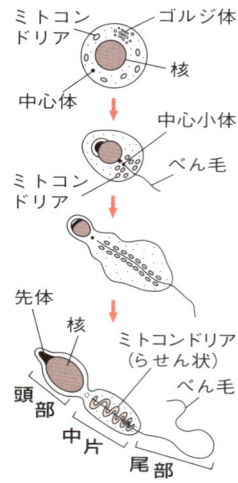

↓ 動物の配偶子の形成過程

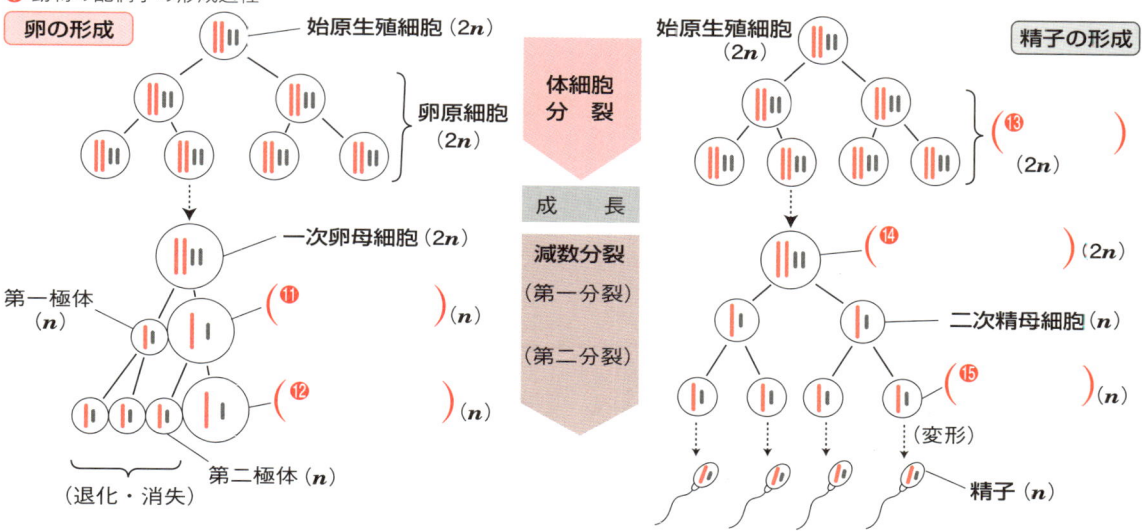

卵の形成：始原生殖細胞($2n$) → 卵原細胞($2n$) → 一次卵母細胞($2n$) → 第一極体(n)・(⑪)(n) → 第二極体(n)・(⑫)(n)（退化・消失）

精子の形成：始原生殖細胞($2n$) → (⑬)($2n$) → (⑭)($2n$) → 二次精母細胞(n) → (⑮)(n) →（変形）→ 精子(n)

❷ 受　精

1 精子での反応

① 単相(n)の精子が単相(n)の卵に進入し，精核と(⑯　　核)が融合して複相(2n)の(⑰　　卵)ができる過程を(⑱　　　)という。

② ウニでは，精子が卵のゼリー層に接触すると，精子の頭部にある(⑲　　　)からゼリー層を溶かす酵素などが放出される(右図Ⓐ)。

③ また，精子の頭部の細胞質からアクチンフィラメントの束が出て，精子の頭部の細胞膜とともに先体突起をつくる(右図Ⓑ)。この反応を(⑳　　反応)という。

└→この段階でアクチン(タンパク質)が繊維状に変化する。

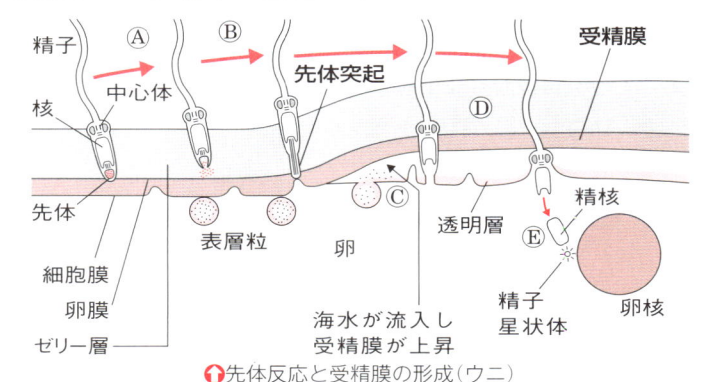

♣2 ウニは卵の細胞膜の外側に卵膜(卵黄膜)があり，その外側にゼリー層がある。

↑先体反応と受精膜の形成(ウニ)

2 卵での反応

① 精子が卵の細胞膜に達して，精子と卵の細胞膜が融合すると，その部分の細胞膜付近にある表層粒が卵膜の内側に張り付いて，その内容物が卵膜と細胞膜の間に放出される。この反応を(㉑　　反応)という(上図Ⓒ)。

② 卵膜と細胞膜を接着していた構造が分解されることで，卵膜が細胞膜から離れ，固くなって(㉒　　　)となる(上図Ⓓ)。

③ 進入した精子の頭部から(㉓　　　)と中心体が放出され，中心体から微小管が伸びて精子星状体が形成され，精核は卵核のもとに移動して，やがて精核と卵核が融合して受精が完了する(上図Ⓔ)。

♣3 他の精子は受精膜によって卵に侵入できなくなる。この現象を**多精拒否**といい，これにより多精受精を防いでいる。

♣4 **卵の付活**
受精の完了が引き金となって，卵内では，タンパク質の合成やDNA複製が始まり，やがて第一卵割が始まる。これを**卵の付活**という。

> **重要**　〔受精の過程で起こる反応と受精膜〕
> **先体反応**…卵のゼリー層に達すると，先体からゼリー層を溶かす酵素が放出され，精子からは先体突起が伸びる。
> **表層反応**…精子と卵の細胞膜が融合すると，表層粒の内容物が放出され，卵膜が細胞膜から離れて受精膜となる。

ミニテスト　　　　　　　　　　　　　　　　　　　解答 別冊p.9

□右の図は，動物の卵形成を示したものである。
(1) ア～エの各細胞の名称を答えよ。また，それぞれの核相をnまたは2nで答えよ。
(2) 図の配偶子形成は，何という器官で起こるか。

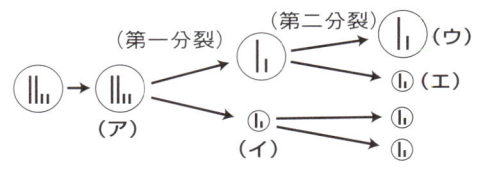

1章 生殖と遺伝　練習問題

解答 別冊p.25

❶〈生殖の方法〉　▶わからないとき→ p.66〜67
生物が行う次の生殖法について，各問いに答えよ。
　(a)分裂　(b)出芽　(c)接合　(d)胞子生殖　(e)受精　(f)栄養生殖
(1)　(a)〜(f)のうち，有性生殖に属するものはどれか。
(2)　次の生物のおもな生殖法は(a)〜(f)のどれか。それぞれ1つずつ選べ。
　①　ウニ　　　②　ミドリムシ　　③　イチゴ　　　④　ジャガイモ
　⑤　酵母菌　　⑥　アオサ　　　　⑦　コウジカビ　⑧　アメーバ

ヒント　(2)　イチゴは，ふつう走出枝(先端や途中に新しい個体となる芽をもつ枝)でふえる。

❷〈減数分裂〉　▶わからないとき→ p.68〜71
下の図は，ある動物の減数分裂の各時期を模式的に示したものである。これについて，あとの各問いに答えよ。

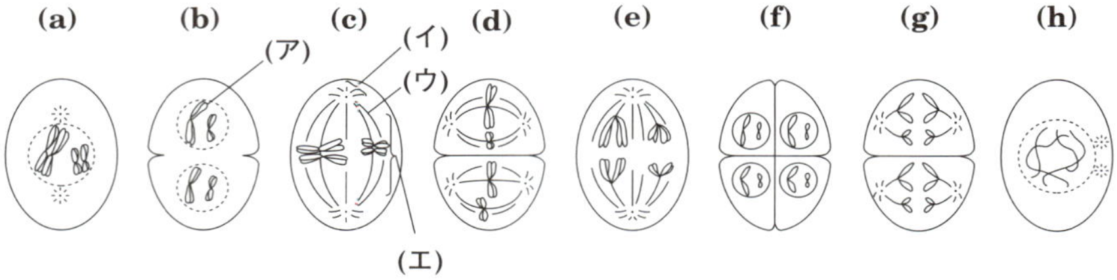

(1)　(a)〜(h)の図を，正しい減数分裂の順に並べかえよ。
(2)　図中の(ア)〜(エ)の各部の名称を記せ。
(3)　(a)，(d)，(e)，(g)の各時期の名称を答えよ。
(4)　この動物の体細胞の染色体数を「$n=$」を使って示せ。
(5)　右図は，同じ動物の体細胞分裂中の染色体像である。
　①　$A-a$，$B-b$のような関係の染色体を何というか。 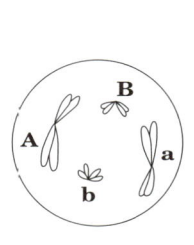
　②　この動物の減数分裂の結果できる生殖細胞がもつ染色体の組み合わせはどうなるか。考えられるものをすべて記せ。(例　$A-B$)

ヒント　(4),(5)　減数分裂では，第一分裂後期に相同染色体が両極へと分かれていくため，娘細胞は相同染色体の片方しかもたず，染色体の数が体細胞の半数(n)となる。

❸〈遺伝子と染色体〉　▶わからないとき→ p.72〜75
エンドウの子葉の色と花のつき方に関して，(黄色・えき性)と(緑色・頂生)を両親として交雑すると，F_1はすべて黄色・頂生となり，F_2は(黄・頂)：(黄・えき)：(緑・頂)：(緑・えき)＝9：3：3：1の割合で出現した。子葉の色の遺伝子をYとy，花のつき方をTとtとして各問いに答えよ。
(1)　F_1の遺伝子と染色体のようすを図示せよ。
(2)　F_2のなかで，純系の個体の遺伝子型をすべて答えよ。
(3)　F_2の(緑・頂)の個体の遺伝子と染色体のようすを図示せよ。

4 〈検定交雑〉

▶わからないとき→p.76〜79

2組の対立遺伝子をヘテロにもっているF_1個体（遺伝子型$AaBb$）を検定交雑した。

(1) 検定交雑に用いる個体の遺伝子型を答えよ。
(2) (1)の交雑の結果得られた次代の表現型とその比が次の①〜⑤となった場合，F_1個体の遺伝子と染色体の関係はどのようになっていると考えられるか。右の例にならって示せ。

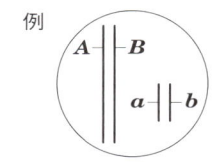

　① 〔AB〕：〔Ab〕：〔aB〕：〔ab〕＝ 1：1：1：1
　② 〔AB〕：〔Ab〕：〔aB〕：〔ab〕＝ 3：1：1：3
　③ 〔AB〕：〔Ab〕：〔aB〕：〔ab〕＝ 8：1：1：8
　④ 〔AB〕：〔Ab〕：〔aB〕：〔ab〕＝ 1：3：3：1
　⑤ 〔AB〕：〔Ab〕：〔aB〕：〔ab〕＝ 1：8：8：1

ヒント 組換え価が大きいほど遺伝子間の距離は遠い。

5 〈動物の配偶子形成〉

▶わからないとき→p.80

動物の配偶子形成の過程を示した次の図を見て、下の各問いに答えよ。

A　精原細胞 →a→ 一次精母細胞 →b→（　①　）→c→（　②　）→d→ 精子

B　卵原細胞 →e→（　③　）→f→ 二次卵母細胞 →g→ 卵細胞 →h→ 卵
　　　　　　　　　　　　（　④　）　　　（　⑤　）

(1) 上の①〜⑤の空欄に適当な名称を答えよ。
(2) 染色体が半減して，核相がnの細胞ができるのはa〜hのどこか。

ヒント（2）減数分裂の第一分裂で核相はnになる。

6 〈受　精〉

▶わからないとき→p.80〜81

右図は，ヒトの精子とウニの精子で共通する構造を模式的に示したものである。次の各問いに答えよ。

(1) 図中のa〜dの各部分の名称をそれぞれ答えよ。
(2) dの部分をつくっている運動器官を何というか。
(3) 核の内部には何という化学物質がつまっているか。
(4) ウニでは，精子が卵の表面をおおうゼリー層に接触すると先体突起が形成される。この反応を何というか。
(5) 受精膜は卵のどの部分から形成されるか。

2章 発生とそのしくみ

1 卵割と初期発生

解答 別冊 p.9

❶ 卵割と胚の発生

1 発生と卵割

① 受精卵が体細胞分裂をくり返して親と同じ形態になるまでの過程を（❶ 発生 ）という。

② 受精卵から始まる発生初期の体細胞分裂は，特に（❷ 卵割 ）という。これは通常の体細胞分裂とは異なり，間期に細胞が成長しないため，**分裂のたびに娘細胞が小さくなる**。
DNAの複製は起こる。

③ 卵割によって生じる細胞を（❸ 割球 ）という。

④ 卵は，極体が放出された部分を（❹ 動物極 ）といい，反対側を（❺ 植物極 ）という。両極の中間の面を**赤道面**という。

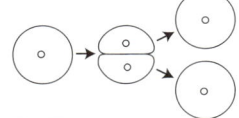

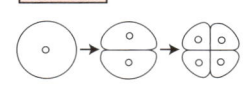

♣1 体細胞分裂と卵割
♣2 卵の各部の名称と卵割の方向

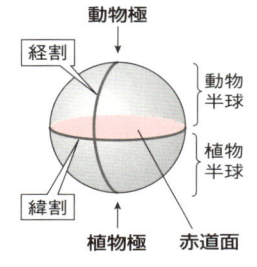

2 卵の種類と卵割

卵は，発生に必要な栄養分を（❻ 卵黄 ）としてたくわえている。卵は，卵黄の量と分布から次のように分類される。卵黄は卵割を妨げるので，卵黄の量や分布によって卵割様式も異なる。

卵の種類	卵黄の量	例	卵割の様式
等黄卵	少ない	ウニ 哺乳類	等割
（❼ 端黄卵）	（❽ 多い）	カエル イモリ	不等割
	非常に多い	鳥類 魚類 ハ虫類	盤割
心黄卵	多い	昆虫 クモ	表割

重要
〔卵割と発生〕
卵割は初期の体細胞分裂…等割，不等割，盤割，表割
ウニ ➡ 等黄卵で等割，カエル ➡ 端黄卵で不等割。

❷ ウニの発生

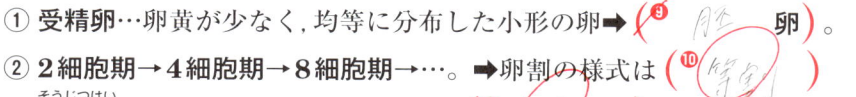

① **受精卵**…卵黄が少なく，均等に分布した小形の卵 ➡ (⑨ 等黄 卵)。
② 2細胞期→4細胞期→8細胞期→…。➡ 卵割の様式は (⑩ 等割)
③ **桑実胚**…細胞数100〜250。内部に (⑪ 卵割腔) ができる。
④ (⑫ 胞 胚)…卵割腔が大きく発達して (⑬ 胞胚腔) になる。この時期に受精膜を破ってふ化し，繊毛を使って水中に泳ぎ出す。
⑤ (⑭ 原腸 胚)…植物極で (⑮ 原口) の陥入が起こり，原腸ができる。また，**外胚葉**・(⑯ 中胚葉)・**内胚葉**が分化する。
⑥ (⑰ プリズム 幼生)…口ができる。この時期以降を**幼生**という。
  →原口の反対側にできる。
⑦ (⑱ プルテウス 幼生)…各胚葉からいろいろな器官が分化する。

♣3 **3胚葉からのウニの器官の分化**
- 外胚葉➡表皮・神経系
- 中胚葉➡骨片・筋肉
- 内胚葉➡消化管

♣4 プルテウス幼生は，しばらく浮遊生活をしたのち，変態して管足やとげをもった成体のウニとなる。

⬇ **ウニの発生過程**　各割球の大きさは同じ

動物極／植物極／受精膜
受精卵 → 経割 → (⑲ 2細胞 期) → 経割 → 4細胞期 → 緯割 → (⑳ 8細胞 期)

動物極側経割／植物極側緯割
中割球(8個)／大割球(4個)／小割球(4個)
(㉑ 16細胞 期) → (㉒ 桑実 胚) → (㉓ 胞 胚)〔断面〕 → (㉔ 胞胚腔) 繊毛 受精膜 ふ化 一次間充織(中胚葉)

二次間充織(中胚葉)
(㉕ 原腸 胚)(初期) 植物極側より陥入 → (㉖ 原腸) 骨片 原口 (㉗ 原腸 胚)〔断面〕 外胚葉と中胚葉に分かれる → (㉘ 内 胚葉) (㉙ 外 胚葉) 口になるところ プリズム幼生 骨片 → (㉚ プルテウス 幼生) 口 肛門 腕 消化管 器官が分化する

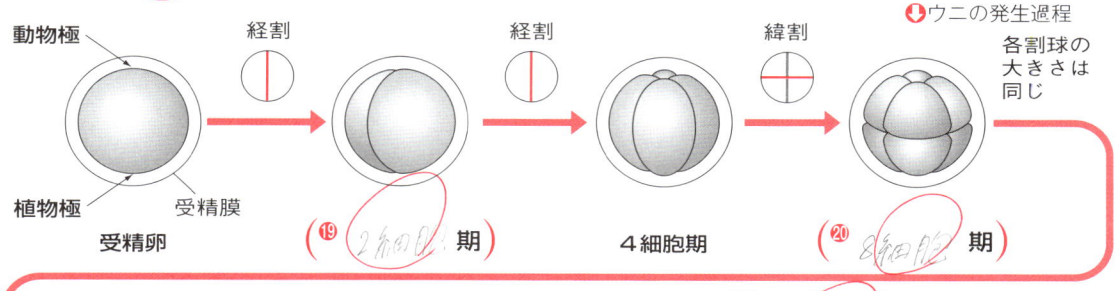

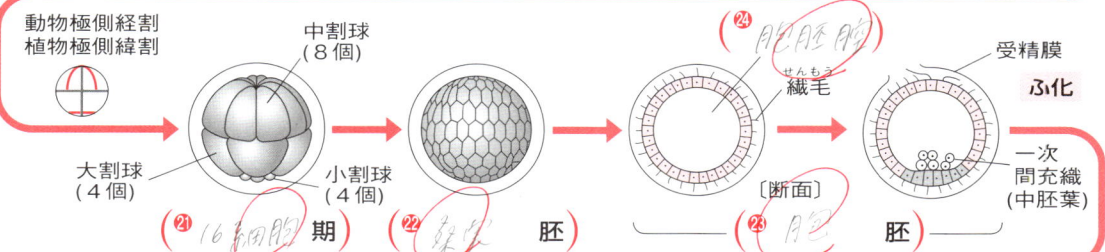

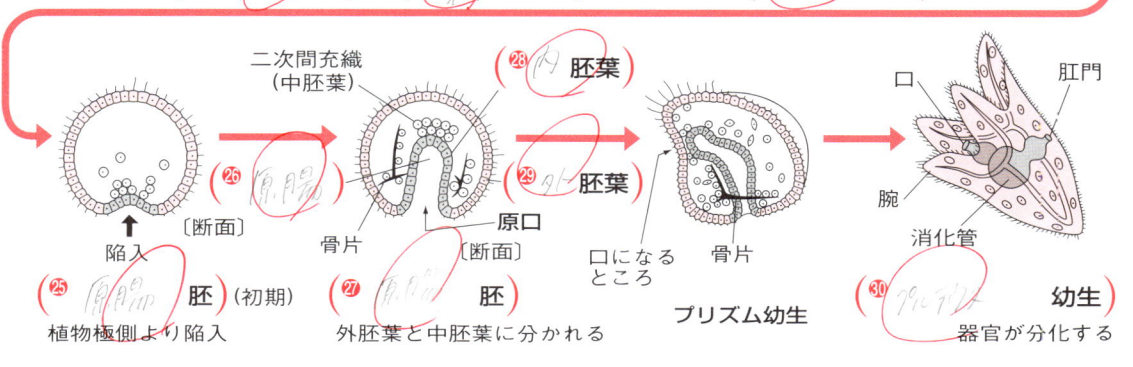

重要 〔ウニの発生〕(等黄卵，等割)
受精卵➡2細胞期➡4細胞期➡8細胞期➡16細胞期➡…
➡桑実胚➡胞胚➡原腸胚➡プリズム幼生➡プルテウス幼生⟹成体 (変態)

③ カエルの発生

1 受精と第一卵割

① カエルの卵は（㉛　　　　）で，動物極側は黒色の色素粒が多く植物極側は少ない。精子は（㉜　　半球側）から1個だけ進入する。

② 卵の表層全体が細胞質に対して約30°（㉝　　　回転）し，卵の植物極に局在していた母性因子（ディシェベルドタンパク質）が，精子進入点の反対側にできる**灰色三日月環**の部分に移動する（→p.89）。♣5

③ 灰色三日月環ができた部分は将来の胚の（㉞　　　側）になる。

④ **第一卵割**は，動物極と精子進入点と植物極を結ぶ面で起こる。

2 カエルの発生過程

① 2細胞期→4細胞期→8細胞期→…。卵割の様式は（㉟　　　　）。♣6

② （㊱　　　胚）…割球の大きさは植物極側のほうが（㊲　　い）。
　卵黄が多く卵割の進行が遅いため。

③ **胞胚**…卵割腔が発達して（㊳　　　　）になる。
　→割球の間にできたすきま

④ （㊴　　　胚）…赤道面よりやや植物極側寄りにできた**原口**から胚表面の細胞が流れ込んで**中胚葉**となり，（㊵　　　）を形成するとともに，胚をつくる細胞群は**外胚葉・中胚葉・内胚葉**の3つに分化する。

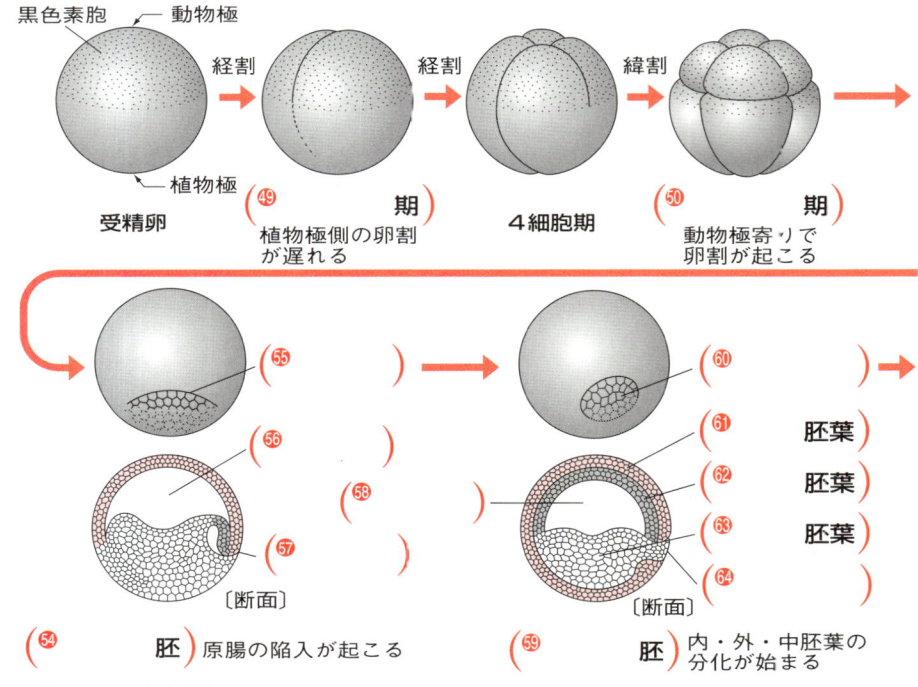

♣5 **表層回転とディシェベルドタンパク質の移動**

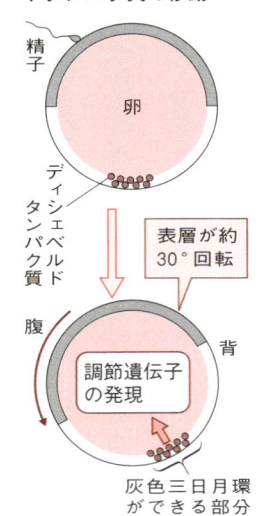

♣6 **カエルの8細胞期**
第三卵割のとき，赤道面よりも動物極寄りで緯割が起こるため，動物極側の割球は小さく，植物極側の割球は大きくなる。

♣7 **フラスコ細胞**
原口の部分の細胞は胚の表面側が縮んだフラスコ状となるため，これを**フラスコ細胞**という。この変形が内部に陥入するきっかけとなる。

♣8 **卵黄栓**
原口にとり囲まれた部分で，乳白色の栓のように卵黄が見える部分を**卵黄栓**という。卵黄栓は，発生が進むと胚の中に落ち込み，消えてしまう。

受精卵 → （㊾　　期）植物極側の卵割が遅れる → 4細胞期 → （㊿　　期）動物極寄りで卵割が起こる →

（㊺　　）
（㊻　　）胚葉
（㊼　　）胚葉
（㊽　　）胚葉

（54　　胚）原腸の陥入が起こる
（59　　胚）内・外・中胚葉の分化が始まる

↑カエルの発生過程

⑤（㊶　　　　胚）…胚はダルマ形となり，胚の上面の外胚葉が肥厚して，（㊷　　　　）ができる。これはやがて陥没し，（㊸　　　　）となる。♣9

⑥ 尾芽胚…胚に尾芽ができはじめ，いろいろな器官が形成される。
└胚の後方に伸びた突起の先端

♣9 神経管のでき方

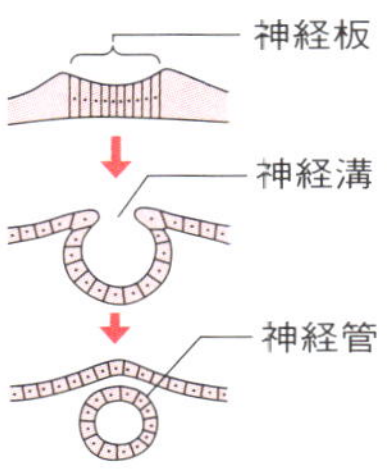
神経板
神経溝
神経管

3 胚葉の分化と器官の形成

外胚葉
- （㊹　　　　）…体表や口や鼻の上皮，目の水晶体（レンズ），角膜 └p.107
- （㊺　　　　）…脳，脊髄，網膜，眼胞 └p.90

中胚葉
- 脊索……………やがて退化する。
- （㊻　　　　）…脊椎骨，骨格，骨格筋，皮膚の真皮 └p.112
- （㊼　　　　）…腎臓，輸尿管
- （㊽　　　　）…内臓筋・心筋・血管，腹膜，腸間膜

内胚葉➡腸管
- 前部………気管，肺，食道，胃，肝臓，すい臓
- 中・後部…小腸，大腸，ぼうこう

重要

3胚葉からの各器官の形成
- **外胚葉➡表皮・神経系・感覚器官**
- **中胚葉➡骨格・筋肉・循環系・真皮**
- **内胚葉➡呼吸器系・消化器系**

注 ウニとカエルの発生過程の違い

●卵割
ウニ……等割
カエル……不等割

●胞胚期
ウニ…胞胚腔は中央にあり，大きい。胞胚腔をとりまく細胞は1層。
カエル…胞胚腔は動物極側にあり，小さい。胞胚腔をとりまく細胞は数層。

●原口陥入
ウニ…植物極から。
カエル…赤道面のやや植物極寄りから。

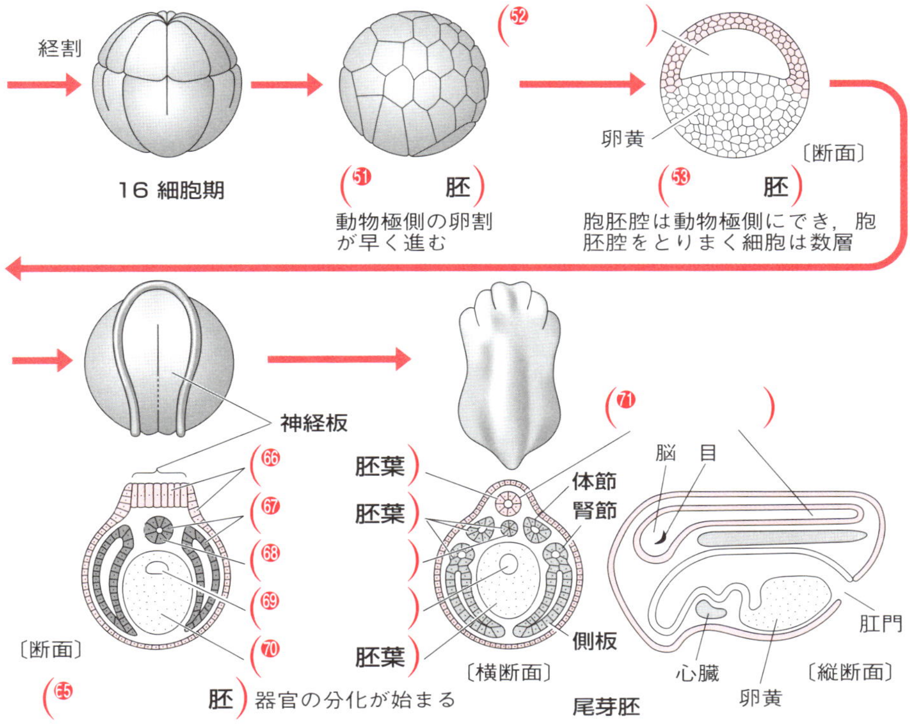
経割
16 細胞期
（(51)　　胚）
動物極側の卵割が早く進む
（(52)　　）
卵黄
〔断面〕
（(53)　　胚）
胞胚腔は動物極側にでき，胞胚腔をとりまく細胞は数層
神経板
（(66)　　）
（(67)　　）
（(68)　　）
（(69)　　）
（(70)　　）
〔断面〕
（(65)　　胚）器官の分化が始まる
胚葉）
胚葉）
）
）
胚葉）
体節
腎節
側板
〔横断面〕
尾芽胚
（(71)　　）
脳
目
肛門
心臓
卵黄
〔縦断面〕

2 誘導と発生のしくみ

解答 別冊p.9

❶ 胚の予定運命の研究

1 フォークトの実験

① フォークトは，イモリの初期原腸胚の表面を無害な色素で局所的に染め分け，胚各部の発生過程を追跡した。このような実験方法を，(❶　　　　　　)法という。

♣1 中性赤，ナイル青などの染色液を含ませた寒天片で，下図のようにして行った。

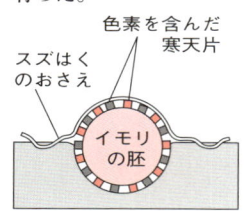

色素を含んだ寒天片
スズはくのおさえ
イモリの胚

↓イモリの胞胚の原基分布図

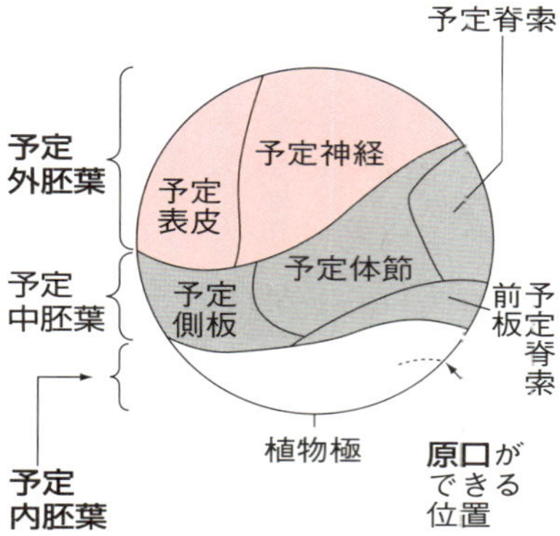

予定外胚葉／予定表皮／予定神経／予定脊索
予定中胚葉／予定側板／予定体節／前予定板脊索
予定内胚葉／植物極／原口ができる位置

② フォークトは，胚の各部の予定運命を(❷　　　　♣2)にまとめた。
　→発生の過程で，将来どの組織に分化するかという予定。

♣2 いろいろな器官のもとになる構造のことを**原基**という。

2 シュペーマンの実験

① シュペーマンは，イモリの初期原腸胚を使って**交換移植実験**を行った。

予定神経域／交換移植／原口／予定表皮域／原口
移植片は，(❸　　　　)に分化する → 神経管／眼胞
移植片は，(❹　　　　)に分化する →

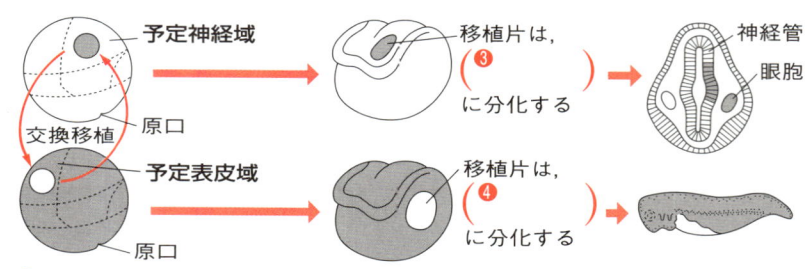

↑イモリの初期原腸胚での交換移植実験

[結果] 移植片は移植場所に応じて(❺　　　　)した。

② 初期神経胚を使って同様の交換移植実験を行った。

[結果] 移植片は自らの予定運命にしたがって分化した。

③ 原口背唇部を胚の色の異なる別のイモリの胞胚期の胞胚腔に移植した。

[結果] 原口背唇部は，自らは(❻　　　　)や体節の一部に分化するとともに，接する外胚葉にはたらきかけて(❼　　　　)を形成し，胚の腹側にもう1つの胚である(❽　　　　)を形成した。

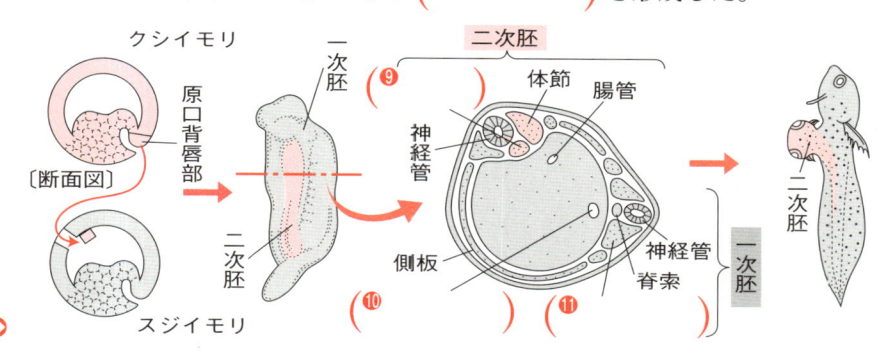

♣3 **原口背唇部のはたらき**
原口の動物極側の部分を**原口背唇部**といい，原腸形成のときに下図のように胚内部に陥入して，接する外胚葉を神経管に分化させる(→p.90)はたらきをもつ。

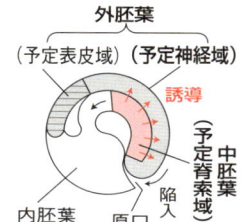

外胚葉
（予定表皮域）（予定神経域）
誘導
（予定中胚葉脊索域）
内胚葉／原口／陥入

クシイモリ／原口背唇部／〔断面図〕／スジイモリ
一次胚／二次胚
(❾　　)体節／腸管／神経管／側板／神経管／脊索
(❿　　)(⓫　　)
二次胚／一次胚

原口背唇部の移植実験→

❷ 誘導と形成体のはたらき

1 中胚葉誘導の実験

① イモリの胞胚期の胚を右図のように3つの領域に分けて、それぞれ培養すると、

動物極側の領域A（アニマルキャップ）→（⑫　　　）

植物極側の領域C→（⑬　　　）

AとCの間の領域B→⑫⑬と（⑭　　　）

② 切除した領域AとCを接着して培養すると、外胚葉組織と内胚葉組織に加え、（⑮　　　組織）の（⑯　　　）・**体節・側板**などが分化した。

③ 予定内胚葉域が予定外胚葉域を中胚葉に分化させるはたらきを、（⑰　　　）という。

2 中胚葉誘導と背腹軸の決定のしくみ

① アフリカツメガエルでは、精子の進入によって卵の表層が約30°回転する（⑱　　　回転）が起きる。これにより精子進入点の反対側に（⑲　　　）ができ、将来の背側となる。

② 植物極端の表層には、**ディシェベルドタンパク質**（→p.86）が入った顆粒が存在する。この顆粒は、**表層回転**によって灰色三日月環の部分に移動する。受精卵にできた灰色三日月環の位置と、原腸胚初期の（⑳　　　）の位置は一致する。

③ 植物極付近には母性のmRNAによってつくられた**VegTタンパク質**とよばれる**内胚葉決定因子**がある。このVegTタンパク質がないと、（㉑　　　）はできない。

④ また、胞胚期には胚全体にβカテニンというタンパク質が広がって分布しているが、しだいに分解されはじめる。しかし、ディシェベルドタンパク質を含む（㉒　　　）の部分では、βカテニンの分解が抑制され、βカテニンの濃度が高くなる。

⑤ βカテニンとVegTタンパク質の濃度は、**中胚葉誘導因子をつくるノーダル遺伝子**のはたらきを調節する。βカテニン濃度が高いほどノーダル遺伝子は強くはたらき、**ノーダルタンパク質**を多くつくる。

⑥ その結果、βカテニンの濃度に対応するようにノーダルタンパク質の濃度勾配ができる。低濃度の内胚葉域と接する部位は腹側中胚葉に分化し、高濃度の部位は（㉓　　　中胚葉）に分化する。

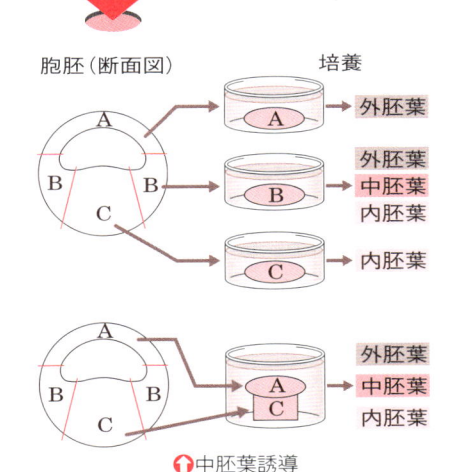

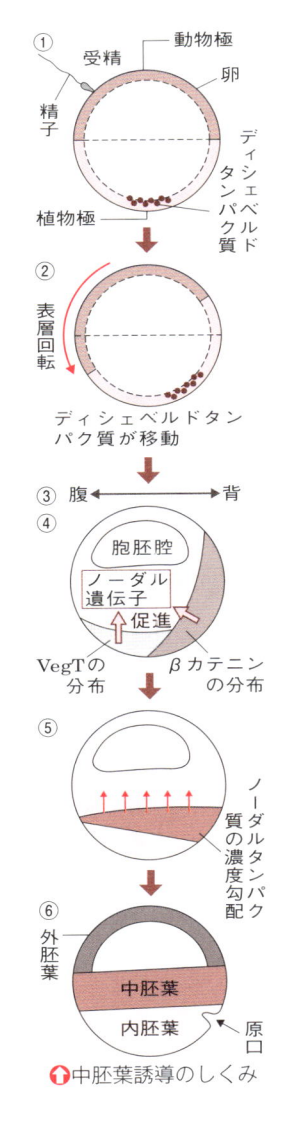

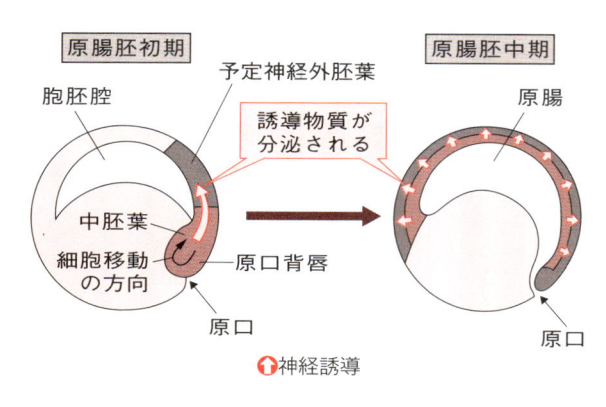

3 神経誘導

① 原腸胚初期に，(㉔　　　　　)を形成する部分は陥入して中胚葉となり，予定外胚葉域(アニマルキャップ)を裏打ちする。
② 予定外胚葉は神経へと誘導される。これを(㉕　　　　　)という。
③ 原口背唇部自身は(㉖　　　　　)などの中胚葉組織に分化する。
④ 誘導の作用をもつ部分を(㉗　　　　　)(オーガナイザー)という。

4 神経誘導のしくみ

① アニマルキャップの細胞はBMP(骨形成因子)を分泌する。この BMPを受容した細胞は，表皮への分化を起こす遺伝子がはたらいて，(㉘　　　　　)となる。
　→Bone Morphogenetic Proteinの略称。
② 一方，形成体はコーディンやノギンなどのタンパク質を分泌する。コーディンやノギンはBMPと結合して，BMPが細胞の受容体に結合するのを阻害する。すると細胞は表皮に分化できず，神経に分化する遺伝子がはたらいて(㉙　　　　　)に分化する。

❸ 誘導の連鎖

1 誘導の連鎖

誘導によって形成された器官や組織が新たな形成体となって，次々と誘導を行っていくことを，(㉚　　　　　)という。

2 目の形成

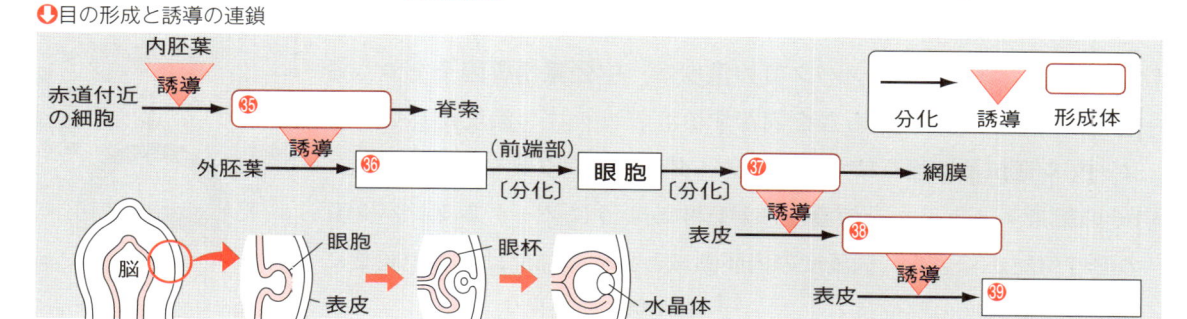

原口背唇部により誘導された(㉛　　　　　)は，前方がふくらんで脳になる。やがて脳の一部は左右にふくれ出て(㉜　　　　　)となり，その先端がくぼんで杯(さかずき)状の(㉝　　　　　)となる。眼杯はさらに表皮から水晶体を誘導し，生じた水晶体によって(㉞　　　　　)が誘導される。
　→後方は脊髄になる。
　→レンズともいう。

↑目の形成と誘導の連鎖

④ 細胞死と器官形成

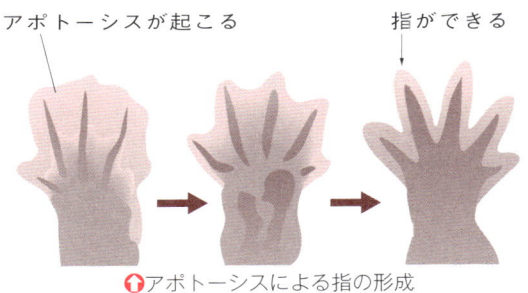

1 プログラム細胞死
発生段階から一定の時期になると特定の細胞が死ぬようにあらかじめ決定されている細胞の死を，(㊵　　　　　)という。

2 アポトーシス
① ミトコンドリアなどの細胞小器官の変化は見られないが，核が壊れて(㊶　　　)が断片化して起こる細胞死を(㊷　　　　)という。

② アポトーシスは，動物の正常な発生や生物の形態維持にとって重要なしくみの1つである。
→変態時のオタマジャクシの尾の消失もアポトーシスの例である。

例 ヒトでの発生の初期には，手の指の間にアヒルのような水かきができるが，この部分に(㊸　　　　)が起こることによって，ヒトの手の(㊹　　)が形成される。

3 壊死（えし）
プログラムされた細胞死と異なり，細胞の膨大化が起こり，細胞内容物などが放出されて死ぬ細胞死を(㊺　　　)という。壊死した細胞の周辺では，放出された物質によって(㊻　　　)などが起こる。

> **重要** 〔プログラム細胞死〕
> アポトーシス…DNAが断片化して起こるプログラム細胞死

↑アポトーシスによる指の形成

⑤ iPS細胞

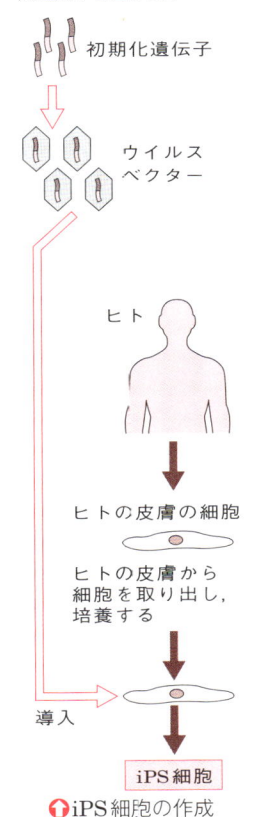

① 個体発生とともにはたらく遺伝子が調節されて細胞の分化が起こる。分化が進んだ動物細胞は**分化の全能性**を示さないことが多くなる。

② 2006年，京都大学の山中伸弥教授が分化した動物細胞に4つの遺伝子を入れることで，分化の全能性をもつ細胞の作成に成功した。これが(㊼　　細胞)である。

↑iPS細胞の作成

ミニテスト　　解答 別冊p.10

□❶ 目の構造は誘導が次々とくり返されることによって形成される。これを何というか。

□❷ 次の部分は，目のどの構造を誘導するか。
　　a 眼杯　　b 水晶体

□❸ アニマルキャップを神経にするはたらきをもった組織を何というか。

□❹ ❸の作用を示すのは初期原腸胚のどこか。

□❺ アポトーシスと壊死の違いは何か。

3 形態形成と遺伝子

❶ 動物の形態をつくる遺伝子

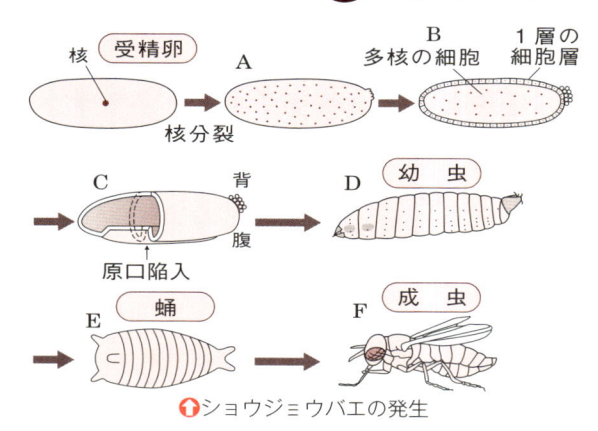

図: ショウジョウバエの発生
- 受精卵（核）→ A 多核の細胞（核分裂）→ B 1層の細胞層
- → C 背・腹（原口陥入）→ D 幼虫
- → E 蛹 → F 成虫

図: ショウジョウバエの卵
- 前方：ビコイド遺伝子のmRNA
- 後方：ナノス遺伝子のmRNA

図: 卵内の物質の濃度勾配
- mRNAの濃度勾配（未受精卵）：ビコイド遺伝子のmRNA（前方）、ナノス遺伝子のmRNA（後方）
- ↓翻訳・拡散
- タンパク質の濃度勾配（受精卵）：ビコイドタンパク質、ナノスタンパク質

1 ショウジョウバエの発生過程

① ショウジョウバエは体内受精して（❶　　　　）を産卵する。受精卵はまず，核分裂だけを13回くり返す（左図A）。

② その後，表層部で細胞質分裂が起こって1層の細胞層でおおわれた（❷　　　　）となる（B）。

③ 腹側の正中線に沿って原腸が陥入する（C）。

④ やがて14体節からなる幼虫となる（D）。

⑤ 幼虫は2回脱皮した後，（❸　　　　）となる（E）。

⑥ 蛹は変態して（❹　　　　）になる（F）。

2 からだの前後軸の形成

① ショウジョウバエのからだの前後の位置情報を決める遺伝子には，（❺　　　　遺伝子）やナノス遺伝子があり，これらは母親由来の（❻　　　　遺伝子）である。

② ビコイド遺伝子のmRNAは卵の（❼　　　方）に，ナノス遺伝子のmRNAは卵の（❽　　　方）に局在した状態で卵が形成される。つまり，これらの物質（母性因子）は受精前の卵細胞に含まれる（❾　　　　）である。

③ 卵が受精すると，これらのmRNAの**翻訳**が開始され，卵の前方ではビコイドタンパク質，後方では（❿　　　　）**タンパク質**がつくられる。受精卵が核分裂をくり返している間に，これらのタンパク質は拡散して左図のような濃度勾配をつくる。

④ この濃度勾配が胚の前後を決める位置情報となる。

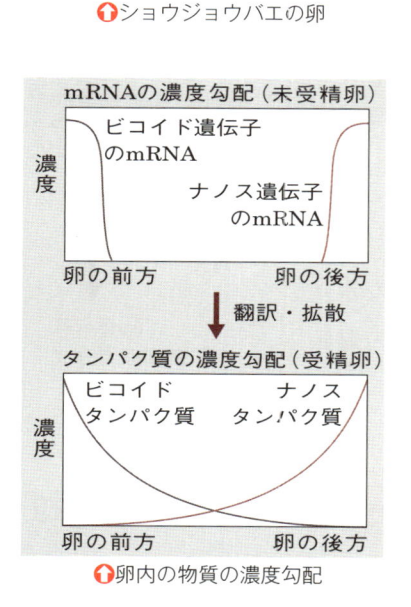

> **重要**
> 〔からだの前後軸の形成〕
> ─母性効果遺伝子
> 　├ ビコイド遺伝子 ➡ ビコイドタンパク質（胚の前方）
> 　└ ナノス遺伝子 ➡ ナノスタンパク質（胚の後方）

3 ショウジョウバエの分節構造の決定

① ショウジョウバエの幼虫は14の体節からできている。この体節の構造を決める遺伝子を(⑪　　　遺伝子)という。

② この遺伝子には3つのグループ遺伝子があり，次のように順にはたらく。

> ギャップ遺伝子…ビコイドタンパク質などで発現が調節され，幅広のベルト状に前後軸にそって発現(右図A)。
> ペア・ルール遺伝子…ギャップ遺伝子によって発現が調節され，前端部と後端部を除く部分で7本のしま状に発現(B)。
> セグメント・ポラリティ遺伝子…ペア・ルール遺伝子が発現していた領域に，胚が伸長する時期に14本のしま状に発現(C)。

③ これらの3つのグループの遺伝子が(⑫　　　遺伝子)として順にはたらくことで，幼虫の14の体節が形成される。

A
前後軸に沿ってギャップ遺伝子が発現

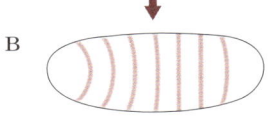

B
ペア・ルール遺伝子がしま状に7本発現

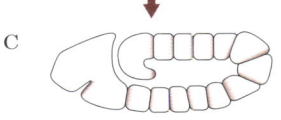

C
セグメント・ポラリティ遺伝子がしま状に14本発現

14の体節が形成される
↑分節構造の決定

4 各体節の形態を特徴づける遺伝子のはたらき

① 体節ごとに決まった構造をつくるときにはたらく遺伝子を，(⑬　　　遺伝子)という。
 ←ホックス遺伝子(Hox遺伝子)ともよばれる。

② 体節ごとに発現するホメオティック遺伝子の組み合わせが異なることにより，頭部，胸部，腹部などの構造が決まる。

③ この遺伝子のはたらきの異常によって起こる突然変異を，(⑭　　　突然変異)という。

④ この突然変異体には，胸部にはねを4枚もった個体
 ←バイソラックス変異体とよばれる。
や，触角の部分から足が生えた個体などがある。
 ←アンテナペディア変異体とよばれる。

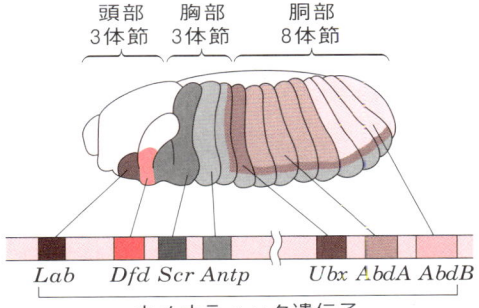

頭部3体節　胸部3体節　胴部8体節

Lab　Dfd Scr Antp　Ubx AbdA AbdB
ホメオティック遺伝子
↑ホメオティック遺伝子の発現

重要　〔ショウジョウバエのからだの構造決定〕

からだの前後軸の決定(←母性効果遺伝子)
⇩
分節構造の決定(←分節遺伝子)
　　　⇩　ギャップ遺伝子，ペア・ルール遺伝子，
　　　　　セグメント・ポラリティ遺伝子
体節の形態の決定(←ホメオティック遺伝子)

ミニテスト　解答 別冊p.10

□❶ ショウジョウバエのからだの前方決定に重要なはたらきをする調節タンパク質は何か。

□❷ からだの体節の構造を決めるのに重要なはたらきをする遺伝子を何というか。

4 植物の生殖と発生

❶ 被子植物の配偶子形成と受精

1 被子植物の配偶子の形成 被子植物では，減数分裂によって葯の中で（❶　　　），胚珠の中で（❷　　　）がつくられる。

- 花粉…1個の（❸　　　）（2n）から4個の花粉ができる。
- 胚のう…1個の胚のう母細胞（2n）から（❹　　個）の胚のうができる。

♣1 精細胞（n）は，雄原細胞（n）が分裂してできる。

被子植物の配偶子形成

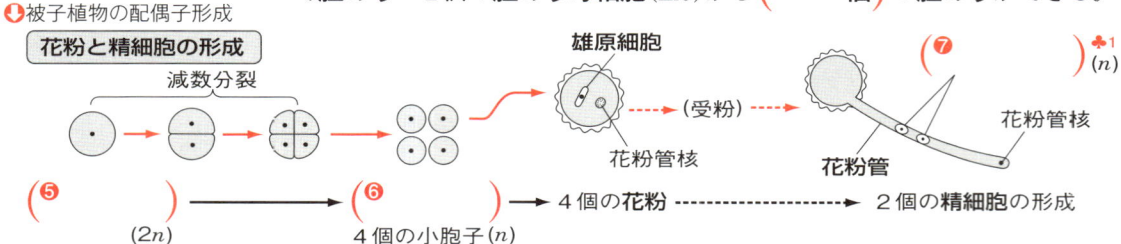

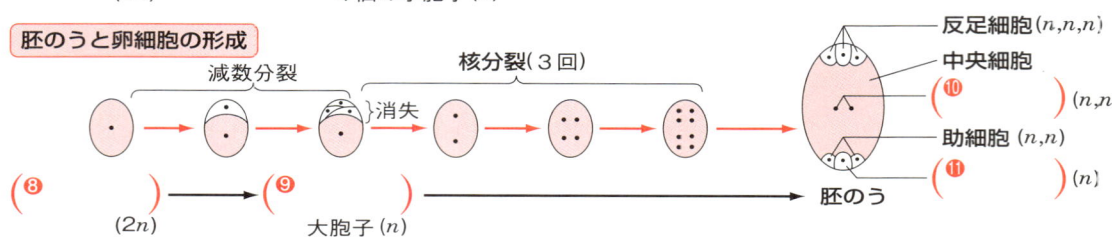

花粉と精細胞の形成

（❺　　　）(2n) → （❻　　　）4個の小胞子(n) → 4個の花粉 ---→ 2個の精細胞の形成

（❼　　　）(n)

胚のうと卵細胞の形成

（❽　　　）(2n) → （❾　　　）大胞子(n) → 胚のう

- 反足細胞 (n, n, n)
- 中央細胞 （❿　　　）(n, n)
- 助細胞 (n, n)
- （⓫　　　）(n)

2 被子植物の受精 被子植物の受精は，（⓬　　　）と中央細胞の2か所で同時に行われ，（⓭　　　）とよばれる。

3 重複受精のしくみ

① 多数の花粉がめしべの先端に（⓮　　　）すると，花粉がいっせいに発芽し，柱頭内部へと（⓯　　　）を伸ばす。

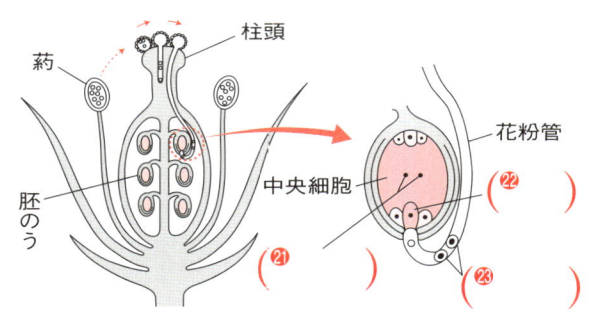

② 花粉管内で，雄原細胞が分裂して2個の（⓰　　　）となり，花粉管の中を移動して胚のうに到達する。

③ 2個の精細胞のうち1個は（⓱　　　）と受精し，**受精卵**となり，成長して（⓲　　　）になる。

④ もう1個の精細胞は，2個の（⓳　　　）をもつ中央細胞と受精し，成長して（⓴　　　）を形成する。

胚乳核（3n）ができる

重複受精のしくみ

♣2 胚のうを形成する細胞のうち，直接受精に関係しなかった助細胞と反足細胞は，やがて退化・消失する。

重要

被子植物の重複受精
- 卵細胞(n) + 精細胞(n) → 受精卵(2n) → 胚(2n)
- 中央細胞(n+n) + 精細胞(n) → 胚乳(3n)

❷ 被子植物の発生

1 胚の形成 ① 受精卵($2n$)はすぐに発生を始め，体細胞分裂を続けて球形の**胚球**と，その基部の**胚柄**になる。

② 胚球の細胞はさらに分裂して，しだいに分化し，**子葉**，(㉔　　　)，**胚軸**，**幼根**からなる(㉕　　　)を形成する。また，胚柄は退化する。
　　　　　　　　　　　　　　　↳$2n$

2 胚乳の形成

① 受精で生じた中央細胞中の(㉖　　　)が，核分裂をくり返す。

② 中央細胞の細胞質が分かれて，核を1個ずつ含む細胞となり，その中にデンプンなどの養分をたくわえて(㉗　　　)が形成される。
　　　　　　　　　　　　　　　　　　　　　　　↳$3n$

3 種子の形成 胚や胚乳の形成にともなって，めしべの組織であった(㉘　　　)($2n$)が**種皮**($2n$)となり，種皮と胚と胚乳から**種子**が形成される。種子は，成熟して乾燥すると，休眠する。♣3
↳胚珠の皮

♣3 休眠した種子は乾燥や低温などに強く，水・温度・空気といった外的条件が整うと休眠からさめ，発芽を開始する。

4 有胚乳種子と無胚乳種子

　(㉙　　　種子)…胚乳が発達。
　　例 イネ，ムギ，トウモロコシ，カキ
　(㉚　　　種子)…胚乳が発達せず，胚の**子葉**に養分がたくわえられる。
　　例 マメ科，アブラナ科

⬇有胚乳種子と無胚乳種子

(㉛　　)($3n$) 　　　(㉜　　)
胚($2n$){子葉/幼芽/胚軸/幼根} 種皮　　幼芽/胚軸/幼根}胚($2n$)

有胚乳種子	無胚乳種子
カキ	エンドウ

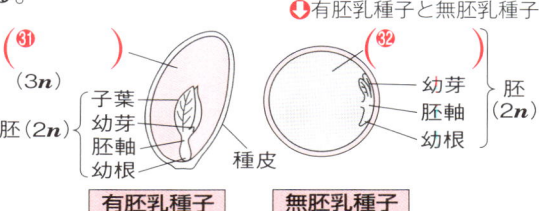

⬇ナズナの種子形成の過程

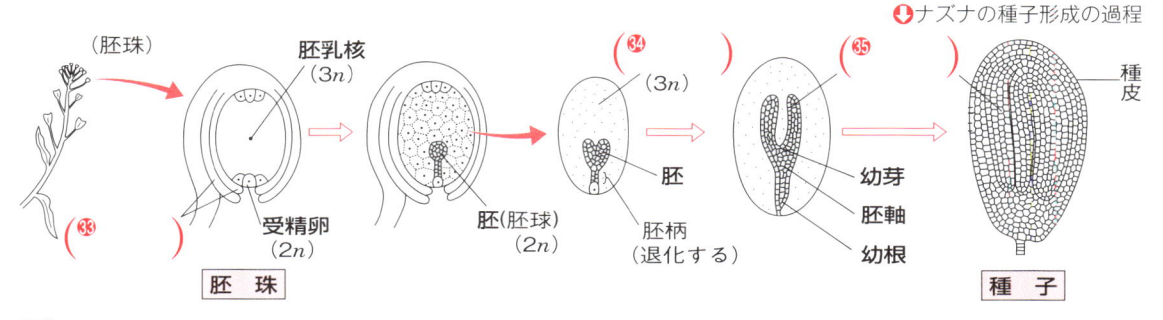

(胚珠) → 胚乳核($3n$)／受精卵($2n$) → 胚(胚球)($2n$) → (㉞　)($3n$)／胚／胚柄(退化する) → (㉟　)／幼芽／胚軸／幼根 → 種皮／種子

(㉝　) 胚珠

5 果実の形成

① 被子植物の多くは，種子とともに果実を形成する。

② 果実は，種子とそのまわりを包む(㊱　　　)からなる。

③ 果皮は，(㊲　　　)や**花托**の部分が成長してできる。

④ 子房壁などの成長には，(㊳　　　)が関係している。
　　　　　　　　　　↳植物ホルモンの一種

⬇果実のつくり(カキ)
胚乳($3n$)／種皮／胚($2n$)／種子／果皮

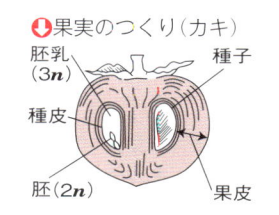

重要
受精卵($2n$) ⟶ 胚($2n$)
胚乳核($3n$) ⟶ 胚乳($3n$)　}子房壁
珠　皮($2n$) ⟶ 種皮($2n$)　　種子＋果皮 ➡ 果実
　　　　　　　　　　　　　　　　($2n$)

❸ 植物の器官の分化

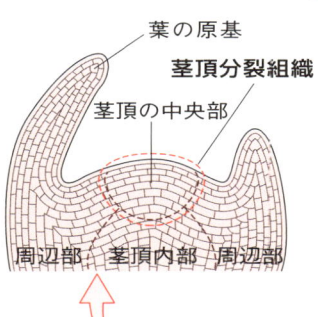

1 茎頂分裂組織

① 頂芽は，左図のように3つの部分から構成される。
　A：中央部→茎頂分裂組織。
　B：茎頂内部→茎の中央をつくる。
　C：周辺部→葉などの原基をつくる。
　　　　　　　茎の表面をつくる。

② 茎頂分裂組織の細胞は，分裂組織の状態を維持するため，増殖している間は，遺伝子によって組織の肥大化が起こらないように調節されている。

③ 茎頂分裂組織にフロリゲン（→植物ホルモンの一種）がはたらくと，（�039　　　）（花の原基）が分化する。これに，動物と同様に調節遺伝子である（�040　　　遺伝子）がはたらくと，花の構造ができあがる。

> **重要**
> 〔花芽（花の原基）の分化〕
> 茎頂分裂組織
> 　⇩←フロリゲン（植物ホルモン）
> 花芽（花の原基）に分化
> 　⇩←調節遺伝子
> おしべ，めしべ，花弁などに分化

↑茎頂分裂組織

↓花の構造と花式図（シロイヌナズナ）♣4
横から見た花の構造

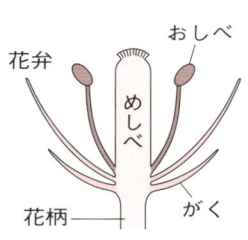

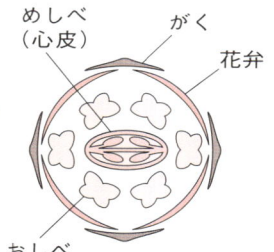

2 花の構造

① 被子植物の花は左図のような構造をしている。
② 花柄，がく，（�041　　　），おしべ，めしべからなる。花柄の先端部を花托という。
③ 花を上面から見て，花弁などの配置を示した図を（�042　　　）という。
④ どの構造をつくるかは，調節遺伝子の1つであるホメオティック遺伝子がつくる（�043　　　タンパク質）によって決定される。

> **重要**
> 〔花の構造〕
> 被子植物の花の構造…花柄，がく，花弁，おしべ，めしべ
> 何に分化させるかは調節遺伝子が決定する。

♣4 シロイヌナズナ
アブラナ科の植物で，花弁の長さは3mm程度。種をまいてから開花までが約1か月と短く，実験に適している。ゲノムサイズ及び全塩基配列が明らかにされている。

3 花の分化のしくみ(ABCモデル)

① シロイヌナズナでは，茎頂にある**葉原基**から葉が分化して，植物体は成長している。

② ここに**フロリゲン**がはたらくと，葉原基が花の原基に分化する。

③ 原基の外側から順に，がく・(㊹　　　)・おしべ・(㊺　　　)が分化して花の構造が形成される。

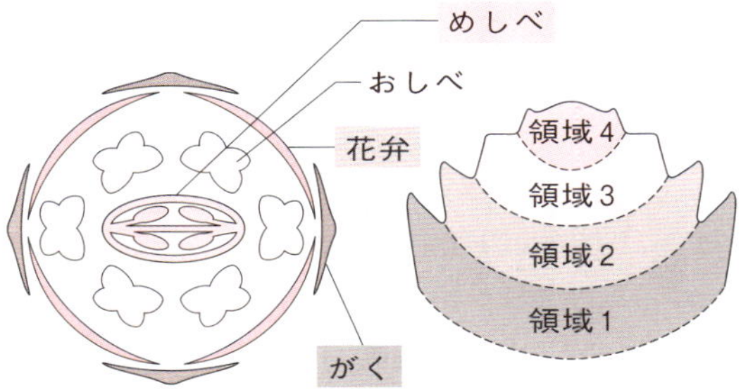
めしべ
おしべ
花弁
がく
領域4
領域3
領域2
領域1
花の構造と茎頂原基の縦断面図

④ 花弁・おしべ・めしべなどの分化は，A，B，Cの3つのグループの(㊻　　　**遺伝子**)の組み合わせと，それがはたらく領域によって，次のように支配されている。

調節遺伝子としてはたらく。

領域1にA遺伝子だけが発現→(㊼　　　)を形成

領域2にAとB遺伝子が発現→(㊽　　　)を形成

領域3にBとC遺伝子が発現→(㊾　　　)を形成

領域4にC遺伝子だけが発現→(㊿　　　)を形成

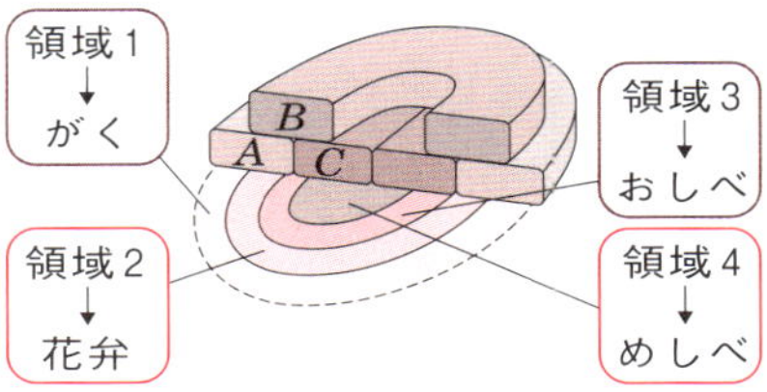
領域1 ↓ がく
領域2 ↓ 花弁
領域3 ↓ おしべ
領域4 ↓ めしべ
B
A
C
領域と遺伝子

⑤ A，B，Cの遺伝子に変異が起こると，下図のようにホメオティック突然変異が生じる。

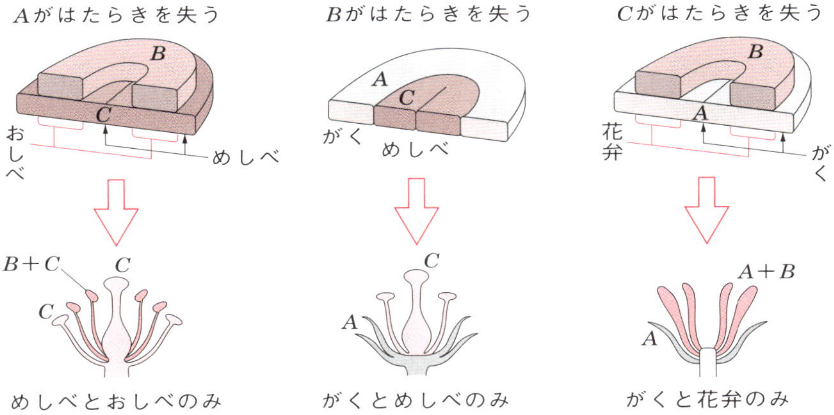
Aがはたらきを失う
Bがはたらきを失う
Cがはたらきを失う
B
C
おしべ
めしべ
A
C
がく
めしべ
B
A
花弁
がく
B+C
C
C
C
A
A+B
A
めしべとおしべのみ
がくとめしべのみ
がくと花弁のみ
シロイヌナズナのホメオティック突然変異の例

ミニテスト

解答 別冊p.10

□❶ 重複受精を示す次のア～オに適語を入れよ。

ア (n) + イ (n) → ウ $(2n)$

ア (n) + エ $(n+n)$ → オ $(3n)$

□❷ 無胚乳種子では養分をどこにたくわえるか。

□❸ 花の原基はどこにつくられるか。

□❹ シロイヌナズナの花の構造決定に関係する遺伝子を何というか。

□❺ ホメオティック突然変異とは何か。

2章 発生とそのしくみ　練習問題

解答　別冊p.26

❶ 〈カエルの発生過程〉　▶わからないとき→ p.86, 87

下の図は、カエルのいろいろな発生時期における胚の断面図である。これについて、あとの各問いに答えよ。

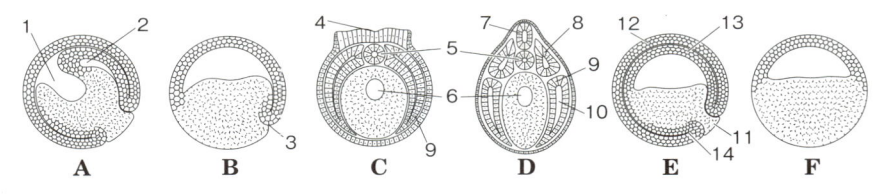

A　B　C　D　E　F

(1) A〜Fを発生順に並べよ。
(2) 図の中で、外胚葉または外胚葉性器官を示すのはどれか。番号で答えよ。
(3) 図の中で、中胚葉または中胚葉性器官を示すのはどれか。番号で答えよ。
(4) 図の1〜11の各部の名称を答えよ。

ヒント (1) 胞胚から原腸胚にかけては、原口陥入にともなう原腸の形成によって胞胚腔は少しずつせばまり、原腸は少しずつ広くなる点に注意して並べかえる。

❶
(1)
(2)
(3)
(4) 1　　2
3　　4
5　　6
7　　8
9　　10
11

❷ 〈中胚葉誘導〉　▶わからないとき→ p.89

カエルの胞胚を使って行った下の培養実験について、あとの各問いに答えよ。

	培養した部分	結果
①	アニマルキャップのみ	表皮などの外胚葉組織ができた。
②	植物極側の領域のみ	内胚葉性の組織ができた。
③	アニマルキャップ＋植物極側の領域	中胚葉性の組織もできた。

(1) 実験③のような現象を何というか。
(2) 中胚葉性の組織で、神経誘導に関係する部分はどこか。

❷
(1)
(2)

❸ 〈目の形成のしくみ〉　▶わからないとき→ p.90

イモリの目の形成過程に関する、あとの各問いに答えよ。

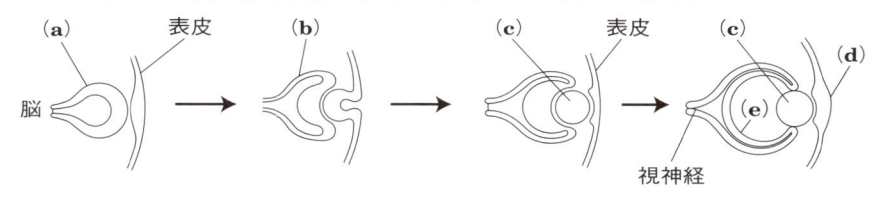

(a) 表皮　(b)　(c) 表皮　(c)(d)
脳　　　　　　　　　　　(e)
　　　　　　　　　　　　視神経

(1) 図中の(a)〜(e)の各部の名称を答えよ。
(2) 形成体が、胚の一部を特定の器官に分化させることを何というか。
(3) 形成体が次々とつくられ、器官や組織が形成されていくことを何というか。

ヒント (2) 形成体が未分化の細胞に対して何の組織になるのか導いていくという意味合い。

❸
(1) (a)
(b)
(c)
(d)
(e)
(2)
(3)

❹〈形態形成と遺伝子〉　▶わからないとき→ p.92, 93
ショウジョウバエの形態形成について，次の各問いに答えよ。
(1) ショウジョウバエのからだの前後軸の決定に重要な遺伝子の中で，前方向の決定にはたらく遺伝子と，その遺伝子がつくる調節タンパク質の名称を答えよ。
(2) ショウジョウバエの体節構造を決める遺伝子を総称して何というか。
(3) ショウジョウバエの各体節の形態を特徴付ける遺伝子を何というか。

❺〈被子植物の受精〉　▶わからないとき→ p.94
右下の図は，ある被子植物の配偶子形成の過程を示したものである。これについて，次の各問いに答えよ。 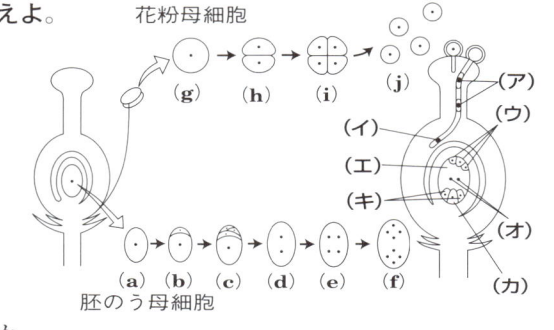
(1) 図中の(ア)〜(キ)の各部の名称を答えよ。
(2) 減数分裂が行われるのは，どこからどこの間か。(a)〜(j)の記号で示せ。
(3) 図中の(ア)と(カ)，(ア)と(エ)が合体してできるものを，それぞれ何というか。
(4) この植物に見られるような受精を何というか。

ヒント (2) 減数分裂が行われるのは，花粉四分子ができるときと胚のう細胞ができるときである。

❻〈被子植物の発生〉　▶わからないとき→ p.95
下の図は，ナズナが受精してから種子ができるまでのようすを模式的に示したものである。これについて，下の各問いに答えよ。

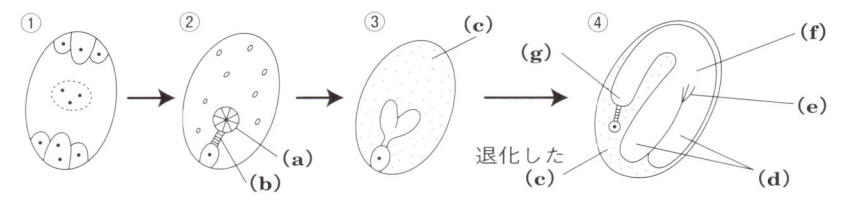

(1) 図中の(a)〜(g)の各部の名称を答えよ。
(2) 発芽に必要な養分は図④のどの部分にたくわえられているか。
(3) ナズナの種子のようなタイプの種子を何というか。

ヒント (3) ナズナの種子では，栄養分は子葉にたくわえられている。

❼〈花の分化のしくみ〉　▶わからないとき→ p.97
シロイヌナズナの花の構造は，A，B，C遺伝子とそれがはたらく領域によって決まる。領域1にA遺伝子のみ発現するとがく，領域2にAとB遺伝子が発現すると花弁，領域3にBとC遺伝子が発現するとおしべ，領域4にC遺伝子のみ発現するとめしべを形成した。①A遺伝子，②B遺伝子，③C遺伝子がはたらきを失った場合，それぞれどのような構造の花になるか。

---

❹
(1) ＿＿＿
　　＿＿＿
(2) ＿＿＿
(3) ＿＿＿

❺
(1)(ア)＿＿＿
　(イ)＿＿＿
　(ウ)＿＿＿
　(エ)＿＿＿
　(オ)＿＿＿
　(カ)＿＿＿
　(キ)＿＿＿
(2)＿＿＿
(3)(ア)と(カ)＿＿＿
　(ア)と(エ)＿＿＿
(4)＿＿＿

❻
(1)(a)＿＿＿
　(b)＿＿＿
　(c)＿＿＿
　(d)＿＿＿
　(e)＿＿＿
　(f)＿＿＿
　(g)＿＿＿
(2)＿＿＿
(3)＿＿＿

❼
①＿＿＿
②＿＿＿
③＿＿＿

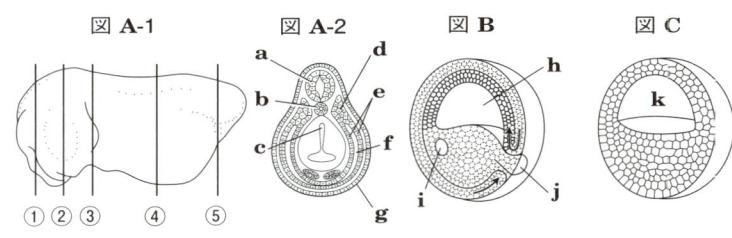

第2編 生殖と発生 定期テスト対策問題

時　間 ▶▶▶ 50分
合格点 ▶▶▶ 70点
解　答 ▶別冊 p.27

1 カエルの発生のある時期の胚の外形および断面を示した下の図について，各問いに答えよ。ただし，図A-2は図A-1の胚の断面図である。
〔各1点　合計20点〕

問1 図A〜Cは，それぞれ何とよばれる時期の胚か。

問2 図のa〜kの各部の名称をそれぞれ答えよ。

問3 図A-2は，図A-1の①〜④のどの部分の断面図か。

問4 図A-2のa〜gの各部のうち中胚葉から形成されるものはどれか。記号で答えよ。

問5 次のi〜ivの各器官は，図A-2のa〜gのうちどの部分から形成されるか。

　i　肝臓　　　ii　脳　　　iii　肺　　　iv　脊椎骨

問1	図A		図B		図C	
問2	a	b		c		d
	e	f		g		h
	i	j		k		
問3		問4		問5 i	ii	iii	iv

2 シュペーマンが行った下記の実験1〜4について，各問いに答えよ。
〔問1〜3…各5点，問4…8点　合計23点〕

【実験1】 2種類の胚の色の異なったイモリの初期原腸胚の予定神経域と予定表皮域からそれぞれ一部を切り出して交換移植したところ，移植片はまわりの組織と同じ組織に分化した。

【実験2】 初期神経胚を使って実験1と同じことをすると，移植片はまわりの組織とは関係なく，それぞれの運命にしたがった組織に分化した。

【実験3】 イモリの初期原腸胚から<u>原口のすぐ上側の部分</u>を除去すると胚は発生を停止したが，ほかの部分を同程度除去しても胚は正常に発生した。

【実験4】 イモリの初期原腸胚から実験3の下線の部分を切りとり，これを別のイモリの初期原腸胚の胞胚腔に移植したところ，腹側に神経管ができ，二次胚が形成された。移植した下線の部分は二次胚の脊索と体節の一部に変化していた。

問1 実験1〜4から，移植片の発生運命が決定されるのはいつ頃といえるか。
問2 実験3の下線の部分はふつう何とよばれるか。
問3 実験3の下線の部分のように胚のほかの部分の分化に影響を与える部位を何というか。
問4 実験4から，実験3の下線の部分はどのようなはたらきがあるといえるか。25字程度で説明せよ。

問1		問2		問3	
問4					

3 キイロショウジョウバエの体色には正常体色と黒体色が，はねの形には正常ばねと痕跡ばねがある。体色に関する遺伝子を$A(a)$，はねの形に関する遺伝子を$B(b)$として，各問いに答えよ。

〔正常体色・正常ばね〕と〔黒体色・痕跡ばね〕をPとして交配すると，F_1はすべて〔正常体色・正常ばね〕となった。このF_1の雄を検定交雑すると，次代は〔正常体色・正常ばね〕：〔黒体色・痕跡ばね〕＝1：1となった。また，このF_1の雌を検定交雑すると，次代は〔正常体色・正常ばね〕：〔正常体色・痕跡ばね〕：〔黒体色・正常ばね〕：〔黒体色・痕跡ばね〕＝83：17：17：83となった。

〔問1～3…各3点，問4…7点　合計22点〕

問1 F_1の遺伝子型を答えよ。
問2 F_1の配偶子の遺伝子型とその分離比を卵と精子に分けて答えよ。
問3 体色とはねの形に関する遺伝子間の組換え価を雌と雄に分けてそれぞれ答えよ。
問4 F_1の雄と雌を交雑したとき得られるF_2の表現型とその分離比を答えよ。

問1		問2	卵		精子	
問3	雌	雄		問4		

4 遺伝子型$AAbbDD$の個体と$aaBBdd$の個体を交雑して得たF_1を検定交雑したところ，遺伝子間の組換え価は，Ab間5％，bD間7％，AD間12％となった。次の各問いに答えよ。

〔問1・2…各7点，問3…各3点　合計20点〕

問1 遺伝子の染色体地図を解答欄に描け。
問2 F_1の各遺伝子の連鎖のようすを解答欄に図示せよ。ただし，Aを上の染色体上に書くこと。
問3 このような染色体の位置関係を求める方法を何とよぶか。また，だれが考案したか。

問1		問2		問3	方法
					人名

5 ショウジョウバエでは，雌の卵巣の中で卵が形成されるときに<u>ビコイド遺伝子やナノス遺伝子</u>からビコイドmRNAやナノスmRNAがつくられるが，これらは細胞内に局在する。受精後，これらは翻訳されてビコイドタンパク質，ナノスタンパク質が合成される。図1はショウジョウバエの未受精卵，図2はビコイドタンパク質とナノスタンパク質の受精卵内の分布を示したもので，その方向は対応している。次の各問いに答えよ。　〔各5点　合計15点〕

問1 母親由来の，下線部のような遺伝子を何というか。
問2 卵のAの部分に多く存在するmRNAは何か。
問3 この受精卵から発生した成虫は図3のようになった。からだの前方を決定する遺伝子は何か。ただし，卵と成虫のからだの前後軸の方向はそろえてあるものとする。

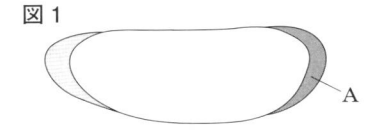

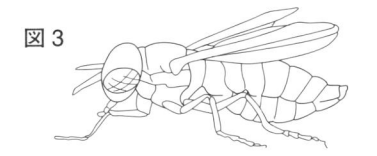

問1		問2		問3	

1章 動物の刺激の受容と反応

1 ニューロンと興奮の伝わり方　　解答 別冊p.11

❶ ニューロン(神経細胞)

1 ニューロンの構造　神経系を構成する基本単位はニューロン(神経細胞)である。基本的には次の3つの部分からなる。

① (❶　　　　　)…核のほか、ミトコンドリアや中心体などを含む。
② (❷　　　　　)…細胞体から長く伸びた突起。**神経鞘**♣1などの皮膜におおわれたものを (❸　　　　)♣2という。
③ (❹　　　　　)…細胞体から周囲へと細かく枝分かれした多数の突起。

♣1 神経鞘は、シュワン細胞などのグリア細胞(ニューロンを取り囲み、その支持や栄養分の供給にはたらく)でできた軸索を包む皮膜。

♣2 神経繊維は、軸索と神経鞘を合わせたものをいう。

♣3 髄鞘は、グリア細胞の細胞膜が何重にも巻きついてできている。

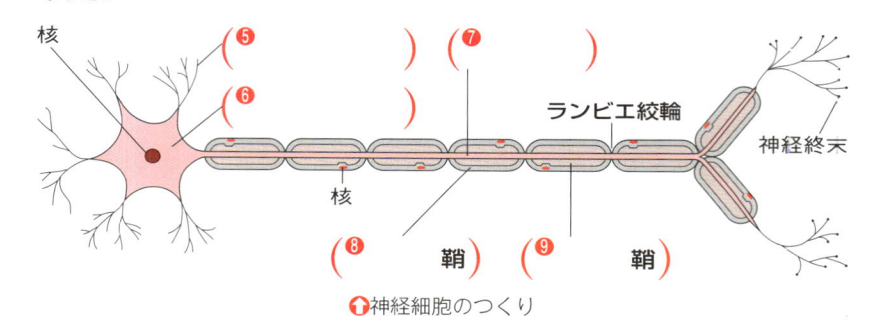

核　(❺　　)　(❼　　)
　　(❻　　)　　　　　　ランビエ絞輪
　　　　　核　　　　　　　　　神経終末
　　　　　(❽　　鞘)　(❾　　鞘)
↑神経細胞のつくり

2 神経繊維の種類　神経繊維は軸索と神経鞘の間に (❿　　　　) があるかないかで、次の2つに分けられる。
① (⓫　　　　 繊維)…髄鞘がない神経繊維。♣3
　　例 無脊椎動物の神経、脊椎動物の (⓬　　　　 神経)。
② (⓭　　　　 繊維)…軸索が髄鞘と神経鞘でおおわれた神経繊維。髄鞘の切れ目を (⓮　　　　 絞輪) という。
　└→軸索がむき出しになっている。
　　例 脊椎動物の多くの神経(交感神経や中枢神経を除く)。

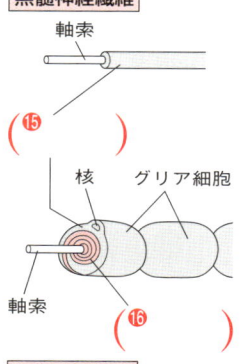

無髄神経繊維
軸索
⓯ (　　　)
核　グリア細胞
軸索
⓰ (　　　)
有髄神経繊維
↑無髄神経繊維と有髄神経繊維

3 ニューロンの種類　はたらきから次の3つに分けられる。
① (⓱　　　　 ニューロン)…受容器で受けた刺激を**興奮**として中枢に伝える。
② (⓲　　　　 ニューロン)…**中枢**で、感覚ニューロンと運動ニューロンを連結する。刺激を感覚として感じ、状況に応じて処理する。
③ (⓳　　　　 ニューロン)…中枢からの興奮を効果器に伝える。

❷ 興奮とその伝導

1 静止電位

① ニューロンは，静止状態と（⑳　　　状態）の2つの状態をとる。静止状態では，能動輸送によって膜の内側に（㉑　　イオン）が，外側に（㉒　　イオン）が多く分布し，内側が（㉓　　）に，外側が（㉔　　）に帯電している。

② このとき生じる電位差を（㉕　　電位）という。細胞膜の内側が外側に対しておよそ**−60 mV**になる。

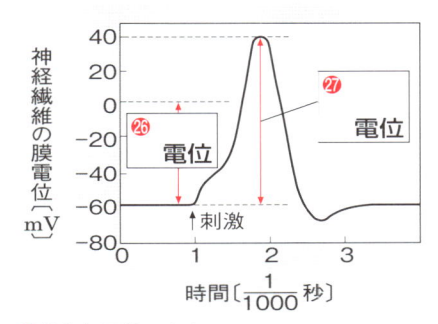

（㉖　　電位）　（㉗　　電位）

↑興奮と電位の変化

2 興奮と活動電位

① ニューロンが刺激を受けると，その部分で細胞膜内外の電位が瞬間的に逆転し，隣接部と約**100 mV**の電位差が生じる。

② 電位変化はすぐもとにもどる。この一連の変化を（㉘　　電位）といい，活動電位が発生することを神経の（㉙　　）という。

> **重要**
> 静止電位…外側が正（＋），内側が負（−）。
> 活動電位…内外の電位が逆転し，すぐもとにもどる。➡興奮

3 活動電位発生のしくみ

① 細胞膜にある**Na⁺ポンプ**がはたらいて，細胞内には（㉚　　）が多く，細胞外には**Na⁺**が多く保たれている。

② 静止状態では，（㉛　　チャネル）だけが開いていて，ここから細胞内に多い**K⁺**が細胞外に流出することで，細胞内は（㉜　　）に帯電し，静止電位が生じる。

③ 閾値以上の刺激が加わると，**Na⁺チャネル**が開いて，細胞外に多い（㉝　　）が細胞内に流れ込むので，細胞内の電位が逆転して（㉞　　）となる。これにより（㉟　　電位）が生じる。

④ **Na⁺チャネル**はすぐに閉じる。次に，電位依存性の**K⁺チャネル**が開き，（㊱　　）が細胞内から流出して細胞内の電位が負となり，元の静止電位にもどる。

↓活動電位の発生とイオンチャネルのはたらき

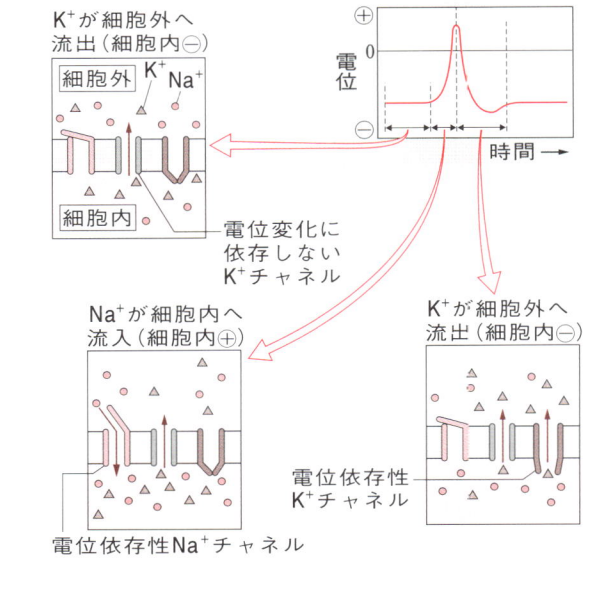

4 興奮の伝導

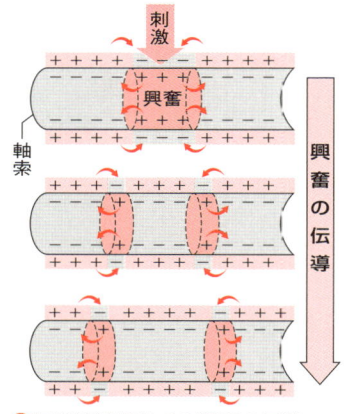

〔無髄神経繊維での興奮の伝導〕

① 活動電位が発生すると，隣接部との間で電位差が発生し，(㊲ 電流)が流れる。

② すると，これが刺激となって隣接部が興奮し，興奮部位が両隣に移る。その後，同じようにして，興奮部位が次々と隣接部に移っていく。このとき，一度興奮した部位のイオンチャネルはしばらく不活性になるため逆戻りすることはない。

③ これを興奮の(㊳　　　　)といい，(㊴　　方向)に伝わる。伝導速度は0.5～1.5 m/sである。

↑無髄神経繊維での興奮の伝導

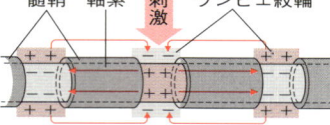

〔有髄神経繊維での興奮の伝導〕

有髄神経繊維には絶縁性の高い(㊵　　　　)があるため，興奮によって生じた(㊶　電位)は，ランビエ絞輪からその両隣のランビエ絞輪へととびとびに伝わっていく。これを(㊷　伝導)といい，無髄神経繊維より速く伝わる。

伝導速度は30～120 m/s

↑有髄神経繊維での興奮の伝導

重要 〔跳躍伝導〕 ランビエ絞輪からランビエ絞輪へ。
➡有髄神経繊維のほうが速く伝わる。

5 全か無かの法則

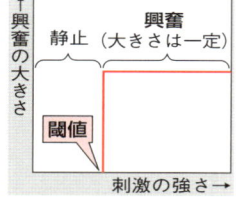

① 興奮が起こる最小の刺激の強さを(㊸　値)という。
　　　　　　　　　　　　　　　　　　　　↳限界値ともいう。

② 刺激を閾値以上に強くしても，興奮の大きさは一定で変わらない。これを(㊹　　　　の法則)という。

↑全か無かの法則

重要 閾値…興奮が起こる最小の刺激の強さ
全か無かの法則…刺激を閾値以上に強くしても，興奮の大きさは一定で変わらない。

6 刺激の強さと感覚の強さ

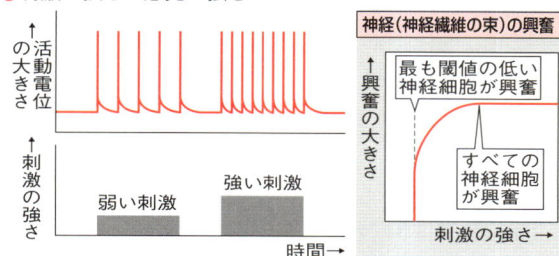

① 閾値以上の刺激では，刺激が強くなっても1回の興奮の大きさは変化しないが，興奮の(㊺　　　　)が高くなることで刺激の強さを伝えることができる。

② 神経は(㊻　　　　)が異なる多数の軸索の束からなるため，ある程度の刺激の強さまでは，刺激が強いほど多くのニューロンが興奮し，大脳に伝わる興奮は大きくなる。
↳すべてのニューロンが興奮する強さ

↓刺激の強さと感覚の強さ

❸ 興奮の伝達

1 シナプス
軸索末端(⁴⁷( )という)から次のニューロンまたは⁴⁸( )(筋肉など)への接続部。すきまがあるため活動電流は伝わらない。
└→シナプス間隙ともいう。　　　　└→伝導は起こらない。

2 興奮の伝達
① 軸索を伝導してきた興奮がシナプスに達すると，神経終末の**シナプス小胞**から(⁴⁹ **物質**)が放出され，次のニューロンを興奮させる。これを**興奮の**(⁵⁰)という。➡伝達は一方向。
② 神経伝達物質には，(⁵¹)や
　└→運動神経や副交感神経から分泌される。
ノルアドレナリン，アミノ酸などがある。
└→交感神経から分泌される。

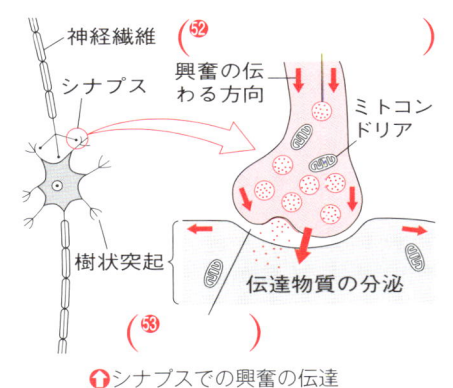

シナプス繊維 (⁵²( )
シナプス 興奮の伝わる方向 ミトコンドリア
樹状突起 伝達物質の分泌
(⁵³)
↑シナプスでの興奮の伝達

3 興奮の伝達のしくみ
① 活動電位が軸索末端に達すると，(⁵⁴)が開いてCa^{2+}が軸索内に流入し，これがシナプス小胞と軸索の膜の融合を促進して**神経伝達物質**をシナプス間隙に放出させる。
　　　　　　　　　　└→伝達物質依存性のチャネル
② 神経伝達物質が樹状突起にある(⁵⁵)に結合すると，これが開いてNa^+が樹状突起内に流入し，活動電位を発生させて興奮が(⁵⁶)される。そのため，興奮は軸索側から樹状突起側への一方向にしか伝わらない。このようにして次のニューロンに生じる活動電位を，**興奮性シナプス電位**という。♣4
③ 神経伝達物質は，活動電位発生後すみやかに酵素によって分解されたり，ニューロンに回収されたりする。

♣4
神経伝達物質には抑制作用をもつものもあり，これが軸索から放出されたときには，樹状突起や効果器側のCl^-チャネルが開いてCl^-が樹状突起に流入する。すると細胞内部の静止電位以上の負の電位が生じ，興奮の伝達が抑制される。これを**抑制性シナプス電位**という。

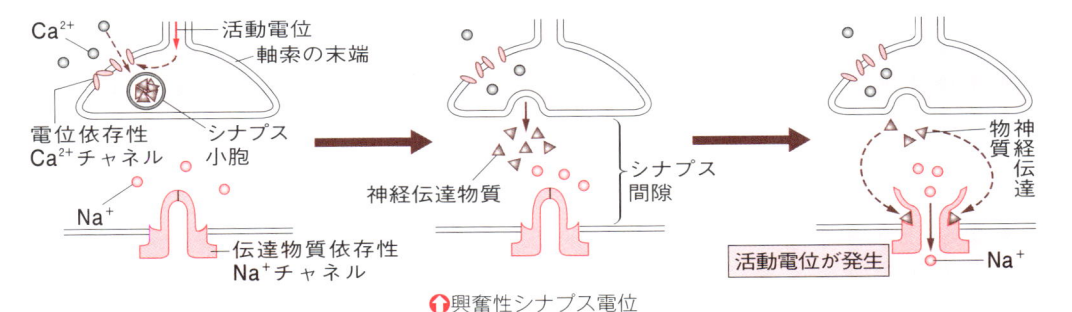

Ca^{2+} 活動電位 軸索の末端
電位依存性 Ca^{2+}チャネル シナプス小胞
Na^+ 伝達物質依存性Na^+チャネル
神経伝達物質 シナプス間隙
活動電位が発生 Na^+ 神経伝達物質
↑興奮性シナプス電位

ミニテスト　　　　　　　　　　　　　　　解答 別冊p.11

□❶ 次のア〜ウの文から，正しいものを選べ。
　ア　無脊椎動物の神経繊維は有髄である。
　イ　興奮は静止電位の伝播により伝導される。
　ウ　神経繊維の興奮部位では，膜の外側が−に，内側が＋に帯電している。
□❷ 興奮の伝導と興奮の伝達の違いを説明せよ。

2 受容器とそのはたらき

解答 別冊p.11

❶ 刺激の受容と反応

1 刺激の受容と感覚

① 光は目，音は耳というように，特定の刺激が特定の(❶　　　　)で受けとられる。

② 受容器には(❷　　　　細胞)が集まっており，(❸　　　　刺激)によって興奮する。

③ 受容器の興奮は，(❹　　　　神経)を通じて大脳の(❺　　　　)へ伝えられる。

④ 大脳では，刺激の種類に応じた(❻　　　　)が生じる。

♣1
感覚細胞が受けとることのできる刺激はそれぞれ決まっていて，それを**適刺激**という。ただし，適刺激であっても**閾値**（限界値）以上の強さでなければ，興奮は生じない。

♣2
興　奮
刺激を受けた細胞がそれまでと異なる活動状態になることを興奮という。

適刺激	受容器		感覚
光（可視光線）	目	(❼　　　　)	視覚
音波（空気の振動）	耳	うずまき管（コルチ器官）	聴覚
からだの傾き（重力変化）		(❽　　　　)	平衡覚
からだの回転（加速度）		(❾　　　　)	
気体の化学物質	鼻	嗅上皮	(❿　　　覚)
液体の化学物質	舌	(⓫　　　　)	味覚
圧力	皮膚	圧点	圧覚
高い温度，低い温度		温点・冷点	温覚・冷覚

重要

適刺激 ┈→ 受容器（感覚細胞） →（感覚神経）→ 大脳（感覚中枢）
　　　　（刺激の受容）　　　　　　　　　　（感覚の成立）

2 刺激の受容から反応まで

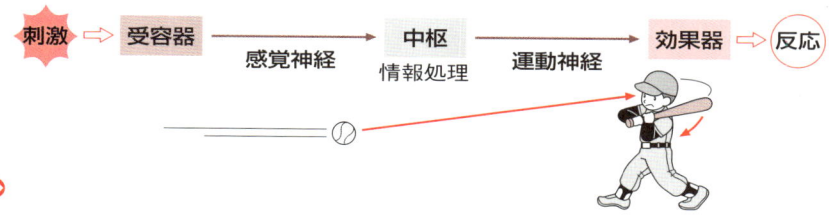

外界からの情報を受けとると，**中枢**（→脳や脊髄）からの命令によって，筋肉などの(⓬　　　　)がそれに応じた反応や行動を起こす。

刺激 ⇨ 受容器 →（感覚神経）→ 中枢（情報処理）→（運動神経）→ 効果器 ⇨ 反応

刺激の受容と反応の経路➡

1章　動物の刺激の受容と反応

❷ 光受容器 【出る】

1 視覚の成立

① 角膜を通った光は，(⑬　　　)の伸縮によって瞳孔から入射する光量が調節される。
　　　　　　　　　　　　　　　　　↳角膜でも屈折。
　↳「ひとみ」ともいう。

② 瞳孔から入射した光は，(⑭　　　　　)で屈折して(⑮　　膜)上に像を結ぶ。
　　　　　　　　　　　　↳カメラのレンズに相当する。
　　↳カメラのフィルムに相当する。

③ 光刺激によって網膜にある(⑯　　　)が興奮し，(⑰　　神経)を通じて(⑱　　脳)の視覚中枢に伝えられ，そこで視覚が成立する。

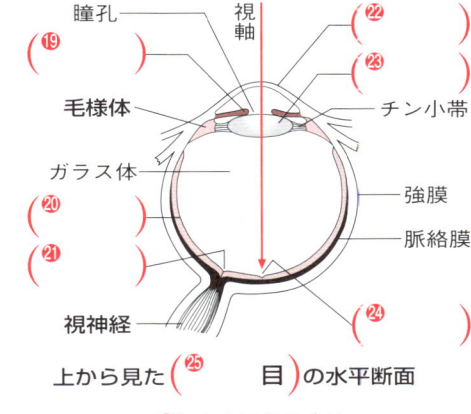

ヒトの目のつくり
瞳孔／視軸／(⑲　)／(㉒　)／(㉓　)／毛様体／チン小帯／ガラス体／強膜／(⑳　)／脈絡膜／(㉑　)／視神経／(㉔　)／上から見た(㉕　　目)の水平断面

2 視細胞　光の刺激を受容する視細胞には，次の2種類がある。

　(㉖　　細胞)…網膜中央の(㉗　　　)部に集中して分布する。明所ではたらき，**色の識別**ができる。
　　　　　　　　　　　　　　　　↳青・緑・赤色の光を特に受容する3種類の細胞がある。

　(㉘　　細胞)…黄斑周辺に分布する。感光物質である**ロドプシン**をもち，色は識別できないが，弱い光を受容できる。

・視神経の束が網膜を貫いて眼球の後方に出る部分は，視細胞が分布せず，光を受容できない。この部分を(㉙　　　)という。
　　　　　　　　　　　　　　　　↳盲点とよばれることもある。

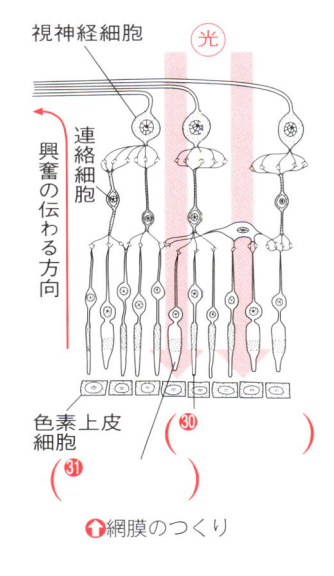

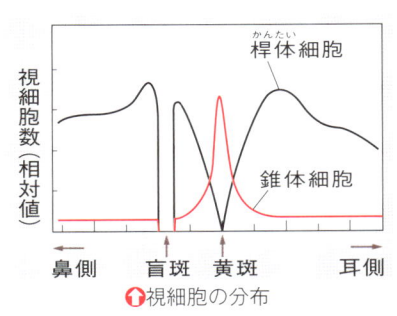

視細胞の分布
視細胞数（相対値）／桿体細胞／錐体細胞／鼻側／盲斑／黄斑／耳側

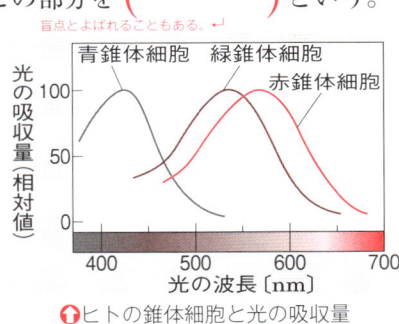

ヒトの錐体細胞と光の吸収量
光の吸収量（相対値）／青錐体細胞／緑錐体細胞／赤錐体細胞／光の波長〔nm〕

網膜のつくり
視神経細胞／光／連絡細胞／興奮の伝わる方向／色素上皮細胞／(㉚　)／(㉛　)

3 明順応と暗順応

　(㉜　　順応)…(明所→暗所)➡ 最初は暗くて何も見えないが，やがて，**桿体細胞**の感受性が高まり，見えるようになる。

　(㉝　　順応)…(暗所→明所)➡ 最初はまぶしく感じるが，すぐに，**桿体細胞**の感受性が低下し，ふつうに見えるようになる。

4 遠近調節

　近点調節…毛様体が(㉞　　　する)➡ チン小帯がゆるむ ➡ 水晶体が(㉟　　く)なる。

　遠点調節…毛様体が(㊱　　　する)➡ チン小帯が引かれる ➡ 水晶体が(㊲　　く)なる。

遠近調節のしくみ
近くを見るとき／遠くを見るとき／毛様体／チン小帯／水晶体／収縮／弛緩／ゆるむ／緊張／厚くなる／薄くなる

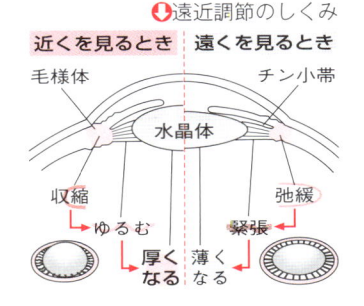

❸ 音受容器・平衡受容器

1 音受容器と聴覚

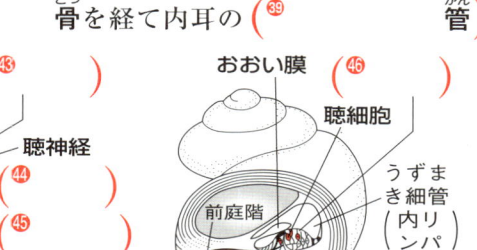

① 音波は外耳道を通り，(㊳　　膜)を振動させる。その振動は耳小骨を経て内耳の(㊴　　管)に伝わり，その内部を満たす外リンパ液を振動させる。

② 振動は**基底膜**に伝わり，その上の(㊵　　　　　)にある聴細胞の感覚毛がおおい膜に触れ，聴細胞が興奮する。

③ 生じた興奮は，聴神経を通じて(㊶　　脳)の聴覚中枢に伝わり，聴覚を生じる。♣3

↑ヒトの耳のつくりと聴覚器官

(㊷) (㊸) おおい膜 (㊻) 聴細胞
きぬた骨 つち骨 あぶみ骨 聴神経
(㊹) (㊺) 前庭階 うずまき細管（内リンパ）
外耳道 鼓室階 (外リンパ)
耳殻 鼓膜 鼓室 耳管 聴神経 (㊼)
外耳 中耳 内耳

♣3 ヒトの耳は20 Hz(低音)～20000 Hz(高音)を受容でき，高音ほど基部に近い部分で受容する。

重要 〔聴覚の成立〕音波➡鼓膜→耳小骨→うずまき管のコルチ器官
→聴細胞→聴神経→大脳の聴覚中枢

2 平衡受容器

① 内耳にあり，重力や運動の方向を受容する。
- (㊽　　　　　)…耳石の移動を感知して，からだの傾きを知る器官。
- (㊾　　　　　)…リンパ液の流れを感知して，からだの回転を知る器官。

② 平衡受容器で受容した興奮が大脳に伝わり(㊿　　覚)を生じる。

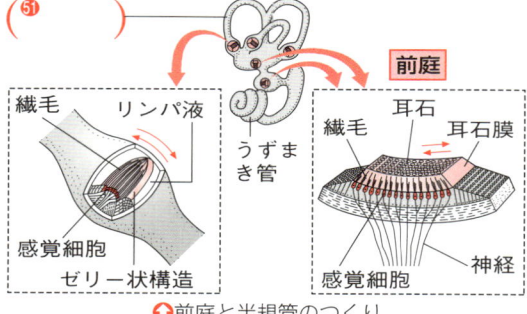

(51) うずまき管 前庭
繊毛 リンパ液 繊毛 耳石 耳石膜
感覚細胞 感覚細胞 神経
ゼリー状構造

↑前庭と半規管のつくり

❹ その他の受容器 ♣4

化学物質を受容する**化学受容器**は，ヒトでは鼻と舌にある。
① **嗅上皮**…空気中の化学物質を(52　　細胞)で受容する。➡嗅覚
② **味覚芽**…水に溶けた化学物質を(53　　細胞)で受容する。➡味覚

♣4 このほか，皮膚には接触や温度などの刺激を受容する触点・痛点・温点・冷点などの感覚点がある。

ミニテスト　　　　　　　　　　　　　　　解答 別冊p.11

□❶ 次の適刺激を受容する受容器は何か。
　(a)光刺激　(b)音波の刺激　(c)重力変化
　(d)加速度　(e)空気中の化学物質

□❷ 次のア〜エのうち，正しいものはどれか。

ア　目に入った光は，ガラス体で屈折する。
イ　ヒトの聴細胞は，うずまき管にある。
ウ　からだの回転は，前庭で感知する。
エ　半規管は片方の耳に1つずつある。

3 中枢神経系と末梢神経系

解答 別冊p.11

❶ 脊椎動物の神経系

① ヒトを含めた脊椎動物の神経系は，次の2つからなる。

- (❶　　　神経系)…(❷　　　)と脊髄
- (❸　　　神経系)…中枢神経系とからだの各部をつなぐ神経。

② 末梢神経系には，脳から出る**脳神経**と脊髄から出る**脊髄神経**がある。

③ 末梢神経系は，そのはたらきで分けると次のように分けられる。

- (❹　　　神経系)…(❺　　　神経)と運動神経
- (❻　　　神経系)…交感神経と副交感神経

重要
脊椎動物の神経系
- 中枢神経系…脳，脊髄
- 末梢神経系
  - 体性神経系…感覚神経，運動神経
  - 自律神経系…交感神経，副交感神経

❷ ヒトの中枢神経系──脳

1 ヒトの脳

① ヒトの脳は，(❼　　　)・間脳・中脳・小脳・(❽　　　)の5つに分けられ，ヒトでは特に**大脳**が著しく発達している。

② 間脳・中脳・延髄をあわせて(❾　　　)という。

2 ヒトの大脳
左右の半球に分かれ，**脳梁**(太い神経繊維の束)で連絡している。外側を**大脳皮質**，内側を**大脳髄質**という。

① **大脳皮質**…表面から2～5 mmの厚さの神経細胞体が集まった部分で，その色から(⓮　　　)ともいう。ヒトでは，(⓯　　　)と**辺縁皮質**からなる。

② ヒトでは，特に新皮質が発達し，視覚や聴覚などの感覚中枢の(⓰　　　)，随意運動の中枢の**運動野**，記憶・判断・思考など精神活動の中枢の(⓱　　　)がある。

③ 辺縁皮質は，本能的な行動，欲求や感情に基づく行動の中枢であり，記憶に関わる(⓲　　　)も含まれる。

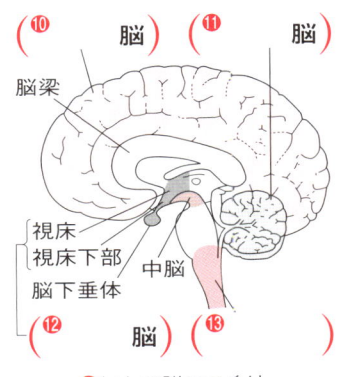

④ **大脳髄質**…多くの神経繊維(軸索)が通っており，白色に見えるので(⓳　　　)という。新皮質や辺縁皮質から出る神経繊維は，ここを通って脳幹などに連絡している。

(⓾　　脳) (⑪　　脳)
脳梁
視床
視床下部　中脳
脳下垂体
(⑫　　脳) (⑬　　)

↑ヒトの脳のつくり

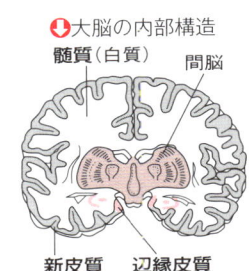

↓大脳の内部構造
髄質(白質)　間脳
新皮質　辺縁皮質
大脳皮質(灰白質)

♣1
外観による大脳の区分
ヒトの大脳は，中央のみぞによって左右2つの半球に分かれ，脳梁が連絡している。各半球はさらに次の4つの区分に細分でき，部位ごとに異なる機能を司っている。
① 前頭葉…意欲的・創造的行為の中枢（連合野）。
② 頭頂葉…経験的・学習的・適応的行為の中枢。
③ 側頭葉…聴覚の中枢（感覚野）と記憶の中枢（連合野）。
④ 後頭葉…視覚の中枢（感覚野）。

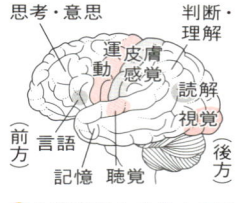

↑大脳皮質上の各中枢の分布

3 ヒトの脳とそのはたらき
まとめると，次のようになる。

脳の区分	おもな特徴とはたらき
大脳 ♣1	・外側…（⑳　　　　　），神経細胞の細胞体の集まり。 ・内側…（㉑　　　　　），神経細胞の軸索の束。 ・視覚・聴覚・運動・記憶などの中枢…新皮質 ・食欲・性欲・感情などの中枢…辺縁皮質
（㉒　　）	・随意運動の調節やからだの平衡保持の中枢。
（㉓　）（㉔　　）	・視床と（㉕　　　　　）に分かれている。 ・（㉖　　　神経系）の総合中枢で，代謝の調節や血糖量・体温・睡眠などの調節に関与している。
（㉗　）	・眼球運動，瞳孔調節，姿勢保持の中枢。
（㉘　）	・呼吸運動，心臓の運動，消化器の機能調節の中枢。

重要
大脳…視覚・聴覚・記憶・理解・感情・本能など。
小脳…運動の調節，からだの平衡を保つ中枢。
間脳…自律神経系の総合中枢。　⎫
中脳…姿勢保持，眼球運動の中枢。 ⎬ 脳幹
延髄…呼吸運動，消化運動の中枢。 ⎭

❸ ヒトの中枢神経系——脊髄 【出る】

1 脊髄の構造
延髄から伸びて脊椎骨の中を通っている円柱状の構造で，外側の脊髄皮質は神経繊維からなる（㉙　　　　　），内側の脊髄髄質はニューロンの細胞体が集まる（㉚　　　　　）となっている。

2 背根と腹根
① 脊髄からは（㉛　　）対の末梢神経が束になって出ていて，**背根**と**腹根**とよばれる束が左右対になっている。
② 背根には（㉜　　　　　）が通っており，腹根には（㉝　　　　　）と自律神経が通っている。

3 脊髄のはたらき
① 感覚神経からの興奮を大脳に伝え，また，大脳から出された命令を（㉞　　　　）に伝える経路となる。
② 発汗・排尿・排便・血管の伸縮などの中枢となる。
③ 屈筋反射や膝蓋腱反射など（㉟　　　　　）の中枢となる。

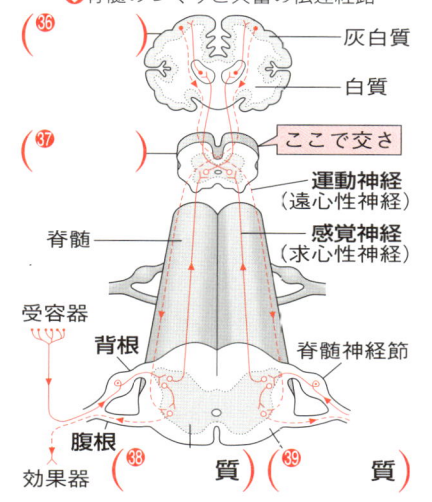

♣2
脊髄と大脳では，灰白質と白質の位置関係（外側と内側）が逆である。

↓脊髄のつくりと興奮の伝達経路

（㊱　）灰白質
（㊲　）白質
ここで交さ
運動神経（遠心性神経）
感覚神経（求心性神経）
脊髄
受容器
背根
脊髄神経節
腹根
効果器
（㊳　）質　（㊴　）質

1章 動物の刺激の受容と反応

❹ 反射

1 反射 意思とは無関係に，瞬時に起こる大脳以外を中枢とした反応である。受容器で受容した刺激による興奮が大脳を経由せず効果器に伝えられるので，すばやい反応が起こり，危険から身を守るのに役立つ。

① (⁴⁰　　　)…膝蓋腱反射，屈筋反射
② 延髄…だ液分泌反射，くしゃみ，せき，嚥下(のみこむこと)
③ 中脳…姿勢保持の反射，(⁴¹　　　)反射

2 (⁴²　　　)…反射における興奮の伝達系。

受容器→感覚神経→反射中枢→運動神経→効果器

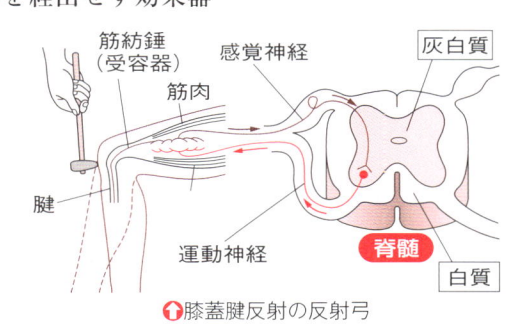

↑膝蓋腱反射の反射弓

❺ ヒトの末梢神経

1 末梢神経 脳・脊髄などの(⁴³　　　)から出て，各器官まで達している神経。

2 脳神経と脊髄神経(構造による大別)
① (⁴⁴　　　)…脳から出入りする神経。12対ある。
　例 視神経，顔面神経，迷走神経など。
② 脊髄神経…(⁴⁵　　　)から出入りする神経。31対ある。
　例 感覚神経，運動神経，自律神経

3 体性神経と自律神経(はたらきによる大別)
① 体性神経…脳に外界の情報を伝え，脳からの命令を効果器に連絡する。
　・(⁴⁹　　神経)…受容器から中枢に外界の情報を伝える。
　・(⁵⁰　　神経)…中枢からの命令を効果器に伝える。
② 自律神経…意思とは無関係に内臓や筋肉，腺にはたらく。
　・交感神経…脊髄から分布。興奮時や緊張時にはたらく。
　・(⁵¹　　神経)…脳と仙髄(脊髄の末端)から分布。安静時にはたらく。

↑ヒトの神経系の構造

ミニテスト　　　　　　　　　　　　　　　　　　　　　　　解答 別冊p.11

□❶ 次の文は，それぞれ脳のどの部分か。
(1) ひとみの収縮や姿勢保持などの中枢
(2) 反射的にからだの平衡を保つ中枢
(3) 呼吸運動や心拍を調節する中枢

□❷ 次の文の(　)に，適当な語を入れよ。
脊髄の外側は，多くの(①　)が通っていて白く見えるので(②　)とよばれる。脊髄から出る感覚神経の①の束を(③　)という。

4 効果器とそのはたらき

解答 別冊p.12

❶ 筋肉の構造と収縮

1 筋肉の種類 脊椎動物では、次の2つに分けられる。
- (①　　　) 筋…骨格筋と心筋がある。
  └→随意筋　└→不随意筋
- (②　　　) 筋…内臓や血管をつくる筋肉。不随意筋。
  └→意思に関係なく動く筋肉

2 骨格筋（横紋筋）のつくり

① 骨格筋をつくるのは多核で細長い細胞で、(③　　　)（筋細胞）とよばれる。

② 筋繊維には多数の(④　　　繊維) の束がつまっている。

③ 筋原繊維を顕微鏡で観察すると、明るく見える(⑤　　　)と暗く見える(⑥　　　)の部分があり、しま模様（横紋）になっている。

④ 明帯の中央には、(⑦　　　膜) というしきりがある。

⑤ Z膜からZ膜までを(⑧　　　)（筋節）といい、筋収縮の単位となる。

⑥ Z膜の左右には細い(⑨　　　)が結合しており、暗帯の部分には太い(⑩　　　)がある。
　　　　　　　　　　　　└→タンパク質であるアクチンが多数結合してできている。
　　　　　　　　　　　　└→タンパク質であるミオシンが多数結合してできている。

♣1 骨格筋は多数の細胞が融合してできたものであるため、多数の核をもつ。1つの筋細胞は、数百個の核をもつ。

♣2 筋原繊維のまわりは、筋小胞体という特有の小胞体が取り囲んでいる。

↑骨格筋（横紋筋）のつくり

重要 〔骨格筋（横紋筋）のつくり〕
筋原繊維には明帯と暗帯があり、明帯の中央にはZ膜がある。
筋原繊維←アクチンフィラメント＋ミオシンフィラメント

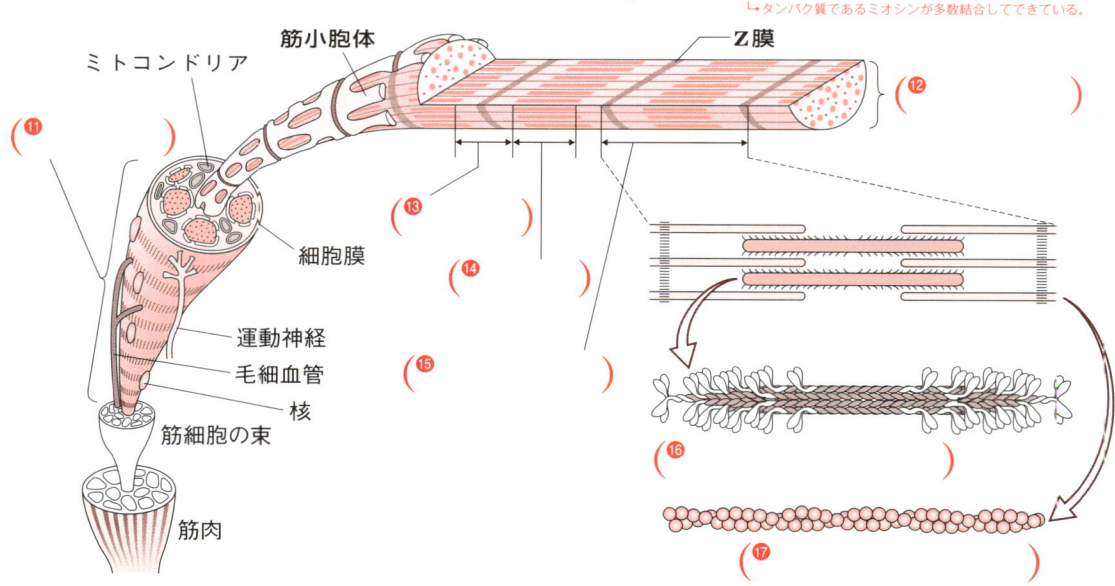

❷ 筋収縮のしくみ

❶ 滑り説

① 筋収縮は，(⑱　　　　)のエネルギーを使って行われている。
　└物質名

② 筋収縮は，(⑲　　　フィラメント)の間に(⑳　　　フィラメント)が滑りこむことで起こる。これを(㉑　　　説)という。

③ 筋収縮が起こると，サルコメアの長さは短くなるが，(㉒　　帯)の長さは変わらず(㉓　　帯)の長さが短くなる。

↑筋収縮時のサルコメアの変化

❷ 筋収縮のコントロール
筋収縮はCa²⁺とトロポミオシン，トロポニンによって制御されている。

① アクチンフィラメントには(㉔　　　　　)というタンパク質が巻きついていて，ミオシンフィラメントと結合できないように，ミオシン結合部位をブロックしている。

② 興奮が運動神経を伝わると，運動神経と筋繊維との接続部（シナプス）に，**運動神経末端**から神経伝達物質である(㉕　　　　　)が放出され，筋繊維に興奮が伝わる。

③ 筋繊維の細胞膜を経由して興奮が(㉖　　　　)に伝わり，筋小胞体がCa²⁺を放出する。

↑Ca²⁺のアクチンフィラメントへの作用

④ Ca²⁺が(㉗　　　　　)と結合すると**トロポミオシンのはたらきが阻害**され，アクチンとミオシンが結合できるようになる。

⑤ すると，(㉘　　　　　)の頭部は**ATPを分解**する。このエネルギーで頭部の角度を変えてアクチンフィラメントを捕まえ，かきこむようにしてミオシンフィラメントの間に滑りこませる。その結果，筋収縮が起こる。

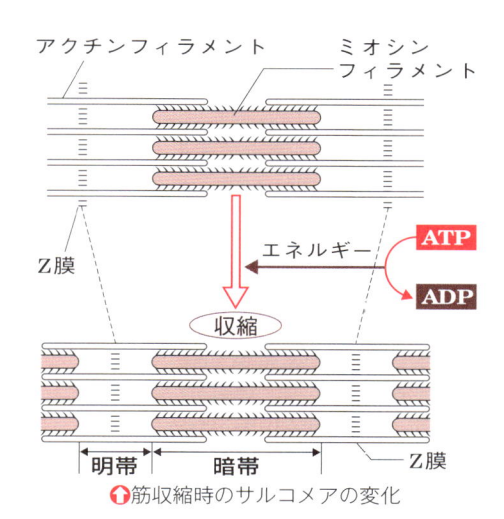

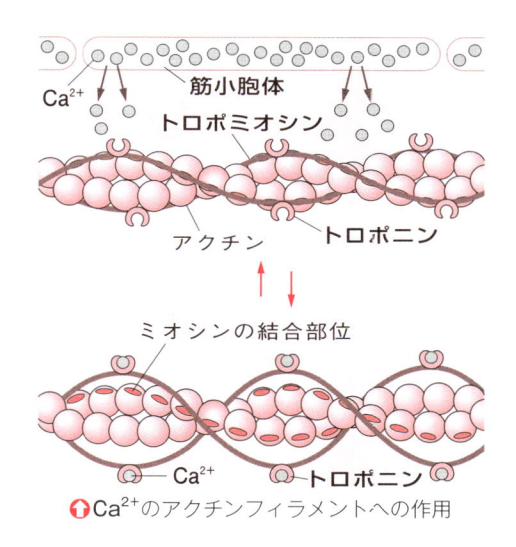

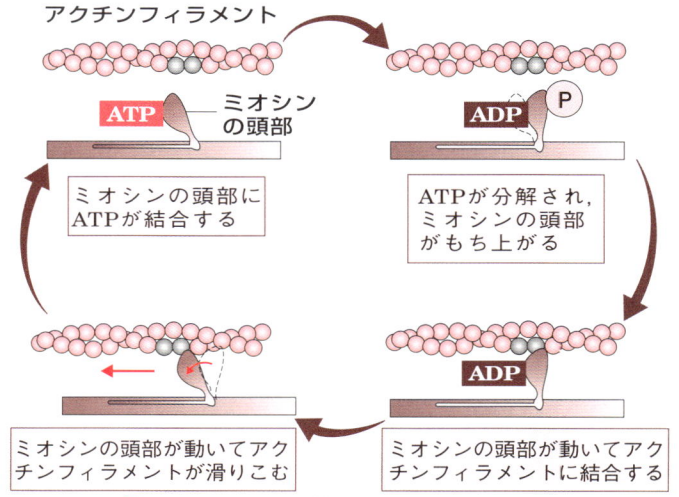

↑モータータンパク質としてはたらくミオシン

114 | 第3編 生物の環境応答

↓単収縮曲線(上)と収縮の種類(下)

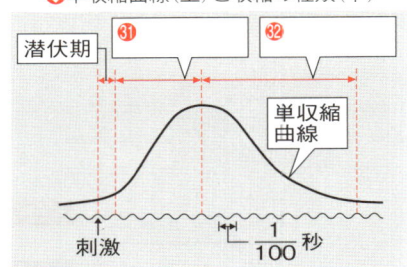

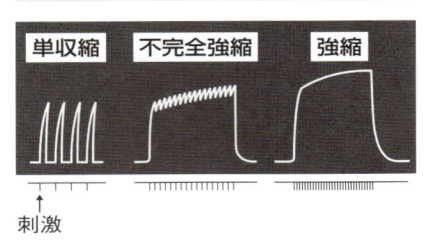

潜伏期　㉛　㉜
単収縮曲線
刺激　1/100秒

単収縮　不完全強縮　強縮
刺激

3 骨格筋の収縮の起こり方

① 運動神経を1回刺激すると，運動神経の先の骨格筋では，約0.1秒間続く（㉙　　　収縮）とよばれる収縮が起こる。

② 連続的な刺激を与えると，単収縮よりも大きい**不完全強縮**が起こる。

③ ②よりもさらに連続的な刺激の間隔をつめる（頻度を増す）と，（㉚　　　）が起こる。
　└→完全強縮ともいう。

重要 刺激の頻度が増すことで，収縮は
単収縮⇒不完全強縮⇒強縮となる。

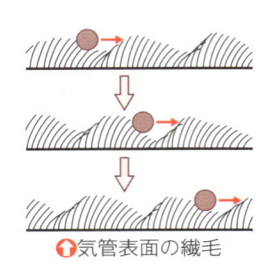

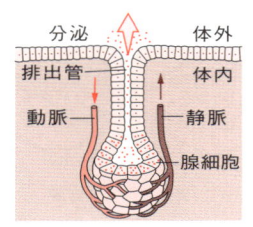

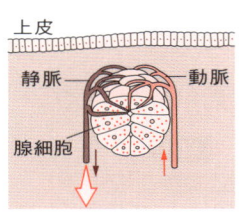

↑気管表面の繊毛

↑外分泌腺と内分泌腺

③ その他の効果器

1 繊毛　ヒトの気管表面の繊毛は，ごみをかき出すはたらきをもつ。繊毛は**微小管**が規則正しく並んだ構造で，微小管どうしが**モータータンパク質**のはたらきで滑ることで，**繊毛運動**が起きている。

2 腺　刺激にもとづいて作動し，特定の物質を分泌する器官。

① （㉝　　　腺）…排出管を通して物質を分泌する。
　例 消化腺（だ腺や胃腺など）や涙腺，汗腺，乳腺

② （㉞　　　腺）…排出管をもたず，ホルモンを**体液中に分泌**する。
　例 脳下垂体や甲状腺，副腎

3 発電と発光

① （㉟　　　器官）…シビレエイやデンキウナギなどがもつ器官で，
　└→筋肉が変化してできた器官
放電して身を守るためなどに使われる。

② （㊱　　　器官）…光を発する器官。ホタルでは蛍光タンパク質である**ルシフェリン**が，ATPのエネルギーによって発光する。
　└→ルシフェラーゼという酵素が発光反応を触媒している。

ミニテスト　　　　　　　　　　　　　　　　　　　　　解答 別冊p.12

□ 右の図は，骨格筋の筋原繊維を示している。次の問いに答えよ。
(a) (b) (c)

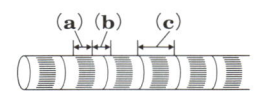

(1) 図中の(a)〜(c)の各部の名称を答えよ。
(2) 筋収縮が起こる単位は，(a)〜(c)のどの部分か。
(3) 筋肉をつくる繊維を形成するタンパク質の名称を2つ答えよ。
(4) 筋収縮のときに必要なイオンは何か。
(5) 筋収縮に直接利用できるエネルギーを供給する物質は何か。

5 動物の行動

❶ 生まれつき備わっている行動

動物に生まれつき備わっている行動を（❶　　　　　行動）という。

1 かぎ刺激

① 動物の特定の行動を引き起こす刺激を（❷　　　　　　）という。（→信号刺激ともいう。）

② イトヨの生殖行動…ティンバーゲンらの実験によって解明された。（→トゲウオという魚類の一種）

- **攻撃行動**…相手の下腹部が赤いことが（❸　　　　　）となって、同種の雄を攻撃する。
- **求愛行動**…相手の下腹部が膨らんでいることがかぎ刺激となって、ジグザグダンスなどの（❹　　　　　行動）をする。

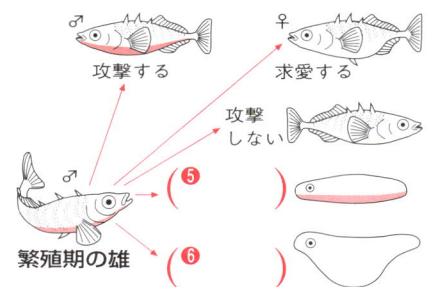

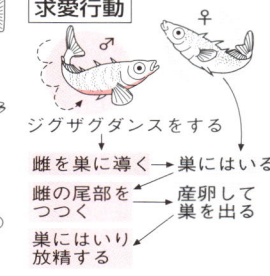

↑イトヨの攻撃行動と求愛行動

2 定位行動

動物が、太陽・星座・電気・化学物質などの刺激を目印にして、特定の方向を定めることを（❼　　　　　）といい、それに基づいて移動するような行動を（❽　　　　　行動）という。次のようなものがある。

① **走性**…動物が刺激に対して一定の方向性をもって移動すること。

光…（❾　　　走性）、化学物質…（❿　　　走性）など

- 刺激源に近づく場合を（⓫　　　の走性）　例 ガの光走性
- 刺激源から遠ざかる場合を（⓬　　　の走性）　例 ミミズの光走性

② **エコーロケーション（反響定位）**…コウモリは、（⓭　　　　　）を発して、標的から返ってくる反響音（エコー）を使って定位する。（→ヒトの可聴域より高い周波数の音）

③ **太陽コンパス**…ホシムクドリは、太陽の位置を基準として方向を知り、（⓮　　　　　）をしている。これを（⓯　　　コンパス）という。♣1

↑ガの光走性

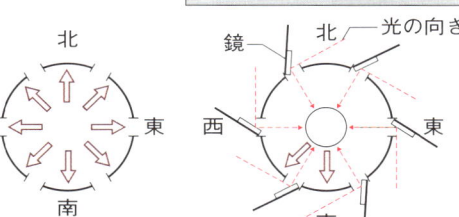

♣1
夜に渡りをする鳥類では、星座を利用して定位を行っている。これを**星座コンパス**という。
また、地磁気を利用した**地磁気コンパス**で定位を行う生物もいる。

↑ホシムクドリの定位の実験

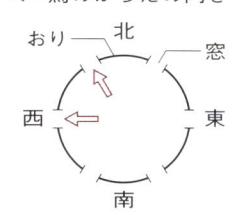

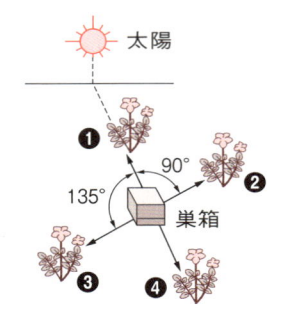

♣2
ゴキブリの集合フェロモン
ゴキブリの糞には**集合フェロモン**が含まれている。掃除をしていない台所などでは，ゴキブリの糞はそのまま**放置**されるため，ゴキブリは集合フェロモンを感知して**安全な場所**であることを察知できる。逆に，頻繁に掃除を行ってゴキブリの糞を常に除去していると，その場所にはゴキブリは寄り付きにくくなる。

3 コミュニケーション 同種の個体どうしでの情報のやりとりを，(⑯　　　　　　　　)という。コロニーをつくる社会性昆虫（ミツバチやシロアリなど）などが行い，フェロモンやダンスなどによって情報を伝達する。

① (⑰　　　　　　　)…体外に放出され，同種の個体に情報を伝達する化学物質。

- (⑱　　　フェロモン)…雌が雄を誘引する。例 カイコガ
- (⑲　　　フェロモン)♣2…集団の形成・維持にはたらく。例 アリ
- (⑳　　　フェロモン)…仲間に餌の場所を教える。例 アリ
- **警報フェロモン**…仲間に危険を知らせる。例 ミツバチ，アリ

② **ミツバチのダンス**…餌場の方向と距離を仲間に知らせる。
↳フリッシュによって明らかにされた。

- **餌場との距離**…距離が遠いほど，ダンスの速度は遅い。
  - 近いとき（80 m以内）…(㉑　　　　ダンス)
  - 遠いとき…(㉒　　　　ダンス)

- **餌場の方向**…太陽の方向と餌場の方向のなす角度が，鉛直上方とダンスの直進方向のなす角度に対応することで，餌場の方向を示す。

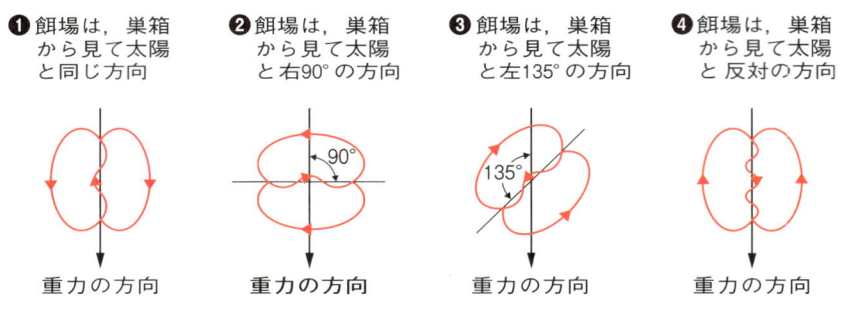

❶ 餌場は，巣箱から見て太陽と同じ方向
❷ 餌場は，巣箱から見て太陽と右90°の方向
❸ 餌場は，巣箱から見て太陽と左135°の方向
❹ 餌場は，巣箱から見て太陽と反対の方向

重力の方向

↑ミツバチの8の字ダンスと餌場の方向

> **重要**
> 〔生得的行動〕
> **生得的行動**…生まれつき備わっている行動。
> **かぎ刺激による行動，定位行動（走性，太陽コンパスなど），コミュニケーション（フェロモンやミツバチのダンス）**

❷ 学習による行動

生まれてからの経験によって行動様式が変化することを(㉓　　　　)という。慣れや古典的条件づけなどがある。

1 慣れ くり返し同じ刺激を受けた結果，しだいに刺激に対して反応しなくなることを(㉔　　　　)という。

1章 動物の刺激の受容と反応 | 117

① (²⁵　　　　)…アメフラシのえらに続く水管を刺激すると，**えら引っ込め反射**を起こす。
② (²⁶　　　　)…刺激を何度もくり返すと**慣れ**が生じ，えらを引っ込めなくなる。
③ (²⁷　　　　)…電気ショックなど強い刺激を与えると，えら引っ込め反射が回復する。
④ (²⁸　　　　)…さらに強い電気ショックなどを与えると，ごく弱い刺激でも反射を起こすようになる。

2 古典的条件づけ
① (²⁹　　　反応)…訓練を必要とせず無条件的に起こる反応。
② (³⁰　　　条件づけ)…条件刺激が無条件刺激と結びつき，本来は原因とならない刺激に対して反応が起こるようになる現象。
　例 **パブロフの犬の実験**…イヌに肉片を与えるとき，無条件反射とは無関係なベルの音（**条件刺激**）をくり返し聞かせると，ベルの音を聞いただけでだ液の分泌をするようになる（**条件反応**）。
③ (³¹　　　　)…一定の時期に行動の対象を記憶すること。
　↳インプリンティングともいう。
　例 孵化後間もないカモやアヒルのひなが，最初に見た目の前を動くものを親と学習して追従行動をする。

3 オペラント条件づけ
① (³²　　　　)…失敗をくり返して誤りが減る学習。
　例 **ネズミの迷路実験**…ネズミを迷路に入れると，初めは失敗するが，何度もくり返すと迷路を通過する方法を**記憶**する。
② **オペラント条件づけ**…自身の行動とその結果（餌など）を結びつけて**学習**すること。例 **スキナーの実験**♣3

4 (³³　　　行動) 過去の (³⁴　　　) などから思考・推理・洞察力をはたらかせて，目的にかなった合理的な行動をとること。
↳認知，認知行動ともいう。

重要　**学習**…生まれてからの経験によって行動様式が変化すること
　　　慣れ…同じ刺激に対してしだいに反応しなくなること

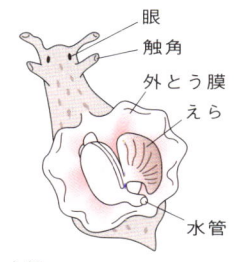

↑アメフラシの神経回路

親でなくても最初に見た動くものについて行く

↑刷込みの例

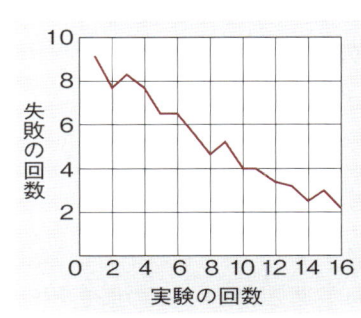

↑迷路実験での学習曲線

♣3 **スキナーの実験**
レバーを押すと餌が出る装置にネズミを入れておくと，偶然にレバーを押して餌を得られる。これをくり返すうちに，レバーを押すと餌が出ることを**学習**する。

ミニテスト　　　　　　　　　　　　　　　　解答 別冊p.12

□❶ 次の走性の種類の名称と正負を答えよ。
　(1) メダカが水の流れに逆らって泳ぐ。
　(2) カが二酸化炭素を多く出すヒトに近づく。

□❷ 生得的行動に**A**，学習による行動に**B**をつけよ。
　(1) イトヨの雄が，同種の腹部の赤い雄を攻撃する。
　(2) カモが生後最初に見た動くものに追従する。

第1章 動物の刺激の受容と反応　練習問題

解答 別冊p.28

❶ 〈ニューロン（神経細胞）の構造〉
▶わからないとき→ p.102

次の図は，運動ニューロンの模式図である。下の各問いに答えよ。

(1) 図中の(ア)～(エ)の各部の名称をそれぞれ答えよ。
(2) ニューロンには，ａ図中の**A**をもつ(エ)と ｂ**A**をもたない(エ)とがある。それぞれの名称を答えよ。
(3) 次の①～③の神経は，それぞれ，(2)の**a**, **b**のいずれか。
　① ヒトの運動神経　　② イカの巨大神経　　③ ヒトの交感神経

ヒント (3) 脊椎動物では，中枢神経と交感神経以外は有髄神経繊維である。

❷ 〈ヒトの目の構造〉
▶わからないとき→ p.107

右図は，ヒトの目の構造を示している。次の各問いに答えよ。

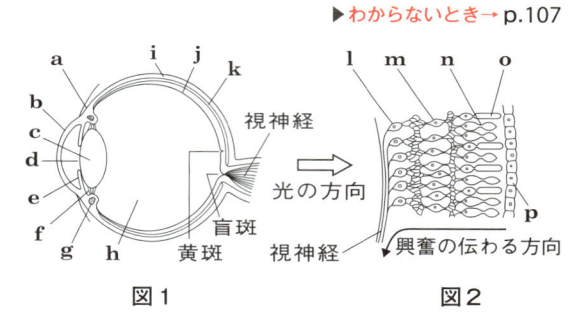

(1) 図1の**a**～**k**のなかで，光を屈折するはたらきをする部分を2つ選べ。
(2) 図1の**a**～**k**のなかで，網膜に届く光の量を調節する部分を答えよ。
(3) 図2は図1のどの部分を拡大した図か。図1の**a**～**k**から選べ。
(4) 明暗のみを受容する細胞を，図2の**l**～**p**から選び，その名称も答えよ。
(5) 図2のなかで，特定の3種類の色を強く吸収している細胞を**l**～**p**から記号で選べ。また，3種類の色とは何か。
(6) 黄斑に密に分布している細胞を，図2の**l**～**p**から選べ。

❸ 〈脳のつくりとはたらき〉
▶わからないとき→ p.109, 110

右図は，ヒトの脳と脊髄の断面の模式図である。次の各問いに答えよ。

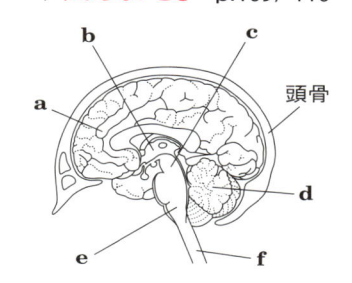

(1) 図中の**a**～**f**の各部の名称を答えよ。
(2) 次の①～③の中枢である部分を，図中の**a**～**f**からそれぞれ選べ。
　① 記憶や判断，感情，感覚などの中枢
　② 体温や血糖量，睡眠などを調節する中枢
　③ 屈筋反射や膝蓋腱反射の中枢

❹ 〈脊髄のつくりとはたらき〉
▶わからないとき→ p.110, 111

右図は，ヒトの脊髄の断面の模式図である。次の各問いに答えよ。

(1) 次の①〜④の文に該当するのは，図中の**a〜e**のどの部分か。それぞれ記号で答えよ。
  ① 多数の細胞体が集合した部分。
  ② 軸索が集まった部分。
  ③ 受容器の興奮を中枢に伝える感覚神経繊維の束が通っている部分。
  ④ 中枢からの情報を効果器に伝える運動神経繊維の束が通っている部分。
(2) 図中の**a〜e**の各部分の名称を答えよ。
(3) **A**の部分を切断して**ア〜エ**をそれぞれ単独で刺激したとき，効果器が反応するのはどれを刺激したときか。記号ですべて答えよ。
(4) **B**の部分を切断して**ア〜エ**をそれぞれ単独で刺激したとき，効果器が反応するのはどれを刺激したときか。記号ですべて答えよ。

❺ 〈筋肉の収縮〉
▶わからないとき→ p.114

右の図は，カエルのふくらはぎの筋肉をとり出し，そこから出る神経に電気刺激を与えたときの筋収縮を記録したものである。

(1) 図1の(a)〜(c)の名称を答えよ。
(2) この筋肉が収縮し始めてからもとの長さにもどるまでに要する時間は約何秒か。
(3) 図2は連続した刺激を間隔を変えて与えた結果である。Ⅰ〜Ⅲの各収縮を何というか。

ヒント (2) 音さの振動数から読みとる。

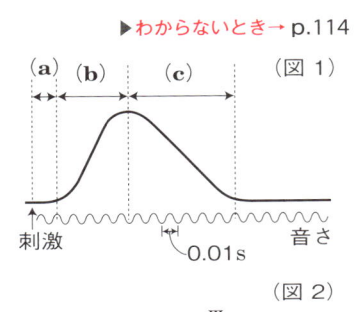

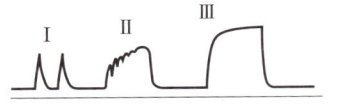

❻ 〈動物の行動〉
▶わからないとき→ p.115, 116

動物の行動に関する次の**a〜d**の文を読んで，下の各問いに答えよ。

a 暗やみの中でも物にぶつからずに飛ぶことができる。
b 食物を見つけた個体が巣にもどると，その後，別の個体が迷わずにその食物がある場所に行くことができる。
c 目が見えない状態でも雄の個体が同種の雌に近づき，交尾する。
d 光の点滅により同種の異性を見つけ，交尾する。

(1) フェロモンが関係している現象を**a〜d**のなかからすべて選べ。
(2) **a〜d**の動物例を下の語群より選べ。
  ア カイコガ イ コウモリ ウ ホタル エ アリ

ヒント (1) フェロモンには性フェロモン，集合フェロモン，道しるべフェロモンなどがある。

2章 植物の環境応答

1 成長と植物ホルモン

解答 別冊p.12

❶ 植物の刺激に対する反応

植物も光・重力・水分・温度などの外界の刺激に対して反応する。植物の反応は，**成長運動**と**膨圧運動**に分けられる。

1 成長運動

① (❶　　　　)…植物が外界からの刺激に対して屈曲する性質。刺激源に対して近づく場合を(❷　　)の屈性，遠ざかる場合を(❸　　)の屈性といい，刺激の種類によって次のようなものがある。

性質	刺激	例（屈性の正負）
(❹　　　)	光	茎(正)，根(負)
重力屈性	(❺　　)	茎(負)，根(正)
(❻　　　)	水	根(正)
接触屈性	接触	巻きひげ(正)

② (❼　　　　)…植物の器官が刺激の方向とは無関係に一定の方向に曲がる性質。刺激の種類によって次のようなものがある。

性質	刺激	例
(❽　　　)	接触	オジギソウの葉（触れると閉じて垂れ下がる）
(❾　　　)	温度	チューリップの花弁（気温が上がると開く）

2 膨圧運動

① オジギソウの葉に触れると，葉が垂れ下がる接触傾性は，葉のつけ根にある葉枕の細胞の(❿　　　　)が減少することによって起こる膨圧運動である。　　　　　　　　　　　　　　↳細胞壁を押し広げようとする力

② 膨圧運動は，成長運動に比べて比較的短時間で運動が起こる。

> **重要**　〔成長運動と膨圧運動〕
> 成長運動─屈性…刺激源に対して一定方向に屈曲する運動
> 　　　　　　　（正：刺激源に向かう。負：刺激源から遠ざかる。）
> 　　　　└傾性…刺激源の方向に関係なく一定の方向に曲がる
> 膨圧運動─膨圧の減少で運動が起こる。

♣1 オジギソウは，刺激がなくても夜には葉が垂れ下がる。これも葉枕の細胞の膨圧が下がって起こる**膨圧運動**の1つで，**就眠運動**とよばれる。
　就眠運動は，オジギソウがもつ24時間周期のリズム（概日リズム）で起こる現象である。

（図）正の光屈性／負の光屈性　↑光屈性
（図）オジギソウの接触傾性

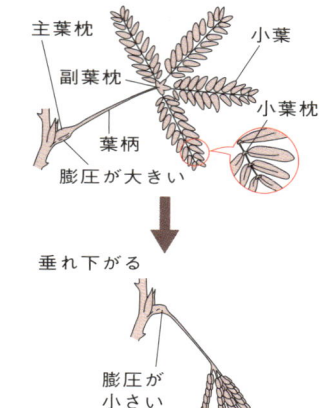

❷ 植物ホルモン（オーキシン）発見への道

1 ダーウィンの実験

① クサヨシの幼葉鞘に左から光を当てると，左に屈曲（⑪　　　）。
② ①で，光を通さないキャップをかぶせると，屈曲（⑫　　　）。
③ ①で，光を通すキャップをかぶせると，左に屈曲（⑬　　　）。
④ ①〜③から，「光を受容するのは（⑭　　　部）であり，屈曲するのはその下方である」といえる。

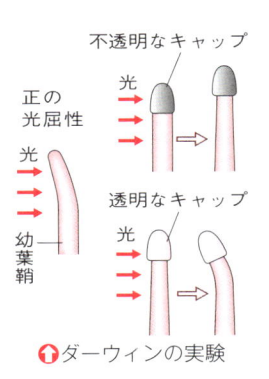

2 ボイセン・イェンセンの実験

① マカラスムギの幼葉鞘に左から光を当て，左に水平に雲母片を差し込むと左に屈曲（⑮　　　）が，右に差し込むと屈曲（⑯　　　）。
② 雲母片のかわりにゼラチン片をはさむと，左に屈曲（⑰　　　）。
③ 雲母片を光に垂直に差し込むと屈曲（⑱　　　）。
④ ①〜③から，「先端部でできた光刺激を伝える何かは，雲母片により（⑲　　　）され，ゼラチン片は（⑳　　　）する」といえる。

3 ウェントの実験

① マカラスムギの幼葉鞘の先端を寒天片の上にのせておき，幼葉鞘の切断面にその寒天片をのせると，成長や屈曲が起こる。
② ①の寒天片を右側にのせ，暗所に置くと（㉑　　　）に屈曲した。
③ ①で寒天片の中央を雲母片で仕切っておき，幼葉鞘の左から光を当てた後，その寒天片を左右それぞれ別の幼葉鞘の右側にずらしてのせ，暗所に置いた。すると，（㉒　　　）側の寒天片を置いた幼葉鞘が強く（㉓　　　）側に屈曲した。
④ 屈曲した茎では片側の細胞が成長していた。これに作用する成長促進物質は（㉔　　　）とよばれ，後の研究により（㉕　　　）（IAA）という化合物だとわかった。

4 ツィーシールスキーの実験（根の重力屈性）

① ソラマメの根を横たえておくと根は重力方向に屈曲するが，根冠を切除すると曲がらない。
② 根をしばらく水平に置いてから根冠を切除し，もとの下側を下にすると下に，上にすると上に屈曲する。後年，この現象へのオーキシンの関与が解明された。

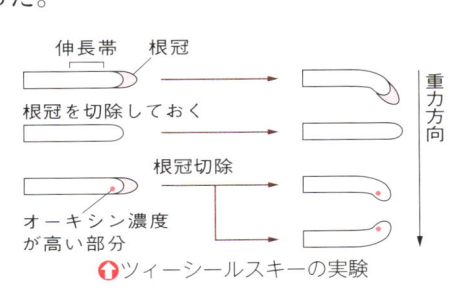

❸ オーキシンのはたらき

1 茎の光屈性

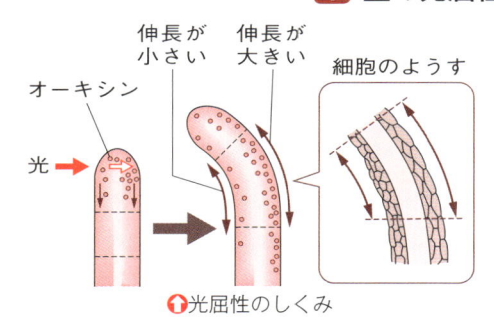

① 茎の先端部でオーキシンが合成され，左右均等に下降して，細胞の（㉖　　　）を促進する。そのため茎はまっすぐに伸びる。

② 茎の先端部に左側から光が当たると，青色光受容体である**フォトトロピン**が光を感受して細胞膜上の**オーキシン輸送タンパク質**の分布を変え，茎の先端部でオーキシンを左側から（㉗　　　）側に輸送する。

③ オーキシンは茎の右側の木部柔組織などを通って下方に運ばれるため，茎の右側で高濃度になり，細胞の成長を促進する。そのため茎は（㉘　　　）側に屈曲する。つまり（㉙　　　）の光屈性を示す。

> **重要**　〔オーキシンと茎の光屈性〕
> 光⇨茎の先端部で受容⇨オーキシンは光の当たらない側に移動
> ⇨下方に移動⇨細胞の成長を促進⇨正の屈性

2 細胞の伸長成長

① 細胞が成長するときは，（㉚　　　）がはたらくことで細胞壁がやわらかくなって，細胞が吸水することにより大きくなる。

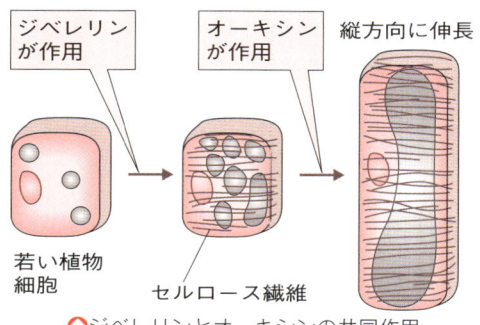

② 細胞の成長する方向は，（㉛　　　）のセルロース繊維のできる方向で決まる。

③ 植物ホルモンの1つのジベレリンが作用すると，細胞壁のセルロースが横方向に多く合成されて，細胞を横方向からきつく縛りつけた状態となるので，細胞は（㉜　　方向）に成長しやすい状態となる。そこにオーキシンが作用すると，細胞壁がやわらかくなり，吸水して縦方向に成長する。
（→ブラシノステロイドも同様に作用）

> **重要**　〔茎の伸長成長—ジベレリンとオーキシンの協調〕
> ジベレリンが作用（細胞壁の横方向のセルロース繊維が発達⇨縦方向に伸長可能）⇨**オーキシンが作用**（細胞壁がやわらかくなり吸水）⇨細胞が伸長⇨茎の伸長・屈曲

3 オーキシンの極性移動

① 茎でのオーキシンの移動には方向性があり、上側から下側に移動する。これを（㉝　　　移動）という。
② オーキシンは、細胞膜にある特殊な膜タンパク質（PIN）を通って運ばれることが多い。
③ PINは細胞の（㉞　　部）側に局在し、（㉟　　方）にだけオーキシンを輸送する。そのため、オーキシンは植物体の上側から下側に向かって（㊱　　　移動）する。

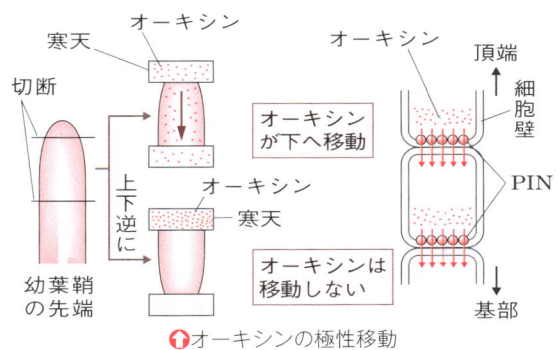

↑オーキシンの極性移動

4 頂芽優勢

① 茎の伸長成長が盛んなときには、側芽の成長は（㊲　　　）される。しかし、頂芽を切り取ると側芽の成長が（㊳　　　）される。この現象のことを（㊴　　　優勢）という。
② サイトカイニンは側芽の成長を促進させる。
③ 頂芽優勢のしくみは、次のように説明される。
　頂芽でつくられたオーキシンは下方に移動して、側芽の成長を促進する（㊵　　　　　）の合成を抑制する。そのため、側芽の成長が（㊶　　　）される。
④ 頂芽を切り取るとオーキシン濃度が低下するため、サイトカイニンの（㊷　　　）が誘導され、側芽の成長が促進される。

↑頂芽優勢

5 オーキシン感受性の違い

① オーキシンは茎や根の成長を（㊸　　　）するが、高濃度すぎると（㊹　　　）にはたらく。
② 茎はオーキシンに対する感受性が低いため、根や芽よりも高濃度で成長が（㊺　　　）される。
③ したがって、茎の成長が促進されるオーキシンの最適濃度では、根や側芽の成長は（㊻　　　）される。

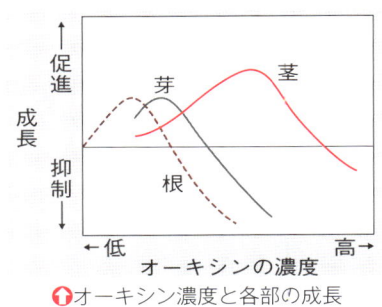

↑オーキシン濃度と各部の成長

重要

〔オーキシンの極性移動と頂芽優勢〕

極性移動…オーキシンは植物体の上方から下方にのみ移動

頂芽優勢…オーキシンがサイトカイニンの合成を抑制
　　　　　　→側芽の成長を抑制

オーキシンの感受性… 根 ＞ 芽 ＞ 茎

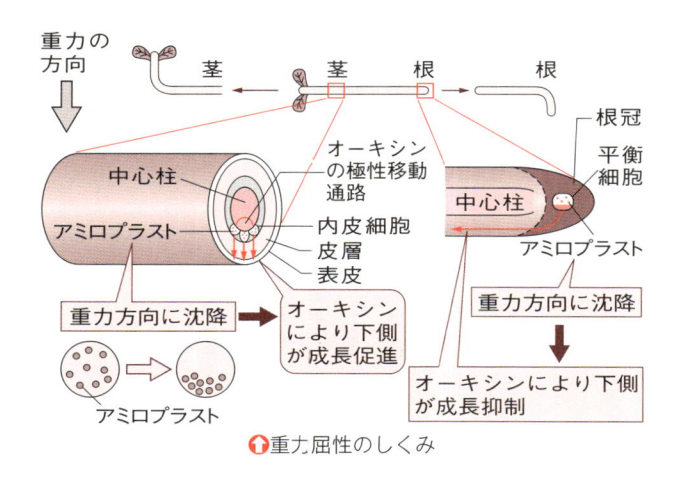

6 重力屈性

① 茎の先端部で合成されたオーキシンは，中心柱の木部の柔組織を通り，下方に移動する。

② 植物体を水平に置くと，茎の中心柱の外側にある内皮細胞内の**アミロプラスト**が重力方向に沈降してオーキシン輸送タンパク質の配置が変わり，オーキシンは茎の(㊼　　側)の皮層に多く輸送される。

③ 茎では下側のオーキシン濃度が高くなるので，下側の細胞の成長が促進されて(㊽　　)の重力屈性を示す。

④ 茎から降下してきたオーキシンは，根の(㊾　　)に達する。

⑤ 根の根冠の細胞に含まれるアミロプラストが重力で下方に集まる。すると，オーキシン輸送タンパク質の配置が変わって，オーキシンが根冠部で下側に移動し，伸長帯に向かって下側に多く輸送される。

⑥ 下側の伸長帯のオーキシン濃度が高くなるので根の伸長帯の成長は抑制され，(㊿　　)の重力屈性を示す。

> **重要**　〔オーキシンと重力屈性〕
> 茎…下方のオーキシン高濃度→下方が成長促進→**負の重力屈性**
> 根…下方のオーキシン高濃度→下方が成長抑制→**正の重力屈性**

❹ その他の植物ホルモン

1 ジベレリン

① **茎の成長促進**…細胞分裂や細胞壁の伸展性を高めることで，細胞の(㊶　　成長)を促進する(→p.122)。

② 受粉後，種子から出るオーキシンやジベレリンにより**子房は発達**。

　例 ジベレリン処理によるブドウの(㊷　　結実)
　　↳未受粉のブドウから種なしブドウができる。

③ 適当な温度・水分を感知すると，胚でジベレリンが合成されて種子の発芽を(㊸　　)する(→p.127)。

2 エチレン

① 成熟リンゴと未熟なバナナを同一の容器で保存すると，リンゴが放出する(㊹　　)によりバナナが**熟成**する。

② 植物体に絶えず刺激を与えるとエチレンが合成され，茎の節間伸長を（(55)　　）する。これは，エチレンが細胞壁を取り巻くセルロース繊維を（(56)　　）方向につくらせるためで，横方向への成長が（(57)　　）されて茎が太くなり，風などにより倒れにくくなる。
└→常に風を受け続けるような環境に相当する。

③ エチレンは葉柄（ようへい）の付け根にある**離層**（りそう）の形成を促進する。離層の細胞がエチレンを受容すると細胞壁の接着をゆるめる酵素が合成され，最終的には（(58)　　）する。エチレンは**落果**も同様にして促進する。

3 サイトカイニン

① 側芽の成長を促進する(→p.123)。

② 細胞分裂の（(59)　　）や老化防止。植物細胞の組織培養♣2では，オーキシンとともに濃度を調節して分化の方向を調節する。

4 アブシシン酸

① オーキシンのはたらきを阻害して成長を抑制する。

② 気孔を（(60)　　）。
└→乾燥時などには，葉でアブシシン酸が合成される。

③ 種子の発芽を（(61)　　）して休眠を維持する。

④ エチレンの合成を（(62)　　）し，落葉・落果を促進する。

5 ブラシノステロイド

胚軸の成長促進，植物体の成長促進，落果・落葉の抑制，温度などへのストレス耐性の強化。

6 ジャスモン酸

落葉・落果の促進，傷害応答(→p.129)。

重要

〔その他の植物ホルモン〕

ジベレリン…茎の伸長成長・子房の発達・種子の発芽促進

エチレン
…果実成熟，接触成長抑制と茎の肥大，落葉・落果の促進

サイトカイニン…細胞分裂と分化・側芽成長促進，老化抑制

アブシシン酸…気孔閉孔，種子の休眠維持，落葉・落果促進

ブラシノステロイド
…成長促進，落葉・落果の抑制，ストレス耐性強化

ジャスモン酸…落葉・落果の促進，傷害応答

⬇エチレンの伸長阻害

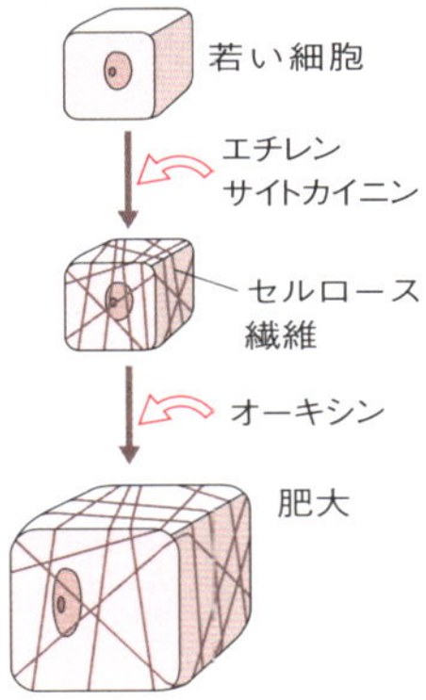

⬇離層の形成

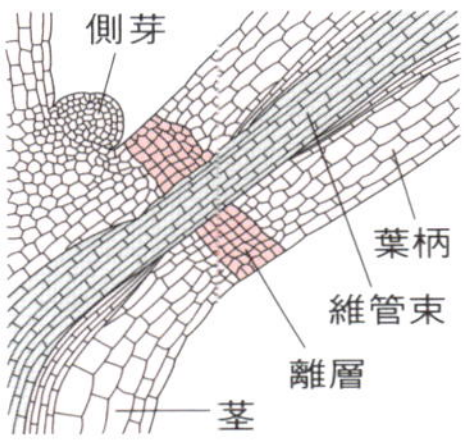

♣2
植物細胞の組織培養
サイトカイニンとオーキシンを含む培地で植物細胞を培養すると，**カルス**とよばれる未分化な細胞集団が形成される。これをオーキシン濃度の高い培地に移すと根が分化し，サイトカイニン濃度の高い培地では葉と芽が分化する。両者の濃度が適当な培地では完全な植物体に分化する。このように，植物細胞は**分化の全能性**をもっている。

ミニテスト

解答 別冊p.12

□❶ 次のような植物の運動を何というか。
(a) 茎が光の方を向く。 (b) 根は光の反対を向く。

□❷ 根と茎では，オーキシンに対する感受性の高いのはどちらか。

□❸ 天然のオーキシンは何という物質か。

□❹ 落葉・落果を促進するホルモンを2つ答えよ。

□❺ 気孔を閉じさせるホルモンは何か。

□❻ 種なしブドウの生産に使うホルモンは何か。

2 光に対する環境応答

♣1
光周性
光周性は，植物の茎の伸長，休眠，落葉などにも見られる。また，植物だけでなく動物にも見られ，昆虫類や魚類・鳥類の生殖腺の発達や休眠などにも光周性がある。

♣2
花芽
成長すると花になる芽を花芽という。

♣3
長日植物には春咲き(日長が長くなっていく時期に花を咲かせる)，短日植物には秋咲き，中性植物には四季咲きのものが多い。

❶ 花芽形成と光

1 花芽形成と日長

日長の影響を受けて生物が反応する性質を（❶　　　）という。♣1
① 植物の花芽の形成は，（❷　　期）の長さに支配される。♣2
② 花芽の形成に必要な（❸　　期）の長さを（❹　　　）という。

2 光周性による植物の分類　次の3つに分けられる。

		日長と花芽形成の関係♣3	植物例
❺	植物	連続した暗期が一定の長さ以下にならないと花芽を形成しない。	アブラナ，ダイコン，ホウレンソウ
❻	植物	連続した暗期が一定の長さ以上にならないと花芽を形成しない。	キク，オナモミ，コスモス，ダイズ
❼	植物	日長とは関係なく，成長すると花芽をつける。	エンドウ，トウモロコシ，トマト

3 光周性と光中断

① 短日植物は，（❽　　　）以上の長さの暗期で花芽を形成するが，**光中断**で，連続した（❾　　期）が（❿　　　）より短くなると，花芽を形成しない。
② 長日植物は，限界暗期以上の長さの暗期では花芽を形成（⓫　　　）が，暗期を限界暗期より短く区切る**光中断**を行うと，花芽を形成（⓬　　　）。
③ 人工的に植物を限界暗期以上の暗期に置くことを（⓭　　　），逆に暗期の長さを限界暗期以下にすることを（⓮　　　）という。

長日植物　　限界暗期　　**短日植物**
開花する　明期　　暗期　　開花しない

（⓯開花）　　　　　　　　　（⓰開花）
　　　　　　明期の中断
（⓱開花）　　　　　　　　　（⓲開花）
　　　　　　　　　　　光照射
（⓳開花）　　　　　　　　　（⓴開花）
　　　　　　光照射
（㉑開花）　　　　　　　　　（㉒開花）

↑花芽形成と暗期の関係

重要
短日植物…連続した暗期の長さが**限界暗期以上**で花芽形成。
長日植物…連続した暗期の長さが**限界暗期以下**で花芽形成。

4 花芽形成のしくみ

① 植物は，暗期の長さを（㉓　　　）で感じとり，そこで，花芽形成を行わせる物質である（㉔　　　）をつくる。♣4
② この物質は（㉕　　管）を通って植物体の各部へ移動し，（㉖　　　）

♣4
低温刺激と花芽形成
秋まきコムギやダイコンは，冬の寒さ(一定期間以上の低温状態)を経験することにより，花芽形成が促進される。この環境応答を**春化**，低温処理して春化を促進することを**春化処理**という。

2章 植物の環境応答 | 127

を分化させる。➡環状除皮を行うと，フロリゲンの移動は途切れる。
　　　　　　　　　　↳形成層より外側をとり除く処理。道管は残るが，師管は失われる。

③ イネが**短日条件**を葉で感じると，***Hd3a*** 遺伝子がはたらいて **Hd3a タンパク質**が合成され，これが**師管**を通じて移動し，**花芽形成遺伝子**をはたらかせる。シロイヌナズナでは **FT タンパク質**が同様に作用する。これらがフロリゲンの正体である。

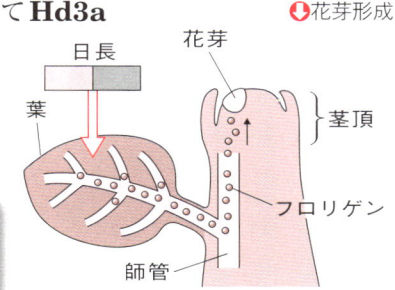

⬇花芽形成

> **重要**　〔花芽形成のしくみ〕
> 葉で暗期の長さを受容 ⇨ **フロリゲン**合成 ⇨ **花芽形成**
> 　　　　　　　　　　　　　　　　↓師管

❷ 種子の発芽と光

1 種子の休眠と発芽
① **アブシシン酸**は，生育に適さない時期に発芽しないように，発芽を（㉗　　　）して（㉘　　　）を維持している。
② 種子は，温度・水分・酸素などの適当な条件がそろうと，次のしくみで発芽する。

　胚が（㉙　　　）を分泌する⇨糊粉層でアミラーゼの合成が（㉚　　　）される⇨胚乳のデンプンを分解⇨グルコースが呼吸で分解されエネルギーを発生⇨発芽して根や芽が成長
　　　　　　　　　　　↳デンプンは分解されてグルコースになる。

⬆発芽とジベレリン（㉛　　　）

2 種子の休眠と光
① （㉜　　　種子）…発芽に光を必要とする種子　例 レタス
② （㉝　　　種子）…暗所で発芽する種子　例 カボチャ

3 光発芽種子と光
　　　　　　　　　　red 波長660 nm付近　far red 波長730 nm付近
① 光発芽種子であるレタスに**赤色光**と**遠赤色光**を交互に照射すると，最後に（㉞　　光）を照射したとき発芽する。
② 種子内の（㉟　　　　　）が赤色光を受容すると，**Pr 型**から **Pfr 型**に変化し，胚の細胞に作用して（㊱　　　　）を活性化
　↳赤色光受容型　↳遠赤色光受容型
させる。ジベレリンはアブシシン酸のはたらきを（㊲　　　）するので，種子の発芽が始まる。**遠赤色光**は **Pfr 型**を（㊳　　　）に戻すので発芽しない。

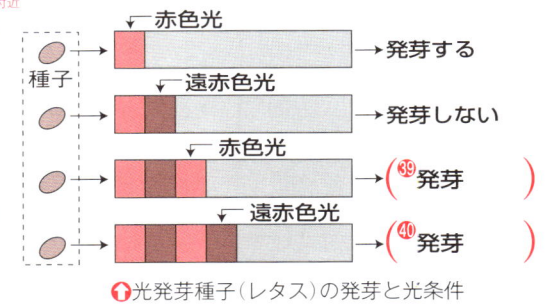

⬆フィトクロムの変化
光発芽種子の発芽促進

（㊴発芽　　　）
（㊵発芽　　　）
⬆光発芽種子（レタス）の発芽と光条件

> **重要**　〔光発芽種子〕
> 最後に**赤色光**⇨発芽，最後に**遠赤色光**⇨発芽抑制

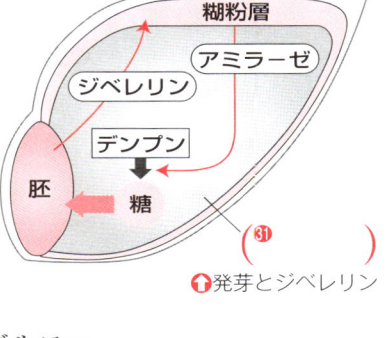

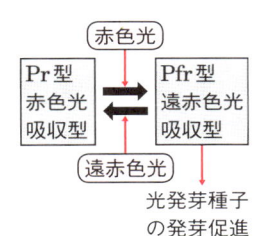

❸ 適度な光を求める植物

1 日陰からの回避
① 日陰に回りこんで届く光は波長の長い光，つまり (㊶　　　色光) である。これを (㊷　　　　　) が受容すると，葉の展開をやめて茎をもやし状に伸長させる。
② 茎が光の当たるところまで伸びると，光を受容するタンパク質の1つのクリプトクロムが (㊸　　　色光) を受容して，茎の伸長成長を (㊹　　　　) し，葉の形態形成を行わせて葉を展開させる。このようなしくみで，植物は日陰から回避して成長することができる。

◆光の強さと葉緑体

弱光下
青色光 → 葉緑体

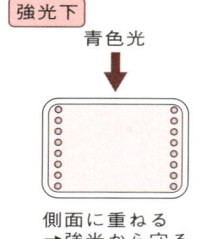

強光下
青色光
側面に重ねる
→強光から守る

2 光の強さと葉緑体の配置
① **光屈性**における光受容体は，**青色光**を受容する**フォトトロピン**という色素タンパク質である。
② 弱光下では，フォトトロピンは，葉緑体を細胞内全体に分散させて，より多くの光を受容できるように葉緑体を配置する。
③ 強光下では，フォトトロピンは，葉緑体を細胞の側面の細胞壁沿いに重ねて配置して，強光による光障害から (㊺　　　　　) を守る。

❹ 植物の生涯と植物ホルモン

植物ホルモンは，下の図のようにさまざまな場面ではたらく。

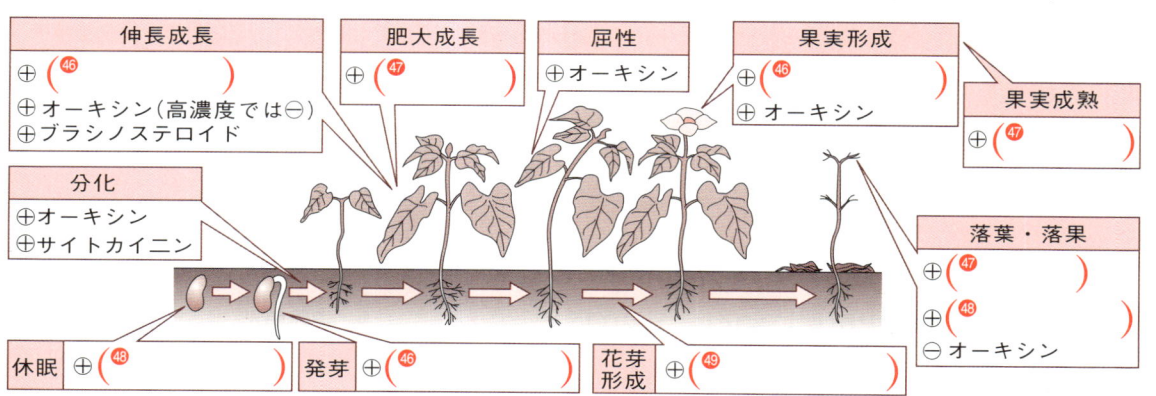

伸長成長
⊕ (㊻　　　)
⊕ オーキシン（高濃度では⊖）
⊕ ブラシノステロイド

肥大成長
⊕ (㊼　　　)

屈性
⊕ オーキシン

果実形成
⊕ (㊻　　　)
⊕ オーキシン

果実成熟
⊕ (㊼　　　)

分化
⊕ オーキシン
⊕ サイトカイニン

落葉・落果
⊕ (㊼　　　)
⊕ (㊽　　　)
⊖ オーキシン

休眠 ⊕ (㊽　　　)　**発芽** ⊕ (㊻　　　)　**花芽形成** ⊕ (㊾　　　)

ミニテスト　　　　　　　　　　　　　　　　　　　　　　解答 別冊p.13

□❶ (a)ホウレンソウと(b)コスモスの開花期は，それぞれ次のうちのどれか。
　　ア 春から夏　イ 夏から秋　ウ 秋から冬
□❷ キクの開花はどうすれば遅くできるか。
□❸ 花芽形成を促進するホルモンを何というか。
□❹ 種子の休眠状態を維持するホルモンは何か。
□❺ 光発芽種子の発芽促進に有効な光は何色か。
□❻ ❺で光を受容する物質は何か。

3 ストレスに対する環境応答

解答 別冊p.13

❶ 食害や病原体に対する応答

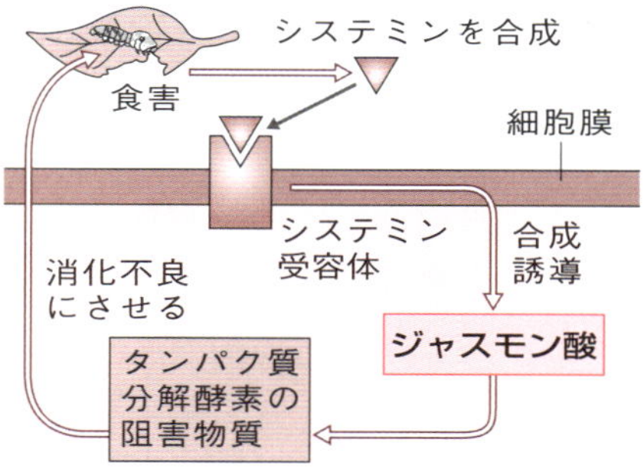

1 動物の食害に対する防御

① 昆虫の食害を受けたトマトの葉では，システミンという（❶　　　　　）をつくり，師管を通じて全身に運び，（❷　　　　　）の合成を促進する。

② **ジャスモン酸**[♣1]は，タンパク質分解酵素の阻害物質の合成を促進する。そのため，この葉を食べた昆虫は，（❸　　　　　）を消化しにくくなるので，食べるのを避けるようになる。

↑食害に対する防御

[♣1] **ジャスモン酸**は，同種の他の植物にも同じ防御機構を誘導したり天敵となる昆虫を誘引する揮発性物質の合成にも関係している。

2 病原体に対する防御

① 病原菌が体内に侵入すると，（❹　　　物質）であるファイトアレキシンが合成される。
　↳病原菌の増殖を阻害する。

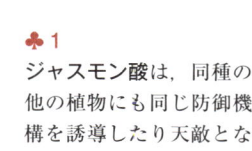

② 感染した部位の近くの細胞は，**自発的に細胞死**することにより病原体を閉じ込め，全身に感染が広がるのを防ぐ。これを（❺　　　反応）という。

③ 感染部位周辺では**リグニン**が合成・蓄積され，細胞壁が強化される。

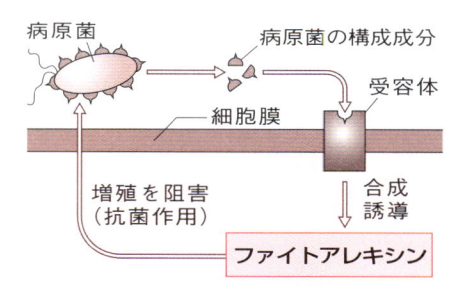

↑病原体に対する環境応答

❷ 環境ストレスに対する応答

1 環境ストレスに対する応答

植物が環境ストレスにあうと，（❻　　　　　）の量が増え，**ストレス抵抗性**に関係するいろいろな遺伝子の発現が誘導される。

2 いろいろな環境ストレス

① **乾燥ストレス**…植物体の水分が不足すると，（❼　　　　　）が葉で合成されて気孔を閉じ，蒸散による水分の損失を防ぐ。また，チークなどの雨緑樹林では，乾期になると（❽　　　　　）が合成されて落葉を促進し，葉からの蒸散などによる水分の損失を防ぐ。

② **塩ストレス**…根の周辺の塩分濃度が上昇すると，根の（❾　　　　　）を上昇させて，積極的に水の吸水力を高める。

③ **低温ストレス**…シロイヌナズナでは，数日間0～5℃の低温にさらされると，**耐凍性**を増すようになる。

2章 植物の環境応答 練習問題

解答 別冊p.29

❶ 〈マカラスムギの屈性〉 ▶わからないとき→ p.120, 121, 123

マカラスムギの幼葉鞘を使って、下の図ⓐ〜ⓙの実験を行った。それぞれ、幼葉鞘はどうなるか。右に屈曲するときは**R**、左に屈曲するときは**L**、屈曲しないときは×と記せ。

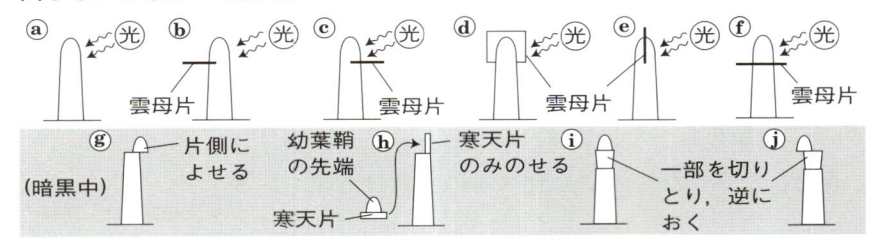

ⓐ 光 ⓑ 光 ⓒ 雲母片 光 ⓓ 雲母片 光 ⓔ 雲母片 光 ⓕ 雲母片 光

ⓖ（暗黒中） 片側によせる　ⓗ 幼葉鞘の先端 寒天片　ⓘ 寒天片のみのせる　ⓙ 一部を切りとり、逆におく

ヒント 光屈性の原因となる成長促進物質は幼葉鞘の先端部でつくられ、基部方向に移動する。このとき、光の当たる側の反対側で濃度が高くなる。雲母片は通過できない。

❷ 〈光屈性・重力屈性のしくみ〉 ▶わからないとき→ p.122〜124

次の文を読み、各問いに答えよ。

植物体に左側から光を当てると、茎は（①）の光屈性を示して左に屈曲し、根は（②）の光屈性を示して右に屈曲する。また、植物体を水平に置くと、茎は（③）の重力屈性を、根は（④）の重力屈性を示す。これらは植物ホルモンの（⑤）のはたらきによる。（⑤）に対する感受性は根が（⑥）く、茎は（⑦）い。

芽に左から光を当てると、青色光受容体が光を受容して、（⑤）輸送タンパク質が、（⑤）を光の当たらない方向へと輸送するので、陰側の濃度が高くなる。そのため、茎の伸長帯では光の当たる側より陰側の成長が（⑧）されて（①）の光屈性を示す。根は高濃度で成長が（⑨）されるので、（②）の光屈性を示す。

植物体を横たえると、茎では内皮細胞のアミロプラストが重力によって下側に移動する。すると（⑤）が下方向に運ばれて茎の下側の成長を促進するので、茎は（③）の重力屈性を示す。また、（⑤）は中心柱を通って根の根冠まで運ばれるが、根冠細胞でもアミロプラストが下側に移動するため、（⑤）は下方に多く運ばれて高濃度となり、成長が（⑨）されて（④）の重力屈性を示す。

(1) 文中の①〜⑨の空欄に適当な語句を記入せよ。
(2) オーキシンはどのようなしくみで細胞を成長させるか。

❸ 〈ジベレリンのはたらき〉 ▶わからないとき→ p.124

植物ホルモンの1つであるジベレリンについて、次の各問いに答えよ。
(1) ジベレリンは、どのようにして伸長成長を促進するか。
(2) 種なしブドウはジベレリンのどのようなはたらきを利用しているか。
(3) ジベレリンは、どのようにして種子の発芽を促進するか。

4 〈植物ホルモン〉 ▶わからないとき→ p.124, 125

次の(1)〜(4)の文は，植物ホルモンのはたらきについて説明したものである。各文に該当するホルモンの名称を答えよ。

(1) イネの茎を徒長させる病気から発見された植物ホルモンで，茎の伸長成長を促進する。また，子房の発達や種子の発芽を促進する。

(2) 気孔を急に閉じさせたり，離層形成を促進して落葉をうながすとともに，種子の発芽を抑制する。

(3) 果実の中で生成される気体の植物ホルモンで，果実の成熟を促進する。

(4) 茎の先端部で生成され，下方に移動して植物の成長を促進する。植物の光屈性(屈光性)は，このホルモンによって起こされる。

ヒント おもな植物ホルモンにはオーキシン，ジベレリン，エチレン，アブシシン酸などがある。

5 〈植物の光周性〉 ▶わからないとき→ p.126, 127

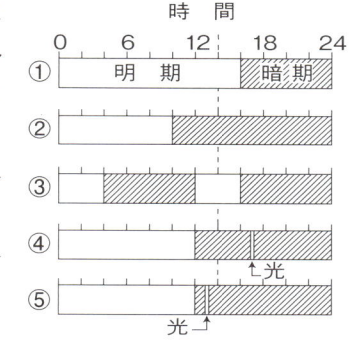

短日植物と長日植物に，右の①〜⑤のような明期と暗期を与える実験を行った。次の各問いに答えよ。ただし，限界暗期は10時間とする。

(1) 短日植物が開花するのは①〜⑤のどれか。すべて選べ。

(2) 長日植物が開花するのは①〜⑤のどれか。すべて選べ。

(3) ④，⑤のように，暗期の途中で光を照射することを何というか。

ヒント 短日植物も長日植物も花芽形成に影響を与えるのは連続した暗期の長さである。

6 〈光と種子の発芽〉 ▶わからないとき→ p.127

種子には，a 発芽に光を必要とするものと，b 光を必要としないものがある。光を必要とする種子に，赤色光を照射すると発芽が(①)され，遠赤色光を照射すると発芽が(②)される。次の各問いに答えよ。

(1) 文中の下線部a, bのタイプの種子をそれぞれ何というか。また，bに該当する植物例を，次のア，イから1つ選べ。
　ア　カボチャ　　　イ　レタス

(2) 文中の①，②の空欄に適当な語句を記入せよ。

(3) 下線部(a)のタイプの種子で，光を受容するタンパク質を何というか。

7 〈食害や病原菌に対する応答〉 ▶わからないとき→ p.129

植物のストレスに対する応答について，次の各問いに答えよ。

(1) 食害を受けたトマトが分泌して，昆虫のタンパク質分解酵素の阻害物質や天敵となる昆虫の誘引物質の合成を促進する物質は何か。

(2) 病原体に侵された植物がつくる抗菌物質は何か。

第3編 生物の環境応答 定期テスト対策問題

時　間▶▶▶ 50分
合格点▶▶▶ 70点
解　答▶別冊 p.31

1

図1は，運動ニューロンと，その興奮の伝導のようすを調べるための装置を示したものである。また，図2はそのとき記録された電位変動を示したものである。次の各問いに答えよ。

〔問1…各2点，問2…各3点　合計16点〕

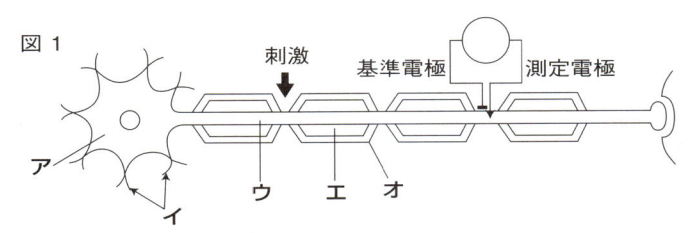

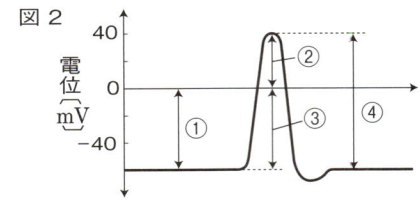

問1 図1のア～オの各部の名称をそれぞれ答えよ。
問2 静止電位，活動電位を示すものはそれぞれ図2の①～④のいずれか答えよ。

問1	ア	イ	ウ	エ	オ
問2	静止電位		活動電位		

2

右の図1はヒトの骨格筋の構造を示したものであり，図2は図1のdの部分の拡大図である。次の各問いに答えよ。

〔問1～3…各2点，問4・5…各3点　合計24点〕

問1 図1のa～cの名称をそれぞれ答えよ。
問2 図2のd～gの各部の名称をそれぞれ答えよ。
問3 図2のh，iを構成するタンパク質の名称を答えよ。
問4 筋収縮に必要なイオンは何か。
問5 図2のh，iが結合して筋収縮ができるようになるのは，問4のイオンが何に結合するからか。

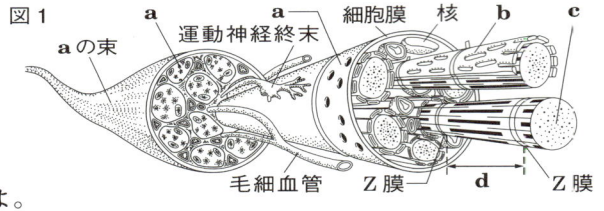

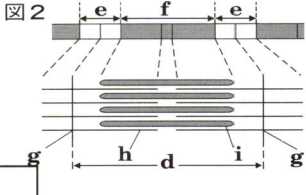

問1	a	b	c	
問2	d	e	f	g
問3	h	i	問4	問5

3

動物の行動について，次の各問いに答えよ。

〔問1～4…各4点　合計16点〕

問1 太陽の位置情報をもとにして行動の方向を決める定位行動を何というか。
問2 同種の個体にとってかぎ刺激となる，体外に放出された化学物質を何というか。
問3 くり返し同じ刺激を与えると刺激を与えても反応しにくくなる，単純な学習行動を何というか。
問4 過去の経験をもとにして，未経験なことに対して合理的に課題を解決する行動を何というか。

問1	問2	問3	問4

4 次の(1)～(5)の文は，いろいろな植物ホルモンのはたらきについて説明したものである。また，a～eはホルモンの発見や応用について説明したものである。(1)～(5)のホルモンの名称を答え，それぞれa～eのいずれに該当するかも答えよ。　〔名称…各2点，特徴…各2点　合計20点〕

(1) イネ科の植物では，種子の発芽時に糊粉層にはたらきかけてアミラーゼの合成を促進する。
(2) 離層の発達をうながして落果・落葉を促進するとともに，種子の発芽を抑制する。
(3) 芽の先端でつくられ頂芽優勢や不定根の伸長に関係する。
(4) 接触刺激によってつくられるホルモンで植物の成長を抑制するとともに，果実の成熟を促進する。
(5) 細胞分裂を促進し，組織の分化や細胞の老化抑制，側芽の成長促進などのはたらきをする。

〔特徴〕
a ワタの果実を落果させるホルモンとして発見された。
b バナナの熟化を促進するのに利用されている。
c 種なしブドウをつくるのに利用されている。
d マカラスムギの幼葉鞘を使ったアベナテストでその濃度と成長との関係が確認された。
e 成長とDNAの関係を調べているうちに，DNAの分解産物から発見された。

(1)		(2)		(3)	
(4)		(5)			

5 右の図は，短日植物であるオナモミの花芽形成のしくみを調べるための実験を示したものである。下の各問いに答えよ。
〔問1…4点，問2…各3点，問3…各2点　合計24点〕

〔実験〕
① A，B，Cを長日処理した。
② A，B，Cを短日処理した。
③ Aを長日処理し，BとCを短日処理した。
④ AとBを長日処理し，Cを短日処理した。
⑤ Aを短日処理し，BとCを長日処理したが，Aの暗期の中間で a 強い光を1分間照射した。
⑥ アの位置で b 表皮から師部までを除去する操作をした後，AおよびCを長日処理し，Bを短日処理した。
⑦ イの位置で表皮から師部までを除去した後，AおよびBを長日処理し，Cを短日処理した。

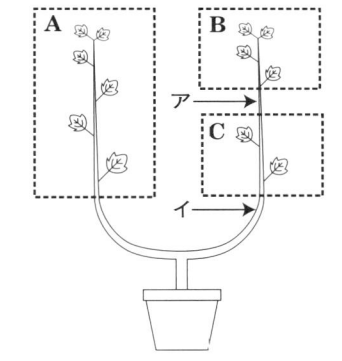

問1　短日処理とはどのような操作か説明せよ。
問2　下線部a，bの操作をそれぞれ何とよぶか。
問3　実験①～⑦の操作によって，A，B，Cそれぞれについて花芽が形成されるものに○，されないものに×をつけよ。

問1					
問2	(a)		(b)		問3 ①
問3	②		③		④
	⑤		⑥		⑦

1章 生物群集と生態系

1 個体群と環境

〔解答 別冊p.13〕

❶ 生物と環境

1 生物集団の単位

① ある地域に生息する同種の生物の個体の集団を（❶　　　　）という。　　例 ある池にすむフナの集団，ある森林のアカマツの集団

② 同じ場所に生息する①の集団の集まりを（❷　　　　）という。
　　　　　　　　　　　　　　　　　　　　異なる種類の生物↲

2 環境要因

① 生物を取り巻く環境を構成する要因を（❸　　　　）といい，次のものから構成される。

　　　非生物的環境…（❹　　　　）・光・大気・水・土壌
　　　　　　　　　　　CO₂濃度など↑　　　　無機塩類↲
　　　（❺　　　　）環境…生物に影響を与える同種・異種の生物。

② 非生物的環境が生物に対してはたらきかけ，その生物の生活に影響を及ぼすことを（❻　　　　）という。

③ 逆に生物の生活が環境に影響を与えることを（❼　　　　）という。

④ 生物が互いに影響を与えあうことを（❽　　　　）という。

⑤ 生物群集と非生物的環境のまとまりを（❾　　　　）という。

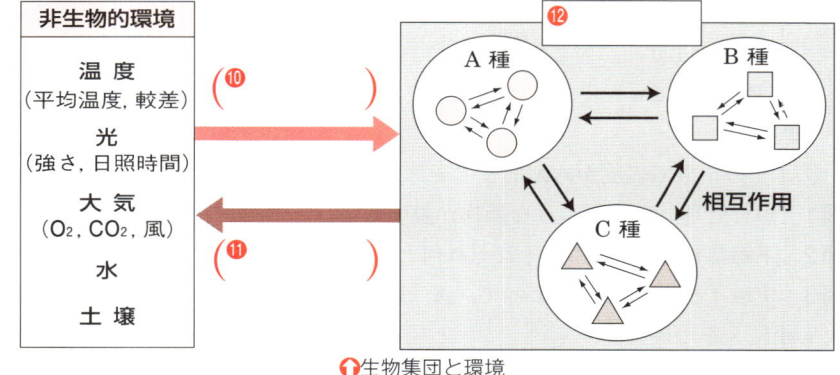

♣1
環境への生物の適応
〔ベルクマンの規則（法則）〕高緯度地方にすむ動物ほど，低緯度地方の同種の動物よりも大形になる傾向がある。
〔アレンの規則（法則）〕高緯度地方にすむ動物のほうが低緯度地方にすむ動物よりも，耳・鼻などの突出部が小さく，その表面積も小さい。

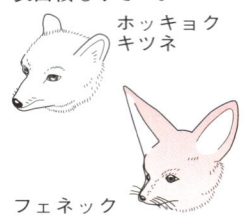

ホッキョクキツネ
フェネック

♣2
タブノキ林の1日の気温の変化

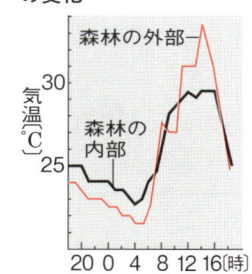

森林の内部は外部にくらべて気温変動が小さい。これは環境形成作用（反作用）の例である。

非生物的環境
- 温度（平均温度，較差）（❿　　　　）
- 光（強さ，日照時間）
- 大気（O₂, CO₂, 風）（⓫　　　　）
- 水
- 土壌

⓬
A種 ⇔ B種
　↕　相互作用
　C種

↑生物集団と環境

重要
ある地域の同種の生物の集団が**個体群**・その集まりが**生物群集**。
環境要因は**非生物的環境**と**生物的環境**からなる。
非生物的環境が生物に与える影響を**作用**という。
　　　　　　　　　　　　　↳その逆が環境形成作用（反作用）

3 渡りと回遊

① 鳥類には，季節ごとに繁殖地と生育地の間で（⑬　　　）を行う種類がある。これらは日本に飛来する時期により次のように大別される。

　夏鳥…（⑭　　　）に日本で繁殖，南方で越冬。　例 ツバメ
　冬鳥…冬に日本で越冬，夏に（⑮　　　）で繁殖。　例 ハクチョウ
　旅鳥…夏に北方で繁殖，冬には南方で越冬。日本は春と秋に通過。
　　　例 シギ，チドリ

② 魚などの水生動物が，適当な水温や食物を求めて移動することを（⑯　　　）という。　例 マグロ，カツオ，サンマ，サケ

♣3
渡りは生得的行動で，太陽・星座・地磁気などを感知して行き先の方向を決めている（定位）。

♣4
サケが産卵のため川を遡上する行動も回遊である。このときサケは川の水の成分（におい）を感知して自分が生まれた川を認識するとされる。

❷ 個体群の分布と個体群密度

1 個体群の分布
個体群の分布の仕方には**ランダム分布，一様分布，集中分布**の3タイプがある。

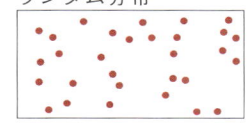

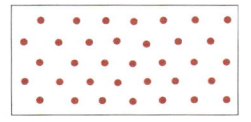

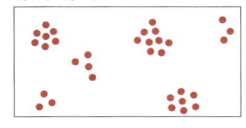

2 個体群密度
① 単位面積あたりの（⑰　　　）を**個体群密度**という。
　　　　あるいは単位体積，単位生活空間あたり

② 個体群を構成する個体数を求める場合，すべての個体を捕らえたり数えることは困難なので，おもに次のような間接的方法が使われる。

　（⑱　　法）…調査範囲を一定の広さの区画に区切って，一部の区画の個体数を調べた平均値から全個体数を推定する方法。
　（⑲　　法）…捕獲した個体に標識をつけて放し，一定時間後に再び捕獲して，標識された個体の割合から個体数を推定する。

$$全個体数 = \frac{再捕獲された総個体数}{（⑳　　　）} \times 最初の標識個体数$$

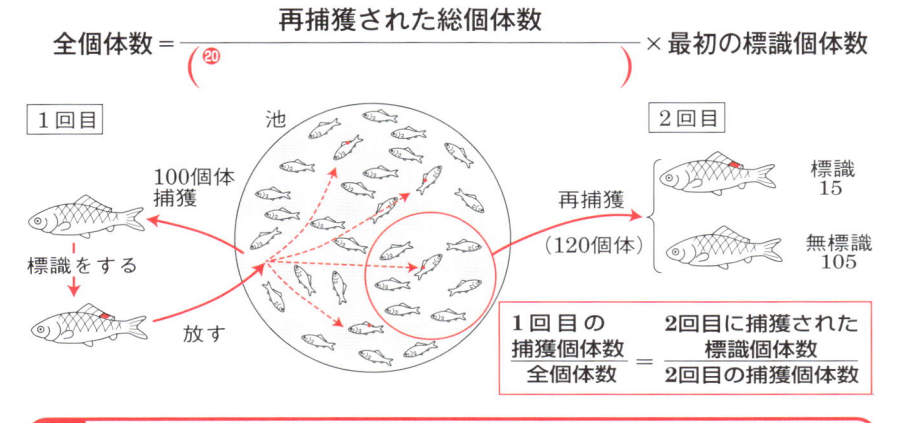

$$\frac{1回目の捕獲個体数}{全個体数} = \frac{2回目に捕獲された標識個体数}{2回目の捕獲個体数}$$

【1回目】100個体捕獲　標識をする　放す
【2回目】再捕獲（120個体）　標識15　無標識105

◯個体群の分布
ランダム分布
一様分布
集中分布

♣5
測定区画の配置のしかたに次の2種類がある。
規則的配置…測定区画を等間隔にならべる。
機会的配置…測定区域をランダムにならべる。

♣6
この方法は，調査期間中の個体の死亡や出入りが少なく調査範囲内で均一に分散しているときに適用できる。実施の際には標識が動物の行動に影響を与えない，2回の採集で採集・放流場所や時刻などの条件をそろえるなどの必要がある。

重要
$$個体群密度 = \frac{個体群を構成する個体数}{生活する面積または体積}$$

個体群の全個体数の推定方法…区画法と標識再捕法

3 個体群の成長と密度効果

出る

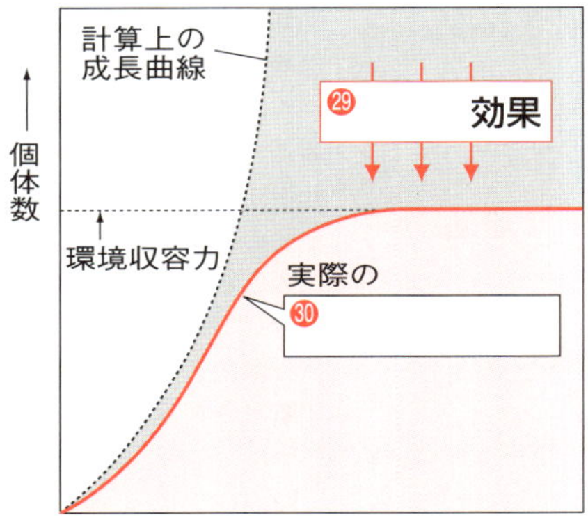

計算上の成長曲線
㉙　効果
個体数
環境収容力
実際の
㉚
時間(世代)

個体群の成長曲線の一般形

1 個体群の成長

① 生物の生活に必要な条件が満たされていると，生殖によって個体数がふえ，(㉑**個体群**　　　)が高くなる。これを(㉒**個体群の**　　　)といい，この過程を表したグラフを個体群の(㉓　　　)という。

② 個体群の成長曲線は，一般的に，ゆるい(㉔　　　)**曲線**となり，個体数はやがて(㉕　　　)[♣7]。

③ **グラフが平らになる理由**…(㉖　　　)や生活空間の不足，排出物の増加などの(㉗　　　)によって生活環境が悪化し，発育や生殖活動が抑制されるため。

④ このような，ある条件において個体群の成長の上限となる個体数を**飽和密度**あるいは(㉘　　　**力**)という。

♣7
このような形の曲線は，**ロジスティック曲線**ともよばれる。

重要
〔個体群の成長曲線〕
S字形の曲線となり，一定数(環境収容力)以上は増加しない。

2 密度効果

① 個体群密度の変化が，個体の発育・形態や，個体群の成長に影響を及ぼすことを(㉛　　　)という[♣8]。

② 密度効果により，同一種の形態や行動様式に著しい違いが生じる現象を(㉜　　　)という。 例 トノサマバッタ(ワタリバッタ)

♣8
植物において密度効果がはたらいた結果，単位面積あたりの個体群の質量は，密度に関係なくほぼ一定になる。これを**最終収量一定の法則**という。

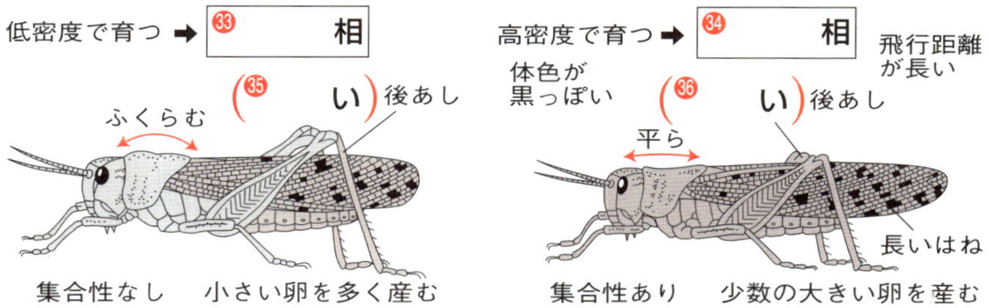

低密度で育つ → ㉝　相
(㉟　い)後あし
ふくらむ
集合性なし　小さい卵を多く産む
高密度で育つ → ㉞　相
飛行距離が長い
体色が黒っぽい
(㊱　い)後あし
平ら
長いはね
集合性あり　少数の大きい卵を産む

ワタリバッタの相変異

4 生命表と生存曲線

1 生命表

ふつう卵や子の数を1000個体に換算したグラフとして描く。

① 生まれた卵(子)や種子から寿命に至るまでの成長の各時期における(㊲　　　)を示した表を(㊳　　　)という。

② ①の表をグラフ化したものを(㊴　　　)という。

2 生存曲線
生存曲線は次の3つに大別される。

- A. 早死型：親の保護がないため，幼齢期の死亡率が高い。　例 水生無脊椎動物（カキ），魚類
- B. 平均型：各時期の死亡率がほぼ一定。　例 鳥類（シジュウカラ），ハ虫類
- C. （㊵　　　　型）：親の保護が（㊶　　い）ため幼齢期の死亡率が低く，老齢期に死亡が集中する。　例 大形の哺乳類，ヒト，ミツバチ♣9

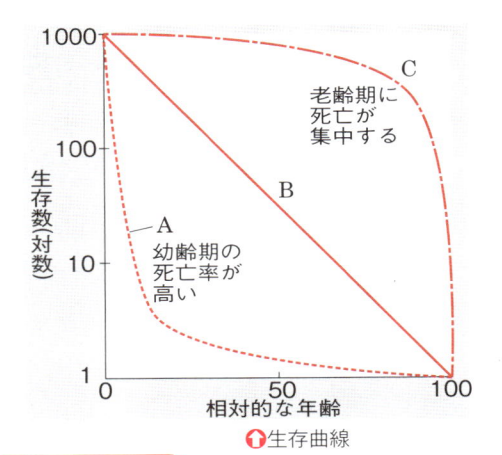

↑生存曲線

重要
〔3タイプの生存曲線〕
早死型（魚類など）　平均型（鳥類など）　晩死型（大形哺乳類など）
少ない←　幼齢期の親の保護　→多い

♣9 卵・幼虫・蛹の時期ははたらきバチに保護されて死亡率が低く，成虫になって巣の外に出るようになると死亡率が非常に高まる。

5 個体群の齢構成

1 個体群の齢構成
個体群を構成する各個体を年齢によって分け，齢階級ごとに個体数などを示したものを（㊷　　　　）という。

2 齢構成の3タイプ
1のデータをグラフ化したものを，（㊸　　　　）♣10 という。これは，次の3タイプに分けられる。

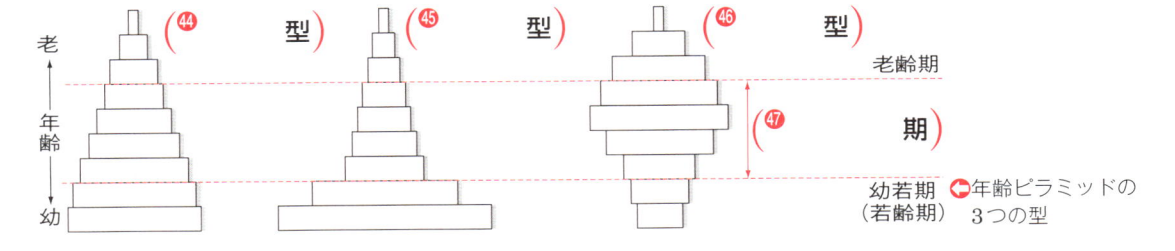

♣10 単に齢ピラミッドともよばれる。

（㊹　型）　（㊺　型）　（㊻　型）

老齢期
（㊼　　期）
幼若期（若齢期）

↑年齢ピラミッドの3つの型

ミニテスト　解答 別冊p.13

- ❶ 非生物的環境の要素にはどのようなものがあるか。
- ❷ 非生物的環境が生物群集に影響を与えることを何というか。また，その逆の場合を何というか。
- ❸ 異種や同種の生物どうしが互いに影響を与えることを何というか。
- ❹ 個体群密度を求める式を書け。
- ❺ 個体群の全個体数を推定するおもな方法を2つあげ，それぞれどのような性質の生物に用いるか答えよ。
- ❻ 密度効果とは何か。
- ❼ 生命表をグラフ化したものを何というか。
- ❽ 齢構成をグラフ化したものを何というか。

2 個体群内の相互作用

解答 別冊p.13

❶ 個体群内の個体間の関係

1 種内競争

① 個体群内でみられる生活場所・(❶　　　)・異性(配偶者)などをめぐる競争を(❷　　　)という。

② 競争が激しくなると,弱い個体は淘汰される。その結果,個体群密度は適度な範囲に保たれる。
　　　　　　　　　　　　　　　　　　　　　　→密度効果(p.136)

2 群れ

① 同種の動物個体どうしが集まって,統一的な行動をとる集団を(❸　　　)という。

　例 ニホンザル・サンマ・イワシ

② 群れを形成することによって敵に対する警戒・防衛・食物発見・繁殖などの能力や効率が向上し,各個体の負担が軽減される。
　　　　　　　　　　　　　　　→配偶者との接触や子の防衛

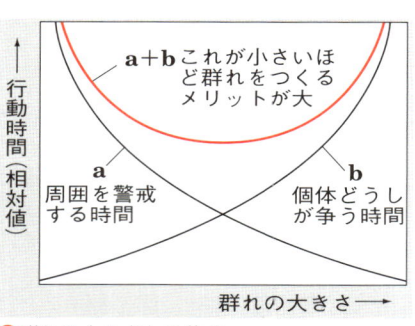

3 縄張り

　　　　　　　　　　　　　　　　　他種の動物は対象外↙

① 動物の個体や群れが一定の空間を占有して,同種の他個体や他の群れを近づけない場合,占有する一定の空間を(❹　　　)(テリトリー)という。これは,(❺　　　)や繁殖場所の確保のために行われる。
　　　　　　　　　　　　　↑採食縄張り　　　↑繁殖縄張り

② 縄張りの習性は,魚類・鳥類・哺乳類・昆虫などでみられる。アユは,(❻　　　)の確保のため,川の瀬の部分で下図のような縄張りを
　　　　　　　　↑食物か繁殖場所かを書く。

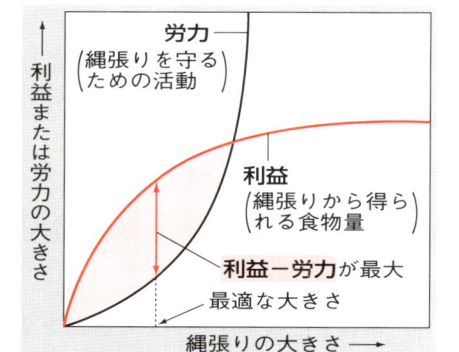

▲群れの大きさと動物の行動時間

各個体にとって群れが小さいと周囲を警戒する時間が長くなり,大きいと個体間の争いに費やす時間が長くなる。合計が最小となるところが最も適切な群れの大きさとなる。

▲縄張りの大きさとその決定

縄張りが大きければ確保できる食物の量も増えるが,侵入する他個体の排除に要する労力も増す。そのため,縄張りは両者の差が最大となる大きさになることが多い。

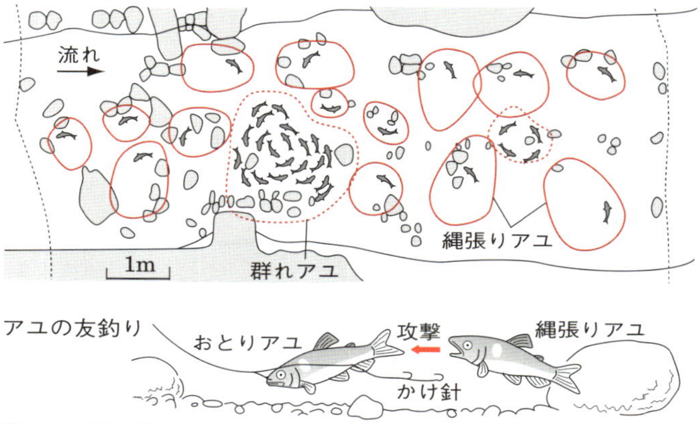

▲アユの縄張り

瀬で縄張りをもつアユは川底の石に付着する藻類を食べ,縄張りをもたないアユは淵で群れを形成する。友釣りでは縄張りに侵入したおとりアユに体当たりした縄張りアユが釣り針にかかる。

つくる。**アユの友釣り**はこれを利用したものである。

③ 動物が頻繁に行動するが同種他個体を排除しない範囲を（ ❼　　　　）という。行動圏は互いに重なることが多いが，縄張りどうしはふつう重なり合わない。

> **重要**
> 同種個体どうしで { 集まる→群れ…安全・食物・繁殖機会向上
>   排除　→縄張り…食物・繁殖機会の独占 }

4 順位制

① 個体群内での個体の優劣の関係を（ ❽　　　　）といい，これによって群れの秩序が保たれている場合に（ ❾　　　　）があるという。これによって個体間の無益な争い（互いに傷つけるような食物・配偶者をめぐる闘争）をさけることができる。

　例　サル・シカ・ウマ・オオカミ・ニワトリ

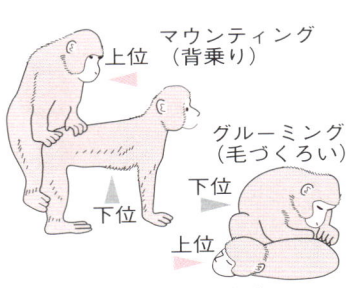

② 下に示したニワトリの（ ❿　　　　）の順位がよく知られている。下の表では，順位が最も高いのは（ ⓫　　　），低いのは（ ⓬　　　）の個体である。

↑順位を示す行動

個体	つつく数	つつく相手
A	8羽	B C D E F G H I
B	7羽	C D E F G H I
C	5羽	D 　F G H I
D	5羽	E F G H I
E	5羽	C 　　F G H I
F	3羽	G H I
G	2羽	H I
H	1羽	I
I	0羽	

（最上位）　　　　　　　　　　　（最下位）
A→B→C ⇄ D / E →F→G→H→I

↑ニワトリのつつきの順位

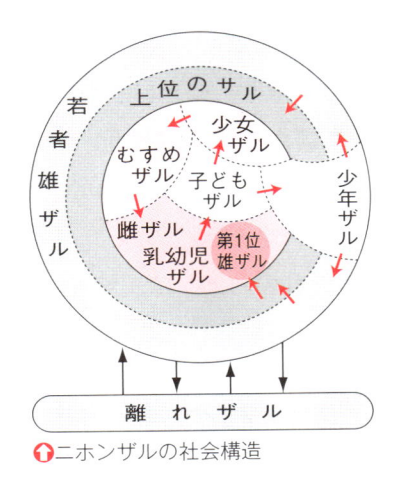

↑ニホンザルの社会構造

③ ニホンザルの群れは，雌の集団を母体とした集団に，順位制をもつ雄を加えた形の社会をつくる。

④ 群れ全体を統率する個体がいるとき，その個体を（ ⓭　　　　）とよぶ。♣1

> **重要**
> **順位制**…群れの中の個体間の競争による損失を防ぐ。
> **リーダー**…群れ全体を統率する個体。

♣1　ニホンザルの群れの順位第1位の雄はボスザルとよばれ，リーダーに該当すると考えられていたが，最近の研究では群れ全体を統率する存在ではないことがわかってきている。

❷ 社会性昆虫

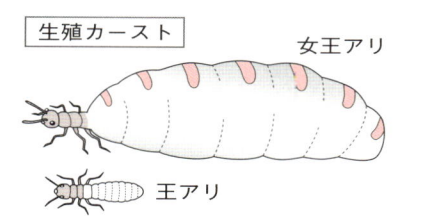

1 社会性昆虫

生殖カースト　女王アリ
王アリ
非生殖カースト　はたらきアリ　兵アリ
↑シロアリのカースト

① ミツバチ・アリ・シロアリなどは(⑭　　　昆虫)とよばれ，高度に組織化された(⑮　　　)とよばれる生物集団を形成している。
② 社会性昆虫の大きな特徴として，生殖を行う個体は少数に限られ，大部分の個体は生殖能力のない労働個体(ワーカー)となるといった分業(**カースト制**)があげられる。

❸ 哺乳類の社会性

1 母系の血縁集団

① ライオンの**群れ**は，血縁関係のある(⑯　　　)の群れに血縁関係のない雄が入り込んで形成され，**プライド**とよばれる。
② 雄は，他の雄に群れを乗っ取られるまで，群れの中で繁殖に加わる。
③ 群れで生まれた(⑰　　　)の子は群れの中にとどまり，自分の弟や妹の世話をすることがある。　└性別
④ 成長した(⑱　　　)は群れから離れ，別の群れの雄を倒して群れを乗っ取り，繁殖に加わる。こうして(⑲　　　交配♣2)が防がれる。　└性別

2 雌が移動する集団

① チンパンジーやリカオンでは，群れの中で生まれた雌が群れから別の群れに移動して(⑳　　　交配)を防ぐ。
② 群れの内部では，無用な争いを避けるために，(㉑　　　)の確認行動が見られることがある。

♣2 血縁の近い個体どうしの交配を**近親交配**という。近親交配が続くと，近交弱勢が起こって個体群の個体数が減少しやすくなる(→p.146)

❹ 鳥類の社会性

① 鳥類の群れでは，親以外の個体，すなわち数年前に親が産んだ兄や姉が(㉒　　　)として子育てを助けることがある。
② 自分の妹や弟を育てることによって，自分と共通の(㉓　　　)をもつ個体を残すことになる。

ミニテスト　　　解答 別冊p.13

□❶ 個体が占有する一定の生活空間を何というか。また，その例となる動物をあげよ。

□❷ ミツバチやシロアリなどのように，各個体が分業をして集団生活する昆虫を何というか。

3 個体群間の相互作用

解答 別冊p.14

❶ 競争関係(種間競争)

1 種間競争

① よく似た生活様式をもち，食物や生活空間などの**生活要求**が共通する生物種どうしの間では，その要求をめぐって(❶　　　　　)が起こる。

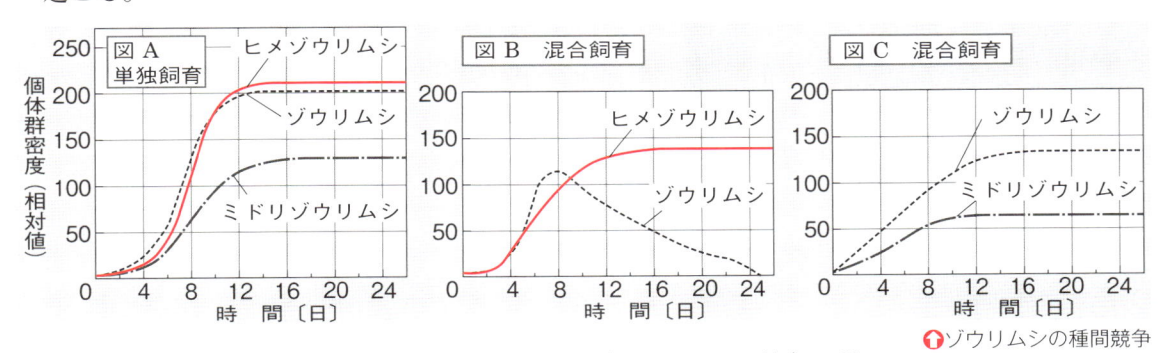

図A 単独飼育 — ヒメゾウリムシ／ゾウリムシ／ミドリゾウリムシ
図B 混合飼育 — ヒメゾウリムシ／ゾウリムシ
図C 混合飼育 — ゾウリムシ／ミドリゾウリムシ

↑ゾウリムシの種間競争

② 一般に，競争に負けたほうは絶滅する(上図**B**)。どちらが競争に勝つかは環境条件に(❷ **左右され**　　　)ことが多い。♣1

③ 同じ場所にすみ，よく似た生物どうしでも生活要求が異なれば共存し，両方とも生き残ることができる(上図**C**)。

2 すみわけと食いわけ

① 同じ地域にすむ異なる種類の生物が，それぞれ異なる生活の場所をもつことを(❸　　　　　)という。
　例 リスとムササビ（昼行性／夜行性），ヤマメとイワナ（上流・低水温／下流）,♣2 カゲロウの幼虫（川の流れの速さの違いや砂の中・石の表面など）

② 同様に，おもな食物を違えることで，同じ地域の異なる種類の生物が共存することを(❹　　　　　)という。　例 ヒメウとカワウ（底にすむヒラメやエビなど／浅いところのイカナゴなど）

> **重要** 種間競争は，生活様式がよく似た生物どうしの間で起こる。
> 生活要求が違えば共存できる。➡すみわけ・食いわけ

♣1 ある2種の生物間の競争においてどちらが勝つかは絶対的なものではなく，温度など環境要因が違えば，両種の生き残る確率は変動する場合が多い。

♣2 イワナとヤマメは，それぞれ単独ですんでいる川では，イワナはヤマメがいる川より下流の高水温域，ヤマメは上流の低水温域に生活範囲を広げていることが多い。

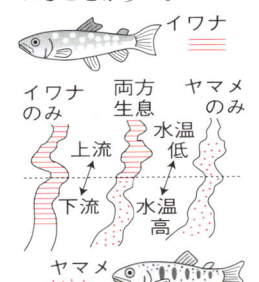

イワナ／イワナのみ／両方生息／ヤマメのみ／ヤマメ
上流 水温 低／下流 水温 高

❷ 被食者－捕食者の関係

1 ライオンとシマウマは"食う―食われる"の関係にある。食べるほうを(❺　　　　　)，食べられるほうを(❻　　　　　)といい，この両者の関係を**被食者－捕食者相互関係**という。

♣3
実際の生態系では，食う―食われるの関係のつながりは1本の鎖状ではなく複雑な網目状の関係になっているため，**食物網**とよばれる。

2 被食者―捕食者相互関係の「鎖」
生物群集内の食う―食われるの関係の一連のつながりを（⑦　　　）という。♣3

〔森林の例〕
エノコログサ → バッタ → カエル → ヘビ → ワシ

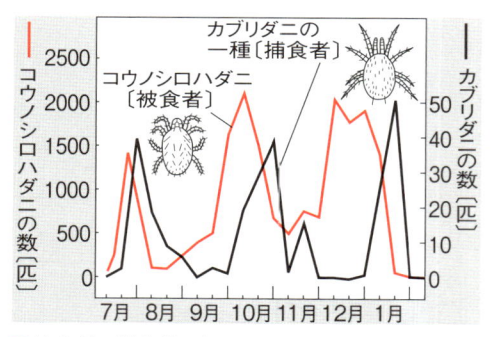

〔海洋の例〕
植物プランクトン → 動物プランクトン → → イカ → マグロ

食物連鎖の例➡

被食者―捕食者の相互関係による個体数の変化

3 被食者―捕食者の相互関係による個体数の変動
生物群集では，被食者の個体数が増加すると捕食者の個体数は（⑧　　　）し，捕食者の個体数が増加すると被食者の個体数は（⑨　　　）する。被食者が減少すると食物不足となるため，やがて捕食者も減少する（左図）。このように，自然界では被食者と捕食者の生物量は（⑩　　　的）に変動する。

❸ 生態的地位

1 多数の種で構成される生物群集で，ある種の生物が生物群集の中で占める位置（生活様式や栄養段階，多種の生物との関係などを総合したもの）を（⑪　　　）（ニッチ）という。

2 異なる地域にすむ生物群集を比較したとき，同じ生態的地位を占める種を（⑫　　　）という。

例
- アルマジロ（南米）とセンザンコウ（アフリカ）…アリを捕食
- ライオン（アフリカ）とピューマ（北米）…草原の最上位の捕食者
- 有袋類と真獣類（→p.163の図「適応放散と収束進化」）

❹ 共生と寄生

1 異種の生物がいっしょに生活することによって，片方あるいは両者が利益を受け，相手に害を及ぼさない場合を（⑬　　　），一方だけが利益を受け他方が不利益を受ける場合を（⑭　　　）という。♣4

① **相利共生**…両者が互いに利益を受ける。
　例 マメ科植物と根粒菌，アリとアリマキ（アブラムシ）
　　　有機物を与える。　窒素固定したNH_4^+を与える。　糖を含んだ分泌液を与える。外敵から守る。

② **片利共生**…一方のみが利益を受ける。
　例 ナマコとカクレウオ，サメとコバンザメ
　　　ナマコの体内に隠れる。　外敵から身を守り，食べ残しを得る。

③ 寄生をするほうを**寄生者**，される側を（⑮　　　）という。

♣4
寄生には，ダニやヒルのように外部につく**外部寄生**と，カイチュウやサナダムシのように宿主の体内にすみつく**内部寄生**がある。

2 異種が一緒に生活してもどちらもあまり影響を受けない場合を**中立**という。　例 キリンとシマウマ♣5

| 重要 | 共生…どちらも害なし（一方または両方が利益を受ける）
寄生…一方に利益・他方は不利益 |

♣5 捕食者に対する警戒の効率が高まるので個体群の群れのような利益はある。

5 植物の種内競争と種間競争

1 種内競争
① 植物も，個体群密度が高くなると（⑯　　　　　）が起こる。　←おもに光をめぐる争い
② 自然林では，高密度になると個体差が（⑰　　　　く　）なり，小さな個体は競争に負けて枯れ，自然に間引かれる。しかし高密度のまま大きくなると，一様に成長が悪くなり，風などで共倒れしやすい。

↑自然林での種内競争

2 種間競争
① 植物でも，動物と同じように生活要求が似ている種の間では，生活要求，特に（⑱　　　）をめぐる（⑲　　　　　）が起こる。
② ソバとヤエナリ♣6を混植すると，下図♣7のように，背丈が早く高く成長する（⑳　　　　）が上部をおおうため，（㉑　　　　　）は単植したときよりも葉の量が減少する。

♣6 ヤエナリはマメ科アズキ属の植物。リョクトウともいい，もやしとして利用される。

♣7 このような図を**生産構造図**という。

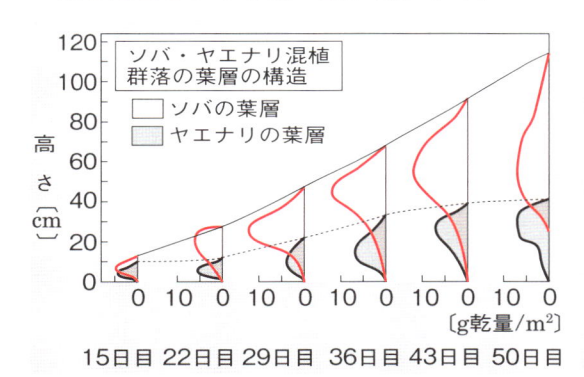

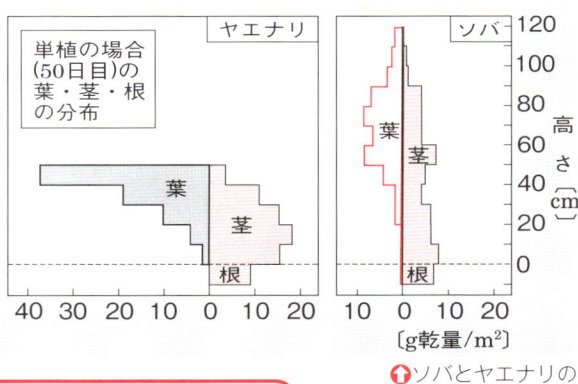

↑ソバとヤエナリの種間競争

| 重要 | 植物でも種内競争や種間競争が見られる。 |

ミニテスト　　　　　　　　　　　　　　　解答 別冊p.14

☐❶ 種間関係で，食う側と食われる側の生物を，それぞれ何というか。
☐❷ 食う側の生物と食われる側の生物の一連のつながりを何というか。
☐❸ 生態的同位種の例を1つ示せ。
☐❹ 生活様式が似た個体間で種間競争を回避する現象にはどのようなものがあるか，名称を2つ答えよ。
☐❺ 陸上植物どうしの間の種内競争・種間競争で最も重要な生活要求は何か。

4 生態系の物質収支

1 生産者の生産量と成長量

① 生産者(植物)の光合成によって**物質生産**された有機物が食物連鎖によって生物群集内を移動し,生産者自身や消費者に消費される。

② (❶   量)…一定の面積内に存在する生物量(生体量)を,重量(質量)やエネルギー量で示したもの。

③ (❷   量)…一定の面積(あるいは空間)内で,一定期間に生産者が光合成で生産する有機物の量。

④ (❸ 生産量)…見かけの光合成量に相当。

　　純生産量 = (❹   量) − (❺   量)♣1

⑤ 生産者の成長量…一定期間での生産者の(❻   量)の変化。

　　成長量 = (❼   生産量) − (枯死量♣2 + (❽   量))

2 消費者の同化量・生産量・成長量

① 消費者の**同化量**…生産者の**総生産量**に相当する。

　　同化量 = 摂食量 − (❾   量)♣3

② 消費者の**生産量**…生産者の**純生産量**に相当する。

　　生産量 = (❿   量) − (⓫   量)

③ **成長量**は,生産者・消費者の各栄養段階で同様に考えればよい。

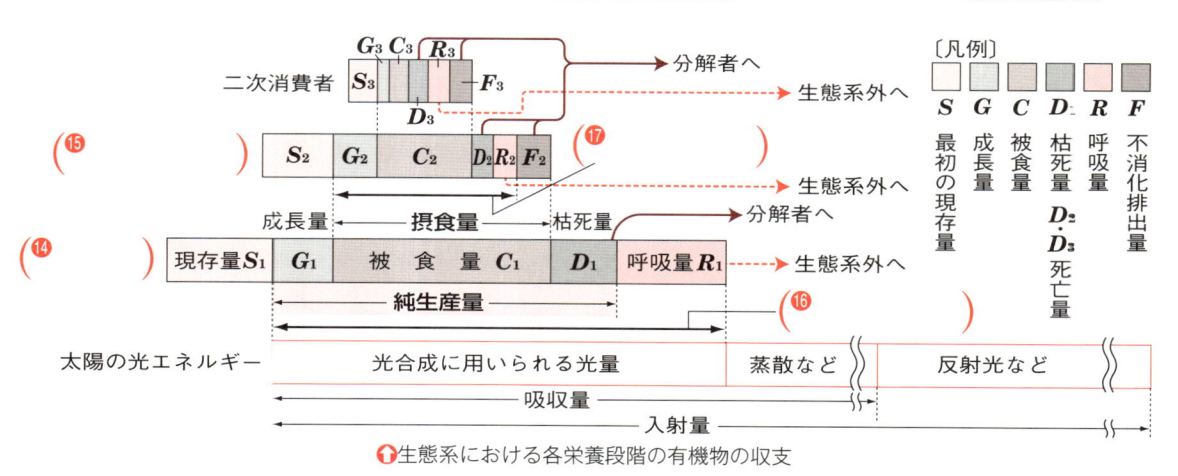

　　成長量 = 生産量 − ((⓬   量) + (⓭   量))
　　　　　　　　　　└一段階上の栄養段階の動物に摂食された量┘　　└生産者の枯死量に相当┘

♣1 各栄養段階の呼吸量は,熱エネルギーとして生態系外に放出されるエネルギー量またはそれに相当する有機物の量。

♣2 枯死量は,植物の一部が枯れ落ちたり個体が死んで失われる量。

♣3 呼吸に利用されなかった有機物(不消化排出量や枯死量・死亡量)は**分解者の呼吸**に利用される。

〔凡例〕
S 最初の現存量　G 成長量　C 被食量　D 枯死量 $D_2 \cdot D_3$ 死亡量　R 呼吸量　F 不消化排出量

二次消費者 S_3 G_3 C_3 R_3 D_3 F_3 →分解者へ →生態系外へ

(⓯   ) S_2 G_2 C_2 D_2 R_2 F_2 (⓱   ) →生態系外へ
　　　　成長量　摂食量　枯死量　→分解者へ

(⓮   ) 現存量 S_1 G_1 被食量 C_1 D_1 呼吸量 R_1 →生態系外へ
　　　　　　　純生産量　　　　(⓰   )

太陽の光エネルギー　光合成に用いられる光量　蒸散など　反射光など
　　　　　吸収量
　　　　　　入射量

↑生態系における各栄養段階の有機物の収支

ミニテスト

□❶ 生産者の成長量を式で表せ。　　□❷ 消費者の成長量を式で表せ。

5 生態系と生物多様性

解答 別冊p.14

❶ 生物多様性

陸上・海洋・土中など地球上の多様な環境に生息する生物は，多種多様である。これを（❶**生物　　　　**）という。多様性は，**生態系多様性**，**種多様性**，**遺伝的多様性**の3つの視点で考えることが重要である。

♣1 生態系多様性，種多様性，遺伝的多様性は相互に深く関係している。

1 生態系多様性

① 地球上には，森林（熱帯多雨林・亜熱帯多雨林・照葉樹林・夏緑樹林・針葉樹林），草原（サバンナ・ステップ），荒原（砂漠・ツンドラ），海洋，湖沼などさまざまな生態系がある。これを（❷**　　　多様性**）という。
　↳生態系の多様性ともいう。

② 多様な生態系がある地域では，種多様性も高くなる。

2 種多様性

① 生態系の中には，多くの種類の生物個体群が含まれている。これを，（❸**　　　多様性**）という。
　↳種の多様性ともいう。

② 生態系内に含まれる種の数が多く，各種が均等に含まれ，一部の種のみが優占していない生態系は，種多様性が高い生態系といえる。

3 遺伝的多様性

① 同じ種でも生息環境の異なる場所に生息している個体群では，遺伝子構成が少しずつ異なることが多い。このような，同種の生物の間に見られる遺伝子の多様性を（❹**　　　多様性**）という。
　↳遺伝子の多様性ともいう。

② 遺伝的多様性が高い個体群ほど，環境が変化したときに生存し子孫を残す個体がいる確率が高いので，適応力が（❺**　　い**）といえる。

♣2 **人為攪乱**は必ずしも生物多様性を減少させるとは限らない。
雑木林や水田，牧草地などが存在する伝統的な農村は，人為攪乱により，植生の遷移がある段階に維持され，生態系多様性が保たれている。このような生態系を**里山**という。

❷ 生物多様性を減少させる要因

1 攪乱（かくらん）

① 火山噴火や台風，山火事，地震といった自然現象などが生態系や生物群集に影響を与えることを，（❻**　　　**）という。

② 攪乱のうち，森林の伐採（ばっさい）や焼畑（やきはた），過放牧など，人間活動によるものを，（❼**　　攪乱**）という。

③ 攪乱の規模が大きいと生態系は破壊されてしまうが，中規模の攪乱は，かえって種の多様性を増し，生態系の維持にはたらくことが多い。このような考え方を**中規模攪乱説**（ちゅうきぼかくらんせつ）という。

♣3 アメリカのイエローストーン国立公園のマツやオーストラリアのユーカリは山火事の高温によって種子を一斉に放出したり，発芽が促進されたりするため，山火事によって森林の一斉更新がもたらされる。

2 個体群の孤立化と絶滅

① (⑧　　　)…生物種が，子孫を残せずに消滅すること。その原因にはいろいろなものがある。

② ある生物の生息地が，道路の建設・宅地の造成などによって切り離されることを (⑨　　化) という。その結果，個体群が他の同種の個体群と切り離された状態になることを (⑩　　化) という。

③ (⑪　　　)…孤立化した個体群では (⑫　　交配) がしだいに起こるようになり，出生率が低下したり，感染症に対する抵抗力の弱い子が生まれたりする。

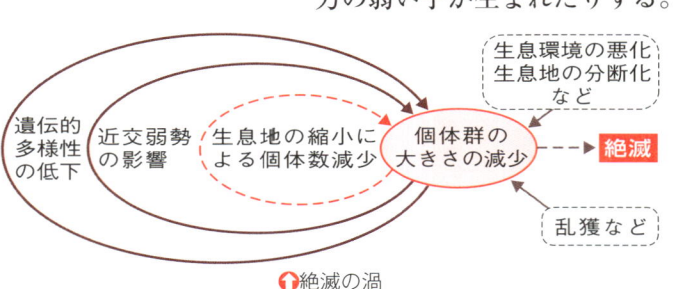

④ (⑬　　　の渦)…個体数がある程度以下に減少した個体群は，(⑭　　多様性) が失われて，さらに減少しやすくなり，個体数の回復が不可能になって絶滅してしまうことが多い。

♣4 個体数が少ないと，大多数の個体が偶然死亡したり，生まれた子がすべて雄か雌のどちらかだけだったりすることがある（**人口学的な確率性**）。また，個体数が少ないと天敵に捕食されやすくなり，死亡率が上がる。

↑絶滅の渦

3 外来生物の侵入

① 人間が意図的に，あるいは意図的にではないが人間活動の影響で，本来の生息場所から別の場所に移され，その場所に定着した生物を (⑮　　　) という。これに対して，ある地域に，もともと生息している生物を (⑯　　　) という。

② 一般的に，在来生物は外来生物に対する防御のしくみをもたないことが多いため，外来生物によって一気に駆逐され，(⑰　　　) することがある。

③ また，外来生物が在来生物と交配可能な場合は，両者の (⑱　　　) が進み，在来生物固有の遺伝的多様性に影響を与える場合がある。 →近縁種では交配が可能なことがある。

④ 環境省は，日本の既存の生態系に大きな影響を及ぼす外来生物を (⑲　　生物) に指定し，飼育・販売・運搬を禁止している。

4 地球温暖化
地球の温暖化により，高山にすむ生物種の生息域が (⑳　　) し，熱帯性の生物種の生息域が (㉑　　) している。

♣5 奄美諸島や沖縄本島では，ハブ退治のためにもち込まれたジャワマングース（マングース）が増殖して，貴重な固有種であるアマミノクロウサギやヤンバルクイナなどを捕食しているため，これらの貴重な動物は個体数を減少させている。

♣6 和歌山県では外来生物のタイワンザルが，在来生物の**ニホンザル**と**混血**して，ニホンザルの遺伝子に影響を与えている。

> **重要** 〔生物多様性と多様性の減少要因〕
> 生物多様性…生態系多様性・種多様性・遺伝的多様性
> 生物多様性が減少する要因…大規模な攪乱，個体群の孤立化，
> 　　　　　　　　　　　　　外来生物の侵入，地球温暖化

❸ 生物多様性の保全

1 生物多様性の重要性

① 人間は，生態系から直接，または間接的に恩恵を受けており，これを(㉒　　　サービス)という。

例 森林の場合，食料や材木の生産，森林浴，自然浄化による汚染物質の分解，森林による洪水や土壌流失の抑制など

② 人間が生態系サービスを持続的に受けるためには，生物多様性の(㉓　　　)が重要である。そのために，(㉔　　　条約)に関する国際会議が開かれている。

2 生物多様性の復元

① 佐渡島では(㉕　　　)の人工繁殖の取り組みが行われ，人工孵化したトキが放鳥された。これらの自然界での繁殖も確認されている。

② 兵庫県の豊岡市では，(㉖　　　)の人工繁殖が行われ，放鳥した鳥の自然界での繁殖が確認されている。

③ これらの鳥類は，乱獲や農薬使用，食物である(㉗　魚の一種　)の減少などで，激減して絶滅したものである。人工繁殖して放鳥をしても，食物がなければ自然界で繁殖はできない。

④ トキやコウノトリが生息できる環境をつくるため，(㉘　　　)の復元など，多様な生態系の復元も行いながら，生物多様性復元への取り組みがなされている。

♣7 日本では，絶滅の危機にある生物（絶滅危惧種）についての詳しい情報をレッドデータブックにまとめて記載し，保護につとめている。

♣8 トキやコウノトリは，日本では絶滅したので，同種のものを中国から譲り受けて繁殖させている。

♣9 里山は，人間の手が加えられて維持される水田や雑木林，草地などが広がる一帯のことで，適度な人為攪乱によって生物多様性が保たれている。遷移が進んだ極相林では生育できない植物や動物もいるため里山に人間の手が入らなくなると，そこに生息する種の多様性が損なわれる。

> 重要
> 〔生物多様性の保全〕
> 生物多様性の重要性…生態系→環境サービス→人間が受容
> 生物多様性の復元…トキ，コウノトリの人工繁殖など

ミニテスト　　　　　　　　　　　　　　　　　　　解答 別冊p.14

□❶ 生物多様性は3つのレベルに分けられる。次の多様性はそれぞれ何とよばれるか。
(a) 生態系の中には，多様な生物種が生息している。
(b) 地球上には多様な生態系が存在する。
(c) 1つの個体群の生物も遺伝子は少しずつ異なる。

□❷ 生物多様性を減少させる要因となる次の現象を，それぞれ何というか。
(a) 火山噴火や台風，地震などの自然現象。
(b) 開発などで生息地が分割されること。
(c) (b)の結果，同種の他の個体群と切り離されること。
(d) 地球の平均気温が上昇すること。

1章 生物群集と生態系　練習問題

解答　別冊p.33

❶ 〈生物と環境〉
▶わからないとき→ p.134

生物と環境について説明した次の文について，あとの各問いに答えよ。

一定の地域にすむ同種の個体の集団を（ **a** ）という。互いに関係をもちながら生活している（ **a** ）の集まりを（ **b** ）といい，それぞれが①互いに関係をもちながら生活している。（ **b** ）を取り巻く環境を構成する要因を（ **c** ）という。生物を取り巻く，大気・光・温度・水などを（ **d** ）環境といい，（ **b** ）と（ **d** ）環境をまとめて（ **e** ）という。（ **d** ）環境は，②降水量や気温の変化などとして（ **b** ）にはたらきかけ，逆に，③（ **b** ）は森林の形成による湿度の上昇などのようにして（ **d** ）環境にはたらきかけている。

(1) 文中の空欄 **a**〜**e** に適当な語句を記せ。
(2) 文中の下線部①〜③のようなはたらきを何とよぶか。それぞれ答えよ。
(3) 下線部①が同種間，異種間でみられる場合をそれぞれ何とよぶか。

ヒント (3) 同じ種どうしなら「種内」，そうでなければ「種間」。

❷ 〈種内関係〉
▶わからないとき→ p.138〜140

同種の個体群内でみられる次のようなものをそれぞれ何とよぶか。
(1) イワシにみられるような，同種の個体が集まり統一的な行動をとる集団。
(2) ニワトリにみられるような個体群内の優劣の関係。
(3) 個体群内でみられる生活場所・食物・異性をめぐる個体間の競争。
(4) アユにみられるような，食物や繁殖場所を確保するために占有する空間。
(5) ミツバチやアリなどのように，コロニーを形成して集団生活をする昆虫。

ヒント (5) 分業があり，個体間でコミュニケーション手段が発達する。

❸ 〈種間関係〉
▶わからないとき→ p.141, 142

異種の個体群間でみられる次のような関係をそれぞれ何とよぶか。
(1) 4種類のカゲロウの幼虫は，川の流れの速いところと緩やかなところに形態を変えながら分かれて生息し，互いに相手の生活圏を侵害しなかった。
(2) ミズケムシはゾウリムシをつかまえて食べる。
(3) ゾウリムシとヒメゾウリムシの混合飼育でゾウリムシが絶滅した。
(4) カクレウオは，外敵に襲われるとフジナマコのからだの中に隠れた。
(5) アリはアブラムシの尾部から出る蜜を受け取り，アブラムシは天敵であるテントウムシの幼虫からアリに守ってもらう。
(6) ダニはヒトなどの血を吸って生きる。
(7) アフリカのコビトカバと南アメリカのカピバラはともに水辺の草をおもな食物とし，生物群集における位置が同じである。

---

❶
(1) a
　　b
　　c
　　d
　　e
(2) ①
　　②
　　③
(3) 同種
　　異種

❷
(1)
(2)
(3)
(4)
(5)

❸
(1)
(2)
(3)
(4)
(5)
(6)
(7)

❹ 〈生態系の物質収支〉　　　　　　　　　　▶わからないとき→ p.144
下図は，ある生態系における各栄養段階の有機物の収支を示したものである。各問いに答えよ。ただし，S_1〜S_3は現存量を，G_1〜G_3は成長量を示したものである。

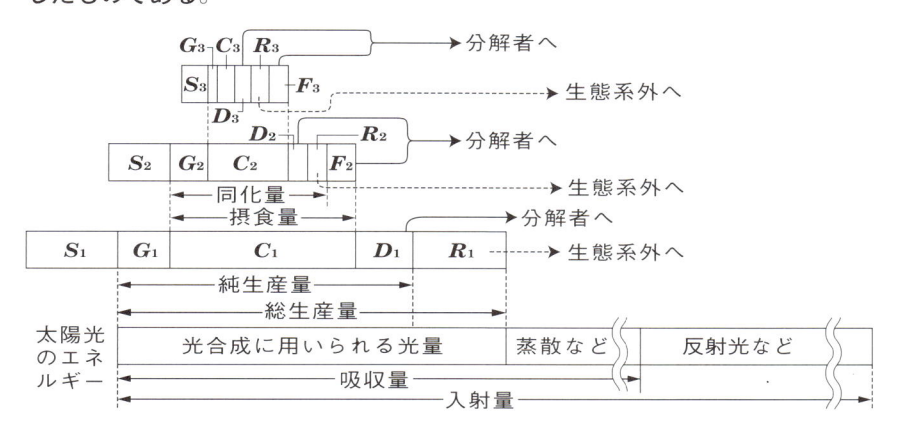

(1) 図中のC，D，R，Fで示したものは何か。下の語群からそれぞれ選べ。
語群：呼吸量，被食量，枯死量または死亡量，不消化排出量

(2) 生産者の総生産量をPとしたとき，生産者の成長量をP，C_1，D_1，R_1の記号を使って示せ。

(3) 一次消費者の成長量をC_1，C_2，D_2，R_2，F_2の記号を使って示せ。

ヒント (3) 消費者の成長量＝生産量－（被食量＋死亡量）
で示される。また，生産量＝同化量－呼吸量
で示され，同化量＝摂食量－不消化排出量
であることを合わせて考えればよい。

❹
(1) C ＿＿＿＿
　　D ＿＿＿＿
　　R ＿＿＿＿
　　F ＿＿＿＿
(2) ＿＿＿＿
(3) ＿＿＿＿

❺ 〈生態系の多様性〉　　　　　　　　　　▶わからないとき→ p.145〜146
陸上や海洋など，地球上にはさまざまな環境があり，それぞれの環境にはさまざまな生物種が生息している。これを生物多様性という。これについて，次の各問いに答えよ。

(1) 次の文で示した生物多様性をそれぞれ何というか。
　① 地球上には森林・草原・荒原などのいろいろな生態系が存在している。
　② 同じ生物種でも生息環境の異なるところに生息している個体群では，遺伝子構成が異なることが多い。
　③ 1つの生態系には多様な生物の個体群が生息している。

(2) 火山噴火，台風，火災などが生物多様性に影響を与える場合，これを何というか。

(3) (2)のうち，森林の伐採や過放牧などの人間活動が生物多様性に影響を与える場合，これを何というか。

(4) 日本において外来生物に該当する動物を，次のア〜カからすべて選べ。
　ア ジャワマングース　　イ アメリカザリガニ　　ウ ゲンゴロウブナ
　エ オオクチバス　　　　オ セイタカアワダチソウ　　カ ニホンザル

(5) (4)のア〜カから，日本の固有種（日本に特有な種）をすべて選べ。

❺
(1) ① ＿＿＿＿
　　② ＿＿＿＿
　　③ ＿＿＿＿
(2) ＿＿＿＿
(3) ＿＿＿＿
(4) ＿＿＿＿
(5) ＿＿＿＿

第4編 生態系と環境 定期テスト対策問題

時　間▶▶▶ **50分**
合格点▶▶▶ **70点**
解　答▶別冊 p.34

1

下図1は，ともに同じえさをとるa）ゾウリムシと小形のb）ヒメゾウリムシ，および，ゾウリムシとは異なるえさをとるc）ミドリゾウリムシを別々の容器で単独飼育したときの個体群密度（相対値）の変化を示したものである。図2は，aとbを同一の容器で混合飼育したとき，図3は，aとcを混合飼育したときのものである。これらについて，次の各問いに答えよ。

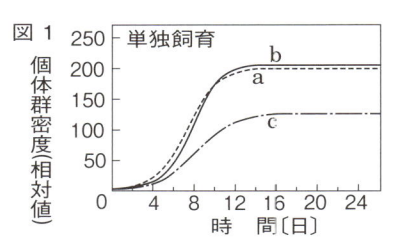

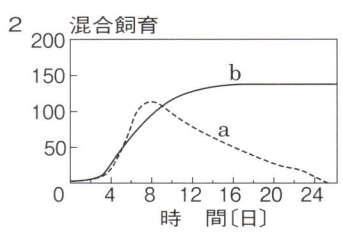

〔問2の①が5点，②・③の説明は3点，それ以外各2点　合計21点〕

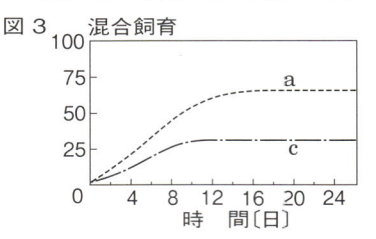

問1　単独飼育した場合，この飼育容器で飼育できる限界はそれぞれ約何個体か。a, b, c種について答えよ。ただし，個体群密度の相対値100での個体数は，いずれも500個体であるとする。

問2　混合飼育した場合，a, b, c種いずれも，単独飼育したときにくらべて少ない個体数で平衡状態に達する。

① 単独飼育のときよりも少ない数で平衡状態に達するのはなぜか。その理由を簡単に説明せよ。
② a種とb種ではa種だけが絶滅した。この現象を次のア〜カのどの用語で説明することができるか。また，そのようになる理由を簡単に説明せよ。

ア　食物連鎖　　　イ　捕食―被食　　　ウ　順位
エ　食いわけ　　　オ　すみわけ　　　　カ　競争

③ a種とc種ではどちらも絶滅せず共存した。この現象を表す用語を②のア〜カから選び，この現象が起こる理由を簡単に説明せよ。

問1	a		b		c	
問2	①					
	②	現象		説明		
	③	現象		説明		

2

ある湖でのニゴロブナの生息数を調べるため，まず，ニゴロブナを200匹捕獲して各個体に印をつけ，直ちにもとの湖に放流した。1週間後，再び前回と同じ時刻・場所でニゴロブナを100匹捕獲し，前回つけた標識の有無を確認すると，標識のある個体が10匹いた。ニゴロブナはこの湖の中を自由に遊泳するものとして，次の各問いに答えよ。

〔問1…4点, 問2…5点　合計9点〕

問1　このような個体数の調査方法を何というか。
問2　この湖でのニゴロブナの推定総個体数を求めよ。

問1		問2	

3

下図はある森林におけるエネルギーの流れを模式的に示したものである。これについて，次の各問いに答えよ。〔問3・6…各3点，それ以外各2点　合計24点〕

問1 図中の(a)〜(f)はそれぞれ何の量を示しているか。

問2 生産者の成長量 G を(a)および C〜R の記号を使って式で示せ。

問3 一次消費者の成長量 G_1 を，(c)および C_1〜U_1 の記号を使って式で示せ。

問4 R〜R_2 で放出されたエネルギーは何エネルギーの形でどこへ行くか。

問5 D〜D_2 および U_1〜U_2 は生態系では何に利用されているか。

問6 一般に，(c)に対する U_1 の割合は，(f)に対する U_2 の割合よりも大きい。その理由を説明せよ。

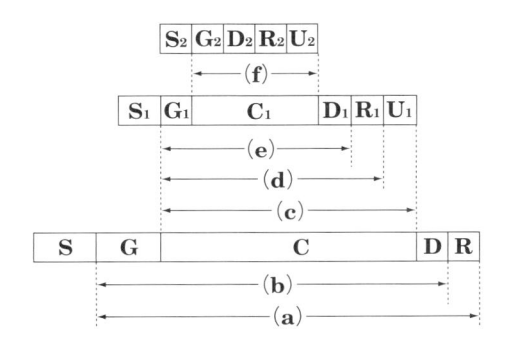

S：最初の現存量　G：成長量　C：被食量
D：死滅量　R：呼吸量　U：不消化排出量

問1	(a)		(b)		(c)	
	(d)		(e)		(f)	
問2				問3		
問4				問5		
問6						

4

次の①〜⑤がどの事象を説明したものかを，あとの a〜e からそれぞれ選べ。また，それぞれの事象に該当する動物の例を，あとのア〜オから選べ。〔各3点　合計30点〕

① 多数の個体が集合してコロニーとよばれる集団をつくって生活し，カースト分化が見られる。
② 個体群をつくる個体間に優劣の序列ができる。
③ 個体またはつがいごとに，採食・繁殖のために一定の生活空間を専有する。
④ 同種の個体どうしが集まって，統一的な行動をとることが多く見られる集団。
⑤ 血縁関係のある雌を中心とした母系集団に，血縁関係のない雄が加わってできた集団。

〔事象〕　a 群れ　　b 順位制　　c 縄張り　　d 社会性昆虫の社会性　　e 哺乳類の社会性
〔動物例〕　ア アユ　　イ ニワトリ　　ウ ライオン　　エ シロアリ　　オ サンマ

①		②		③		④		⑤	

5

次の①〜④の説明について，正しければ○，誤りならば×をつけよ。〔各4点　合計16点〕

① 中規模な撹乱は生物多様性を増して，生態系の維持にはたらくことが多い。
② 外来生物の侵入によって生態系は生物多様性を増し，生態系の維持にはたらく。
③ 地球の温暖化は生物多様性を減少させ，生態系に悪影響をおよぼす場合が多い。
④ 個体群が道路などで分断されると，個体群が孤立化して絶滅の渦に巻き込まれることがある。

①		②		③		④	

1章 生物の起源と進化

1 生命の誕生

解答 別冊p.15

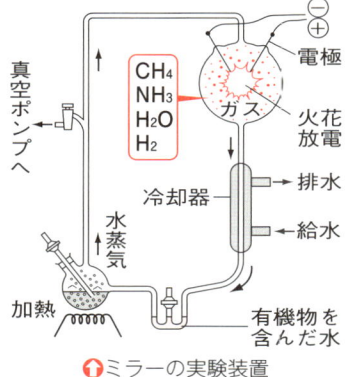

❶ 化学進化と生命の起源

① 原始地球とその環境

地球ができたのは約（ ❶ ）年前で，当初の大気（ ❷ ）は，二酸化炭素，一酸化炭素，窒素，（ ❸ ）などからなり，遊離の（ ❹ ）はなかったと考えられている。

→地球内部からのガスに由来
→現在の大気では2割を占める。

② ミラーの実験

① 1950年代の初め頃，（ ❺ ）は無機物から有機物が人工的に生成されることを実験で確かめた。

② 彼は，原始大気の主成分をメタン（CH_4），アンモニア（NH_3），水素（H_2）・水蒸気と考え，これをガラス容器に封入して加熱・（ ❻ ）・冷却の操作を続け，その結果，（ ❼ ）などの有機物の生成を確認した。このことから，原始地球でも同様のことが起こって有機物ができたと考えた。

→原始太陽系星間ガスの成分

♣1 ミラーが仮定した原始大気ではなく，❶で示した，現在，原始大気の成分と考えられている混合気体でも有機物が生成することが確かめられている。

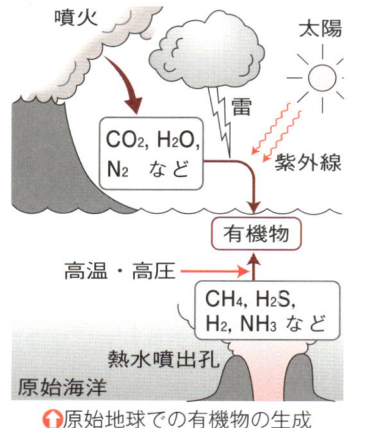

↑ミラーの実験装置

③ 原始海洋中での化学進化

① 大気中のほか，海洋底にある（ ❽ ）付近で，熱水とともに噴出する（ ❾ ）（CH_4）・（ ❿ ）（H_2S）・水素・アンモニア（NH_3）などが，高温・高圧で反応して有機物ができたと考える説もある。

② 原始海洋中に蓄積したアミノ酸・糖・塩基などの有機物は，互いに反応して，より複雑な有機物である（ ⓫ ）・核酸・炭水化物などへと変化した。

③ このような生命誕生への準備段階を（ ⓬ 進化）という。

↑原始地球での有機物の生成

重要

〔化学進化〕

原始地球上の無機物質 → 簡単な有機物 → タンパク質・核酸
CO_2, CO, N_2, H_2O　　　アミノ酸など　　　・炭水化物など

原因…熱・高圧・紫外線・空中放電など

1章 生物の起源と進化

❷ 生命の誕生

① オパーリンは，タンパク質などの高分子化合物からできた液滴（えきてき）が生命体の起源であると唱え，これを（⑬　　　　　説）とよんだ。
　→1936年，ソ連（現在のロシア）

② ①の液滴は，外界と境界面をつくり，境界面を通じて物質の取りこみや放出が起こる。また，酵素となるタンパク質や基質となる物質が存在すると，液滴の中で（⑭　　　　　）に似た化学反応が起こる。

③ このように**代謝や成長・分裂，自己増殖能力**をもつものが原始生命体となっていったと考えられている。

♣2
コアセルベート
高分子化合物に水が吸着してコロイド粒子をつくり，これが集合してできる。アラビアゴム水溶液とゼラチン水溶液の混合実験などでこの原始生命体モデルをつくることができる。

♣3
生命体として必要な3つの条件
① まとまりの形成（生命活動を行うには必要な物質を内部に取り入れて確保しておく必要がある）
② 代謝能力
③ 自己増殖能力

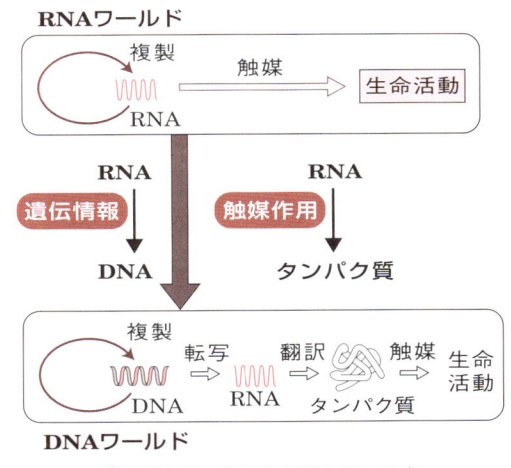

❸ 始原生物の進化

① **最初の生命物質**…**タンパク質**だという説と**核酸**だという説があった。

② **タンパク質**は**触媒**として作用し，構成成分である（⑮　　　　　）が無機物だけの環境でヌクレオチドより合成されやすいことから，最初の生命物質だと考える説がある。ただし，タンパク質は自分自身を鋳型として（⑯　　　　　）できないという欠点がある。
　→核酸の構成成分
　→この説では始原生物の遺伝が説明できていない。

③ 一方，**核酸**は自分のコピーをつくる**鋳型**となれるが，一般的に触媒機能がない。しかし，触媒作用をもつ（⑰　　　　　）が発見されたことから，⑰が**最初の生命物質**だと考えられるようになった。

④ その後，⑰より安定した2本鎖の（⑱　　　　　）に遺伝情報の保持，そしてタンパク質に触媒機能の役割が移行したと考えられている。⑰が遺伝物質と触媒の両方の役割を担っていた初期の世界を（⑲　　　　ワールド），その後の現在のような世界を（⑳　　　　ワールド）（DNA・タンパク質ワールド）という。

RNAワールド
複製 → RNA → 触媒 → 生命活動

RNA 遺伝情報 → DNA
RNA 触媒作用 → タンパク質

DNAワールド
複製 → DNA → 転写 → RNA → 翻訳 → タンパク質 → 触媒 → 生命活動

↑RNAワールドとDNAワールド

ミニテスト　　　　　　　　　　　　　　　　　　　　解答 別冊p.15

□❶ 原始地球では大気中に含まれていなかったが，現在では多く含まれている気体は何か。

□❷ 生物の起源の研究上，注目されている深海底の高温・高圧の環境を何というか。

□❸ 生物が誕生する以前の，有機物が生成された過程のことを何というか。

□❹ 最初に生命物質として自己複製などの生命活動を担っていたと考えられている物質は何か。

2 海での生物の誕生と繁栄

解答 別冊p.15

❶ 始原生物から原核生物へ

1 最古の生命

① 約35億年前[1]のオーストラリアの地層から,原始的な(❶　　　類)の微化石[2]が発見された。

② また,約38億年前のグリーンランドの地層から,生物の存在を示す炭素の蓄積[3]が発見された。

③ ①と②より,今から約(❷　　　年前)には原始的な生命体が存在したと考えられる。

2 原核生物とその進化

① 始原生物は,細菌類のような(❸　　　生物)で,ミトコンドリアや葉緑体などの(❹　　　)をもっていなかった。

② 当時,酸素(O_2)は存在しなかったので,始原生物は(❺　　　進化)で生成した海洋中の有機物を無酸素環境で分解する(❻　　　)の(❼　　　細菌)であったと考える説がある。[4] 栄養形式↓

③ 海洋中の有機物が急速に消費され,栄養分が不足するようになると,細菌類の一部に代謝系を発達させ,硫化水素などの無機物を酸化するときに生じる(❽　　　)エネルギーや太陽の(❾　　　)エネルギーを利用し,(❿　　　)を還元して有機物をつくる化学合成細菌や(⓫　　　細菌)などの独立栄養生物が出現した。

④ やがて,無尽蔵にある(⓬　　　)を分解して生じる水素(H_2)を使って二酸化炭素(CO_2)を還元し,光合成を行う(⓭　　　)という独立栄養生物が現れた。約27億年前の地層からこの生物の存在を示す化石である(⓮　　　)[5]が発見されている。

⑤ ⓭の光合成の結果,遊離の(⓯　　　)が放出され,海水中に多量にあった(⓰　　　イオン)と反応して海底に沈殿した。[6] それが終わると,海水中や大気中での酸素濃度が上昇していった。

⑥ やがて,酸素を使って有機物をCO_2とH_2Oに分解し,多量のエネルギーを得る(⓱　　　細菌)(従属栄養生物)が出現した。

> **重要** 〔原核生物の進化〕
> 嫌気性細菌 ⇨ シアノバクテリア(酸素発生) ⇨ 好気性細菌

♣1 **化石や岩石の年代**
化石は岩石に含まれる特定の**放射性同位体**が崩壊する量の割合から年代を推定することができる。

♣2 肉眼では見えない微小な生物の化石。

♣3 自然界の炭素は低濃度で拡散しているので,生物による合成やその遺体の堆積などがなければ高濃度の蓄積はあり得ないと考えられる。

♣4 最初に出現したのは独立栄養生物であったと考える説もある。

♣5 **ストロマトライト**
層状に群生したシアノバクテリアによってつくられた独特の層状構造をもつ石灰岩。

♣6 25〜20億年前の地層には,海中の鉄分が酸化されてできた**酸化鉄**が堆積した大規模な鉄鉱床が見られる。

1章 生物の起源と進化 | 155

❷ 真核生物の出現

1 共生説

① 化石などから，真核生物が出現したのは約（⑱　　年前）と考えられている。

② 真核生物は（⑲　　膜）♣7，ミトコンドリア，葉緑体などの（⑳　　）をもつ。♣8

③ （㉑　　説）では，嫌気性細菌に共生（細胞内共生）した好気性細菌が現在の真核細胞の（㉒　　）となり，シアノバクテリアが共生して（㉓　　）となったと考えている。

④ この説の根拠に，ミトコンドリアや葉緑体が独自の（㉔　　）をもち，細胞内で（㉕　　）して増殖することがあげられる。

↑共生説

♣7
原核生物もDNAをもつが，ヒストンに巻きついた構造をとらない。真核生物の特徴は「核膜で包まれた核をもち，クロマチン繊維からなる染色体をもつこと」である。

2 動物細胞と植物細胞

① 好気性細菌だけが共生した細胞が（㉘　　細胞）になり，これにさらにシアノバクテリアが共生したものが（㉙　　細胞）になったと考えられている。

② 後者は，細胞膜の外側に（㉚　　）をつくるようになった。

♣8
真核生物は遺伝情報の保持や形質発現・代謝などを，細胞小器官ごとに分担することにより，高濃度で効率よく反応を行うことができる。これにより，細胞の大形化が可能になった。

重要
・嫌気性細菌＋好気性細菌（ミトコンドリア）➡動物細胞
・嫌気性細菌＋好気性細菌＋シアノバクテリア➡植物細胞

❸ 多細胞生物の出現

① 約10億年前には（㉛　　生物）が出現し，各細胞が役割分担することで多様な機能をもつようになった。

② 約7億年前には，地球全体が厚い氷でおおわれる（㉜　　）により，生物の大絶滅が起こった。

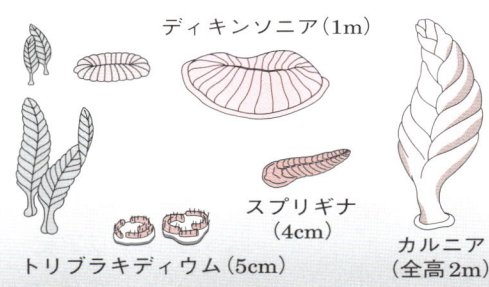

③ 生き延びた生物は多様化した。⇨約6億年前のオーストラリアの地層から（㉝　　生物群）が発見された。
先カンブリア時代(→p.156)の末期

↓エディアカラ生物群
ディキンソニア（1m）
スプリギナ（4cm）
トリブラキディウム（5cm）
カルニア（全高2m）

重要
多細胞生物の出現→生物がさらに多様化
例 エディアカラ生物群

4 オゾン層の形成と生物の陸上進出

① 約5億年前の(㉞　　　紀)には，真核の多細胞生物である褐藻類や(㉟　　　類)などの藻類が繁栄し，光合成による酸素の放出がそれまで以上にさかんになった。その結果，大気中の二酸化炭素が減少するとともに酸素は大幅に増加した。

② その結果，上空で(㊱　　　)を受けた酸素は(㊲　　　)に変化し，(㊳　　　層)を形成するようになった。

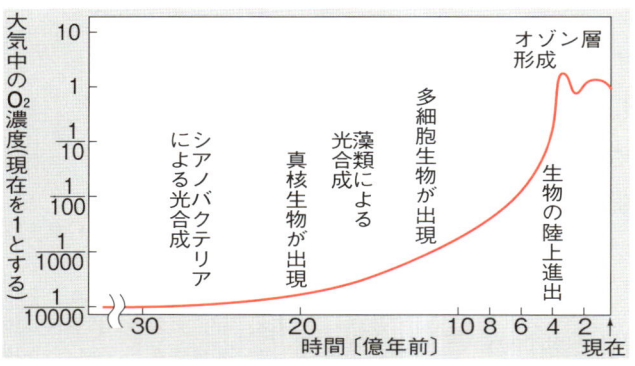

③ この気体の層は，生物にとって有害な(㊴　　　)を遮り，生物が陸上でも生活できる環境をしだいに形成していった。

↑酸素濃度の変化と生物進化

重要 光合成生物の放出する酸素で，上空にオゾン層ができ，有害な紫外線が減少して生物の陸上進出が可能になった。

5 地質時代と生物界の変遷

1 地質時代(地質年代)

① 地球上に最古の(㊵　　　)がつくられてから現在に至るまでの時代を(㊶　　　時代)という。この時代は(㊷　　　年)前を境に，それ以前を(㊸　　　時代)，それ以降を，化石に見られる特徴から，順に(㊹　　　代)・(㊺　　　代)・(㊻　　　代)の3つに分ける。

② 各代は，さらにいくつかの紀に細分される。古生代は，古い順に，カンブリア紀・オルドビス紀・シルル紀・(㊼　　　紀)・石炭紀・ペルム紀(二畳紀)に分けられる。

③ 中生代は三畳紀(トリアス紀)・(㊽　　　紀)・白亜紀に分けられ，新生代は古第三紀・新第三紀・(㊾　　　紀)に分けられる。

♣9 約5.4億年前には，多細胞生物が飛躍的に増加して地球は生物種に富んだ「生物の時代」に突入し，多種多量の化石が見つかるようになった。

重要 〔地質時代〕
先カンブリア時代➡古生代➡中生代➡新生代

1章 生物の起源と進化 | 157

2 海生無脊椎動物の出現と繁栄

① 古生代のカンブリア紀には，海中の動物の種類がきわめて急速に増加した。これを「カンブリア紀の(⁵⁰　　　)」という。

② 北米のロッキー山脈にあるバージェス峠の頁岩では，カンブリア紀中期(5億2千万年前ごろ)の(⁵¹　　　動物群)の化石が多数発見されている。また，中国南部のチェンジャン(澄江)でも同様な多数の化石が発見されており，**チェンジャン動物群**とよばれている。

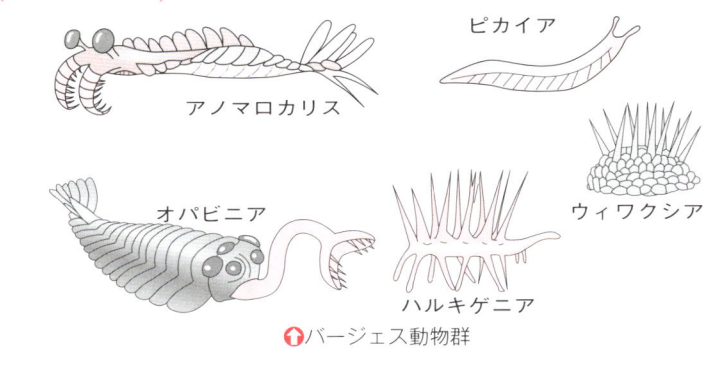

↑バージェス動物群（アノマロカリス，ピカイア，オパビニア，ハルキゲニア，ウィワクシア）

③ このカンブリア紀には**捕食者**となる(⁵²　　　性動物)が出現した。この捕食者から身を守るため，炭酸カルシウムの(⁵³　　　)をもつ無脊椎動物が出現して繁栄した。
例 (⁵⁴　　　)(節足動物)，オウムガイ(軟体動物)

④ バージェス動物群には，脊椎動物の祖先と考えられているナメクジウオに似た(⁵⁵　　　動物)のピカイアが出現した。

3 脊椎動物の出現と繁栄

① **カンブリア紀末期**には，硬い甲殻でからだがおおわれた甲冑魚類などの(⁵⁶　　　類)♣¹⁰が出現した。これらはあご・胸びれ・腹びれをもたない**最初の脊椎動物**である。

② その後，♣¹¹あご・ひれをもち，遊泳能力の高い(⁵⁷　　　魚類)（サメ・エイなど）や，現生の多くの魚類が属する(⁵⁸　　　魚類)が出現・繁栄した。

↑甲冑魚類（プテラスピス 25cm，ケファラスピス 15〜20cm，平衡器）
甲冑魚類の平衡器はひれとは異なる器官である。

♣10 最初の脊椎動物(魚類)の出現については，オルドビス紀とする説もある。

♣11 あごは，えらを支える骨が変形したものと考えられている。

> **重要**
> 〔古生代・カンブリア紀〕
> 無脊椎動物の種類が激増…「**カンブリア紀の大爆発**」
> 動物食性の捕食者が出現，末期には**脊椎動物(魚類)**が出現。

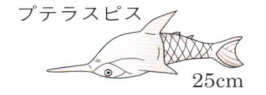

ミニテスト　　　解答 別冊p.15

- ❶ 地球上に生命体が誕生したのは，約何億年前と考えられているか。
- ❷ シアノバクテリアの出現によって，地球環境はどのように変化したか。
- ❸ 共生説とは何か。
- ❹ 「カンブリア紀の大爆発」とは何か。
- ❺ 脊椎動物で最初に出現したものは何か。

3 陸上への進出と繁栄

解答 別冊p.15

❶ 陸上への進出

1 植物の陸上進出

① (❶   )の減少で生物が陸上に進出する条件が整った(p.156)。

② 約4億年前の古生代の(❷   紀)には,クックソニアやリニアなどの植物が陸上に進出した。

③ シダ植物は維管束をもつなど陸上生活に適応していたため急速に発展し,(❸   紀)には,ロボク・リンボク・フウインボクなどの(❹   類)が高さ数十mの大森林を形成した。

④ 石炭紀にはソテツシダのような原始的な(❺   植物)も出現。

♣1 これらの植物は古生マツバラン類とよばれ,気孔をもち,最初の陸上植物とされている。

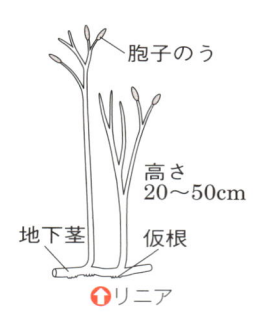

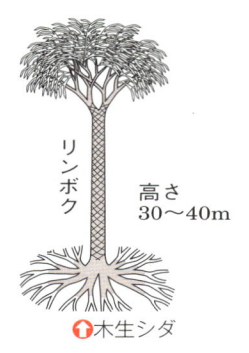

2 動物の陸上進出

① 植物の進出によって,それらを食物とする動物の進出が可能になり,古生代のシルル紀には,昆虫類やクモ類などの(❻   動物)が陸上に出現した。

② 古生代の(❼   紀)には,硬骨魚類からイクチオステガのような(❽   類)が誕生し,陸上に進出した。

③ 両生類の成体は四肢をもち,(❾   呼吸)を行うが,皮膚は耐乾性のうろこにおおわれておらず,(❿   )や胚発生は水中で行うため,水から遠く離れて生活することはできなかった。

> **重要** 植物…シルル紀に陸上進出。石炭紀にはシダ植物の大森林。
> 動物…シルル紀に節足動物が,デボン紀に両生類が陸上進出。

❷ 陸上での生物の変遷

1 中生代(ハ虫類と裸子植物の時代)

① 約2億5千万年前,三葉虫,シダ植物などの古生代の生物の大量絶滅が起こった。この後に続く時代を(⓫   代)という。

② 受精の過程で外界の水を必要とせず(⓬   )をつくるイチョウやソテツなどの(⓭   植物)が栄えた。

③ ジュラ紀には,胚珠を子房で包んで保護する(⓮   植物)が出現し,(⓯   紀)には急速に繁栄して森林を形成していった。

④ 陸上では(⓰   類)が繁栄した。この生物群は,体表が厚い

(⑰　　　)でおおわれ，外界の水を必要としない(⑱　　受精)を行い，卵や胚は卵殻や(⑲　　♣2膜)で包まれて保護されている。海中では軟体動物の**アンモナイト**が繁栄した。

⑤ 中生代の(⑳　　紀)には，(㉑　　類)などの大形ハ虫類が全盛を極め，始祖鳥などの(㉒　　類)の祖先が出現した。

2 新生代（哺乳類と被子植物の時代）

① 中生代白亜紀末に(㉓　　類)やアンモナイトは絶滅し，**新生代**となった。新生代は**古第三紀・新第三紀・第四紀**に分けられ，温暖な時期と寒冷な時期をくり返す気候変動の激しい時代であった。

② イネ科やキク科などの被子植物の(㉔　　)が出現し，(㉕　　地)や寒冷地に進出した。
　→乾燥期や寒期を種子の状態でしのげる。

③ また，昆虫によって花粉を媒介する被子植物の(㉖　　花)が発達し，きれいな花をつけるようになった。
　→風媒花は地味な花が多い。

④ 気候変動の激しい環境下でも，(㉗　　)でからだをおおい，胎生と(㉘　　)によって子孫を残すことができる(㉙　　類)が繁栄し，恐竜類の(㉚　　)を受けついだ。
　→生態系における立場(p.142)

⑤ 第四紀の氷河期には，(㉛　　)などの大形哺乳類も出現した。恐竜類の一部は(㉜　　類)として残ったと考えられている。

> **重要**
> 中生代は，裸子植物と恐竜類などのハ虫類の時代。
> 新生代は，被子植物と哺乳類・鳥類の時代。

③ 人類の進化

1 霊長類の特徴
哺乳類のなかでも霊長類は，(㉝　　生活)に適応した次の特徴をもつ。
　　　　　　　　　　　　　　　↳生活の場所

① (㉞　　性)…四肢の親指がほかの4本の指と向かい合い，枝をつかみやすい。→物をもちやすい。→道具を使いやすい。

② **腕歩行**…前肢を使って枝から枝へ渡り歩く。
　　　　　　↳前あし

③ (㉟　　視)できる範囲の広い目…両眼が顔の正面についており，2つの目で見ることで，枝と枝の距離を正確に測定できる。

④ 嗅覚よりも**視覚が発達**…脳への情報量がふえ，大脳の発達を促した。

> **重要**
> 樹上生活への適応→手を使う・視覚発達→大脳が発達

♣2
胚膜には羊膜・しょう膜・尿膜などがある。羊膜の中は羊水で満たされており，胚は水中で発生するのと同様の環境で発生することになる。

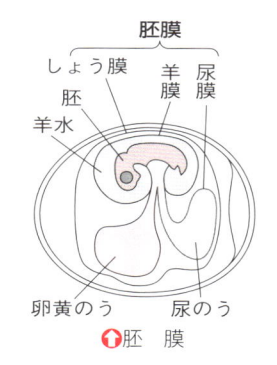

↑胚　膜

♣3
恐竜の絶滅の原因
巨大隕石の衝突によって巨大津波や「衝突の冬」による暗黒化と寒冷化が起こり，恐竜類は短期間で突然絶滅したと考える説がある。約6550万年前にできた巨大クレーターがメキシコで発見されたことや，隕石に多量に含まれているイリジウムがこの時期の地層から発見されたことなどがその証拠とされる。

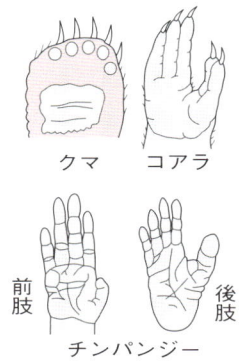

↑哺乳類のあしの指

〔年表〕 地質時代と生物の変遷

地質時代 代	地質時代 紀	動物界の変遷		植物界の変遷	
新生代	第四紀 260万年前	人類の発展	哺乳類時代	草本植物の発達と（㊱　　）の拡大	被子植物時代
	新第三紀 2300万年前 古第三紀 6550万年前	（㊲　　）の出現 哺乳類の多様化と繁栄		（㊳　　植物）の繁栄	
中生代	白亜紀 1.4億年前	アンモナイト類の発達と絶滅 恐竜類の発達と絶滅	ハ虫類時代		裸子植物時代
	（㊴　　紀） 2.0億年前	（㊵　　類）の出現 └→恐竜類から進化 アンモナイト類の繁栄 （㊶　　類）（ハ虫類）の繁栄		被子植物の出現 （㊷　　植物）の繁栄	
	三畳（トリアス）紀 2.5億年前	（㊸　　類）の出現 ハ虫類の発達			
古生代	ペルム（二畳）紀 3.0億年前	三葉虫（さんようちゅう）の絶滅 フズリナの絶滅	両生類時代	シダ植物の衰退 裸子植物の発展	シダ植物時代
	（㊹　　紀） 3.6億年前	両生類の繁栄　ハ虫類の出現 フズリナの出現 └→紡錘虫ともよばれる。		（㊺木生　　類）が大森林を形成して繁栄	
	デボン紀 4.2億年前	（㊻　　類）の出現 魚類の繁栄	魚類時代	裸子植物の出現 大形のシダ植物の出現	
	シルル紀 4.4億年前	（㊼　　類）が陸上に出現 サンゴの繁栄		陸上植物（シダ植物）の出現	
	オルドビス紀 4.9億年前	（㊽　　類）の出現 三葉虫の繁栄	無脊椎動物時代	〈オゾン層の形成〉 （㊾　　類）の繁栄	藻類時代
	（㊿　　紀） 5.4億年前	脊椎（せきつい）動物（無顎（むがく）類）の出現 カイメン・クラゲ類の繁栄 （(51)　　）・腕足（わんそく）類の出現 バージェス動物群の出現		藻類の発達	
先カンブリア時代		エディアカラ生物群の出現 海生無脊椎動物の出現		藻類の出現	
	約21億年前			（(52)　　）生物の出現	
	約27億年前			（(53)　　類）の出現	
	約40億年前			原始的な細菌類の出現	
	約46億年前	〈地球の誕生〉			

1章 生物の起源と進化 | 161

2 直立二足歩行

① 大形の霊長類のうち（⁵⁴　　　）などは，樹上生活から地上生活に移行した。現生のこのグループには，オランウータン，（⁵⁵　　　），チンパンジー，（⁵⁶　　ザル）などがある。

② （⁵⁷　　歩行）による地上生活を始めると（⁵⁸　　　）が解放され，さまざまな道具の作成・使用が可能になった。

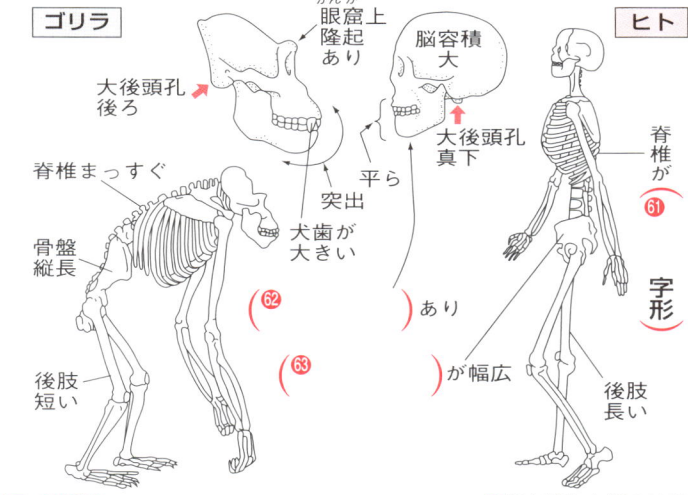

③ 後肢の指は短くなり，（⁵⁹　　　）やかかとをもつ足に発達した。
　　　　　　　　　　　　↳足の裏がアーチ状になる。

④ 頭骨と首をつなぐ大後頭孔は頭骨の後端から（⁶⁰　　方）に移り，重い脳を支えられるようになった。また，道具の使用・作成や言語の使用も大脳の発達を促進した。

ゴリラ：大後頭孔 後ろ／脊椎まっすぐ／骨盤縦長／後肢短い／（⁶²）／（⁶³）

ヒト：眼窩上隆起あり／脳容積大／大後頭孔真下／平ら／突出／犬歯が大きい／あり／が幅広／脊椎が（⁶¹）字形／後肢長い

↑類人猿と人類の比較

重要 直立二足歩行 → { 両手が空いて道具が使える／頭部が重くても支えられる } → 大脳が発達

3 化石人類

① すでに絶滅し，化石にのみ見られる人類を（⁶⁴　　人類）という。

② 初期の化石人類としては，約420～150万年前にアフリカにいた（⁶⁵　　　）♣4（猿人）がよく知られている。

③ 約200万年前に出現した（⁶⁶　　　）（原人）は，（⁶⁷　　　）や火を用いていた。　例 北京原人，ジャワ原人

④ 約30～20万年前には，（⁶⁸　　　）（旧人）が現れた。旧人は現代人よりも眼窩上隆起が大きく，額が傾斜していた。また，旧人が死者を（⁶⁹　　　）した痕跡が見つかっている。
　↳目の上の骨の隆起

⑤ 約20万年前には現生人類である（⁷⁰　　　）（新人）が出現。彼らは発達した（⁷¹　　　）をもち，知識や技術を伝えられた。

♣4 360万年前のアウストラロピテクス・アファレンシスは，脳の容積はゴリラ程度(現生人類の3分の1以下)しかなかったが，すでに直立二足歩行をしていた。また，これより古い700～600万年前にはサヘラントロプス・チャデンシス，550～440万年前にはアルディピテクス・ラミダス（ラミダス猿人）という猿人がいたことがわかっている。

ミニテスト　　　　　　　　　　　　　解答 別冊p.16

□❶ 最初にどのような植物や動物が陸上に進出したか。そしてその時代は何とよばれるか。

□❷ 中生代を代表する植物や動物はそれぞれ何類か。

□❸ 新生代を代表する植物や動物はそれぞれ何類か。

□❹ 直立二足歩行をするようになって，どのようなことが人類の大脳を発達させたか。

4 進化の証拠

解答 別冊p.16

❶ 化石が示す進化の証拠

♣1 示準化石と示相化石
化石が見つかった地層の年代を示すものを**示準化石**といい，その化石となった生物が生息していた環境を示すものを**示相化石**という。

1 (❶　　　時代)の生物の遺骸や生活の痕跡が鉱物に置き換わるなどして残っているものを(❷　　　)といい♣1，過去の生物の情報を伝え，進化の証拠を示す有力な手がかりとなる。
　　　　　　　　　　　　　　　　　　　　　↳足跡・巣の跡・ふんなど

2 連続的な変化を示す化石　地層の年代順にウマやゾウなどの化石を並べると，連続的な変化が見られ，進化のようすを詳しく調べることができる。

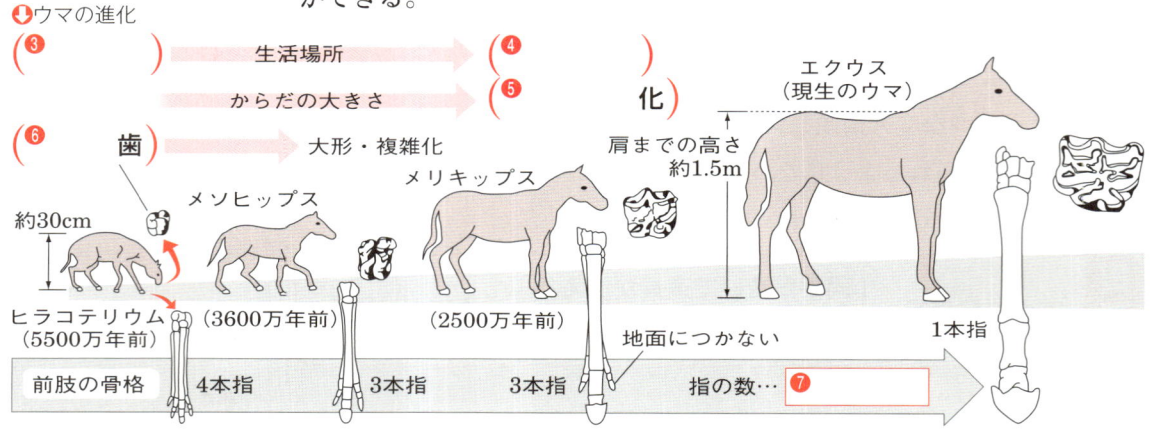

↓ウマの進化

(❸　　　) 生活場所 → (❹　　　)化
　　　　　からだの大きさ → (❺　　　)
(❻　　　歯) → 大形・複雑化

約30cm　ヒラコテリウム（5500万年前）　メソヒップス（3600万年前）　メリキップス（2500万年前）　地面につかない　エクウス（現生のウマ）肩までの高さ約1.5m

前肢の骨格　4本指　3本指　3本指　指の数…(❼　　　)　1本指

❸ 中間形の化石

① (❽　　　)は，鳥類と(❾　　　類)の両方の特徴をもち，鳥類へ移行する過渡期の形態を示していると考えられる。

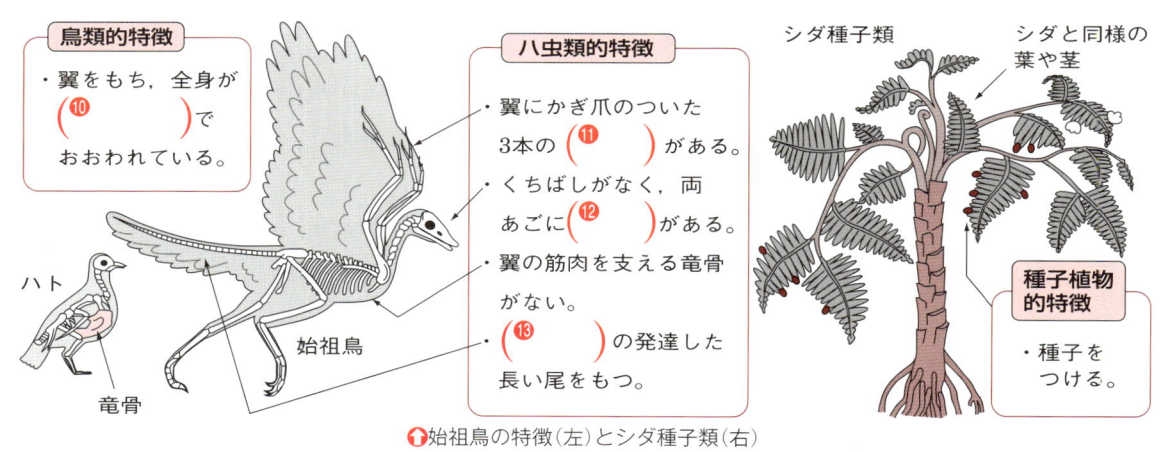

鳥類的特徴
・翼をもち，全身が(❿　　　)でおおわれている。

ハト　竜骨　始祖鳥

ハ虫類的特徴
・翼にかぎ爪のついた3本の(⓫　　　)がある。
・くちばしがなく，両あごに(⓬　　　)がある。
・翼の筋肉を支える竜骨がない。
・(⓭　　　)の発達した長い尾をもつ。

シダ種子類　シダと同様の葉や茎

種子植物的特徴
・種子をつける。

↑始祖鳥の特徴（左）とシダ種子類（右）

② **シダ種子類**（ソテツシダ類）は，古生代石炭紀に繁栄し絶滅した裸子植物で，**シダ植物**と(⓮　　　植物)の中間形である。

> **重要**
> 連続的変化を示す化石…ウマ・ゾウ
> 中間形を示す化石…始祖鳥・ソテツシダ

❷ 現生の生物が示す進化の証拠

1 生きている化石

① (⑮　　　　化石)…過去に繁栄し，現在も生息している生物のこと。過去の生物の形状をもつほか，進化の移行段階を示すことが多い。

② シーラカンスは，2対の胸びれの内部に骨格が発達している点で（←あしに進化する。）(⑯　　　類)から(⑰　　　類)への進化を示す。

③ カモノハシは，全身が毛でおおわれていて乳汁で育児するが，卵生である。これは(⑱　　　類)から(⑲　　　類)への進化を示す。

④ イチョウは，精子をつくるという点で(⑳　　　植物)から裸子植物への進化を示している。

2 解剖学上の証拠

① (㉑　　　器官)…異なる形態やはたらきをもつが，発生過程や基本構造から同じ器官とみなせる器官。

② (㉒　　　器官)…形態やはたらきは似ているが，基本的に異なる器官に起源があるとみなせる器官。
　例 鳥類のはね(前肢)とチョウのはね(表皮から分化)

> **重要**
> 相同器官…器官の起源が同じ
> 相似器官…器官の起源が異なり，形が似ている

③ オーストラリア大陸の有袋類(ゆうたい)は，さまざまな生活様式に(㉓　　　　)しながら進化して多様な形態を示している。この現象を(㉔　　　　)という。　←胎盤をもたない。

④ 有袋類のフクロモモンガと真獣類の(㉕　　　　)は，祖先の系統は異なるが，よく似たからだの特徴をもつ。これは生活様式に適応して進化した結果と考えられており，(㉖　　　　)という。　←有胎盤類

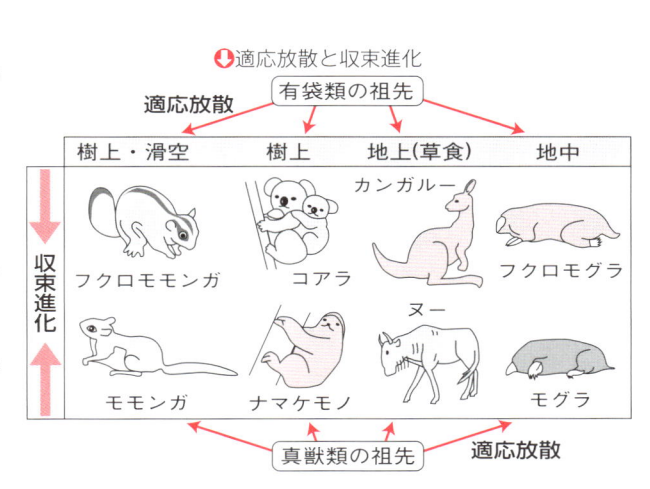

●相同器官と相似器官
相同器官：ワニ(ハ虫類)，鳥類，クジラ，ヒト とう骨／手骨／尺骨／上腕骨　哺乳類の前肢
相似器官：チョウのはねは表皮に由来

●適応放散と収束進化
有袋類の祖先 → 樹上・滑空(フクロモモンガ)，樹上(コアラ)，地上(草食)(カンガルー)，地中(フクロモグラ)
真獣類の祖先 → モモンガ，ナマケモノ，ヌー，モグラ
適応放散／収束進化

164 | 第5編 生物の進化と系統

●痕跡器官

●脊椎動物の発生の比較

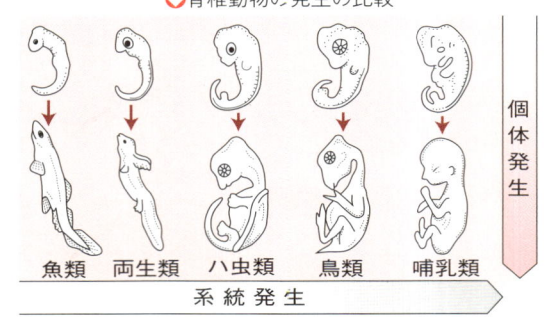

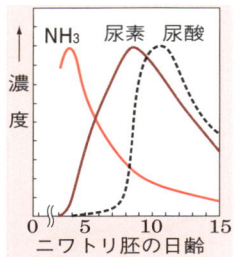

●ニワトリの胚の窒素排出物の変化
縦軸の目盛りの大きさは物質ごとに異なる。

♣2
その他の例として、ヤブツバキとツバキシギゾウムシの共進化がある。ツバキシギゾウムシは、ヤブツバキの果皮に穴を開けて中に産卵するために長い口器をもっている。ヤブツバキはそれを防ぐために分厚い果皮を進化させ、ツバキシギゾウムシはそれに対抗して口器をより長く進化させた。

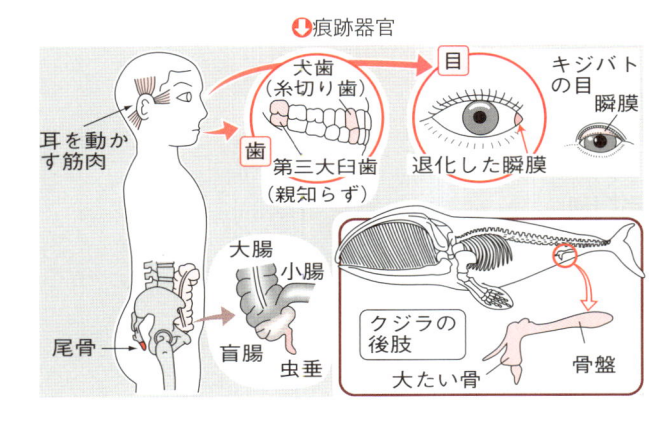

⑤ (㉗　　　器官)…近縁の生物と異なり、ある生物で退化している器官。
例 ヒトの虫垂・尾骨・瞬膜・耳を動かす筋肉、クジラの後肢

3 個体発生における証拠

① 生物の個体発生の過程では、その生物の進化の過程を反映していると考えられる現象が見られる。ヘッケルは、「個体発生は系統発生をくり返す」という (㉘　　　説) を提唱した。

② ヒトの心臓の構造は、発生にともなって、
1心房1心室(魚類型)→2心房(㉙　　)心室(両生類型)→2心房不完全な2心室(ハ虫類型)→2心房(㉚　　)心室(哺乳類・鳥類型)と変化する。この事実は、進化の過程で同様の変化が起こってきたと考えると説明がつく。

③ ニワトリの初期胚の窒素排出物の変化
アンモニア→(㉛　　)→(㉜　　)
(魚類)　(両生類)　(ハ虫類・鳥類)

> **重要**
> 適応放散(生息環境により形態が異なってくる)
> 収束進化(同じ環境なら種が異なっても形態が似てくる)
> ヘッケルの発生反復説…「個体発生は系統発生をくり返す」

3 共進化

① 共進化…異なる種が相互に作用しあうことで、それぞれの種が進化していくことを、(㉝　　)という。

② 共進化の例…熱帯のある種のランは細長い距に蜜をため、スズメガが長い口器でこの蜜を吸うとき、花粉をからだに付け、受粉を媒介する。スズメガの口器が長くなるとランの(㉞　　)が長くなり、それによりスズメガの口器はさらに(㉟　　)くなるよう進化する。

> **重要**
> 共進化…異なる種の相互作用により、共に適応的に進化する。

④ 分子の比較による証拠

1 アミノ酸配列と系統[♣3]

① 同じタンパク質でも，それを構成する（㊱　　　　　）の配列は，タンパク質をつくる生物の種類によって一部異なる。

② 例えばヒトのヘモグロビンのα鎖を構成するアミノ酸の配列を比較すると，下表のように，近縁な種のヘモグロビンを比較した場合ほど異なるアミノ酸の数が（㊲　　　　い）。

③ つまり，アミノ酸配列の変化が（㊳　　　　い）ほど，古い年代に枝分かれをしたことを示す。3種類以上の生物について分子の違いの大きさの比較を樹状に示したものを（㊴　　　　　）という。

♣3
系統（→p.173）
生物進化の過程を系統という。系統を樹形図で表したものを**系統樹**という。

	ウサギ	イ　ヌ	ウ　シ	ヒ　ト
サ　メ	75	80	75	79
コ　イ	71	67	65	68
ウサギ		28	25	25
イ　ヌ			28	23
ウ　シ				17
ゴリラ				1

⇧ヘモグロビンα鎖のアミノ酸配列の違い

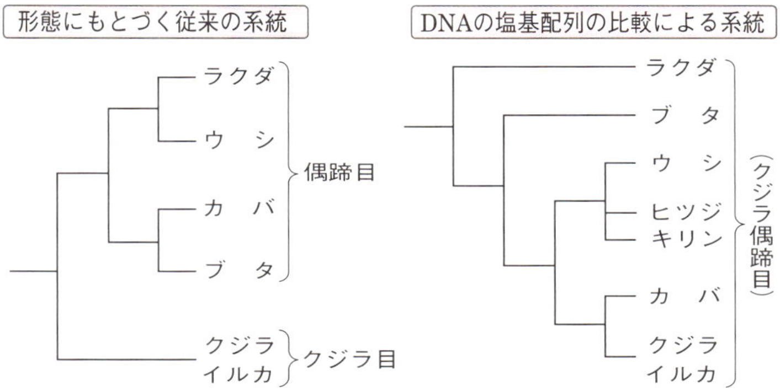

⇧形態による系統樹と分子系統樹の比較

2 塩基配列と系統

① DNAやタンパク質の変化を（㊵　　　　　）という。タンパク質の種類はDNAの塩基配列によって決まるので，塩基配列を比較すると，より正確に系統樹をつくることができる[♣4]。

② 塩基の置換速度は一定なので，2種の生物を比較したときの異なる塩基の割合から，両者が共通の祖先から分かれた時期を求めることができる。これを（㊶　　　　時計）という。

♣4
ジャイアントパンダは，
①タケを主食とする，
②前肢にものをつかむための親指のような突起がある，
などの生理的・形態的共通点からレッサーパンダと近縁であるとされてきたが，DNAを比較した結果，クマに近縁であることがわかった。

重要　**タンパク質のアミノ酸配列やDNAの塩基配列の比較は，生物種の類縁関係を求める有効な手段➡分子系統樹，分子時計**

ミニテスト

解答　別冊p.16

□❶ 相同器官・相似器官とは何か。それぞれ簡単に説明せよ。

□❷ 始祖鳥がもつ鳥類的な点とハ虫類的な点をあげよ。

□❸ ヘッケルの発生反復説を裏づける根拠を，2つ以上あげよ。

□❹ 有袋類（ゆうたいるい）が現代ではほとんどオーストラリア大陸だけに生き残っている理由を説明せよ。

5 進化説

解答 別冊p.16

❶ 進化論の変遷

1 用不用説
1809年，(❶　　　　　)は，著書『動物哲学』の中で，よりよく使われる器官は発達するが，使わない器官は退化していくという(❷　　　説)を提唱した。

つまり，遺伝子以外の要因も関与して決まる(❸　　　形質)も子孫に遺伝すると考える説で，現在では遺伝学によって否定されている。

2 自然選択説
1859年，(❹　　　　　)は，著書『種の起源』の中で(❺　　　説)を提唱した。

この説では，食物などをめぐる(❻　　　　　)の結果，いろいろな変異がある個体のなかで，より環境に適応したものが**適者生存**によってより多くの子孫を残し，その個体の形質を次の世代に伝えるということを代々積み重ねることで，(❼　　　)の進化が起こると考えた。[1]

3 隔離説
① 1868年，(❽　　　　　)は，生物集団が山脈や海などによって(❾　　　的)に分断されること(**地理的隔離**)で種の分化が起こると考え，(❿　　　説)を提唱した。

② (⑪　　　隔離)…繁殖時期や開花時期，生殖器官の構造の違いなどで集団間での交配が妨げられたり，繁殖力のない子ができたりすること。これも新しい種ができる要因となる。

③ (⑫　　　隔離)…同じ地域に生息していて地理的隔離がない場合でも，環境や食物の相違によって隔離が生じること。

4 突然変異説
1901年に(⑬　　　　　)をオオマツヨイグサの観察から見つけ，それが子孫に遺伝することを発見したド フリースは，これが進化の原因だとする(⑭　　　説)を提唱した。

> **重要**　〔進化説とそれぞれが提唱する進化の原因〕
> **用不用説(ラマルク)**…使う器官は発達し使わない器官は退化。
> **自然選択説(ダーウィン)**…個体変異の中で自然選択がはたらき，その環境に対する適者が生存競争に勝って適者生存する。
> **隔離説(ワグナーら)**…地理的隔離や生殖的隔離が進化の要因。
> **突然変異説(ド フリース)**…突然変異が進化の要因。

⬇用不用説と自然選択説

用不用説 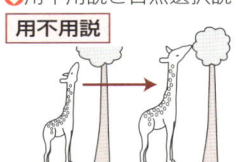
高い所の葉を食べているうちに首が長くなった。

自然選択説 
首が長い個体が生き残って子孫を残していき，首の長い種となった。

♣1
ダーウィンの自然選択説は用不用説の要素も含んでいたため，ワイズマンは生殖細胞に起こった変異だけが子孫に伝わり，これが自然選択を受けるという**新ダーウィン説**を提唱した。

⬇隔離によるガラパゴスゾウガメの甲らの変異
イサベラ島
ピンタ島
サンチャゴ島
サンタクルス島
フェルナンディナ島

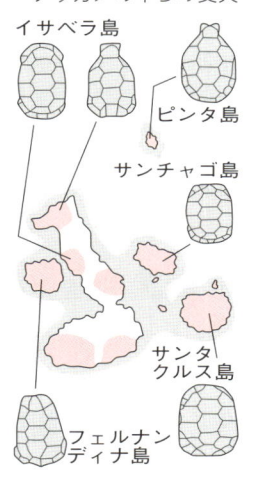

❷ 突然変異

1 進化の要因の1つに**突然変異**がある。突然変異には**遺伝子突然変異**と，**染色体突然変異**とがある。

2 (⑮　　　突然変異) (⑯　　　)の部分的な欠損や複製の誤りなどによって**塩基配列に異常が起こった場合**をいう。

　例 かま状赤血球貧血症(→p.50)，微生物の薬剤抵抗性

3 (⑰　　　突然変異) 染色体の形や数の変化によって起こる突然変異。

〔染色体数の異常〕

① (⑱　　　性)($2n \pm \alpha$)…染色体数(ゲノム)が$2n$より少し多いか少ない。このような個体を(⑲　　　体)という。

② (⑳　　　性)…体細胞の染色体数が基本数nと倍数関係($4n$，$6n$など)にある。このような個体を(㉑　　　体)という。

|異数体| ヒトのダウン症
染色体構成…21番の染色体が1本多い。

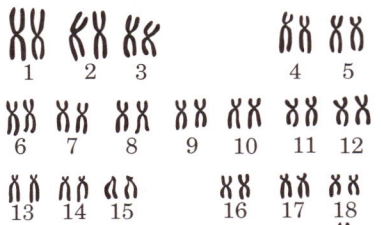

|倍数体| コムギの倍数性

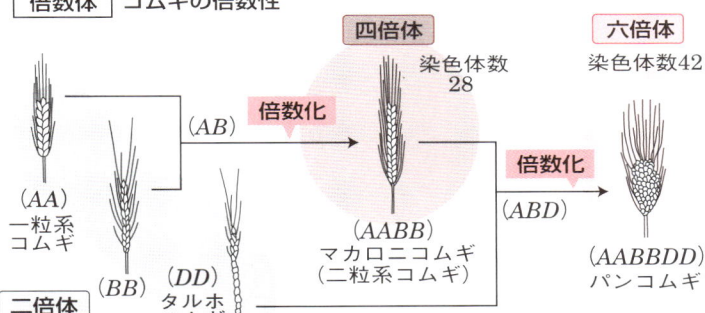

〔染色体の部分的異常〕
① 欠失(一部が欠ける)
② 逆位(一部が逆転する)
③ (㉒　　　)(他から染色体の一部が移入)
④ (㉓　　　)(染色体の一部がくり返す)

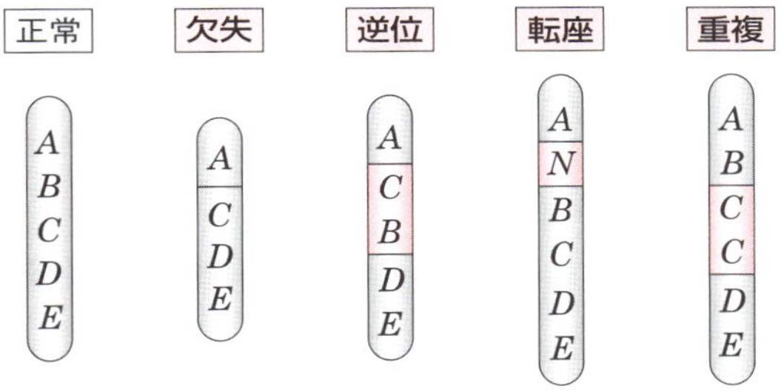

4 人為突然変異 (㉔　　　)や化学物質などにより突然変異を人為的に誘発し，発生率を高めることができる。1927年，(㉕　　　)は，ショウジョウバエに(㉖　　線)を照射して人為突然変異を起こすことに成功した。

| 重要 | 突然変異 { 遺伝子突然変異…DNA塩基配列の変化
染色体突然変異…染色体の形や数の変化 |

♣2 **ゲノム**
生命を維持するのに最少限必要とする染色体の1組をいい，ふつう生殖細胞の染色体数nに相当する。下のコムギの進化を示した図では，A，B，Dの1文字がそれぞれ1ゲノムに相当する。

♣3 **ダウン症**
ダウン症候群ともよばれ，新生児の約700人に1人の割合で生じる先天的疾患。精神およびからだの発育が遅れ，数々の症状が出る。

↓染色体突然変異の例

↑染色体の構造変化

❸ 遺伝子平衡と進化

1 メンデル集団と遺伝子平衡

① 次のような条件のあてはまる仮想集団を**メンデル集団**という。

> ・集団を構成する**個体の数**は，十分に（㉗　　　い）。
> ・集団内からの**個体の移出・移入**が（㉘　　　）。
> ・集団内で交配して子孫を残す際に**選択**が（㉙　起こ　　　）。
> ・集団内では**突然変異**は（㉚　起こ　　　）。
> ・集団内のどの個体も繁殖力・生存能力は同じである。

② このような条件下では，遺伝子頻度を変える要因がはたらかないので，代を何代経ても**遺伝子頻度**は（㉛　変化　　　）。このような安定した状態を（㉜　　　　　　）といい，このような関係を示した法則を（㉝　　　　　　の法則）という。

2 ハーディ・ワインベルグの法則と遺伝子頻度

① ハーディ・ワインベルグの法則は，次のように表される。

ある動物集団における対立遺伝子 **A**，**a** の遺伝子頻度に注目し，それぞれを **p**，**q**（ただし $p+q=1$）とする。

② この集団の子の遺伝子頻度は次の式から求められる。

$(pA+qa)^2 =$ （㉞　　　）$AA + 2$（㉟　　　）$Aa +$（㊱　　　）aa

③ すなわち，子の遺伝子型の分離比は，

$AA : Aa : aa = p^2 :$ （㊲　　　）$: q^2$ となる。

④ したがって，子の集団の対立遺伝子の頻度は（条件より $p+q=1$ であるので），

A の頻度：$p^2 + 2pq \times \dfrac{1}{2} = p^2 + pq = p(p+q) =$ （㊳　　　）
↳ $2pq$ は Aa の頻度なので A はこのうちの半分

a の頻度：$q^2 + 2pq \times \dfrac{1}{2} = q^2 + pq = q(p+q) =$ （㊴　　　）
↳ $2pq$ は Aa の頻度なので a はこのうちの半分

となり，親の代の遺伝子頻度と同じで，変化していないことがわかる。♣5

3 集団遺伝
生物の集団を多数の**遺伝子の集団**とみなし，遺伝子構成の変化から進化を考える研究分野を（㊵　　　　　学）という。

> **重要**
> ハーディ・ワインベルグの法則が成立するとき，何代たっても遺伝子頻度は変化しない（**遺伝子平衡**）。
> ➡**進化が起こらない**。

♣4
遺伝子プールと遺伝子頻度
集団内にあるすべての対立遺伝子を**遺伝子プール**といい，集団遺伝を遺伝子プール内の遺伝子頻度の変化で考えることが行われる。たとえば，10個体からなる集団で，AA が 7 個体，Aa が 2 個体，aa が 1 個体のとき，A の遺伝子頻度は

$\dfrac{7}{10} + \dfrac{2}{10} \times \dfrac{1}{2} \Rightarrow 80\%$

a の遺伝子頻度は

$\dfrac{1}{10} + \dfrac{2}{10} \times \dfrac{1}{2} \Rightarrow 20\%$

となる。

♣5
上記の集団を例として考えると，この集団の子の代の遺伝子頻度は

♀\♂	$0.8A$	$0.2a$
$0.8A$	$0.64AA$	$0.16Aa$
$0.2a$	$0.16Aa$	$0.04aa$

$(0.8A + 0.2a)^2 =$
$0.64AA + 0.32Aa + 0.04aa$
となり，表現型〔A〕は
　$0.64 + 0.32 \Rightarrow 96\%$，
表現型〔a〕は
　$0.04 \Rightarrow 4\%$

すなわち，表現型では，親の代の 9：1 から子は 96：4 の比率に変わるが，遺伝子頻度でみると，

$A \cdots 0.64 + 0.32 \times \dfrac{1}{2} = 0.8$

$a \cdots 0.04 + 0.32 \times \dfrac{1}{2} = 0.2$

となり，親の集団と子の集団で遺伝子頻度は変化していないことになる。

❹ 現代の進化論

1 現代の進化論における進化の要因

① (㊶　　　　　) によって新たな形質をもつ個体が出現し，個体群の (㊷　　　　　) に変化が生じる。
→遺伝子の割合

② 突然変異体がより環境に適した形質をもっていれば，(㊸　　　　　) によって，新しい (㊹　　　　　) の比率が集団内で増加する。

③ 生物は配偶子を多数つくるが，子孫をつくるのに使われるものは偶然に決まる。遺伝子頻度の変化はこのような偶然に支配される (㊺　　　　　) によって増幅される。

④ 同種の生物の集団どうしが，異なる環境下に (㊻　　　　) されて集団間で遺伝子の交流ができなくなると，それぞれ独自の突然変異と自然選択が起こり，各集団に新しい (㊼　　　) が形成される。これを (㊽　　　　　) という。♣6

⑤ 以上の現代の進化論で説明できるのは (㊾　　 進化)♣7 である。

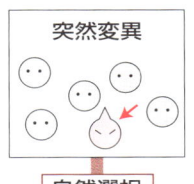

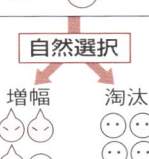

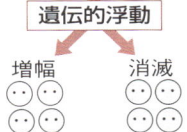

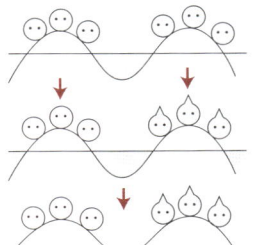

> **重要** 〔現代の進化論〕
> 突然変異・遺伝的浮動などで遺伝子構成の変化が起こる
> ➡自然選択・隔離などで遺伝子構成の変化が増幅
> ➡新種の出現（小進化）

2 自然選択の例

① (㊿　　　　　) …周りの風景や他の生物とよく似た形態になること。　例 毒をもたないハナアブが毒針をもつミツバチとよく似た色彩・形をもつ。
捕食者に襲われにくくなる。

② オオシモフリエダシャク（ガの一種）には**明色型**と突然変異による**暗色型**がある。工業化による環境汚染の結果，(�　　型) の比率が激増した。これを (52　　　　　) という。

③ 農薬や抗生物質の使用に対して，昆虫や細菌類のなかにその薬剤で死なない (53　　　　　) の個体が出現。

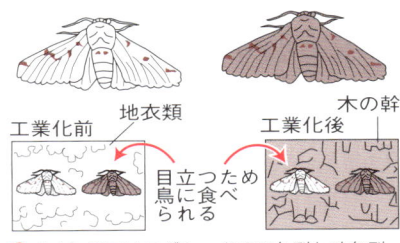

♣6 地理的に隔離された場合を**異所的種分化**，隔離されていない場合を**同所的種分化**という。

♣7 集団内の遺伝子構成や形質が変化して新種ができることを**小進化**といい，魚類→両生類のような分類学上隔たりの大きい生物群が生じることを**大進化**という。

ミニテスト　　　　　　　　　　　　　解答 別冊p.17

□❶ 用不用説とはどのような説か要点を述べ，進化を説明する上での欠点をあげよ。

□❷ 自然選択説の要点と欠点を簡単に説明せよ。

□❸ 突然変異にはどのようなものがあるか。大きく分けた2つの種類とその特徴を述べよ。

□❹ 進化の大きな要因を3つあげよ。

1章 生物の起源と進化　練習問題

解答 別冊p.36

❶〈生命の誕生〉
▶わからないとき→ p.152〜153

生命が誕生した頃の地球の a)原始大気は現在の地球とは異なっていた。生命誕生の過程として，まず b)海洋中や大気中の無機物質から簡単な有機物ができ，さらにそれらの有機物からタンパク質などの複雑な有機物ができる化学進化が起こり，複雑な有機物が c)原始生命に進化したと考えられている。d)生命の起源に関してはいくつかの説がある。次の各問いに答えよ。

(1) 文中の下線部 a の原始大気の成分を3つあげよ。
(2) 文中の下線部 b の簡単な有機物とは何か。おもなものを3つあげよ。
(3) 文中の下線部 b が海中で起こる，高温・高圧の場所を何というか。
(4) 文中の下線部 c の原始生命がもつ最も重要な特徴は何か。
(5) 文中の下線部 d の1つとしてオパーリンが提唱した説は何か。

❷〈原始生物の進化〉
▶わからないとき→ p.154〜156

原始海洋で誕生した原始生命は，核や細胞小器官をもたず，化学進化でできた a)有機物を利用する生物であった。これらの生物の増加によって海洋中の有機物が減少すると，b)太陽の光エネルギーと硫化水素を利用して光合成をする（①）や，海洋中の無機物を酸化したときに生じる化学エネルギーを利用する（②）などの生物が出現した。やがて硫化水素などよりもはるかに多量に存在する水を利用して光合成をする（③）が出現した。（③）の光合成によって放出された（④）は，しだいに海洋から大気中にも含まれるようになり，c)これを利用する生物の誕生や，生物にとって有害な（⑤）を減少させる（⑥）層を上空に形成して，生物の上陸を可能にした。次の各問いに答えよ。

(1) 文中の空欄①〜⑥に適当な語句を記入せよ。
(2) 文中の下線部 a のような栄養形式の生物を何というか。
(3) 文中の下線部 b のような栄養形式の生物を何というか。
(4) 文中の下線部 c の④の利用とは何か。

❸〈生物の変遷〉
▶わからないとき→ p.156〜160

最古の岩石がつくられ始めてから現代までの時代を（①）時代といい，（②）時代，古生代，中生代，新生代に分けられる。また，各代はいくつかの（③）に細分され，各代や各（③）にはそれぞれ固有の特徴的な化石が発見されている。次の各問いに答えよ。

(1) 文中の空欄①〜③の空欄に適当な語句をそれぞれ記入せよ。
(2) 文中の下線部の化石として，i)古生代，ii)中生代，iii)新生代に代表的な化石をそれぞれ下からすべて選び，記号で答えよ。

　a　アンモナイト　　b　三葉虫　　c　フズリナ　　d　始祖鳥
　e　マンモス　　f　ティラノサウルス　　g　ソテツシダ

❹〈人類の出現〉 ▶わからないとき→p.161

新生代になると，哺乳類が恐竜などハ虫類の生態的地位にとってかわり，繁栄した。哺乳類のなかで樹上生活を始めた（①）類は，a)樹上の生活に適応した形態をもつようになった。やがて大形化した（①）類の一部は，草原生活を始めるようになり（②）歩行を始めた。（②）歩行によって前肢が解放されたことで，（③）として使えるようになった。その後，道具の作製や使用，大きな脳を支える構造の発達などがb)大脳の発達を促進し，c)化石人類の誕生への道をたどった。次の各問いに答えよ。

(1) 文中の空欄①〜③に適当な語句を記入せよ。
(2) 文中の下線部aの特徴として適当でないものを下から1つ選べ。
　ア　両眼視　　　イ　腕歩行　　　ウ　拇指対向性
　エ　視覚の発達　オ　嗅覚の発達
(3) 文中の下線部bとして適当でないものを1つ選べ。
　ア　言語の使用　イ　集団による狩猟　ウ　眼窩上隆起の発達
(4) 文中の下線部cの化石人類で，代表的な初期の人類の名称を答えよ。

❺〈進化の証拠〉 ▶わからないとき→p.162〜163

化石は生物の進化を直接的に示す証拠の1つである。化石のなかで年代を知る手がかりとなる化石を（①）といい，環境条件を知る手がかりとなる化石を（②）という。化石のなかには一定方向への変化を示すものもあり，進化のようすを詳しく調べることができる。また，ハ虫類から鳥類への進化を示す，両者の中間的特徴をもつ化石が多数発見されている。次の各問いに答えよ。

(1) 文中の空欄①，②に適当な語句を記入せよ。
(2) 下線部の例として，ウマの化石から，どのような方向に進化が進んだことがわかるか，からだの変化を2つ答えよ。
(3) シーラカンスなどのように，過去に繁栄した生物の特徴を保っている現生の生物を何というか。

❻〈進化説〉 ▶わからないとき→p.166〜169

次の①〜④の進化説について，各問いに答えよ。
① 突然変異が進化の要因である。
② 生物集団が山脈・海などによって隔てられたことが進化の要因である。
③ 競争に有利な形質をもち，生存競争に勝ったものが適者として残る。
④ 使う器官は発達し，使わない器官は退化することで進化が進んだ。
(1) ①〜④の説の名称と，その説を提唱した人物の名前を答えよ。
(2) ①〜④のうち，進化の要因として現在は否定されているものはどれか。
(3) 自然選択が進化の方向を決定する例として，ほとんどの個体が明色型だったある地域のオオシモフリエダシャクが人間の活動による影響で短期間で暗色型中心に逆転した例がよく知られている。このような変化を何とよぶか。
(4) 魚類から両生類が出現するような，上位の分類群レベルで起こる進化を何というか。

2章 生物の系統と分類

1 生物の多様性と分類　　解答 別冊p.17

❶ 生物の多様性と連続性

1 生物の多様性と共通性

① 地球上には190万♣1（❶　　　）以上にのぼる生物が生息している。
② 生物間には，栄養形式・細胞の構造・生殖の方法・発生の様式・からだの構造や生活様式などの点で（❷　　　性）が見られる。　←非常に多くの種類があること
③ 一方，脊椎動物どうしの骨格の構造や，植物における光合成のしくみなどの（❸　　　性）もある。

〔生物が共通にもつ4つの基本的な特徴♣2〕
・からだの構造と生命活動の基本単位は（❹　　　）である。
・（❺　　　）を行い，自己増殖をする。
・遺伝子の本体となる物質は（❻　　　）である。
・共通の代謝系をもっていて，"エネルギーの通貨"として（❼　　　）を使う。♣3

2 生物の連続性

① 脊椎動物を比較すると，陸上生活に対する適応力，発生過程，形態・機能などで，両生類→（❽　　　類）→（❾　　　類）・鳥類の順で連続性をもっていることがわかる。
② 生物の多様性と共通性，および連続性は，**共通の祖先**から始まり，環境に（❿　　　）しながら（⓫　　　）してきた結果だと考えられる。

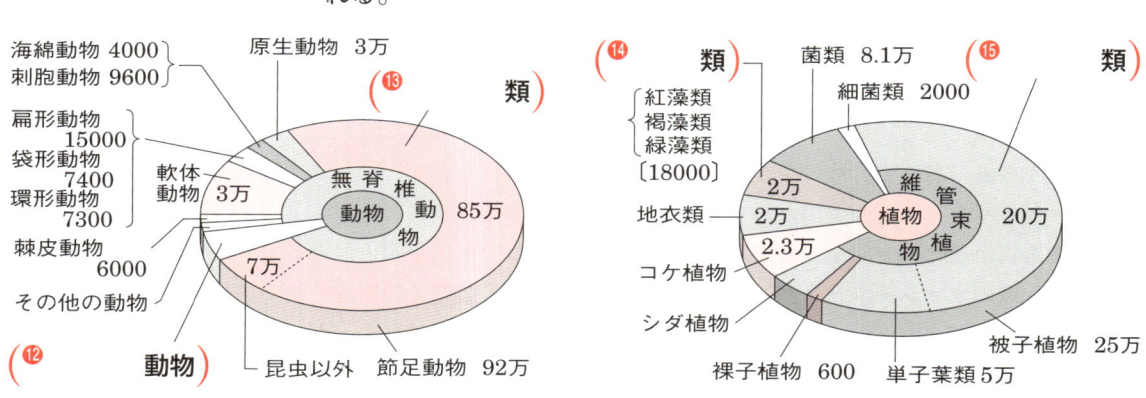

♣1 現在までに発見され命名された生物の数。この数字は増加し続けており，また，発見や命名されていない生物も膨大な数の種類が存在すると考えられている。

♣2 ウイルスには，DNAのかわりにRNAで遺伝情報を保持するものもある。さらに細胞構造をもたず，増殖などの生命活動も細胞に寄生した状態でないと行えないため，高校の教科書では生物として扱わない。

♣3 解糖系はすべての生物に共通する代謝経路である。

海綿動物 4000
刺胞動物 9600
扁形動物 15000
袋形動物 7400
環形動物 7300
棘皮動物 6000
その他の動物
原生動物 3万
軟体動物 3万
無脊椎動物 85万
（⓬　　動物）
昆虫以外 7万
節足動物 92万
（⓭　　類）

（⓮　　類）
紅藻類
褐藻類
緑藻類
〔18000〕 2万
地衣類 2万
コケ植物 2.3万
シダ植物
裸子植物 600
菌類 8.1万
細菌類 2000
維管束植物
植物 20万
（⓯　　類）
被子植物 25万
単子葉類 5万

↑動物と植物の種の数

❷ 分類の方法

1 人為分類
① 草本植物と木本植物，水生動物と陸生動物など，わかりやすい特徴による便宜的で形式的な分類を（⑯　　　分類）という。
② 右図の4種の植物を①のように分類すると，草本の（⑰　　　）とオランダイチゴ，木本のサクラと（⑱　　　）に分けられる。
③ 類縁関係をより正確に現していると考えられる花の構造で分類すると，オランダイチゴと（⑲　　　）はバラ科，（⑳　　　）とエンジュはマメ科に分類される。

↓人為分類と自然分類
エンドウ
オランダイチゴ
サクラ（ヤマザクラ）
エンジュ

2 自然分類・系統分類
① 生物の類縁関係にもとづいた分類を（㉑　　　分類）という。これを行うためには，類縁をよく反映している形質を選び比較する。
② 生物進化の過程を（㉒　　　）といい，これを樹形図で表したものを（㉓　　　）という。㉒をもとにした分類を**系統分類**といい，これが真の㉑分類と考えられている。

> **重要**
> **人為分類**…見た目や用途など単純な基準にもとづく分類。
> **自然分類**…生物の類縁関係にもとづく生物学的な分類。

♣4
たとえば飼育下でヒョウとライオンの間に子をつくった例などがあるが，生まれた子には生殖能力がない（不稔）。

❸ 生物の分類

1 分類の単位
① 分類の基本単位は（㉔　　　）である。
② 同じ種の生物どうしは，共通の形態的・生理的特徴をもち，自然状態で（㉕　　　）が可能であり，（㉖　　　能力）をもつ子孫ができる。♣4

2 分類の階層
よく似た種を集めた階層（階級）を（㉗　　　），よく似た㉗を集めたものを（㉘　　　）とよぶ。同様に，さらに上位の階層として，順に，**目**・（㉙　　　）・**門**・**界**・（㉚　　　）がある。

ドメイン — 真核生物ドメイン
界 — 動物界
門 — 脊椎動物門
綱 — 哺乳綱
目 — サル目（霊長目）
科 — ヒト科
属 — ヒト属
種 — ヒト

↑分類の階層

> **重要**
> 〔分類の階層〕
> **種→属→科→目→綱→門→界→ドメイン**

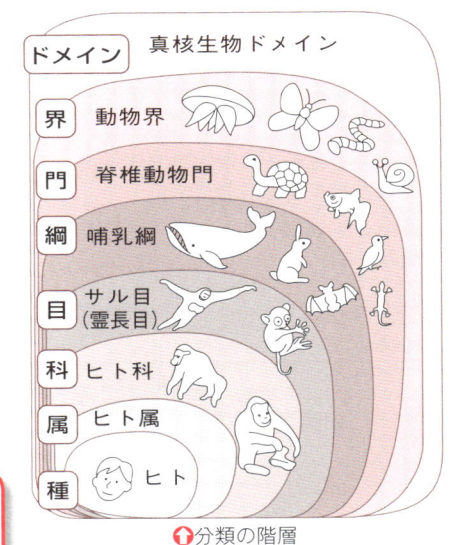

真核生物ドメイン
古細菌ドメイン
細菌ドメイン
共通の祖先

↑ドメイン

3 ドメイン

① 1990年，ウーズはrRNA（リボソームRNA）の塩基配列の解析から，**分子時計**の方法を使って，界より上の単位として（㉛　　　）を提唱した。
② ドメイン説では，メタン菌などを（㉜　　　ドメイン）（→アーキアともいう。），大腸菌・シアノバクテリアのような原核生物を（㉝　　　ドメイン）（→バクテリアともいう。），動物・植物・菌類・原生生物を（㉞　　　ドメイン）と分類している。

4 学名

① 種の名称は（㉟　　　）によって示される。これは，「分類学の父」とよばれる（㊱　　　）が提唱した**ラテン語**を用いた名前である。（→18世紀のスウェーデンの博物学者）
② この方法は，（㊲　　　）＋（㊳　　　）（＋命名者名）という形で1つの種を表すことから，（㊴　　　法）とよばれる。

例 ヒト　*Homo sapiens Linnaeus*
　和名　属名　種小名　命名者名
　　　　学名（正式な種名）　　　※命名者名は略すこともある。

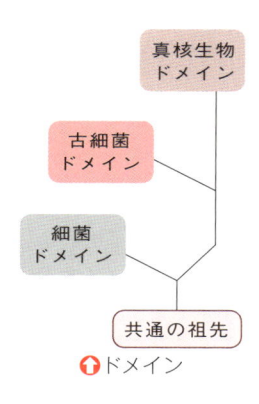

↓学名の例（命名者名略）
ウメ　　*Prunus mume*
モモ　　*Prunus persica*
ヤマザクラ
　　　　Prunus jamasakura
リンゴ　*Malus pumila*
ニホンリス *Sciurus lis*
キタリス
　　　　Sciurus vulgaris
イヌ　　*Canis familiaris*
イエネコ　*Felis Catus*
ヒョウ
　　　　Panthera pardus
ライオン　*Panthera leo*

♣5
日本語での正式な種の名前として**標準和名**が定められている。

♣6
ヤマザクラとオオシマザクラ（ともにバラ科サクラ属）のように近縁どうしであることがわかる和名もあるが，マダイ（タイ科）とサクラダイ（スズキ科）のように類縁関係は遠くても名前が似ている例もある。

5 和名

① ウメ・モモなどのような日本語の種名を（㊵　　　）という。♣5
② 和名は学名と異なり，類縁関係を示しているわけではない。♣6

> **重要** 学名は，リンネが提唱した**二名法**（属名＋種小名）で示す。和名を学名と混同しないように。

④ 生物の系統関係を調べる基準

1 細胞の構造

① 細胞内の核や細胞小器官をもたない（㊶　　　細胞）と，それらをもつ（㊷　　　細胞）の2系統に大別される。
② ㊶の大きさはふつう数μmで，この細胞でからだができている生物を（㊸　　　生物）という。…細菌類・シアノバクテリア
③ ㊷の大きさはふつう数十μmで，この細胞でからだができている生物を**真核生物**という。…細菌類・シアノバクテリア以外のすべて

↓原核生物と真核生物の比較

		核膜	ミトコンドリア	中心体	ゴルジ体	リボソーム	小胞体	葉緑体	細胞壁
原核生物	細菌類	−	㊹	−	−	㊺	㊻	−	㊼
原核生物	シアノバクテリア	㊽	−	−	−	＋	−	㊾	＋
真核生物	動物	＋	＋	＋	㊿	51	52	53	
真核生物	藻類・陸上植物	＋	＋	±	＋	54	55	56	

2 形質による分類

① 生物が祖先から受け継いだ原始的な形質を(⁵⁷　　　形質)といい，そこから分化にともなって派生してきた形質を(⁵⁸　　　形質)という。

② 消化管の前端部からできたえらを原始形質とすると，肺や気管支は派生形質である。これらをもとにして分類し，(⁵⁹　　　)をつくる。　↳系統を示した図

3 分子データによる分類

① 遺伝子の本体はDNAの(⁶⁰　　　配列)である。これを種ごとに調べて比較することで，生物間の類縁関係の近さを求めて系統樹をつくることができる。この考え方により，界の上に(⁶¹　　　)がつくられた(p.174, 177)。

♣7 このほか，ミトコンドリアDNAの塩基配列なども用いられる。

② すべての生物がもつ，ある種の酵素タンパク質の**アミノ酸の配列**♣7を調べることによっても系統樹がつくられている。

③ このような**分子データ**による系統樹を(⁶²　　　)という。

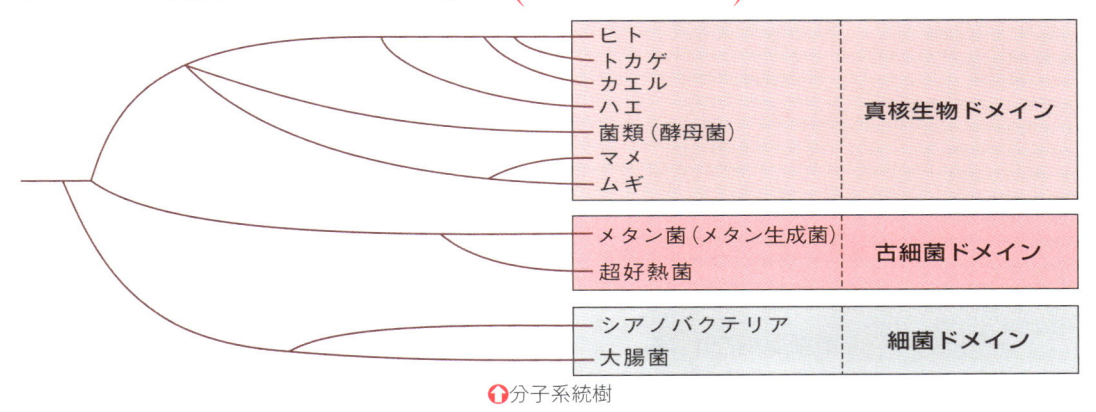

↑分子系統樹

> **重要**　〔系統分類の基準〕
> **細胞の構造・形質・分子データ**など

ミニテスト　　　　　　　　　　　　　　　　　　　　　　解答 別冊p.17

- ❶ 現在定められている学名のつけ方を提唱したのは誰か。また，その命名法を何というか。
- ❷ ヒトは，学名ではどのように命名されるか。
- ❸ ウメ，モモなどのような，日本語の種名を何というか。
- ❹ 分類の基本単位を何というか。
- ❺ ❹の上の段階を界まで順に答えよ。
- ❻ 界の上の段階として提唱されている，最も大きな分類単位名を答えよ。
- ❼ DNAの塩基配列や特定のタンパク質のアミノ酸配列のデータからつくられた系統樹を何というか。

2 生物の分類体系

解答 別冊p.18

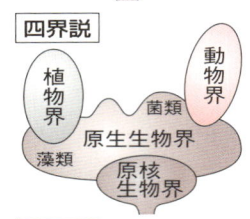

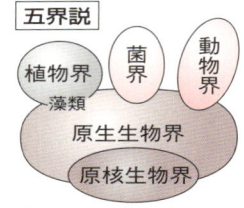

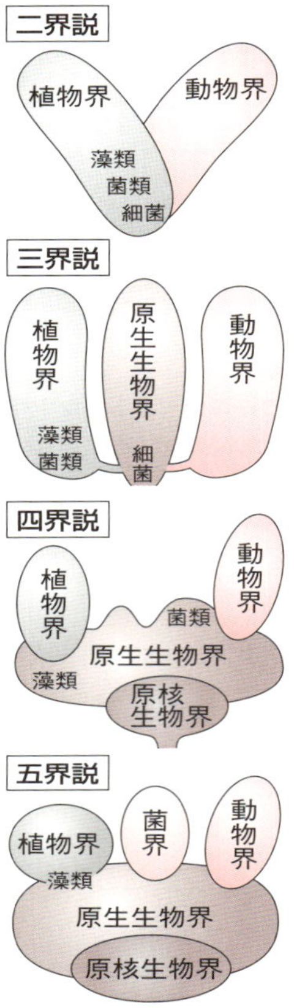

❶ 分類体系と界の分け方

1 二界説から五界説へ
生物の分類で門の上の分類段階を（❶　　　）といい，生物全体をどのように分けるか，いろいろな考え方が提案されてきた。

① **二界説**…（❷　　　）〔18世紀，スウェーデンの博物学者〕は，生物界を（❸　　界）と（❹　　界）の2界に分け，この（❺　　説）による分類体系をつくった。

② **三界説**…（❻　　　）〔19世紀後半～20世紀初めのドイツの動物学者〕は，単細胞生物から多細胞生物ができたと考え，動物界と植物界のほかに単細胞生物を（❼　　界）に分ける三界説を提唱した。

③ **四界説**…生物界を4つの界に分ける考え方。単細胞生物のうち原核生物を独立させ，**動物界・植物界・原生生物界・原核生物（モネラ）界**に分ける説（1938年，コープランドが提唱）が広く受け入れられた。

④ **五界説**…ホイタッカーやマーグリスは，生物全体を（❽　　　）と（❾　　　）に分け，後者をさらに**動物界・植物界・**（❿　　界）**・原生生物界**に分ける**五界説**を提唱した。〔ホイタッカーは1959年，マーグリスは1970年に発表。〕

2 二界説の矛盾点
① **ミドリムシ**…ミドリムシは単細胞の真核生物で葉緑体を（⓫　　も　）が細胞壁を（⓬　　も　）ほか，活発な（⓭　　運動を　）ため二界説では動物界にも植物界にも含まれず，界の定義と矛盾する。〔ユーグレナともよばれる。〕

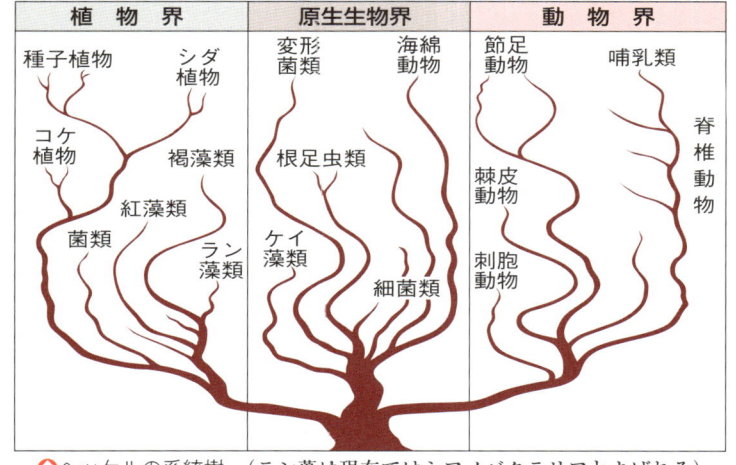

3 三界説の提唱
① **ヘッケル**は，動物界・植物界の2界から単細胞生物を（⓮　　界）〔プロチスタ界ともいう。〕として独立させ，3つの界に分ける（⓯　　説）を提唱した。

② 同時にヘッケルは，すべての生物は単一の共通祖先に由来するとして，左図のような（⓰　　　）をつくった。

↑いろいろな界の分け方

↑ヘッケルの系統樹（ラン藻は現在ではシアノバクテリアとよばれる）

❷ 五界説による分類

1 ホイタッカーが提唱した五界説は，生物界を（⑰　　　界）（モネラ界）・原生生物界・動物界・植物界・（⑱　　　界）の5つに分けるものである。
→アメリカの生態学者・分類学者
捕食する↑　　光合成をする↑　　吸収で栄養をとる↑

♣1 アメリカの微生物学・地球生物学者。彼女の五界説には自ら提唱した共生説（p.155）の考えが反映されている。

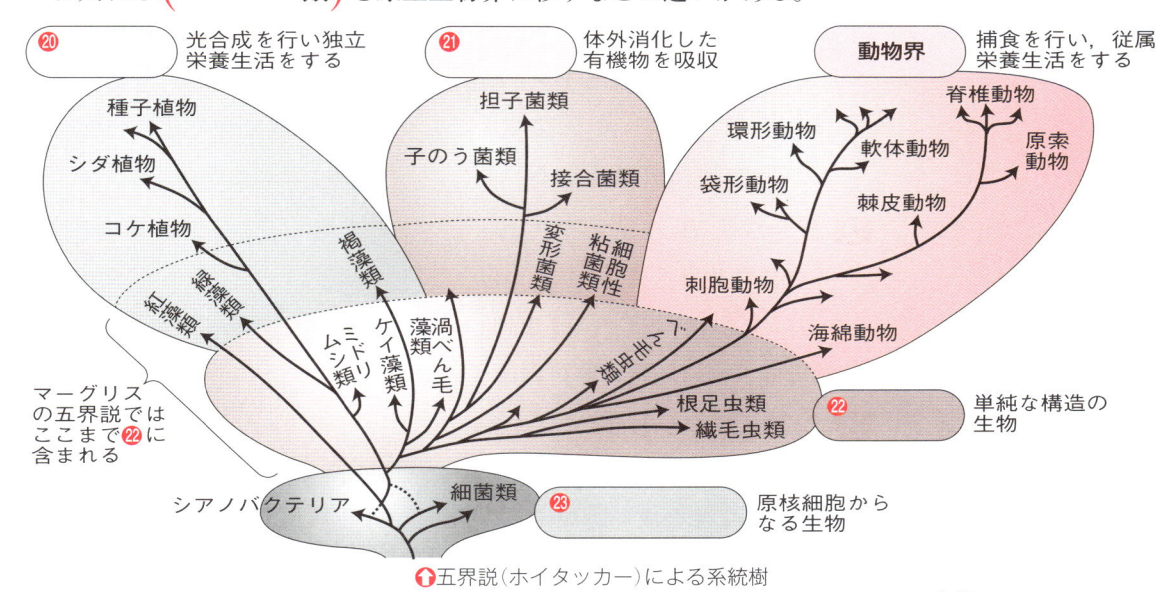

2 マーグリス♣1が提唱した五界説は，ホイタッカーの五界説では植物界に入れる（⑲　　　類）を原生生物界に移すなどの違いがある。

⑳ 光合成を行い独立栄養生活をする
㉑ 体外消化した有機物を吸収
動物界 捕食を行い，従属栄養生活をする
㉒ 単純な構造の生物
㉓ 原核細胞からなる生物

↑五界説（ホイタッカー）による系統樹

❸ ドメイン説

1 ドメイン説　1990年，ウーズが生物全体の分け方として提唱したのが（㉔　　　　）である（→p.174）。

2 3つのドメイン
① 五界説では同じ界に含まれていた原核生物が，大腸菌などの細菌（バクテリア）ドメインと，メタン菌などの古細菌（アーキア）ドメインに大別された。♣2
② 3ドメイン説での3つのドメインとは，（㉕　　　ドメイン），古細菌ドメイン，（㉖　　　ドメイン）である。

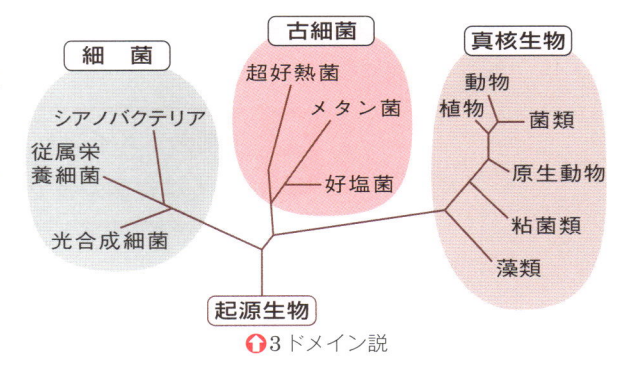

♣2 古細菌ドメインのほうが真核生物ドメインに近縁である。

↑3ドメイン説

ミニテスト　解答 別冊p.18

□❶ 三界説は二界説と比べて何が異なるか。
□❷ 五界説における5つの界を答えよ。
□❸ 3ドメイン説における3つのドメインの名称を答えよ。

3 細菌ドメインと古細菌ドメイン

解答 別冊p.18

♣1
従属栄養である細菌には，好気性細菌である**大腸菌**や**枯草菌**をはじめ，発酵を行う**乳酸菌**や**納豆菌**，窒素固定を行う**根粒菌**や**アゾトバクター**などが含まれる。

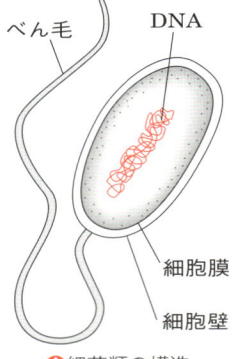

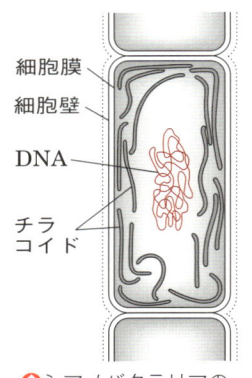

❶ 細菌ドメイン（バクテリアドメイン）

1 細菌（バクテリア）

① 微小な（① 　　　細胞）の（② 　　　生物）で，形状は球状，桿状（棒状），らせん状，不定形などさまざまである。

② 細胞壁の主成分は，（③ 　　　　　　　）ではなくペプチドグリカンとよばれる炭水化物とタンパク質の複合体である。

③ 多くは（④ 　　　生物）であるが，光合成細菌や化学合成細菌などの独立栄養生物もいる。（⑤ 　　　体）となる細菌も多い。
　　　　　　　　　　　　　　　　　　　　　　　└→大腸菌やコレラ菌，クラミジアなど

2 光合成細菌

① 光合成色素として（⑥ 　　　　　　　　）をもち，水の代わりに（⑦ 　　　　　　）を使って光合成を行い，硫黄を排出する。

② 緑色硫黄細菌，紅色硫黄細菌などがある。

3 シアノバクテリア
　　　　　　　　　└→ユレモやネンジュモなど

① 光合成色素として，（⑧ 　　　　　　　）をもち，植物のように水を使って光合成を行い，（⑨ 　　　　）を放出する。

② 地球上で，酸素の生成に重要なはたらきをしたと考えられる。

4 化学合成細菌

① 無機化合物の酸化によって生じる（⑩ 　　　エネルギー）を使って炭酸同化を行う（⑪ 　　　生物）である。

② 硝酸菌・亜硝酸菌・硫黄細菌などがある。硝酸菌や亜硝酸菌は窒素循環で（⑫ 　　　作用）を行う**硝化菌**である。

> **重要** 〔細菌ドメイン〕
> 多くは従属栄養で，シアノバクテリアなどは独立栄養

❷ 古細菌ドメイン（アーキアドメイン）

① **古細菌（アーキア）** は，細胞壁にペプチドグリカンを含まず，細菌の細胞壁よりも薄い。細菌より（⑬ 　　　生物）に近縁である。

② 海水中や土壌中にも生息するが，熱水噴出孔の付近などのような，極限環境に生息する**超好熱菌・メタン菌・高度好塩菌**などもいる。

↑細菌類の構造

↑シアノバクテリアの構造

4 真核生物ドメイン（原生生物界・菌界）

❶ 原生生物界

1 単細胞の真核生物や，発生の過程で胚を形成せず，組織の発達しない多細胞生物からなり，(❶　　　動物)，藻類，卵菌類，粘菌類，細胞性粘菌類などが含まれる。

♣1 ホイッタカーの五界説など，多細胞の藻類を植物界に含める考え方もあるが，本書では，マーグリスの説に従い，藻類を原生生物界に含めている。

重要 原生生物界…単細胞の真核生物（＋単純な構造の多細胞生物）
　　　　　　原生動物・単細胞藻類　　　粘菌類・藻類など

2 原生動物

① 単細胞の(❷　　　栄養生物)で細胞内構造が発達し，細胞小器官として，細胞口・(❸　　　)・収縮胞・繊毛などが見られる。

② 仮足をもつ**根足虫類**(❹　　　)，べん毛をもつ**べん毛虫類**（トリパノゾーマ），繊毛をもつ(❺　　　類)（ゾウリムシ）など。

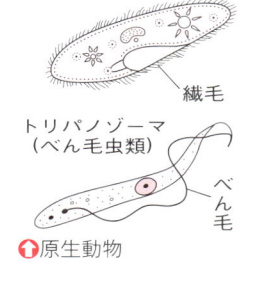

3 藻類　原生生物界で，光合成を行う独立栄養生物群を(❻　　　類)という。光合成色素の種類などで**紅藻類・緑藻類・(❼　　　類)・ケイ藻類・ミドリムシ類・シャジクモ類**などに分けられる。

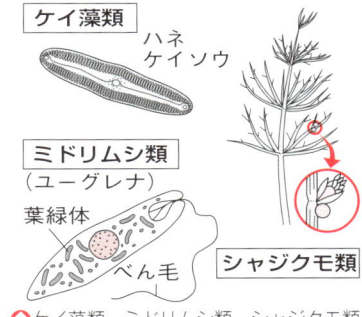

① (❽　　　類)…光合成色素として**クロロフィルa**とカロテノイド，フィコシアニン，(❾　　　)をもつ。
　　例 アサクサノリ・テングサ・カワモズク

② (❿　　　類)…光合成色素は**クロロフィルa**と(⓫　　　)。単細胞から多細胞まであり体制も多様である。
　　例 アオサ，アオノリ，ボルボックス，クロレラ

③ (⓬　　　類)…光合成色素は**クロロフィルa**と(⓭　　　)。大形の海藻が多い。　例 **コンブ・ワカメ・ヒジキ**

④ (⓮　　　類)…光合成色素は，**クロロフィルa**と(⓯　　　)。2枚のケイ酸質の殻をもち，分裂でふえる。
　　例 ハネケイソウ，クチビルケイソウ

⑤ **ミドリムシ類**…単細胞の(⓰　　　)などが属する。

⑥ **シャジクモ類**…コケ植物の造卵器に似た生殖器官をもち，精子のべん毛の構造などから(⓱　　　)の祖先とされている。
　　例 (⓲　　　)，フラスコモなど

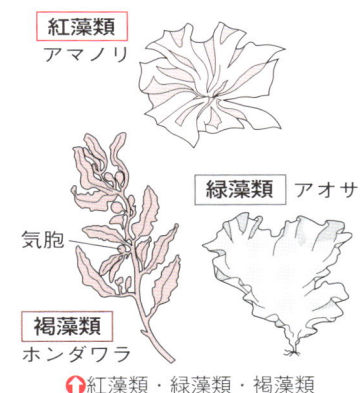

4 卵菌類

① 隔壁のない（⑲　　　　）からなる多数の核をもつ**多核体**である。
② 細胞壁の主成分は（⑳　　　　　　）で，**キチン**を細胞壁の主成分とする菌類よりも（㉑　　　　）に近い。
③ 水生動物の遺体に生える（㉒　　　　　）などがある。

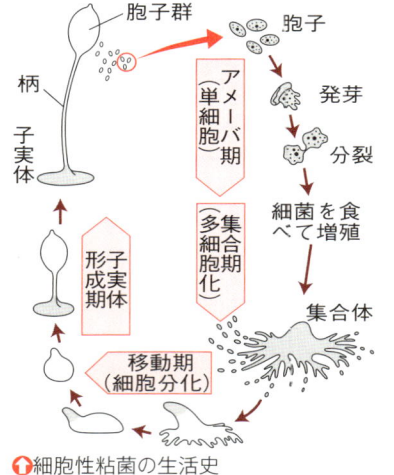

5 粘菌類・細胞性粘菌類

① **粘菌類**（変形菌類，真正粘菌類ともいう）は，大きな原形質で多数の核をもつ（㉓　　　　　）をつくる。この状態のときには（㉔　　　　）壁をもたず，移動しながら栄養を摂取して成長する。
② 乾燥すると（㉕　　　　　）をつくり，多数の（㉖　　　　　）を形成する。この細胞には細胞壁がある。

例 ムラサキホコリカビ

③ **細胞性粘菌**は，（㉗　　　　　）状の細胞が多数集合した（㉘　　　　）を形成し，粘菌類と同様の生活史の中で子実体をつくる時期がある。　**例** タマホコリカビ

↑細胞性粘菌の生活史

❷ 菌　界

1 二界説では（㉙　　　界）に含まれるが，（㉚　　　栄養）で，消化酵素を分泌して**体外消化**で栄養分を吸収する独自の栄養形態をもつ。

2 キチンを含む細胞壁をもち，からだは糸状の（㉛　　　　）が集まってできており，（㉜　　　　）でふえる。有性生殖と無性生殖があり，無性生殖では菌糸の先端が分裂して胞子（分生胞子）ができる。有性生殖の場合は，菌糸どうしが接合して2核性の細胞となり，（㉝　　　　）を形成してその中に胞子をつくる。

♣2 有性生殖が知られていない菌類もあり，それらは**不完全菌類**とよばれる。

↓菌類の種類

種類	接合菌類	子のう菌類	（㉞　　　類）
細胞隔壁	ない	ある	ある
菌糸の核相	単相(n)	単相(n)	単相(n)
有性生殖♣2	子実体をつくらず，菌糸の一部に**配偶子のう**を形成して，その**接合**により2nの（㉟　　　　）をつくる。	子実体に袋状の（㊱　　　　）ができ，その中に胞子ができる（子のう胞子）。	大形の子実体（いわゆるきのこ）をつくるものがあり，（㊲　　　器）の上に胞子（担子胞子）ができる。
例	ケカビ，クモノスカビ	アカパンカビ，アオカビ，コウジカビ，酵母菌（おもに出芽でふえる）	マツタケ，シイタケ，シメジ，ホコリタケ

接合菌類／子のう菌類／担子菌類

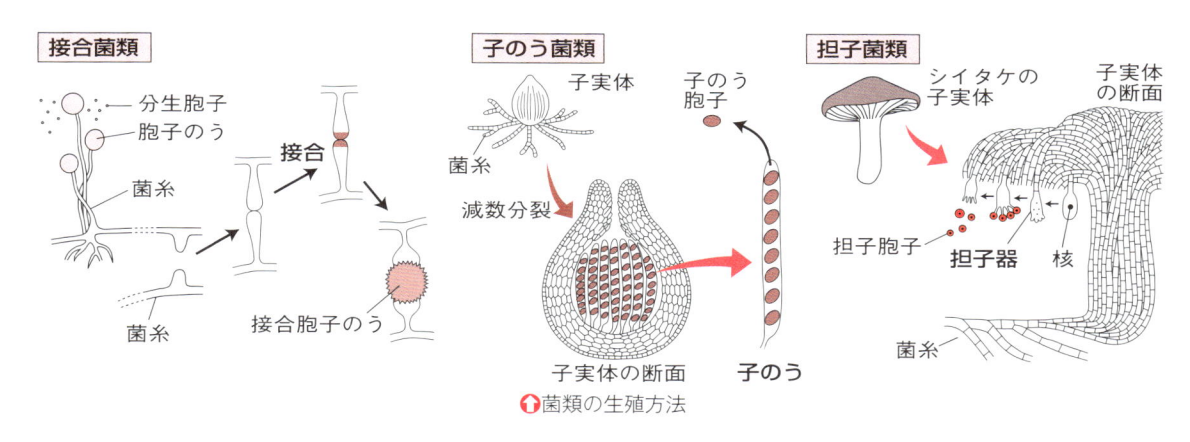

↑菌類の生殖方法

> **重要**
> 菌類…**菌糸**でできていて，**胞子**でふえる。
> 　　　　↳隔壁の有無で分類　　↳胞子のでき方で分類
> 菌類の種類…接合菌類・子のう菌類・担子菌類

❸ 植物界への道

　分子データなどの研究から，下図のように，原生生物界の藻類の一部から陸上生活に適応したコケ植物が進化し，さらにシダ植物，種子植物が進化してきたと考えられている。

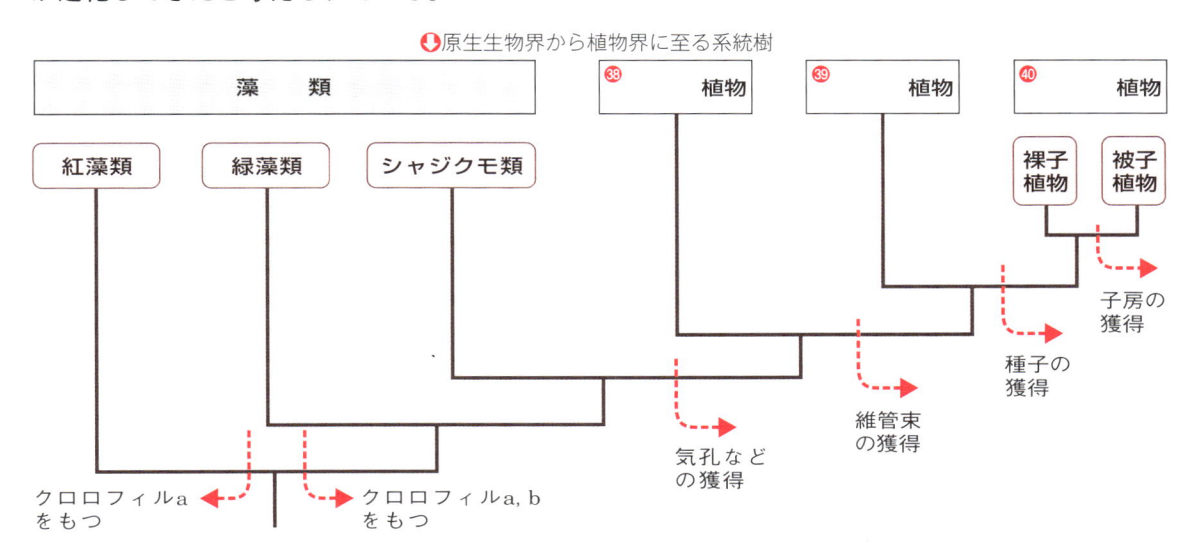

↓原生生物界から植物界に至る系統樹

【系統樹】藻類（紅藻類／緑藻類／シャジクモ類）— ㊳植物 — ㊴植物 — ㊵植物（裸子植物・被子植物）

- 紅藻類：クロロフィルaをもつ
- 緑藻類・シャジクモ類：クロロフィルa, bをもつ
- ㊳：気孔などの獲得
- ㊴：維管束の獲得
- ㊵：種子の獲得
- 被子植物：子房の獲得

ミニテスト　　解答 別冊p.18

- ❶ 原生生物界で，細胞内構造が発達した単細胞の従属栄養生物を何というか。
- ❷ 藻類のうち，光合成色素であるクロロフィルの構成が陸上植物と同じものを答えよ。
- ❸ 菌類が形成し，その中に胞子をつくる構造を何というか。
- ❹ 菌類のうち，「きのこ」をつくるものは何とよばれているか。

5 真核生物ドメイン（植物界）

解答 別冊p.19

❶ 植物界

♣1 藻類を植物界に含める分類法もあるが、ここではマーグリスの五界説に従い、藻類は原生生物界で扱った（→p.179）。

1 植物界の生物は、細胞内に光合成色素を含む（❶　　　）をもち、おもに陸上で光合成を行う。♣1

2 維管束が発達していない（❷　　　植物）と、根・茎・葉の区別があり維管束が発達している（❸　　　植物）がある。

3 維管束植物には、胞子生殖をする（❹　　　植物）と、種子でふえる（❺　　　植物）がある。

> **重要** 植物界…コケ植物と維管束植物（シダ植物・種子植物）

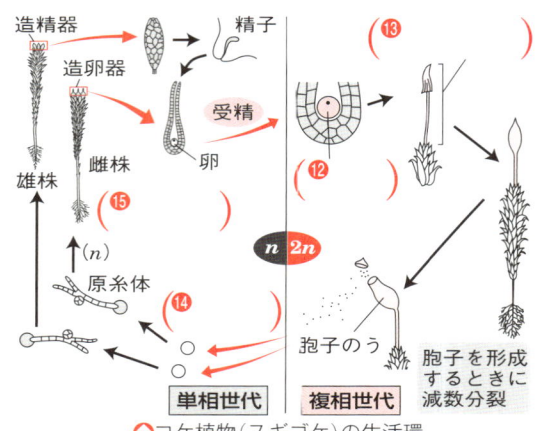

❷ コケ植物

① コケ植物の本体は、単相(n)の（❻　　　）である。維管束を（❼　　　）。

② 複相($2n$)の（❽　　　）は配偶体に付着して生活し、減数分裂で（❾　　　）(n)をつくる。

③ 胞子は発芽して（❿　　　）となり、これが成長して雌雄の（⓫　　　）となる。

④ 雄の配偶体がもつ**造精器**と雌の配偶体がもつ**造卵器**でそれぞれ精子と卵がつくられ、受精卵が**胞子体**となる。　例 スギゴケ、ゼニゴケ

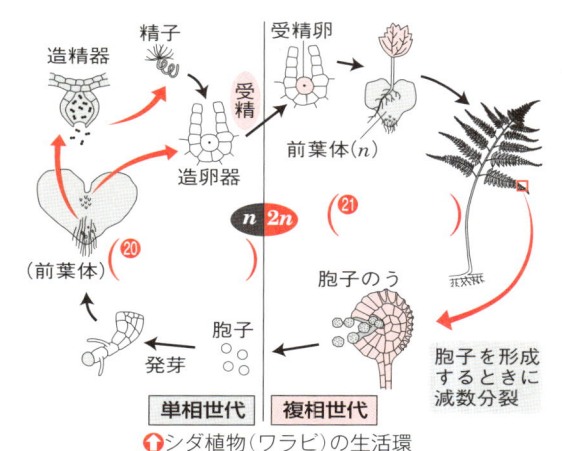

↑コケ植物（スギゴケ）の生活環

❸ シダ植物

① シダ植物の本体は、複相($2n$)の（⓰　　　）で、（⓱　　　）が発達、根・茎・葉が分化しており陸上生活に適応している。
　↳水分などの通路

② **胞子のう**で減数分裂が起き、できた**胞子**(n)は発芽して（⓲　　　）とよばれる**配偶体**になる。この配偶体は**造卵器**と**造精器**をもつ。

③ 受精卵は前葉体上で成長して**幼植物**となる。これが成長して本体の（⓳　　　）となる。
　例 マツバラン、ヒカゲノカズラ、ワラビ

↑シダ植物（ワラビ）の生活環

> **重要**
> 〔コケ植物〕本体は n の配偶体。$2n$ の胞子体は雌の配偶体に寄生。
> 〔シダ植物〕本体は $2n$ の胞子体。n の配偶体は前葉体で独立。
> 　　　　　　胞子体は維管束をもち，根・茎・葉が分化している。

❹ 種子植物

1 維管束が発達し，植物界のなかで最も陸上生活に適応している。発達した胞子体の一部に生殖器官である（㉒　　）をつけて，めしべの中にある（㉓　　）内で受精して種子をつくる。

♣2 種子植物で配偶体にあたるのは胚のうと花粉で，配偶子は卵細胞と精細胞（または精子）である。

2 裸子植物と被子植物

種類	裸子植物	被子植物
胚珠	裸出している。	めしべの（㉔　　）で包まれている。
受粉形態	花粉は風で運ばれ胚珠の珠孔に達すると（㉕　　）を伸ばし，精細胞または精子（n）が胚珠内の卵細胞と受精。	花粉は柱頭から胚珠まで（㉖　　）を伸ばして，胚のうで2個の（㉗　　）を放出する。
受精様式	卵細胞のみが受精する。胚乳となる細胞は受精しないので，胚乳の核相は（㉘　　）である。	（㉙　　受精）…2個の精細胞（n）のうち，1個は卵細胞（n）と受精して受精卵（$2n$）となり，他の1個の精細胞は，中央細胞の極核（$n+n$）と受精して核相（㉚　　）の胚乳となる。
例	イチョウ，ソテツ（精子が卵細胞と受精） マツ（精細胞が卵細胞と受精）	（㉛　　類）…ススキ，シバ （㉜　　類）…アブラナ，サクラ →形成層が見られる。

↑裸子植物の生殖　　　　　　　　　　　　　↑被子植物の生殖

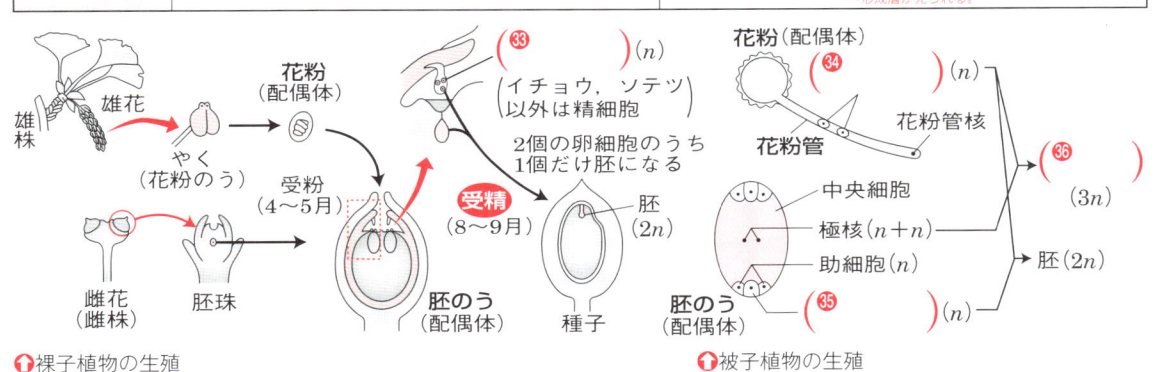

（図中ラベル：雄株／雄花／やく（花粉のう）／花粉（配偶体）／受粉（4〜5月）／雌花（雌株）／胚珠／（㉝　　）（n）（イチョウ，ソテツ以外は精細胞）／2個の卵細胞のうち1個だけ胚になる／受精（8〜9月）／胚（$2n$）／胚のう（配偶体）／種子／花粉（配偶体）／（㉞　　）（n）／花粉管／花粉管核／中央細胞／極核（$n+n$）／助細胞（n）／胚のう（配偶体）／（㉟　　）（n）／（㊱　　）（$3n$）／胚（$2n$））

ミニテスト　　　　　　　　　　　　　　解答 別冊p.19

□❶ 裸子植物と被子植物の相違点を述べよ。
□❷ コケ植物とシダ植物の相違点を述べよ。
□❸ 胞子体と配偶体のうち複相世代はどちらか。
□❹ 造精器・造卵器をもつのは胞子体・配偶体のどちらか。

6 真核生物ドメイン（動物界）

解答 別冊p.19

❶ 動物界の分類の基準

1 動物界は，(❶　　　栄養)で生活する多細胞生物で構成され，初期発生で胞胚期(→p.86)を経る。

2 動物界の生物は胚発生の様式を基準に大別される。

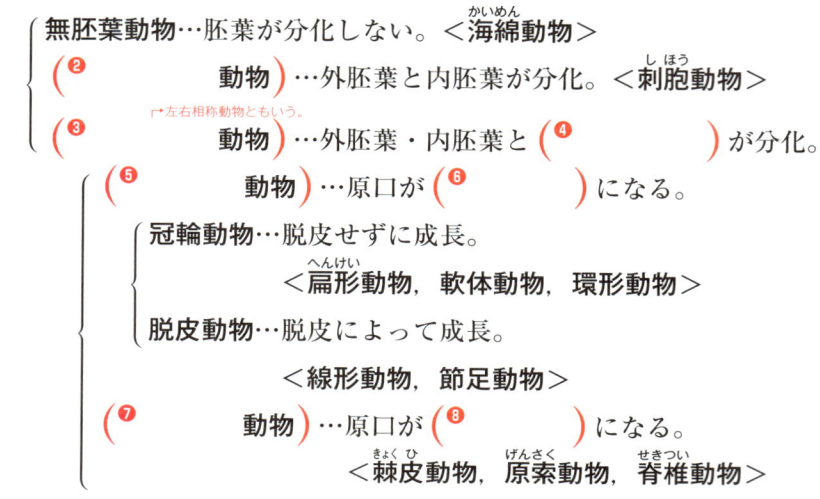

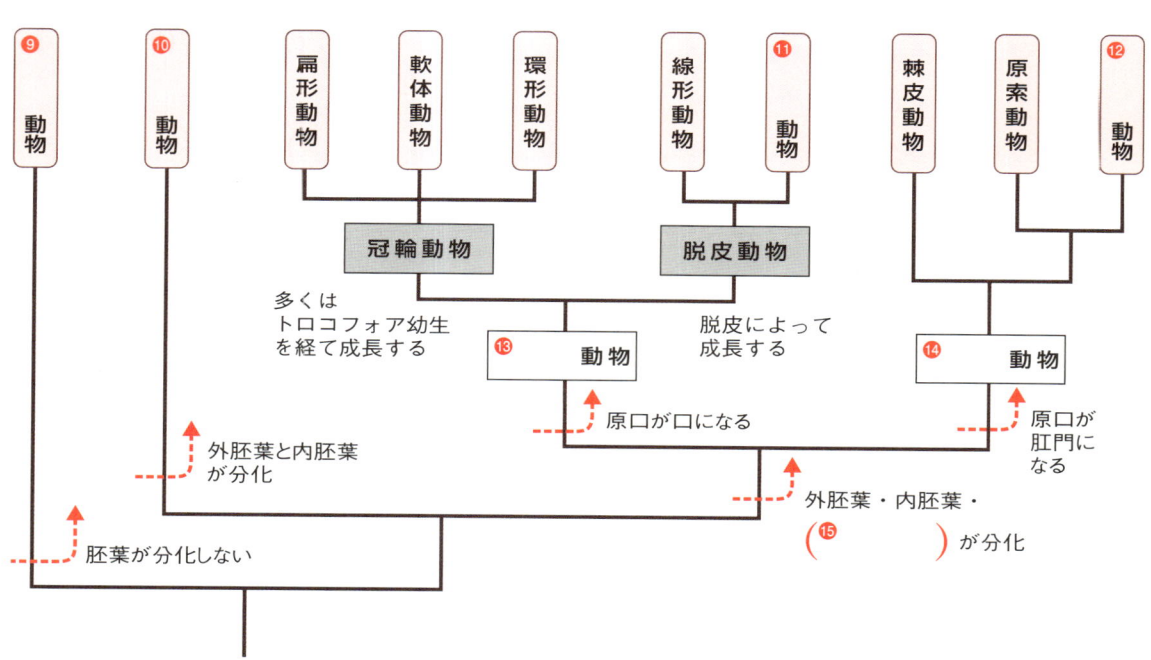

- 無胚葉動物…胚葉が分化しない。＜海綿動物＞
- (❷　　　動物)…外胚葉と内胚葉が分化。＜刺胞動物＞
- (❸　　　動物)…外胚葉・内胚葉と(❹　　　)が分化。
  ┌左右相称動物ともいう。
  - (❺　　　動物)…原口が(❻　　　)になる。
    - 冠輪動物…脱皮せずに成長。
      ＜扁形動物，軟体動物，環形動物＞
    - 脱皮動物…脱皮によって成長。
      ＜線形動物，節足動物＞
  - (❼　　　動物)…原口が(❽　　　)になる。
    ＜棘皮動物，原索動物，脊椎動物＞

系統樹：
- ❾　動物
- ❿　動物
- 扁形動物／軟体動物／環形動物 → 冠輪動物（多くはトロコフォア幼生を経て成長する）
- 線形動物／⓫　動物 → 脱皮動物（脱皮によって成長する）
- 冠輪動物＋脱皮動物 → ⓭　動物（原口が口になる）
- 棘皮動物／原索動物／⓬　動物 → ⓮　動物（原口が肛門になる）
- 外胚葉・内胚葉・(⓯　　　)が分化
- 外胚葉と内胚葉が分化
- 胚葉が分化しない

↑動物界の系統樹

❷ 体腔ができない動物

1 海綿動物
① 胚葉の分化はなく，組織や器官の分化は見られない。
② べん毛をもつ（⑯　　　細胞）で水流を起こし，流れてくるプランクトンなどを食べている。

2 刺胞動物
① 体表に（⑰　　　）をもち，外胚葉性の外層と内胚葉性の内層の2層からなる袋状の体制をしている。
② 袋状の入り口が口と（⑱　　　）を兼ねており，袋の内部が（⑲　　　）となっている。
③ （⑳　　神経系）をもち，筋肉細胞と感覚細胞がある。
例 浮遊性：（㉑　　　）
　 固着性：イソギンチャク・ヒドラ・（㉒　　　）

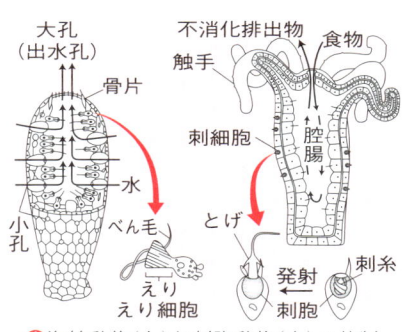

> **重要** 無体腔段階：海綿動物（無胚葉），刺胞動物（二胚葉）

❸ 旧口動物

原口が口になる。**無体腔**，**偽体腔**，**真体腔**のものがある。

1 扁形動物（無体腔）
① からだは（㉓　　　）な形をし，口は肛門を兼ねていて不消化物は口から排出される。
② プラナリアは，**集中神経系**をもち，頭部には神経細胞の集合した（㉔　　　）（脳）と1対の目をもつ。
例 プラナリア・コウガイビル・サナダムシ

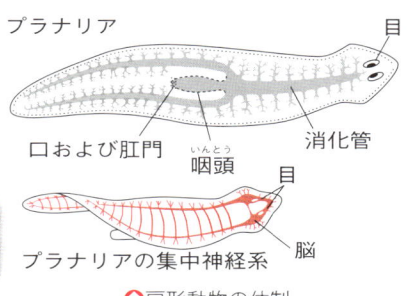

2 軟体動物（真体腔）
① からだは軟らかく，**外とう（外套）膜**で包まれる。
② 消化管は口から肛門まで続き，肝臓などの器官も発達。
例 （㉕　　類）：イカ・タコ　二枚貝類：アサリ
　 巻貝類：タニシ・マイマイ・ウミウシ

3 環形動物（真体腔）
① からだは円筒形で，環状の（㉖　　　）構造が連なってできている。
② 中胚葉で囲まれた真体腔をもつ。

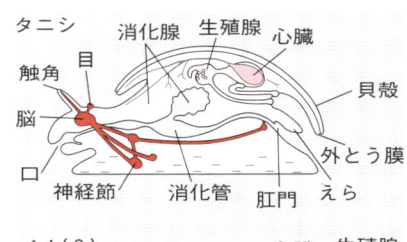

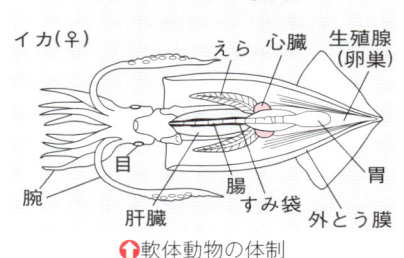

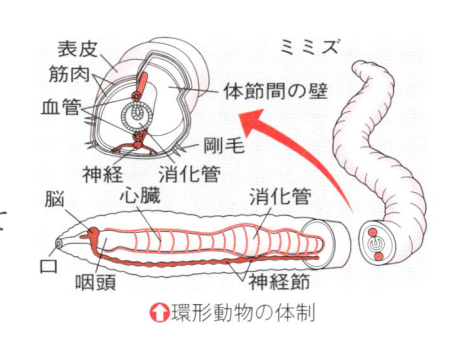

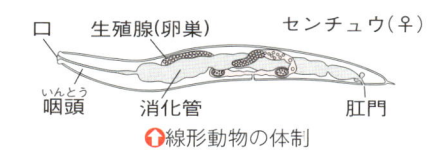

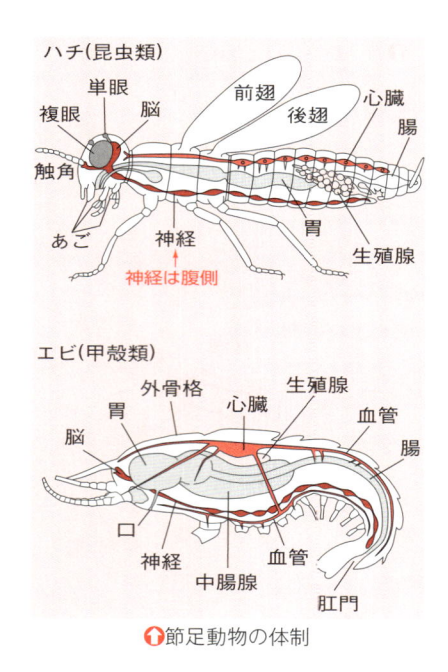

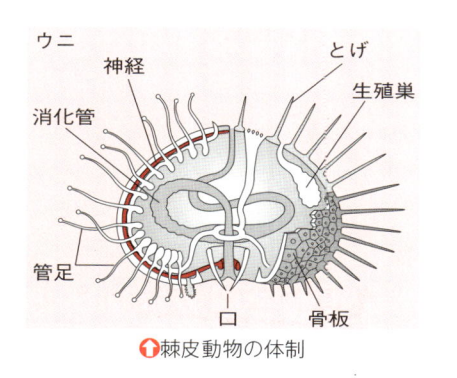

③ 各体節の腹側には（㉗　　　　神経系）が広がる。
　例（㉘　　　　）（陸生）・ゴカイ（海生で体表に剛毛）

4 線形動物（偽体腔）
　からだは糸状で，体節構造をもたず，（㉙　　　　）をして成長する。動植物に寄生するものも多い。
　例 センチュウ，アニサキス，カイチュウ，ギョウチュウ

5 節足動物（真体腔）
① 陸上にも水中にも分布し，現在の地球上で最も繁栄している動物群の1つである。90万種以上いる。
② からだに**体節構造**が見られ，いくつかの体節が集まって昆虫類では頭部・（㉚　　　　）・（㉛　　　　）に，クモ類では（㉜　　　　）・**腹部**に分かれる。
③ 体表は（㉝　　　質）の硬い（㉞　　　骨格）で囲まれるので，（㉟　　　　）をくり返して成長する。
④ **はしご形神経系**をもつ。脳神経節は発達している。
⑤ 心臓は，背側に棒状の**背脈管**がある。
　例（㊱　　　類）：チョウ・バッタ・ハチ
　　クモ類：クモ・サソリ・ダニ
　　甲殻類：カニ・エビ・ミジンコ・ダンゴムシ
　　ヤスデ類：ヤスデ　　ムカデ類：ムカデ

> **重要**
> 旧口動物…原口が口になる。
> 　冠輪動物…扁形動物・軟体動物・環形動物
> 　脱皮動物…線形動物・節足動物

❹ 新口動物

1 棘皮動物
① からだは（㊲　　　相称）で，ウニをはじめ多くの種は石灰質の硬い骨板（殻）でおおわれ，体内に呼吸器や循環器の役割をする（㊳　　　　）がある。
② 水管は**管足**（運動器官）とつながって（㊴　　　系）をつくっており，神経系（放射状神経系）はこれに沿うように分布している。
　例 ヒトデ・ウニ・ナマコ

2 原索動物

① 発生過程で，胚の背側に管状の神経管を支える（㊵　　）が形成されるが，脊椎骨はできない。

② **ホヤ**では脊索や（㊶　　）は幼生時だけ見られ，成体になると退化する。これに対して，**ナメクジウオ**では終生存在する。

↑原索動物の体制

3 脊椎動物

① 脊索は発生途中では生じるが，退化・消失する。

② からだの背側に神経管を取り囲む（㊷　　）（脊柱）をもち，これを中心とした（㊸　　骨格）でからだを支えている。

③ 管状の中枢神経系は頭部で発達して（㊹　　）になり，頭蓋に包まれている。

④ 脊椎動物は，下表の特徴で，**魚類・両生類・ハ虫類・鳥類・哺乳類**に大別される。

↑脊椎動物の体制

動物の種類（綱）	呼吸器官	心臓の構造	羊膜	体温	子の生まれ方	体表
魚類	㊺	1心房1心室	なし	変温	卵生(水中)	うろこ
㊻	えらと肺（幼生）（成体）	2心房1心室	なし	変温	卵生(水中)	粘膜
ハ虫類	㊼	2心房2心室(不完全)	あり	㊽	卵生(陸上)	うろこ
㊾	肺	2心房2心室	あり	恒温	卵生(陸上)	㊿
哺乳類	肺	2心房2心室	あり	㋕	㋖	㋗

⑤ 魚類と両生類は水中に卵をうみ，水中で発生するので，胚を乾燥から守る（㋔　　）をもたない。これを**無羊膜類**という。

⑥ ハ虫類・鳥類・哺乳類は，陸上で胚発生するので，その間，胚を乾燥から守るための**羊膜**などが形成される（㋘　　類）である。

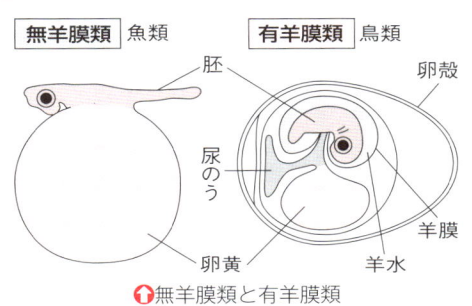

↑無羊膜類と有羊膜類

> **重要**　新口動物…原口が肛門になる。
> 　　　　　棘皮動物・原索動物・脊椎動物

ミニテスト　　解答 別冊p.19

- ❶ 旧口動物と新口動物の違いを説明せよ。
- ❷ 三胚葉動物を，旧口動物と新口動物に分けよ。
- ❸ 外骨格と内骨格の違いを説明せよ。
- ❹ 原索動物と脊椎動物のおもな違いは何か。

2章 生物の系統と分類　練習問題

解答 別冊p.37

❶〈生物の分類〉
▶わからないとき→p.173, 174

次の文を読み，空欄a～kに入る語を答えよ。

　外観や人間生活との関係をもとにした生物の分類を（ a ），生物の類縁関係に基づいた分類を（ b ）という。生物を分類する上で基本となる単位は（ c ）で，同じ（ c ）の生物どうしは共通した形態・生理的特徴をもち，繁殖力のある子孫を残すことができる。近縁の（ c ）をまとめて（ d ）という上位の分類段階にまとめ，これをさらに下のように上位の分類段階に順にまとめている。

　（ c ）＜（ d ）＜（ e ）＜（ f ）＜（ g ）＜（ h ）＜（ i ）

　「分類学の父」とよばれるリンネは，生物種の世界共通の名称として（ j ）を提唱した。（ j ）はラテン語を使い（ d ）と（ c ）を組み合わせたもので示している。これに対して「イヌ」など日本語で表される種名を（ k ）という。

ヒント　（ j ）に含まれる場合の（ c ）は，「種小名」とよばれる。

❶
a
b
c
d
e
f
g
h
i
j
k

❷〈分類体系〉
▶わからないとき→p.176, 177

次の文を読み，各問いに答えよ。

　界の分類については，古くからa)動物界と植物界に分ける説が用いられてきたが，分類学が進むにつれて，矛盾が生じるようになった。ヘッケルはb)動物界と植物界に加えて（ ① ）界を設ける説を提唱した。さらに，従属栄養生物である菌類を独立栄養の植物界に加えるべきでないとの考え方から，菌類を（ ② ）界として独立させる説が提唱された。近年では，細菌類などの（ ③ ）細胞からなる生物と真核細胞からなる生物との違いは大きいと考えたc)（ ④ ）やマーグリスらにより，細菌類やシアノバクテリアを（ ⑤ ）界として分ける説が提唱されている。d)また，生物を3つのドメインに分ける説もある。

(1)　文中の空欄①～⑤に適当な語句を記せ。
(2)　文中の下線部a～dの説を，それぞれ何というか。

❷
(1)①
②
③
④
⑤
(2)a
b
c
d

❸〈藻類，植物の分類〉
▶わからないとき→p.179, 181～183

下は，多細胞の藻類と陸上植物を分類したものである。各問いに答えよ。

藻類 ┬ クロロフィルはaのみをもつ ……………………………… ①
　　 ├ クロロフィルaとcをもつ ………………………………… ②
　　 └ クロロフィルaとbをもつ ………………………………… ③

陸上植物 ─ クロロフィルaとbをもつ ┬ 胞子をつくる ┬ 本体は配偶体 ………… ④
　　　　　　　　　　　　　　　　　│　　　　　　 └ 本体は胞子体 ………… ⑤
　　　　　　　　　　　　　　　　　└ 種子をつくる ┬ 胚珠が裸出 …………… ⑥
　　　　　　　　　　　　　　　　　　　　　　　　└ 胚珠は子房で包まれる … ⑦

(1)　①～⑦に属する植物のグループ名を答えよ。

❸
(1)①
②
③
④
⑤
⑥
⑦

(2) 次の植物は①〜⑦のどのグループの植物に属するか，それぞれ答えよ。
   a アオサ　　b コンブ　　c アサクサノリ
   d サクラ　　e ソテツ　　f ワラビ

   ヒント (1) ③は陸上植物と共通の光合成色素をもつ藻類が入るので，紅藻・褐藻・緑藻のなかで陸上植物に最も近いものが入る。

❹〈無脊椎動物〉
▶わからないとき→ p.184〜187

次の文を読み，各問いに答えよ。

無脊椎動物のうち（①）は，体制は胞胚型で胚葉の分化や組織・器官の分化は見られず，消化管も発達していない。べん毛をもつ（②）細胞で水流を起こし，プランクトンなどを食べて消化している。外胚葉と内胚葉が分化している袋状の動物で a)刺胞をもっている動物を（③）という。さらに，中胚葉が分化して外・中・内胚葉の3胚葉からからだができる動物では，原口が口になるグループを（④），肛門になるグループを（⑤）といい，（④）のからだで胞胚腔からできている体腔を（⑥）といい，中胚葉で囲まれた体腔を（⑦）という。また，b)（⑤）のグループはすべて原腸壁がふくれてできた中胚葉で囲まれた（⑦）をもっている。

(1) 文中の空欄①〜⑦に適当な語句を記入せよ。
(2) 文中の下線部aに属する動物を2つあげよ。
(3) 文中の下線部bにはどのようなグループの動物が属するか，3つあげよ。

   ヒント (3) ヒトデやウニ，ナメクジウオ，カエルやヒトなどのなかまが含まれる。

❺〈動物の系統樹〉
▶わからないとき→ p.184〜187

右図は，動物の系統樹を示したものである。

(1) 図中のA〜Dの分類群の名称をそれぞれ答えよ。
(2) 図中のア〜ウに適する語を記せ。
(3) 次の①〜④の動物群が属する分類群は図中のA〜Dのどれか。それぞれ答えよ。
   ① クラゲ，イソギンチャク
   ② タコ，アサリ，アメフラシ
   ③ ホヤ，ナメクジウオ
   ④ プラナリア，コウガイビル
(4) 図中のA〜Dで二胚葉性のものはどれか。

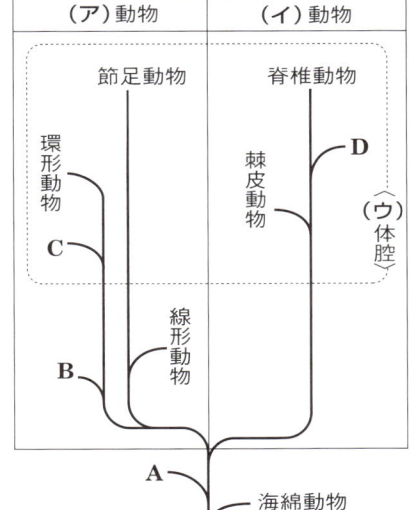

   ヒント (4) 外胚葉と内胚葉からなり，原口が口と肛門を兼ねる。

第5編 生物の進化と系統 定期テスト対策問題

時　間▶▶▶ 50分
合格点▶▶▶ 70点
解　答▶別冊 p.38

1 生命の起源に関する次の文章を読んで，各問いに答えよ。
〔問1～3…各3点　合計18点〕

（　①　）は，原始大気の成分と考えられていたメタン，アンモニア，水素，水を含んだガス中で火花放電を起こす実験を行い，無機物からアミノ酸などの有機物が生成されることを示した。原始の地球ではこのような化学進化が起こり，生命誕生への準備が整っていったと考えられている。

地球上に最初に現れた生物は，遺伝物質や代謝を行うための触媒として（　②　）を使い，酸素のない環境下でエネルギーを得る（　③　）だったと考えられている。その後，代謝のしくみの進化とともに細胞の構造も進化し，核やさまざまな細胞小器官をもつ（　④　）が現れた。現在では，<u>（　④　）のミトコンドリアと葉緑体は嫌気性細菌に別の生物が共生してできたとする説</u>が有力である。

問1 文中の①～④の空欄に適当な語句を記せ。
問2 下線部の説によれば，嫌気性細菌に共生してミトコンドリアになったのはどのような生物か。
問3 下線部の説によれば，嫌気性細菌に共生して葉緑体になったのはどのような生物か。

問1	①		②		③		④	
問2				問3				

2 生物の進化に関する次の文章を読んで，各問いに答えよ。
〔問1…各2点，問2・3…各5点，問4～6…各2点　合計27点〕

地球上に光合成を行う生物が現れると，大気中の（　①　）は増加しだした。すると，(a)<u>上空にオゾン層が形成されて</u>生物が陸上で生活できる環境が整い，(b)<u>植物も動物も陸上へ進出する</u>ようになった。

陸上へ進出した動物のなかから哺乳類が現れ，やがて，中生代末期に現れた（　②　）目から霊長目が進化した。サルからヒトへの進化の第一歩は，生活場所を地上へ移し，(c)<u>直立二足歩行</u>を開始したことだと考えられている。そして，直立二足歩行をした猿人から原人，(d)<u>旧人</u>を経て，新人へと進化した。

問1 文中の①，②の空欄に適当な語句を記せ。
問2 下線部(a)のオゾン層は，どのようなはたらきをしているといえるか。
問3 下線部(b)にともなって，植物が発達させたしくみを2つ，それぞれ簡潔に記せ。
問4 下線部(b)のなかで，脊椎動物もある時期に陸上に進出したと考えられる。それはいつ頃であり(紀で答えよ)，その動物は現在の分類ではどのようなグループにあたるものかをそれぞれ記せ。
問5 下線部(c)を行ったアウストラロピテクスが現れた時期を，次のア～エから選べ。
　ア　5～4万年前　　イ　50～40万年前　　ウ　500～400万年前　　エ　5000～4000万年前
問6 下線部(d)であるものを，次のア～ウから選べ。
　ア　ホモ・ネアンデルターレンシス　　イ　ホモ・サピエンス　　ウ　ホモ・エレクトス

問1	①		②		問2				
問3									
問4	時期			グループ			問5		問6

3 進化に関する次の各文中の空欄に，適当な語句を記せ。　〔各2点　合計20点〕

① カモノハシは，卵生であるが授乳して育児するなどの点から（　ア　）と（　イ　）の中間形といえる。この事実は（　ア　）から（　イ　）へ進化したことを示している。
② 始祖鳥は，中生代（　ウ　）紀の化石動物である。羽毛や翼をもつ点では（　エ　）類に近く，尾骨のある尾や歯のあるくちばしをもっている点で（　オ　）類に近い。
③ 鳥類の翼とヒトの手(腕)はいずれも，ハ虫類の（　カ　）を起源とする（　キ　）器官である。また，鳥の翼と昆虫のはねは，前者は（　カ　）で後者は（　ク　）と起源は異なるが同じようなはたらきをする（　ケ　）器官である。
④ クジラの後肢のように現在では退化し，はたらきを失っているような器官を（　コ　）器官という。

ア		イ		ウ		エ		オ	
カ		キ		ク		ケ		コ	

4 分類法に関する次の文を読んで，各問いに答えよ。　〔問1〜3…各3点　合計21点〕

ヒトは（　a　）門，（　b　）綱，ヒト科，ヒト属に属する動物である。ヒトの（　c　）は，*Homo sapiens* である。*Homo* は（　d　）であり，*sapiens* は種小名である。（　c　）は，これら2つの語からなるので，この表記法を二名法という。分類の階級には，上記以外に綱と科の間に（　e　）という階級がある。

問1　次の文の空欄a〜eに適当な語句を記せ。
問2　文中の下線部の表記法を提唱したのは誰か。
問3　*Homo sapiens* などの表記は何語を使ってなされているか。

問1	a		b		c		d		e	
問2			問3							

5 系統分類に関する次の文章を読んで，各問いに答えよ。　〔問1…各3点，問2…2点　合計14点〕

<u>生物の類縁関係は樹木の枝のような図で表すことができる。</u>これまでの進化や分類の研究は，考古学や形態学などによる生物の表現形質を対象として行われてきた。最近では，生物がもつ核酸の塩基配列やタンパク質のアミノ酸配列を用いた分析が行われるようになり，これらを加えた総合的な研究手法によって進化を解明しようとする方向に進んでいる。

右図は4つの生物種間の類縁関係を樹状に示したものである。この図における2つの生物種間の類縁関係は両者の分岐点までの枝の長さで表されている。また，右下の表は，生物種A〜D間におけるある遺伝子の類似性を百分率で表したものであり，この右図を作製する基準になったものである。

	A	B	C
B	97		
C	69	66	
D	75	72	90

問1　右表の生物種A〜Dはそれぞれ右図の①〜④のどれと対応しているか，最も適切な番号を記せ。
問2　文中の下線部のような図を何というか。

問1	A		B		C		D		問2	

編集協力：アポロ企画

デザイン：アルデザイン

図版作成：小倉デザイン事務所　藤立育弘

シグマベスト **生物の必修整理ノート**	編　者　文英堂編集部
	発行者　益井英郎
	印刷所　日本写真印刷株式会社
本書の内容を無断で複写（コピー）・複製・転載することは，著作者および出版社の権利の侵害となり，著作権法違反となりますので，転載等を希望される場合は前もって小社あて許諾を求めてください。	発行所　株式会社　**文英堂**
	〒601-8121　京都市南区上鳥羽大物町28 〒162-0832　東京都新宿区岩戸町17 （代表）03-3269-4231
Ⓒ BUN-EIDO　2013　　　Printed in Japan	●落丁・乱丁はおとりかえします。

生物の必修整理ノート

解答集

文英堂

空らん・ミニテストの解答

第1編 第1章
細胞と分子

⟨p.6～9⟩

1 細胞の構造とはたらき
❶ 細胞膜　　❷ DNA
❸ 真核　　　❹ 核膜
❺ 細胞小器官　❻ 細胞壁
❼ 原核　　　❽ 古細菌
❾ 核　　　　❿ ヒストン
⓫ 細胞小器官　⓬ 真核
⓭ 単細胞　　⓮ 原生
⓯ 核
⓰ 染色体(クロマチン繊維)
⓱ 核小体　　⓲ 核膜
⓳ 粗面小胞体　⓴ 滑面小胞体
㉑ 細胞骨格　㉒ 中心体
㉓ リソソーム
㉔ ミトコンドリア
㉕ ゴルジ体　㉖ リボソーム
㉗ 細胞膜　　㉘ 細胞壁
㉙ 細胞膜　　㉚ 葉緑体
㉛ 液胞　　　㉜ 原形質連絡
㉝ 核　　　　㉞ 染色体
㉟ 核小体　　㊱ 転写
㊲ リボソーム　㊳ 翻訳
㊴ タンパク質　㊵ 粗面小胞体
㊶ 滑面小胞体　㊷ ゴルジ体
㊸ 濃縮(修飾 でも可)
㊹ 分泌　　　㊺ リソソーム
㊻ ミトコンドリア
㊼ ATP　　　㊽ 呼吸
㊾ 葉緑体　　㊿ 光合成
㉛ チラコイド　㉜ 細胞骨格
㉝ 原形質(細胞質)
㉞ 中心体　　㉟ 細胞膜
㊱ 細胞壁　　㊲ セルロース
㊳ 原形質連絡　㊴ 細胞
㊵ 液胞　　　㊶ アントシアン

ミニテスト
(解き方) ❶ 核膜の有無，細胞小器官の有無を説明しよう。
❷ 植物細胞は**細胞壁**をもち，**葉緑体**などの**色素体**をもつのが特徴である。**液胞**も発達している。
❸ 動物細胞は**ゴルジ体**が発達している。

❹ 呼吸の場はミトコンドリア。
❺ 光合成の場は葉緑体。
答 ❶ 原核細胞は核膜に包まれた核がなく，細胞小器官をもたない。真核細胞は核膜で包まれた核をもち，細胞小器官がある。
❷ 細胞壁，葉緑体
❸ ゴルジ体，中心体
❹ ミトコンドリア
❺ 葉緑体
❻ 表面にリボソームが付着しているのが粗面小胞体であり，付着していないのが滑面小胞体である。

⟨p.10～11⟩

2 タンパク質
❶ 運動　　　❷ 酵素
❸ ホルモン　❹ 抗体
❺ 運搬　　　❻ アミノ酸
❼ 20　　　　❽ アミノ
❾ カルボキシ　❿ 水
⓫ ペプチド　⓬ ペプチド
⓭ アミノ酸　⓮ 一次
⓯ 水素　　　⓰ αヘリックス
⓱ βシート　⓲ 二次
⓳ 三次　　　⓴ 四次
㉑ S-S　　　㉒ 変性
㉓ 失活

ミニテスト
(解き方) ❶ タンパク質は，アミノ基とカルボキシ基，H，側鎖をもつアミノ酸が構成単位となっている。側鎖が20種類あるので，アミノ酸も**20種類**ある。
❷ 一方のアミノ酸のアミノ基と他方のアミノ酸のカルボキシ基から水1分子が取れてできる結合を**ペプチド結合**という。
❸❹❺ アミノ酸配列を**一次構造**といい，αヘリックスやβシートなどの部分的な立体構造を**二次構造**という。さらに，ペプチド鎖全体がつくる立体構造を**三次構造**といい，複数のペプチド鎖がつくる構造を**四次構造**という。

答 ❶ アミノ酸
❷ ペプチド結合
❸ 一次構造
❹ 二次構造
❺ 四次構造
❻ 変性

⟨p.12～17⟩

3 酵素とその性質
❶ 代謝　　　❷ 酵素
❸ 活性化　　❹ 触媒
❺ 無機　　　❻ 生体
❼ 基質　　　❽ 生成物
❾ 1　　　　❿ タンパク質
⓫ 補酵素　　⓬ 活性
⓭ 複合体　　⓮ 基質特異
⓯ 最適温度　⓰ 最適pH
⓱ 酸　　　　⓲ 最適温度
⓳ 最適pH　 ⓴ 一定
㉑ ×　　　　㉒ ○
㉓ △　　　　㉔ ○
㉕ △　　　　㉖ ○
㉗ もつ　　　㉘ もたない
㉙ さない　　㉚ 失活
㉛ 低下　　　㉜ 中
㉝ 7　　　　㉞ 線香
㉟ 燃え　　　㊱ 水素
㊲ カタラーゼ　㊳ アミラーゼ
㊴ タンパク質　㊵ 脂肪
㊶ アーゼ　　㊷ 脱炭酸
㊸ 補酵素　　㊹ 透析
㊺ 補酵素　　㊻ NADH
㊼ NAD⁺　　㊽ 起こる
㊾ 起こらない　㊿ する
㉛ 強　　　　㉜ 弱
㉝ 阻害　　　㉞ 活性
㉟ 競争
㊱ アロステリック
㊲ アロステリック
㊳ フィードバック
㊴ アロステリック
㊵ フィードバック

ミニテスト

解き方 ①②③ 無機触媒は金属などで，熱や酸・アルカリなどの影響を受けにくい。それに対して酵素はタンパク質を主成分とするため，熱や酸・アルカリなどで変性して**失活**することが多い。また，基質と結合する活性部位が複雑な立体構造をしているため，**基質特異性**も高い。

⑤酵素のタンパク質部分を**アポ酵素**といい，ここに**補酵素**などの補欠成分が結合することで活性をもつ酵素もある。

⑥呼吸ではたらく脱水素酵素の補酵素には**NAD**や**FAD**がある。また，光合成では**NADP**がはたらく。

答 ① タンパク質

② 無機触媒は金属などであり，酵素はタンパク質である。

③ 酵素は熱やpHに影響され最適温度や最適pHがある。

④ 失活

⑤ 補酵素

⑥ NAD(NAD^+)，FAD，NADP($NADP^+$)などから2つ

〈p.18～21〉

4 細胞膜と細胞骨格

① 生体膜　② リン脂質
③ 親水　④ 疎水
⑤ タンパク質　⑥ 流動モザイク
⑦ タンパク質　⑧ リン脂質
⑨ 疎水性　⑩ 拡散
⑪ 輸送　⑫ 情報
⑬ 拡散　⑭ 受動輸送
⑮ 選択的透過性
⑯ 輸送タンパク質
⑰ チャネル　⑱ 受動輸送
⑲ アクアポリン　⑳ イオン
㉑ 能動輸送　㉒ ポンプ
㉓ Na^+
㉔ エンドサイトーシス
㉕ 食　㉖ 飲
㉗ エキソサイトーシス
㉘ リボソーム　㉙ ゴルジ体
㉚ 細胞間　㉛ 上皮
㉜ 固定結合　㉝ 消化
㉞ 密着結合　㉟ カドヘリン
㊱ デスモソーム　㊲ インテグリン
㊳ ギャップ結合　㊴ 細胞骨格
㊵ アクチン　㊶ アメーバ
㊷ 筋　㊸ 微小管
㊹ 紡錘糸　㊺ モーター
㊻ 中間径
㊼ アクチンフィラメント
㊽ 微小管
㊾ 中間径フィラメント
㊿ 微小管　(51) 紡錘糸
(52) アクチン　(53) 仮足
(54) 原形質流動

ミニテスト

解き方 ①② 生体膜は，親水性部分を外側に出して向かい合って配置されている**リン脂質**分子の間に，いろいろなはたらきをするタンパク質分子がはさまった構造をしている。

③リン脂質でできた細胞膜は水を通しにくく，水を通す**チャネル**としては**アクアポリン**が存在する。

④細胞間を接着する結合には**密着結合**，**固定結合**(**接着接合**，**デスモソーム**，**ヘミデスモソーム**)，**ギャップ結合**が知られている。

⑤細胞骨格をつくる繊維状構造には，細いものから太いものへ順に，**アクチンフィラメント**，**中間径フィラメント**，**微小管**の3つがある。

答 ① リン脂質とタンパク質

② 流動モザイクモデル

③ アクアポリン

④ 密着結合，固定結合，ギャップ結合

⑤ アクチンフィラメント，微小管，中間径フィラメント

〈p.22～23〉

5 抗体と生体防御

① 免疫グロブリン
② H　③ L
④ 定常　⑤ 可変
⑥ 抗原　⑦ 抗原抗体反応
⑧ 抗体　⑨ 1
⑩ 利根川進　⑪ 選択
⑫ 抗体産生　⑬ MHC
⑭ TCR　⑮ 拒絶
⑯ HLA　⑰ 遺伝子
⑱ 拒絶

ミニテスト

解き方 ②抗体の**可変部**をつくる遺伝子は多数あり，それらを組み合わせてつくるため，その組み合わせが無数にできる。

答 ① 免疫グロブリン

② 多種類ある遺伝子を複数組み合わせて抗体をつくるため。

〈p.24～27〉

6 呼 吸

① 代謝　② 同化
③ 光合成　④ 異化
⑤ 呼吸
⑥ ATP(アデノシン三リン酸)
⑦ アデニン
⑧ 高エネルギーリン酸
⑨ 燃焼　⑩ 熱
⑪ 呼吸
⑫ ミトコンドリア
⑬ クリステ　⑭ 細胞質基質
⑮ ピルビン酸　⑯ ATP
⑰ マトリックス　⑱ アセチル
⑲ オキサロ　⑳ クエン酸
㉑ 脱炭酸　㉒ 脱水素
㉓ 2　㉔ NADH
㉕ $FADH_2$　㉖ 内膜
㉗ 電子伝達　㉘ H^+
㉙ 酸化的　㉚ 水(H_2O)
㉛ H_2O　㉜ 34
㉝ 解糖系　㉞ クエン酸回路
㉟ 電子伝達系　㊱ ピルビン酸
㊲ アセチルCoA
㊳ オキサロ酢酸　㊴ クエン酸
㊵ NADH　㊶ $FADH_2$
㊷ ATP合成酵素

空らん・ミニテストの解答〈本冊 p.27～32〉

㊸ 6　　　　　　㊹ 6
㊺ 38　　　　　 ㊻ 無
㊼ 水素　　　　 ㊽ 還元型
㊾ 青　　　　　 ㊿ 水素
51 脱アミノ　　 52 アンモニア
53 ピルビン酸　 54 クエン酸
55 尿素
56 モノグリセリド
57 β　　　　　 58 アセチル
59 クエン酸　　 60 脂肪
61 タンパク質　 62 β酸化
63 脱アミノ反応 64 1.0
65 0.8　　　　 66 0.7

ミニテスト

(解き方) ❶ 呼吸は段階的に分解してエネルギーを少しずつ取り出すため, 光や高熱が出ない。一方, 燃焼は酸素を使って急激に酸化するため, 多量の熱と光を発する。
❷ 解糖系は細胞質基質で, クエン酸回路と電子伝達系はミトコンドリアで行われる過程である。
❸ 解糖系では2ATP, クエン酸回路では2ATP生成し, 電子伝達系では最大34ATP生成するので, 合計最大38ATP生成する。
❹ β酸化は, 脂肪酸のカルボキシ基側から炭素が2つずつ切り取られ, これにコエンザイムAが結合してアセチルCoAとなる代謝経路である。

(答) ❶ 呼吸は段階的な酸化で, 燃焼は酸素を使って一気に酸化する。
❷ 解糖系→クエン酸回路→電子伝達系
❸ 38ATP
❹ アセチルCoA

〈p.28～29〉
7 発 酵

❶ 酸素　　　　 ❷ 発酵
❸ NADH　　　 ❹ 乳酸
❺ 還元　　　　 ❻ 酸化
❼ 乳酸　　　　 ❽ 還元
❾ NAD^+　　　❿ 2
⓫ 乳酸発酵　　 ⓬ 乳酸
⓭ ピルビン酸　 ⓮ ATP
⓯ 乳酸　　　　 ⓰ 解糖
⓱ 筋肉　　　　 ⓲ グリコーゲン
⓳ 乳酸　　　　 ⓴ 解糖
21 脱炭酸
22 アセトアルデヒド
23 エタノール
24 アルコール発酵
25 2　　　　　 26 ピルビン酸
27 アセトアルデヒド
28 エタノール　 29 解糖
30 CO_2　　　　 31 キューネ
32 ヨウ素
33 水酸化ナトリウム
34 二酸化炭素　 35 C_2H_5OH
36 CO_2　　　　 37 エタノール
38 ヨードホルム 39 二酸化炭素
40 CO_2

ミニテスト

(解き方) ❶ アルコール発酵は, 酸素のない条件下で酵母が行う反応で, エタノールとCO_2が生成する。乳酸発酵は, 酸素のない条件下で乳酸菌が行う反応で, 乳酸が生成する。
❷ アルコール発酵や乳酸発酵, 筋肉の解糖などは酸素を必要としない反応である。
❸ アルコール発酵や乳酸発酵は, 呼吸の解糖系を共通の反応としている。よって, 進化の過程で解糖系にクエン酸回路や電子伝達系が付け加わって呼吸をする生物が誕生したと考えられる。
❹ 解糖系で生じるピルビン酸が共通の中間産物である。

(答) ❶ アルコール発酵：酵母,
$C_6H_{12}O_6 \longrightarrow 2C_2H_5OH + 2CO_2$
乳酸発酵：乳酸菌,
$C_6H_{12}O_6 \longrightarrow 2C_3H_6O_3$

❷ 必要としない。
❸ 解糖系
❹ ピルビン酸

〈p.30～32〉
8 光合成

❶ 光　　　　　 ❷ 光合成
❸ クロロフィル ❹ ATP
❺ CO_2(二酸化炭素)
❻ 光エネルギー ❼ ATP
❽ O_2　　　　　❾ O_2(酸素)
❿ 葉緑体　　　 ⓫ 二酸化炭素
⓬ 水(H_2O)
⓭ ペーパークロマトグラフィー
　 (クロマトグラフィー)
⓮ カルビン・ベンソン
⓯ 柵状　　　　 ⓰ 葉緑体
⓱ チラコイド　 ⓲ ストロマ
⓳ グラナ
⓴ クロロフィルa
21 カロテン　　 22 吸収
23 青　　　　　 24 作用
25 鉛筆　　　　 26 Rf
27 キサントフィル
28 溶けず　　　 29 溶ける
30 青色　　　　 31 黒
32 カロテン
33 クロロフィルa

ミニテスト

(解き方) ❶ 光合成は, 光のエネルギーを使って, 二酸化炭素と水から有機物を合成する同化である。光は物質ではないので, 材料には含めない。
❹ 光合成の副産物として酸素が発生する。植物自身は呼吸をしており酸素を消費するが, 昼間光合成を行っているときには, 酸素の消費量よりも排出量のほうが多い。
❺ ルーベンらの酸素の同位体を利用した実験により, 光合成で発生する酸素が, 二酸化炭素ではなく水に由来することが証明された。
❼ 光合成色素は青色光と赤色光をよく吸収し, 緑色光はあまり吸収しない。植物の葉緑体をもつ細胞が緑色に見えるのは, 吸収

空らん・ミニテストの解答〈本冊p.32〜39〉 | 5

されない緑色光が透過したり反射したりするためである。
答 ❶ 二酸化炭素(CO_2)，水(H_2O)
❷ 葉緑体
❸ 柵状組織，海綿状組織
❹ 酸素(O_2)
❺ 水(H_2O)
❻ クロロフィルa，クロロフィルb，カロテン，キサントフィル
❼ 青色，赤色
❽ 吸収スペクトル
❾ 作用スペクトル

〈p.33〜35〉
9 光合成のしくみ
❶ 光化学系Ⅰ ❷ クロロフィル
❸ 電子 ❹ H_2O（水）
❺ O_2（酸素） ❻ NADPH
❼ 電子伝達 ❽ 電子伝達系
❾ 水素イオン（H^+）
❿ 水素
⓫ ATP合成酵素
⓬ ATP ⓭ 光リン酸化
⓮ 還元 ⓯ PGA
⓰ GAP
⓱ カルビン・ベンソン回路
⓲ チラコイド膜 ⓳ ストロマ
⓴ H_2O（水） ㉑ O_2（酸素）
㉒ NADPH
㉓ ATP合成酵素
㉔ ATP
㉕ カルビン・ベンソン回路
㉖ CO_2（二酸化炭素）
㉗ C_4
㉘ カルビン・ベンソン
㉙ CAM ㉚ 夜間
㉛ クリステ ㉜ チラコイド
㉝ ATP合成
㉞ H^+（水素イオン）
㉟ 酸化的 ㊱ 光

ミニテスト
解き方 ❷ カロテノイドなどの光合成色素が集めた光エネルギーは，反応中心である**クロロフィル**に集められる。
❹ 光合成では，**水の分解**によって

得られたH^+と電子が使われ，酸素は排気ガスとして気孔から排出される。
❺ CO_2は**RuBP**と結合して2分子の**PGA**に分解される。PGAは**NADPH**によって還元されて**GAP**となり，そこから一部は有機物となり，残りはRuBPにもどる。この回路状の反応を，発見者の名をとって，**カルビン・ベンソン回路**という。
❼ 光合成でのチラコイド膜にある電子伝達系と，ミトコンドリアのクリステにある電子伝達系はその構造としくみが似ている。また，H^+の濃度勾配をつくって，これがもとにもどるときのH^+の流れを利用して**ATP**をつくる，**光リン酸化反応**と**酸化的リン酸化反応**は，酵素の構造やしくみがよく似ている。
答 ❶ 葉緑体
❷ クロロフィル
❸ 光リン酸化
❹ 水（H_2O）
❺ カルビン・ベンソン回路
❻ $6CO_2 + 12H_2O +$ 光エネルギー $\longrightarrow$ 有機物（$C_6H_{12}O_6$）$+ 6H_2O + 6O_2$
❼ 電子伝達系のしくみ，ATP生成のしくみ，ATP合成酵素の構造のうちいずれか2つ。

〈p.36〜37〉
10 細菌の炭酸同化
❶ 光合成細菌 ❷ 緑色硫黄
❸ バクテリオクロロフィル
❹ 硫化水素 ❺ H_2S
❻ S
❼ クロロフィルa
❽ 水（H_2O） ❾ H_2O
❿ O_2 ⓫ ネンジュモ
⓬ 化学合成 ⓭ 化学
⓮ 化学合成細菌 ⓯ 亜硝酸菌
⓰ 硫黄細菌 ⓱ 硝酸
⓲ 硝化 ⓳ 硝化
⓴ 熱水噴出孔 ㉑ 硫化水素

ミニテスト
解き方 ❶❷ 緑色硫黄細菌，紅色硫黄細菌など**光合成細菌**は，クロロフィルaとは異なる**バクテリオクロロフィル**をもつ。
❸ 光合成細菌では，電子の供給源として水（H_2O）ではなく，**硫化水素**（H_2S）を使っている。
❹ シアノバクテリアは，緑色植物などと同じ**クロロフィルa**をもつ。このことから，シアノバクテリアは光合成細菌よりも緑色植物と近縁であるといえる。
❺ ネンジュモが代表的で，ユレモでも可。
❻ シアノバクテリアは光化学系Ⅰ とⅡをもっており，光化学系Ⅱへの電子の供給源として**水**を利用する。
❼ 化学合成では，アンモニウムイオンや亜硝酸イオン，硫化水素，硫黄などを使っている。
答 ❶ バクテリオクロロフィル
❷ 緑色硫黄細菌，紅色硫黄細菌
❸ H_2S
❹ クロロフィルa
❺ ネンジュモ
❻ 水
❼ 無機化合物

〈p.38〜39〉
11 窒素同化
❶ 窒素同化 ❷ 硝酸還元
❸ NH_4^+（アンモニウムイオン）
❹ グルタミン酸 ❺ アミノ基
❻ タンパク質 ❼ クロロフィル
❽ グルタミン酸 ❾ グルタミン酸
❿ アミノ基転移 ⓫ 亜硝酸
⓬ 硝酸 ⓭ 窒素固定
⓮ 窒素
⓯ NH_4^+（アンモニウムイオン）
⓰ アゾトバクター
⓱ 窒素固定細菌 ⓲ 共生
⓳ NH_4^+（アンモニウムイオン）
⓴ ニトロゲナーゼ
㉑ 根粒菌 ㉒ アミノ酸
㉓ 必須

ミニテスト

[解き方] ❶ 硝化菌の硝化作用でつくられたNO_3^-を根から水とともに取り入れ，葉の葉緑体で還元してNH_4^+にして利用する。また，量的には少ないが，土中のNH_4^+を直接根から水とともに吸収して利用することもある。

❷ アゾトバクターやクロストリジウムなどの**窒素固定細菌**は，ニトロゲナーゼという酵素をもっているため，N_2からNH_4^+をつくることができる。この過程を**窒素固定**という。

❸ **根粒菌**は，マメ科植物と共生したときだけ窒素固定を行うことができる。根粒菌は窒素固定によってつくったNH_4^+をマメ科植物に与え，マメ科植物が光合成でつくった有機物をもらう共生生活をしている。

❹ 動物は，食物として取り入れたタンパク質を消化の過程でアミノ酸に分解し，このアミノ酸を使って窒素同化を行う。

[答]
❶ NH_4^+，NO_3^-
❷ N_2からNH_4^+をつくる過程
❸ 根粒菌
❹ 食物として取り入れたタンパク質

第1編 第2章
遺伝情報とその発現

〈p.42〜45〉
1 DNAとその複製

❶ ヌクレオチド
❷ デオキシリボース
❸ アデニン　　❹ チミン
❺ グアニン　　❻ シトシン
❼ ヌクレオチド鎖
❽ 5′　　❾ 3′
❿ 5′　　⓫ 3′
⓬ T　　⓭ G
⓮ 二重らせん構造
⓯ ワトソン，クリック
⓰ 塩基　　⓱ タンパク質
⓲ 白　　⓳ 赤
⓴ 青〜青緑　　㉑ 2
㉒ DNA合成
㉓ DNA合成準備
㉔ M（分裂）　　㉕ 鋳型
㉖ 相補　　㉗ T
㉘ G　　㉙ DNA合成
㉚ 2　　㉛ 2
㉜ 半保存的複製
㉝ メセルソン，スタール
㉞ 5′　　㉟ 3′
㊱ リーディング　　㊲ ラギング
㊳ 岡崎フラグメント
㊴ DNAリガーゼ
㊵ リーディング　　㊶ ラギング
㊷ 岡崎フラグメント
㊸ DNA合成酵素
㊹ DNA　　㊺ すべて
㊻ 1：1　　㊼ 3：1
㊽ 7：1　　㊾ $2^{n-1}-1$

ミニテスト

[解き方] ❶❷ DNAの構成単位は**ヌクレオチド**で，リン酸＋デオキシリボース＋塩基からなる。

❸ DNAは2本鎖がそれぞれ鋳型となり半保存的に複製される。

❹ DNAを接着するのはDNAポリメラーゼではなく，**リガーゼ**である。リガーゼはDNAを接着するのりの役目をする。

[答]
❶ ヌクレオチド
❷ リン酸，
　糖（デオキシリボース），
　塩基（A，T，G，C）
❸ 半保存的複製
❹ DNAリガーゼ

〈p.46〜51〉
2 遺伝情報と形質発現

❶ ヌクレオチド　　❷ リボース
❸ ウラシル　　❹ mRNA
❺ tRNA　　❻ rRNA
❼ 鋳型　　❽ 相補
❾ プロモーター
❿ RNAポリメラーゼ
⓫ 5′→3′　　⓬ 転写
⓭ エキソン　　⓮ イントロン
⓯ スプライシング
⓰ mRNA　　⓱ mRNA
⓲ 選択的スプライシング
⓳ 転写　　⓴ スプライシング
㉑ イントロン　　㉒ リボソーム
㉓ 3　　㉔ コドン
㉕ リボソーム　　㉖ アミノ酸
㉗ アンチコドン　　㉘ ペプチド
㉙ 翻訳　　㉚ コドン
㉛ リボソーム　　㉜ アンチコドン
㉝ tRNA　　㉞ イントロン
㉟ スプライシング
㊱ リボソーム　　㊲ 翻訳
㊳ mRNA　　㊴ リボソーム
㊵ フェニルアラニン
㊶ バリン　　㊷ 放射
㊸ 遺伝子突然変異
㊹ 置換　　㊺ 欠失
㊻ フレームシフト
㊼ かま状赤血球貧血症
㊽ ヘモグロビン　　㊾ バリン
㊿ フェニルアラニン
51 フェニルケトン
52 アルカプトン　　53 メラニン
54 1　　55 一塩基多型
56 アミノ酸　　57 ゲノム
58 DNA修復

ミニテスト

[解き方] ❶❷ 真核生物では転写は核内で起こる。翻訳は細胞質で起こる。

[答]
❶ 転写
❷ 翻訳

〈p.52～53〉
③ 形質発現の調節
❶ 転写　❷ 調節
❸ 調節　❹ オペロン
❺ 調節　❻ オペレーター
❼ プロモーター　❽ ラクターゼ
❾ ラクトース　❿ オペレーター
⓫ プロモーター　⓬ 転写領域
⓭ RNA　⓮ プロモーター
⓯ 転写調節　⓰ 調節遺伝子
⓱ パフ
⓲ エクジステロイド
⓳ 蛹化　⓴ 転写

ミニテスト
【解き方】❶ ジャコブとモノーは遺伝子発現の単位としてオペロン説を提唱した。**オペロン**はプロモーター・オペレーター・転写領域(構造遺伝子)を1つのセットと考えたものである。オペレーターに調節遺伝子がつくった調節タンパク質(リプレッサー)が結合すると、転写領域の転写が止められる。
❷ 昆虫などで変態を促進するホルモンである**エクジステロイド**は、DNAの調節領域に結合して、DNAからRNAへの転写を調節している。
【答】❶ 調節タンパク質(リプレッサー)
❷ 転写

〈p.54～56〉
④ バイオテクノロジー
❶ 組換え　❷ 制限
❸ プラスミド　❹ リガーゼ
❺ プラスミド　❻ 制限酵素
❼ トランスジェニック
❽ PCR　❾ 1本鎖
❿ 下　⓫ プライマー
⓬ 電荷　⓭ 電気泳動
⓮ 陽　⓯ 短
⓰ 長　⓱ 長さ
⓲ 1　⓳ プライマー
⓴ ヌクレオチド　㉑ 電気泳動
㉒ 塩基配列　㉓ シーケンサー
㉔ ヒトゲノムプロジェクト

ミニテスト
【解き方】❶ 特定の塩基配列の部分でDNAを切断するはさみのような役目をするのが**制限酵素**である。
❷ リガーゼはDNA断片を結合させるのりのようなはたらきをする酵素である。
❹ DNA分子は電荷をもっており、これを利用して電気泳動法でDNAのサイズごとに分離できる。
【答】❶ 制限酵素
❷ リガーゼ
❸ PCR法
❹ 電気泳動(法)

〈p.57～59〉
⑤ バイオテクノロジーの応用
❶ トランスジェニック
❷ 遺伝子組換え食品
❸ アグロバクテリウム
❹ 遺伝子組換え　❺ カルス
❻ 再分化　❼ スーパー
❽ トランスジェニック
❾ ベクター　❿ インスリン
⓫ プラスミド　⓬ ワクチン
⓭ タンパク質　⓮ DNA
⓯ mRNA　⓰ ノックアウト
⓱ オーダーメイド
⓲ DNA型鑑定　⓳ DNA
⓴ PCR　㉑ 電気泳動
㉒ 生態　㉓ アレルギー
㉔ 個人

ミニテスト
【解き方】❶ トランスジェニック植物や動物、あるいはそれらから得た食品となる産物を**遺伝子組換え食品**という。
❷ 遺伝子組換えでつくった多収穫のコメなどもある。
❹ ヒトのインスリンをつくる遺伝子を大腸菌のプラスミドに組みこんで、これを大腸菌に導入し、増殖した大腸菌からインスリンを抽出してつくる。
❺ 特定の遺伝子をはたらかなくすることを**ノックアウト**という。この処理によってできたマウスをノックアウトマウスという。
【答】❶ 外来遺伝子を導入した生物から得た食品
❷ 遺伝子組換えダイズ、ゴールデンライス、遺伝子組換えトウモロコシなど
❸ アグロバクテリウム
❹ 遺伝子組換え
❺ 特定の遺伝子をはたらかないようにしたマウス

第2編 第1章
生殖と遺伝

〈p.66～67〉
1 生殖の方法
❶ 性
❷ 出芽
❸ 栄養
❹ クローン
❺ 適応
❻ 分裂
❼ 出芽
❽ 栄養生殖
❾ 有性生殖
❿ 配偶子
⓫ 卵
⓬ 減数
⓭ 減数分裂
⓮ n
⓯ $2n$
⓰ 配偶子
⓱ 高
⓲ 受精
⓳ 受精卵

ミニテスト

(解き方) ❶❷ 無性生殖は，からだが分かれてできるので新個体の遺伝子組成は親と同じで，クローンとなる。遺伝子組成が同じなので，多様性に乏しく環境変化への適応力が低い。**分裂，出芽，栄養生殖**などがある。
❸❹ 有性生殖には，接合や受精があり，減数分裂のときに多様な遺伝子組成をもつ配偶子ができる上，受精のときの組み合わせによっても新個体の遺伝的組成は多様なものとなり，環境変化に対する適応力が高くなる。

答 ❶ 分裂，出芽，栄養生殖
❷ いえない。
❸ 接合，受精
❹ 遺伝的多様性に富む。環境変化への適応力が高い。

〈p.68～71〉
2 減数分裂と染色体
❶ DNA
❷ ヌクレオソーム
❸ クロマチン
❹ 染色体
❺ 2
❻ ヒストン
❼ クロマチン繊維
❽ 染色体
❾ 1
❿ 相同染色体
⓫ 遺伝子座
⓬ 対立遺伝子
⓭ ホモ
⓮ ヘテロ
⓯ 常染色体
⓰ 性染色体
⓱ ホモ
⓲ ヘテロ
⓳ X
⓴ Y
㉑ XX
㉒ XY
㉓ XO
㉔ ZO
㉕ 4
㉖ 半数(半分)
㉗ 精巣
㉘ 胚珠
㉙ 倍化
㉚ 半数(半分)
㉛ 半数(半分)
㉜ 二価染色体
㉝ 乗換え
㉞ 赤道面
㉟ 後期
㊱ 終期
㊲ 中期
㊳ 後期
㊴ 終期
㊵ 半分
㊶ 小さな
㊷ DNA

〈p.72～75〉
3 染色体と遺伝
❶ エンドウ
❷ 優性
❸ 対立
❹ 優性
❺ AA
❻ aa
❼ A
❽ a
❾ Aa
❿ 丸
⓫ 優性
⓬ $1:1$
⓭ 分離
⓮ $1:2:1$
⓯ $3:1$
⓰ 核
⓱ 染色体
⓲ DNA
⓳ 遺伝子
⓴ 劣性
㉑ 検定交雑
㉒ 遺伝子型
㉓ 遺伝子
㉔ aa
㉕ AA
㉖ Aa
㉗ $AABB$
㉘ $aabb$
㉙ AB
㉚ ab
㉛ $AaBb$
㉜ 丸形・黄色
㉝ $1:1:1:1$
㉞ $9:3:3:1$
㉟ $AaBb$
㊱ $9:3:3:1$
㊲ AA
㊳ Bb
㊴ $AABb$

ミニテスト

(解き方) ❷ Aaの個体がつくる配偶子はAとaであるから，一方の親からはそのどちらかを受け継ぐ。よって，子の遺伝子型の比は，$AA:Aa:aa=1:2:1$
❸ 検定交雑は，劣性のホモ接合体(aa)との交雑である。検定交雑の結果，Aとaが$1:1$の割合でできたので，検定個体の遺伝子型はAaであると判断できる。
❹ 配偶子は，$AB:Ab:aB:ab=1:1:1:1$の比でできるので，$(AB+Ab+aB+ab)^2$を展開したときの，それぞれの項の係数を考えればよい。
❺ 〔AB〕となるのは，両方の遺伝子について，優性ホモまたはヘテロである場合である。その比は，$AABB:AABb:AaBB:AaBb=1:2:2:4$となる。
❻ それぞれの対立遺伝子に分けて考える。
〔A〕:〔a〕$=1:1$となるのは，$Aa×aa$の場合である。
また，〔B〕:〔b〕$=3:1$となるのは，$Bb×Bb$の場合である。
したがって，一方は$AaBb$であるので，他方は$aaBb$である。

答 ❶ 優性の法則，分離の法則，独立の法則
❷ $3:1$
❸ Aa
❹ $9:3:3:1$
❺ $AABB:AABb:AaBB:AaBb=1:2:2:4$
❻ $aaBb$

〈p.76～79〉
4 染色体と遺伝子組換え
❶ 22
❷ 性染色体
❸ 900
❹ 連鎖
❺ 乗換え
❻ 組換え
❼ AC
❽ $AaCc$
❾ $1:1$
❿ $1:2:1$
⓫ $3:0:0:1$
⓬ AE
⓭ $AaEe$
⓮ 組換え
⓯ aE
⓰ $n:1:1:n$
⓱ $3n^2+4n+2$
⓲ $2n+1$
⓳ $2n+1$
⓴ n^2
㉑ 乗換え
㉒ 組換え
㉓ 組換え価
㉔ 組換えを起こした
㉕ 全配偶子
㉖ 小さ
㉗ 比例
㉘ 染色体
㉙ 連鎖
㉚ 三点交雑
㉛ 遺伝学
㉜ 1
㉝ 1
㉞ ア
㉟ カ
㊱ エ
㊲ キ

ミニテスト

(解き方) ❶問題の交雑を図示すると，次のようになる。

〔Ab〕　〔aB〕
P　$AAbb$ × $aaBB$
　　Ab　　aB　（Pの配偶子）
　　　〔AB〕
F_1　$AaBb$
　　$Ab : aB$　（F_1の配偶子）
　　　＝ 1 : 1
F_2　〔AB〕:〔Ab〕:〔aB〕:〔ab〕
　　　＝ 2 : 1 : 1 : 0

❷$AABB$と$aabb$をPとして得た次代の表現型の比が，
〔AB〕:〔Ab〕:〔aB〕:〔ab〕
＝4:1:1:4
であるから，組換えによってできた配偶子の遺伝子型はAbとaBである。
組換え価は，
$\frac{1+1}{4+1+1+4} \times 100 = 20$〔％〕

(答) ❶ F_1の遺伝子型…$AaBb$
　　F_2の表現型の比…
　　〔AB〕:〔Ab〕:〔aB〕:〔ab〕
　　＝2:1:1:0
❷ 20％

〈p.80〜81〉
5 動物の配偶子形成と受精
❶ 精巣　　　　❷ 精原細胞
❸ 一次精母　　❹ 精細胞
❺ 精子　　　　❻ 卵巣
❼ 卵原細胞　　❽ 一次卵母
❾ 二次卵母　　❿ 卵
⓫ 二次卵母細胞　⓬ 卵
⓭ 精原細胞　　⓮ 一次精母細胞
⓯ 精細胞　　　⓰ 卵
⓱ 受精　　　　⓲ 受精
⓳ 先体　　　　⓴ 先体
㉑ 表層　　　　㉒ 受精膜
㉓ 精核

ミニテスト

(解き方) (1) 問題図の減数分裂は，分裂後の大きさが異なる不等分裂であることから，卵形成の過程であることがわかる。

(答) (1) ア…一次卵母細胞，$2n$
　　イ…第一極体，n
　　ウ…卵，n
　　エ…第二極体，n
(2) 卵巣

第2編 第2章
発生とそのしくみ
〈p.84〜87〉
1 卵割と初期発生
❶ 発生　　　　❷ 卵割
❸ 割球　　　　❹ 動物極
❺ 植物極　　　❻ 卵黄
❼ 端黄卵　　　❽ 多い
❾ 等黄　　　　❿ 等割
⓫ 卵割腔　　　⓬ 胞
⓭ 胞胚腔　　　⓮ 原腸
⓯ 原口　　　　⓰ 中胚葉
⓱ プリズム　　⓲ プルテウス
⓳ 2細胞　　　⓴ 8細胞
㉑ 16細胞　　　㉒ 桑実
㉓ 胞　　　　　㉔ 胞胚腔
㉕ 原腸　　　　㉖ 原腸
㉗ 原腸　　　　㉘ 内
㉙ 外　　　　　㉚ プルテウス
㉛ 端黄卵　　　㉜ 動物
㉝ 表層　　　　㉞ 背
㉟ 不等割　　　㊱ 桑実
㊲ 大き　　　　㊳ 胞胚腔
㊴ 原腸　　　　㊵ 原腸
㊶ 神経　　　　㊷ 神経板
㊸ 神経管　　　㊹ 表皮
㊺ 神経管　　　㊻ 体節
㊼ 腎節　　　　㊽ 側板
㊾ 2細胞　　　㊿ 8細胞
51 桑実　　　　52 胞胚腔
53 胞　　　　　54 原腸
55 原口　　　　56 胞胚腔
57 原口　　　　58 原腸
59 原腸　　　　60 卵黄栓
61 外　　　　　62 中
63 内　　　　　64 卵黄栓
65 神経　　　　66 外
67 中　　　　　68 脊索
69 腸管　　　　70 内
71 神経管

〈p.88〜91〉
2 誘導と発生のしくみ
❶ 局所生体染色　❷ 原基分布図
❸ 神経　　　　❹ 表皮
❺ 分化　　　　❻ 脊索
❼ 神経管　　　❽ 二次胚
❾ 脊索　　　　❿ 腸管
⓫ 体節　　　　⓬ 外胚葉

❸ 内胚葉　　　　❹ 中胚葉
❺ 中胚葉　　　　❻ 脊索
❼ 中胚葉誘導　　❽ 表層
❾ 灰色三日月環　❿ 原口背唇部
㉑ 内胚葉　　　　㉒ 灰色三日月環
㉓ 背側　　　　　㉔ 原口背唇部
㉕ 神経誘導　　　㉖ 脊索
㉗ 形成体　　　　㉘ 表皮
㉙ 神経　　　　　㉚ 誘導の連鎖
㉛ 神経管　　　　㉜ 眼胞
㉝ 眼杯　　　　　㉞ 角膜
㉟ 原口背唇部　　㊱ 神経管
㊲ 眼杯　　　　　㊳ 水晶体
㊴ 角膜
㊵ プログラム細胞死
㊶ DNA　　　　　㊷ アポトーシス
㊸ アポトーシス　㊹ 指
㊺ 壊死　　　　　㊻ 炎症
㊼ iPS

ミニテスト

(解き方) ❷ 眼杯や水晶体(レンズ)も形成体の1つである。
❸ 形成体はオーガナイザーともよばれる。
❹ 原口背唇部が形成体のはたらきをする(→p.89〜90)。
❺ アポトーシスはプログラム細胞死の1つである。

答 ❶ 誘導の連鎖
❷ a…水晶体(レンズ)
　　b…角膜
❸ 形成体
❹ 原口背唇部
❺ アポトーシス：プログラムされた細胞死で，DNAの断片化が起こる。
　　壊死：細胞内容物が放出されたりする細胞死。

〈p.92〜93〉
3 形態形成と遺伝子
❶ 受精卵　　　　❷ 胞胚
❸ 蛹　　　　　　❹ 成虫
❺ ビコイド　　　❻ 母性効果
❼ 前　　　　　　❽ 後
❾ 母性因子　　　❿ ナノス
⓫ 分節　　　　　⓬ 調節
⓭ ホメオティック
⓮ ホメオティック

ミニテスト

(解き方) ❶ ショウジョウバエの未受精卵では，前方にビコイドmRNA，後方にナノスmRNAが母性効果遺伝子によってつくられた母性因子として局在している。前方ではビコイドmRNAが翻訳されてつくられたビコイドタンパク質の濃度が高くなり，これが胚の前方を決定する。後方ではナノスmRNAが翻訳されてつくられたナノスタンパク質の濃度が高くなり，これが胚の後方を決定する。
❷ 各体節に特徴的な構造をつくらせる遺伝子をホメオティック遺伝子(ホックス遺伝子，Hox遺伝子)という。

答 ❶ ビコイドタンパク質
❷ ホメオティック遺伝子(ホックス遺伝子，Hox遺伝子)

〈p.94〜97〉
4 植物の生殖と発生
❶ 花粉　　　　　❷ 胚のう
❸ 花粉母細胞　　❹ 1
❺ 花粉母細胞　　❻ 花粉四分子
❼ 精細胞　　　　❽ 胚のう母細胞
❾ 胚のう細胞　　❿ 極核
⓫ 卵細胞　　　　⓬ 卵細胞
⓭ 重複受精　　　⓮ 受粉
⓯ 花粉管　　　　⓰ 精細胞
⓱ 卵細胞　　　　⓲ 胚
⓳ 極核　　　　　⓴ 胚乳
㉑ 極核　　　　　㉒ 卵細胞
㉓ 精細胞　　　　㉔ 幼芽
㉕ 胚　　　　　　㉖ 胚乳核
㉗ 胚乳　　　　　㉘ 珠皮
㉙ 有胚乳　　　　㉚ 無胚乳
㉛ 胚乳　　　　　㉜ 子葉
㉝ 珠皮　　　　　㉞ 胚乳
㉟ 子葉　　　　　㊱ 果皮
㊲ 子房壁　　　　㊳ ジベレリン
㊴ 花芽
㊵ ホメオティック
㊶ 花弁　　　　　㊷ 花式図
㊸ 調節　　　　　㊹ 花弁
㊺ めしべ
㊻ ホメオティック
㊼ がく　　　　　㊽ 花弁
㊾ おしべ　　　　㊿ めしべ

ミニテスト

(解き方) ❶ エは$n+n$となっているので中央細胞と判断できる。そこからイは卵細胞，アは精細胞とわかる。
❷ 無胚乳種子をつくる植物では，胚乳の栄養分が早い時期に子葉に吸収される。
❸ フロリゲンのはたらきで葉原基が花原基に変化する。
❹ 構造決定に関係する遺伝子はホメオティック遺伝子(ホックス遺伝子，Hox遺伝子)である。
❺ ホメオティック遺伝子の異常によって，花弁の無い花などができる。

答 ❶ ア　精細胞
　　イ　卵細胞
　　ウ　胚
　　エ　中央細胞
　　オ　胚乳
❷ 子葉
❸ 茎頂分裂組織の葉原基が花原基に変化する。
❹ ホメオティック遺伝子(ホックス遺伝子，Hox遺伝子)
❺ ホメオティック遺伝子に変異が起きたことによる変異体

第3編 第1章
動物の刺激の受容と反応

〈p.102～105〉

1 ニューロンと興奮の伝わり方

① 細胞体 ② 軸索
③ 神経繊維 ④ 樹状突起
⑤ 樹状突起 ⑥ 細胞体
⑦ 軸索 ⑧ 神経
⑨ 髄 ⑩ 髄鞘
⑪ 無髄神経 ⑫ 交感
⑬ 有髄神経 ⑭ ランビエ
⑮ 神経鞘 ⑯ 髄鞘
⑰ 感覚 ⑱ 介在
⑲ 運動 ⑳ 興奮
㉑ K^+(カリウムイオン)
㉒ Na^+(ナトリウムイオン)
㉓ 負(－) ㉔ 正(＋)
㉕ 静止 ㉖ 静止
㉗ 活動 ㉘ 活動
㉙ 興奮 ㉚ K^+
㉛ K^+ ㉜ 負
㉝ Na^+ ㉞ 正
㉟ 活動 ㊱ K^+
㊲ 活動 ㊳ 伝導
㊴ 両 ㊵ 髄鞘
㊶ 活動 ㊷ 跳躍
㊸ 閾(いき) ㊹ 全か無か
㊺ 頻(ひん)度 ㊻ 閾値
㊼ 神経終末 ㊽ 効果器
㊾ 神経伝達 ㊿ 伝達
(51) アセチルコリン
(52) シナプス小胞
(53) シナプス間隙(かんげき)
(54) Ca^{2+} チャネル (55) Na^+ チャネル
(56) 伝達

ミニテスト

解き方 ①ア 無脊椎動物の神経繊維は無髄である。
イ 興奮は，活動電位が伝わることで伝導する。

答 ① ウ
② 興奮の伝導は神経繊維中を活動電流が流れていくことで興奮が両方向へ伝わる。これに対して，興奮の伝達は，シナプスで，神経終末から樹状突起へと神経伝達物質によって興奮が一方向にのみ伝わる。

〈p.106～108〉

2 受容器とそのはたらき

① 受容器 ② 感覚
③ 適 ④ 感覚
⑤ 感覚中枢 ⑥ 感覚
⑦ 網膜 ⑧ 前庭
⑨ 半規管 ⑩ 嗅
⑪ 味覚芽 ⑫ 効果器
⑬ 虹彩 ⑭ 水晶体
⑮ 網 ⑯ 視細胞
⑰ 視 ⑱ 大
⑲ 虹彩 ⑳ 網膜
㉑ 盲斑 ㉒ 角膜
㉓ 水晶体(レンズ)
㉔ 黄斑 ㉕ 右
㉖ 錐体 ㉗ 黄斑
㉘ 桿体(かんたい) ㉙ 盲斑
㉚ 桿体細胞 ㉛ 錐体細胞
㉜ 暗 ㉝ 明
㉞ 収縮 ㉟ 厚
㊱ 弛緩 ㊲ 薄
㊳ 鼓 ㊴ うずまき
㊵ コルチ器官 ㊶ 大
㊷ 耳小骨 ㊸ 半規管
㊹ 前庭 ㊺ うずまき管
㊻ コルチ器官 ㊼ 基底膜
㊽ 前庭 ㊾ 半規管
㊿ 平衡 (51) 半規管
(52) 嗅 (53) 味

ミニテスト

解き方 ②ア 光を屈折させるのはおもに水晶体である。水晶体はレンズともよばれる。
ウ からだの回転を感知するのは半規管である。
エ 半規管は左右の耳に3つずつある。

答 ① (a)目(網膜)
(b)耳(コルチ器官)
(c)前庭
(d)半規管
(e)鼻(嗅上皮)
② イ

〈p.109～111〉

3 中枢神経系と末梢神経系

① 中枢 ② 脳
③ 末梢 ④ 体性
⑤ 感覚 ⑥ 自律
⑦ 大脳 ⑧ 延髄
⑨ 脳幹 ⑩ 大
⑪ 小 ⑫ 間
⑬ 延髄 ⑭ 灰白質
⑮ 新皮質 ⑯ 感覚野
⑰ 連合野 ⑱ 海馬
⑲ 白質 ⑳ 大脳皮質
㉑ 髄質 ㉒ 小脳
㉓ 脳幹 ㉔ 間脳
㉕ 視床下部 ㉖ 自律
㉗ 中脳 ㉘ 延髄
㉙ 白質 ㉚ 灰白質
㉛ 31 ㉜ 感覚神経
㉝ 運動神経 ㉞ 運動神経
㉟ 脊髄反射 ㊱ 大脳
㊲ 延髄 ㊳ 灰白
㊴ 白 ㊵ 脊髄
㊶ 瞳孔 ㊷ 反射弓
㊸ 中枢 ㊹ 脳神経
㊺ 脊椎 ㊻ 末梢神経
㊼ 脳 ㊽ 脊髄
㊾ 感覚 ㊿ 運動
(51) 副交感

ミニテスト

解き方 ② 脊髄の灰白質と白質の位置関係は，大脳とは逆になっている。また，脊髄から出ている神経繊維の束は背根と腹根とに分けられ，背根は感覚神経，腹根は運動神経と自律神経からなる。

答 ① (1)中脳
(2)小脳
(3)延髄
② ①神経繊維
②白質
③背根

⟨p.112〜114⟩
4 効果器とそのはたらき
❶ 横紋　❷ 平滑
❸ 筋繊維　❹ 筋原
❺ 明帯　❻ 暗帯
❼ Z
❽ サルコメア(筋節)
❾ アクチンフィラメント
❿ ミオシンフィラメント
⓫ 筋繊維(筋細胞)
⓬ 筋原繊維　⓭ 明帯
⓮ 暗帯
⓯ サルコメア(筋節)
⓰ ミオシンフィラメント
⓱ アクチンフィラメント
⓲ ATP　⓳ ミオシン
⓴ アクチン　㉑ 滑り
㉒ 暗　㉓ 明
㉔ トロポミオシン
㉕ アセチルコリン
㉖ 筋小胞体　㉗ トロポニン
㉘ ミオシン　㉙ 単
㉚ 強縮　㉛ 収縮期
㉜ 弛緩期　㉝ 外分泌
㉞ 内分泌　㉟ 発電
㊱ 発光

ミニテスト
答　(1)　(a) 暗帯
　　　　(b) 明帯
　　　　(c) サルコメア(筋節)
　(2)　(c)
　(3)　アクチン，ミオシン
　(4)　Ca^{2+}(カルシウムイオン)
　(5)　ATP

⟨p.115〜117⟩
5 動物の行動
❶ 生得的　❷ かぎ刺激
❸ かぎ刺激　❹ 求愛
❺ 攻撃する　❻ 求愛する
❼ 定位　❽ 定位
❾ 光　❿ 化学
⓫ 正　⓬ 負
⓭ 超音波　⓮ 渡り
⓯ 太陽
⓰ コミュニケーション
⓱ フェロモン　⓲ 性
⓳ 集合　⓴ 道しるべ
㉑ 円形　㉒ 8の字
㉓ 学習　㉔ 慣れ
㉕ 反射　㉖ 慣れ
㉗ 脱慣れ　㉘ 鋭敏化
㉙ 無条件　㉚ 古典的
㉛ 刷込み　㉜ 試行錯誤
㉝ 知能　㉞ 経験

ミニテスト
解き方　❶ 刺激源に近づく場合を**正の走性**，刺激源から遠ざかる場合を**負の走性**という。
❷ **生得的行動**は，生まれつき備わっている行動である。
答　❶　(1) 正の流れ走性
　　　　(2) 正の化学走性
　❷　(1) A
　　　(2) B

第3編 第2章
植物の環境応答
⟨p.120〜125⟩
1 成長と植物ホルモン
❶ 屈性　❷ 正
❸ 負　❹ 光屈性
❺ 重力　❻ 水分屈性
❼ 傾性　❽ 接触傾性
❾ 温度傾性　❿ 膨圧
⓫ する　⓬ しない
⓭ する　⓮ 先端
⓯ する　⓰ しない
⓱ する　⓲ しない
⓳ 遮断　⓴ 通過
㉑ 左　㉒ 右
㉓ 左　㉔ オーキシン
㉕ インドール酢酸
㉖ 伸長　㉗ 右
㉘ 左　㉙ 正
㉚ オーキシン　㉛ 細胞壁
㉜ 縦　㉝ 極性
㉞ 基　㉟ 下
㊱ 極性　㊲ 抑制
㊳ 促進　㊴ 頂芽
㊵ サイトカイニン
㊶ 抑制　㊷ 合成
㊸ 促進　㊹ 抑制
㊺ 促進　㊻ 抑制
㊼ 下　㊽ 負
㊾ 根冠　㊿ 正
51 伸長　52 単為
53 促進　54 エチレン
55 抑制　56 縦
57 促進　58 落葉
59 促進　60 閉じる
61 抑制　62 誘導

ミニテスト
解き方　❹ アブシシン酸はエチレンの合成を誘導することによって，落果や落葉を促進する。
❻ ジベレリン→**単為結実**を促進。
答　❶　a…正の光屈性
　　　b…負の光屈性
　❷　根
　❸　インドール酢酸
　❹　エチレン，アブシシン酸
　❺　アブシシン酸
　❻　ジベレリン

⟨p.126～128⟩
2 光に対する環境応答
❶ 光周性　❷ 暗
❸ 暗　❹ 限界暗期
❺ 長日　❻ 短日
❼ 中性　❽ 限界暗期
❾ 暗　❿ 限界暗期
⓫ しない　⓬ する
⓭ 短日処理　⓮ 長日処理
⓯ する　⓰ しない
⓱ しない　⓲ する
⓳ する　⓴ しない
㉑ しない　㉒ する
㉓ 葉　㉔ フロリゲン
㉕ 師　㉖ 花芽
㉗ 抑制　㉘ 休眠
㉙ ジベレリン　㉚ 促進
㉛ 胚乳　㉜ 光発芽
㉝ 暗発芽　㉞ 赤色
㉟ フィトクロム　㊱ ジベレリン
㊲ 抑制　㊳ Pr型
㊴ する　㊵ しない
㊶ 遠赤　㊷ フィトクロム
㊸ 青　㊹ 抑制
㊺ 葉緑体　㊻ ジベレリン
㊼ エチレン　㊽ アブシシン酸
㊾ フロリゲン

ミニテスト
解き方 ❷ 夏至を過ぎた頃から毎日夕方に電灯を灯す処理(**長日処理**)をすると、短日植物の開花期を遅らせることができる。

答 ❶ a…ア
　　b…イ
❷ 夕方電灯をつける。(電照栽培する。)
❸ フロリゲン(花成ホルモン)
❹ アブシシン酸
❺ 赤色光
❻ フィトクロム

⟨p.129⟩
3 ストレスに対する環境応答
❶ 植物ホルモン　❷ ジャスモン酸
❸ タンパク質　❹ 抗菌
❺ 過敏感　❻ アブシシン酸
❼ アブシシン酸　❽ エチレン
❾ 浸透圧

第4編 第1章
生物群集と生態系
⟨p.134～137⟩
1 個体群と環境
❶ 個体群　❷ 生物群集
❸ 環境要因　❹ 温度
❺ 生物的　❻ 作用
❼ 環境形成作用(反作用)
❽ 相互作用　❾ 生態系
❿ 作用
⓫ 環境形成作用(反作用)
⓬ 生物群集　⓭ 渡り
⓮ 夏　⓯ 北方
⓰ 回遊　⓱ 個体数
⓲ 区画　⓳ 標識再捕
⓴ 再捕獲された標識個体数
㉑ 密度　㉒ 成長
㉓ 成長曲線　㉔ S字
㉕ 一定になる　㉖ 食物
㉗ 環境抵抗　㉘ 環境収容
㉙ 密度　㉚ 成長曲線
㉛ 密度効果　㉜ 相変異
㉝ 孤独　㉞ 群生
㉟ 長　㊱ 短
㊲ 生存数　㊳ 生命表
㊴ 生存曲線　㊵ 晩死
㊶ 手厚(多)　㊷ 齢構成
㊸ 年齢ピラミッド
㊹ 安定　㊺ 幼若
㊻ 老齢(老化)　㊼ 生殖

ミニテスト
解き方 ❶ 非生物的環境(無機的環境)は、気候的な要因(降水量、気温、光量など)と、土壌的な要因(粒子の大きさ、腐植質の量、pHなど)に分けられる。
❻ 密度効果は、相変異などを含む意味のことばで、個体群の成長に影響を及ぼすことが多い。
❼ 生命表は、卵または子が1000個体生まれたとして、成長の各段階で何個体生き残っているかを示した表。
❽ 齢構成は、個体群を構成する個体の、年齢層ごとの個体数(またはその割合)。これを、横長の帯グラフにして若年層を下、老齢層を上に積み上げるとピラミッド形になる。

答 ❶ 光の強さ、日照時間、平均気温(水温)・最高気温・最低気温、年間降水量、土壌pHなど
❷ 非生物的環境から生物…作用、生物から非生物的環境…環境形成作用(反作用)
❸ 相互作用
❹ 個体群密度
　$= \dfrac{\text{個体群を構成する個体数}}{\text{生活する面積または体積}}$
❺ 区画法…固着性の生物、標識再捕法…移動性の動物など。
❻ 個体群密度の変化が、個体の発育・形態や成長に影響を及ぼすこと。
❼ 生存曲線
❽ 年齢ピラミッド

⟨p.138～140⟩
2 個体群内の相互作用
❶ 食物　❷ 種内競争
❸ 群れ　❹ 縄張り
❺ 食物　❻ 食物
❼ 行動圏　❽ 順位
❾ 順位制　❿ つつき
⓫ A　⓬ I
⓭ リーダー　⓮ 社会性
⓯ コロニー　⓰ 雌
⓱ 雌　⓲ 雄
⓳ 近親　⓴ 近親
㉑ 順位　㉒ ヘルパー
㉓ 遺伝子

ミニテスト
解き方 ❶ 「占有する」なので、他個体を排除して生活するということ。したがって、行動圏ではなく**縄張り**が正解。縄張りをもつ個体が排除するのは同種の個体(繁殖縄張りの場合は同種で同性の個体)のみである。
❷ 社会性昆虫(ミツバチやアリ、シロアリなど)にはいずれも繁殖専門の**カースト**(階層・役割)がある。多くの場合、1個体の「女王」が卵を産み続け、コロニーの個体のほとんどすべてが「女王」の子で構成される。

答 ❶ 縄張り,
　例：アユ(魚類)，ホオジロ(鳥類)，トンボ(昆虫) など
❷ 社会性昆虫

〈p.141～143〉
3 個体群間の相互作用
❶ 種間競争　❷ る
❸ すみわけ　❹ 食いわけ
❺ 捕食者　❻ 被食者
❼ 食物連鎖　❽ 増加
❾ 減少　❿ 周期
⓫ 生態的地位　⓬ 生態的同位種
⓭ 共生　⓮ 寄生
⓯ 宿主　⓰ 種内競争
⓱ 大き　⓲ 光
⓳ 種間競争　⓴ ソバ
㉑ ヤエナリ

ミニテスト
(解き方) ❷捕食者と被食者の関係としては，**被食者－捕食者相互関係**という用語もあるが，ここでは「一連のつながり」とあるので**食物連鎖**と答える。これが，「複雑な」「網状の」という表現ならば**食物網**が答えになる。
❹生態的地位が同じ生物どうしは共存できず，多くの場合，種間競争の末，一方が絶滅する。これを回避するには，生態的地位が完全に重ならないよう，生活場所か食物を異にして(互いに自分が相手より有利な環境を選んで)生活することになる。

答 ❶ 食う側…捕食者，
　　食われる側…被食者
❷ 食物連鎖
❸ アルマジロとセンザンコウ，モグラとフクロモグラ，コウベモグラとアズマモグラ，コアラとナマケモノ，ライオンとピューマ，カピバラとアルマジロ，モモンガとフクロモモンガ，ゾウリムシとヒメゾウリムシ，サボテンとトウダイグサ　など
❹ すみわけと食いわけ
❺ 光

〈p.144〉
4 生態系の物質収支
❶ 現存　❷ 総生産
❸ 純　❹ 総生産
❺ 呼吸　❻ 現存
❼ 純　❽ 被食
❾ 不消化排出　❿ 同化
⓫ 呼吸　⓬ 被食
⓭ 死亡　⓮ 生産者
⓯ 一次消費者　⓰ 総生産量
⓱ 同化量

ミニテスト
(解き方) ❶**純生産量＝総生産量－呼吸量**で示され，**成長量は純生産量から枯死量と被食量を引いた値**で示される。
❷**消費者の同化量は，摂食量－不消化排出量**で示される。さらに，同化量から呼吸量を引いた値が**消費者の生産量**で，消費者の成長量は生産量から被食量と死亡量を引いた値で示される。

答 ❶ 生産者の成長量＝純生産量－(枯死量＋被食量)，
　　または，
　　生産者の成長量＝総生産量－(呼吸量＋枯死量＋被食量)
❷ 消費者の成長量＝生産量－(被食量＋死亡量)，
　　または，成長量＝同化量－(呼吸量＋被食量＋死亡量)，
　　あるいは，成長量＝摂食量－(不消化排出量＋呼吸量＋被食量＋死亡量)

〈p.145～147〉
5 生態系と生物多様性
❶ 多様性　❷ 生態系
❸ 種　❹ 遺伝的
❺ 高　❻ 攪乱
❼ 人為　❽ 絶滅
❾ 分断　❿ 孤立
⓫ 近交弱勢　⓬ 近親
⓭ 絶滅　⓮ 遺伝的
⓯ 外来生物　⓰ 在来生物
⓱ 絶滅　⓲ 交配(交雑)
⓳ 特定外来　⓴ 減少
㉑ 拡大　㉒ 生態系
㉓ 保全　㉔ 生物多様性
㉕ トキ　㉖ コウノトリ
㉗ ドジョウ　㉘ 里山

ミニテスト
(解き方) ❶**生物多様性**は，規模の大きいものから順に，**生態系多様性，種多様性，遺伝的多様性**の3つの観点から分けて考えている。
❷生物多様性を減少させる要因としては**攪乱**，個体群の分断化と孤立化による遺伝的多様性の低下によって起こる**絶滅の渦**，外来生物の侵入，地球温暖化による生物種の生息範囲の減少と適応力の限界による生物種の減少などがある。

答 ❶ (a)種多様性
　　(b)生態系多様性
　　(c)遺伝的多様性
❷ (a)攪乱
　　(b)分断化
　　(c)孤立化
　　(d)地球温暖化

第5編 第1章
生物の起源と進化

〈p.152～153〉
1 生命の誕生
- ❶ 46億
- ❷ 原始大気
- ❸ 水蒸気
- ❹ 酸素
- ❺ ミラー
- ❻ 放電
- ❼ アミノ酸
- ❽ 熱水噴出孔
- ❾ メタン
- ❿ 硫化水素
- ⓫ タンパク質
- ⓬ 化学
- ⓭ コアセルベート
- ⓮ 代謝
- ⓯ アミノ酸
- ⓰ 複製
- ⓱ RNA
- ⓲ DNA
- ⓳ RNA
- ⓴ DNA

ミニテスト

解き方 ❶原始大気には酸素がほとんど含まれていなかったこと，ミラーが実験で使ったメタン，アンモニア，水素もおもな成分ではない点をおさえておく。現在の大気と同様に窒素が多く，二酸化炭素と水蒸気も多かったと考えられている。
❹現在の世界は**DNA**ワールドとよばれているが，始原生物の世界は**RNA**ワールドだったと考えられている。

答 ❶ 酸素
❷ 熱水噴出孔
❸ 化学進化
❹ RNA

〈p.154～157〉
2 海での生物の誕生と繁栄
- ❶ 細菌
- ❷ 40億
- ❸ 原核
- ❹ 細胞小器官
- ❺ 化学
- ❻ 従属栄養
- ❼ 嫌気性
- ❽ 化学
- ❾ 光
- ❿ 二酸化炭素
- ⓫ 光合成
- ⓬ 水
- ⓭ シアノバクテリア
- ⓮ ストロマトライト
- ⓯ 酸素
- ⓰ 鉄
- ⓱ 好気性
- ⓲ 20億
- ⓳ 核
- ⓴ 細胞小器官
- ㉑ 共生
- ㉒ ミトコンドリア
- ㉓ 葉緑体
- ㉔ DNA
- ㉕ 分裂
- ㉖ 好気性細菌
- ㉗ シアノバクテリア
- ㉘ 動物
- ㉙ 植物
- ㉚ 細胞壁
- ㉛ 多細胞
- ㉜ 全球凍結
- ㉝ エディアカラ
- ㉞ カンブリア
- ㉟ 緑藻
- ㊱ 紫外線
- ㊲ オゾン
- ㊳ オゾン
- ㊴ 紫外線
- ㊵ 岩石(地層)
- ㊶ 地質
- ㊷ 5.4億
- ㊸ 先カンブリア
- ㊹ 古生
- ㊺ 中生
- ㊻ 新生
- ㊼ デボン
- ㊽ ジュラ
- ㊾ 第四
- ㊿ 大爆発
- 51 バージェス
- 52 動物食
- 53 殻
- 54 三葉虫
- 55 原索
- 56 無顎
- 57 軟骨
- 58 硬骨

ミニテスト

解き方 ❶約38億年前の地層から生物起源の炭素が発見されていることなどから，生命誕生はそれより前の約40億年前と推定されている。
❷地球誕生後初期に生じた酸素は海水中の鉄の酸化に使われ，それが終わってから，酸素は海水に溶解するとともに，空気中へと放出されたと考えられる。
❸**共生説**は，異なる細胞どうしが融合して両方の性質を合わせもつ新しい生物が生じるという考えで，これによって生物の進化が飛躍的に進み，複雑で高度な構造をもち，動くことができるようになったと考えられることから，これを考えた**マーグリス**が生物の系統分類で提唱した五界説にも反映されている(→本冊p.177)。
　大形の嫌気性細菌がシアノバクテリアや好気性細菌を共生させるとき，自己の遺伝子を守るため核膜が形成されたと考える説もある。
❹それまでは，外敵からからだを守る必要がなかったため，やわらかいからだをもつ生物ばかりであった。しかしこの頃に動物食性の動物が出現したことで，多様な種が現れた。
❺原索動物から出現した最初の脊椎動物は，あご・胸びれ・腹びれをもたない無顎類(甲冑魚類など)と考えられている。

答 ❶ 約40億年前
❷ 光合成によって生じた酸素により，遊離の酸素が存在する地球となった。
❸ 大形の原核細胞に**好気性細菌**が共生してミトコンドリアになり，**シアノバクテリア**が共生して**葉緑体**になったと考える説。
❹ カンブリア紀に，海中の動物の種類が爆発的に増加したことをいう。
❺ 無顎類(甲冑魚類)

〈p.158～161〉
3 陸上への進出と繁栄
- ❶ 紫外線
- ❷ シルル
- ❸ 石炭
- ❹ 木生シダ
- ❺ 裸子
- ❻ 節足
- ❼ デボン
- ❽ 両生
- ❾ 肺
- ❿ 受精(産卵)
- ⓫ 中生
- ⓬ 種子
- ⓭ 裸子
- ⓮ 被子
- ⓯ 白亜
- ⓰ ハ虫
- ⓱ うろこ
- ⓲ 体内
- ⓳ 胚
- ⓴ ジュラ
- ㉑ 恐竜
- ㉒ 鳥
- ㉓ 恐竜
- ㉔ 草本
- ㉕ 乾燥
- ㉖ 虫媒
- ㉗ 体毛
- ㉘ 哺乳(育児)
- ㉙ 哺乳
- ㉚ 生態的地位
- ㉛ マンモス
- ㉜ 鳥
- ㉝ 樹上
- ㉞ 拇指対向
- ㉟ 立体(両眼)
- ㊱ 草原
- ㊲ 人類
- ㊳ 被子
- ㊴ ジュラ
- ㊵ 鳥
- ㊶ 恐竜
- ㊷ 裸子
- ㊸ 哺乳
- ㊹ 石炭
- ㊺ シダ
- ㊻ 両生
- ㊼ 昆虫
- ㊽ 魚
- ㊾ 藻
- ㊿ カンブリア
- 51 三葉虫
- 52 真核

㊾ シアノバクテリア
㊿ 類人猿　㊺ ゴリラ
㊻ テナガ　㊼ 直立二足
㊽ 前肢　㊾ 土ふまず
⑥⓪ 前　⑥① S
⑥② おとがい　⑥③ 骨盤
⑥④ 化石
⑥⑤ アウストラロピテクス(アウストラロピテクス類)
⑥⑥ ホモ・エレクトス
⑥⑦ 石器
⑥⑧ ネアンデルタール人(ホモ・ネアンデルターレンシス)
⑥⑨ 埋葬
⑦⓪ ホモ・サピエンス
⑦① 言語

ミニテスト

(解き方) ❶ クックソニアはシダ植物とコケ植物の祖先と考えられる。
❷❸ まず，**古生代は両生類**(デボン紀に出現)，**中生代はハ虫類**，**新生代は哺乳類の時代**であることをおさえておく。植物については，古生代がシダ植物(シルル紀に陸上進出)，中生代が裸子植物，新生代が被子植物の時代であったと覚えておく。

(答) ❶ 植物…クックソニアやリニアなど(古生マツバラン類)
動物…昆虫類やクモ類などの節足動物
時代…古生代シルル紀
❷ 植物…裸子植物
動物…陸上ではハ虫類(恐竜類)，海中ではアンモナイト
❸ 植物…被子植物
動物…哺乳類
❹ ・両手が使えるようになり，道具の使用や作成による刺激が大脳の発達を促した。
・首が後方ではなく下から頭を支えるようになり，大脳の大形化が可能になった。
・口やのど周辺の骨格や筋肉が変化して細かい動きが可能になり，言語が使えるようになった。

〈p.162〜165〉
4 進化の証拠
❶ 地質　❷ 化石
❸ 森林　❹ 草原
❺ 大形　❻ 臼
❼ 減少　❽ 始祖鳥
❾ ハ虫　❿ 羽毛
⓫ 指　⓬ 歯
⓭ 尾骨　⓮ 種子
⓯ 生きている
⓰ 魚　⓱ 両生
⓲ ハ虫　⓳ 哺乳
⓴ シダ　㉑ 相同
㉒ 相似　㉓ 適応
㉔ 適応放散　㉕ モモンガ
㉖ 収束進化(収れん)
㉗ 痕跡　㉘ 発生反復
㉙ 1　㉚ 2
㉛ 尿素　㉜ 尿酸
㉝ 共進化　㉞ 距
㉟ 長　㊱ アミノ酸
㊲ 少な　㊳ 大き(多)
㊴ 分子系統樹　㊵ 分子進化
㊶ 分子

ミニテスト

(解き方) ❶ 「見た目は違うがもとは同じ」ものが**相同器官**，「見た目は似ている(はたらきが同じである)が違うものからできた」ものが**相似器官**。発生学上の起源から考えるか，はたらきや形態から考えるかの観点の違いである。
❸ 心臓の進化で説明してもよい。
❹ 現在でもオーストラリアやニュージーランドは，固有の生物の生活がおびやかされないよう，外部からの野犬やネズミなどの動物の侵入に対しては厳しく規制・監視している。

(答) ❶ 相同器官…比較する生物どうしで異なる形態やはたらきをもつが，発生過程や基本構造から同じ起源をもつと考えられる器官。
相似器官…形態やはたらきは似ているが，基本的に異なる器官に起源をもつと考えられる器官。

❷ 鳥類的な点…翼をもち，羽毛でおおわれている。
ハ虫類的な点…くちばしがなく，両あごに歯がある。翼にはかぎ爪がついた指がある。尾骨の発達した長い尾をもつ。胸部に翼の筋肉を支える竜骨がない。
❸ 1. 哺乳類の発生の過程を調べると，魚類と共通の過程，両生類と共通の過程，ハ虫類と共通の過程を順に経ており，これは生物の系統進化の過程を再現していると考えられるから。
2. 鳥類の初期胚の窒素排出物は，魚類と同じアンモニアから陸生の両生類と同じ尿素に変わり，最終的に尿酸を排出するように順に変化する。
❹ 他の大陸と地続きだった時代に有袋類が移入してきた後，真獣類(有胎盤類)が移動してくる以前に海で隔離されたため，真獣類と生態的地位を争わずにすんだが，他の大陸では動きがすばやく繁殖能力もすぐれている真獣類との生存競争に敗れたため。

〈p.166〜169〉
5 進化説
❶ ラマルク　❷ 用不用
❸ 獲得　❹ ダーウィン
❺ 自然選択　❻ 生存競争
❼ 種　❽ ワグナー
❾ 地理　❿ 隔離
⓫ 生殖的　⓬ 生態的
⓭ 突然変異　⓮ 突然変異
⓯ 遺伝子　⓰ DNA
⓱ 染色体　⓲ 異数
⓳ 異数　⓴ 倍数
㉑ 倍数　㉒ 転座
㉓ 重複　㉔ 放射線
㉕ マラー　㉖ X
㉗ 多　㉘ ない
㉙ らない　㉚ らない
㉛ しない　㉜ 遺伝子平衡
㉝ ハーディ・ワインベルグ

空らん・ミニテストの解答〈本冊p.168〜175〉 | 17

㉞ p^2　　　　㉟ pq
㊱ q^2　　　　㊲ $2pq$
㊳ p　　　　　㊴ q
㊵ 集団遺伝　　㊶ 突然変異
㊷ 遺伝子頻度　㊸ 自然選択
㊹ 遺伝子　　　㊺ 遺伝的浮動
㊻ 隔離　　　　㊼ 種
㊽ 種分化　　　㊾ 小
㊿ 擬態　　　　51 暗色
52 工業暗化　　53 薬剤耐性

ミニテスト

解き方 ❶ 日の当たり方の違いで草丈に違いの出た同種の植物の2個体から種をとって平等な条件で育てた場合，親と同じように草丈に違いが現れるのかなど，後天的に得られた形質の違い(獲得形質)が次代に遺伝するのか考えると，「よく使う部分が発達する」という考えに問題のあることがわかる。

❷ 後述の答とは別に，ダーウィンは獲得形質の遺伝を否定してはいなかったという問題点もある。このため，ダーウィンの自然選択説に「生殖細胞に生じた変異は遺伝するが，体細胞に生じた変異は遺伝しない」ことをつけ加えて修正した自然選択説が提唱され，「新ダーウィン説（ネオ・ダーウィニズム）」とよばれる。

❸ 遺伝子DNAの変異と，そのDNAをのせている染色体の異常の2種類。染色体突然変異はさらに部分的異常(欠失・逆位・転座・重複)と染色体数の異常（倍数性と異数性）に分けられるので，それらの意味をもらさず簡潔に書くこと。

❹ 現代の進化論では，**遺伝子頻度の変化**(生存競争に有利でも不利でもない形質や，形質に現れない遺伝子の変化も含む)にもとづいて説明することになる。この場合，小進化については説明できるが，大進化を説明できる進化要因はまだ見つかっていない。

答 ❶ 要点…よく使われる器官は発達し，使われない器官が退化することによって進化が起こる。
欠点…個体が生存中に獲得した獲得形質が子孫に遺伝すると考えている点。

❷ 要点…いろいろな形質をもつ同種個体のなかで，生存競争の結果生き残ったものが子孫を残すことで，より環境に適応した形質が次代に受けつがれ進化が進むという考え。
欠点…必ずしも生存に役立つと思われない方向に発達した生物について説明できない。

❸ 遺伝子突然変異と染色体突然変異。
遺伝子突然変異…DNAの塩基配列の変化。
染色体突然変異…染色体の数あるいは部分的変化。

❹ 突然変異による遺伝子構成の変化，遺伝的浮動や自然選択による遺伝子頻度の変化，隔離などによる遺伝子頻度変化の増幅。

第5編 第2章
生物の系統と分類

〈p.172〜175〉

1 生物の多様性と分類

❶ 種　　　　　❷ 多様
❸ 共通　　　　❹ 細胞
❺ 生殖　　　　❻ DNA
❼ ATP　　　　❽ ハ虫
❾ 哺乳　　　　❿ 適応
⓫ 進化　　　　⓬ 脊椎
⓭ 昆虫　　　　⓮ 藻
⓯ 双子葉　　　⓰ 人為
⓱ エンドウ　　⓲ エンジュ
⓳ サクラ　　　⓴ エンドウ
㉑ 自然　　　　㉒ 系統
㉓ 系統樹　　　㉔ 種
㉕ 交配　　　　㉖ 繁殖
㉗ 属　　　　　㉘ 科
㉙ 綱　　　　　㉚ ドメイン
㉛ ドメイン　　㉜ 古細菌
㉝ 細菌　　　　㉞ 真核生物
㉟ 学名　　　　㊱ リンネ
㊲ 属名　　　　㊳ 種小名
㊴ 二名　　　　㊵ 和名
㊶ 原核　　　　㊷ 真核
㊸ 原核　　　　㊹ −
㊺ ＋　　　　　㊻ −
㊼ ＋　　　　　㊽ −
㊾ −　　　　　㊿ ＋
51 ＋　　　　　52 −
53 −　　　　　54 ＋
55 ＋　　　　　56 ＋
57 原始　　　　58 派生
59 系統樹　　　60 塩基
61 ドメイン　　62 分子系統樹

ミニテスト

解き方 ❶ 学名をつけるルールは基本的に**リンネ**が提唱したやり方に沿っている。(1)ラテン語を使うこと，(2)種の名前(種小名)の前に属名をつける，の2つが最も重要な原則。この(2)より，**二名法**とよばれる。

❷ ヒトは**ホモ属**に分類されており，種小名は**サピエンス**である。

❹ 種の定義は実際には非常に難しく，教科書でも「形態や生殖・発生などの特徴によって他の生

物群から明らかに区別される自然界の生物群」というように，属や科などほかの分類単位との区別がつきにくい記述になっている。種というのは，基本的には「他の種とは自然状態で生殖を行い子孫(生殖能力のある子)を残すことはない」と考えておけばよい(日本で飼育されていて逃げ出したタイワンザルがニホンザルとの間に雑種をつくってしまうなどの例外があるので，生殖的な隔離を種の定義とはしていないというのが現状)。

答 ❶ 提唱者…リンネ，命名法…二名法
❷ ホモ・サピエンス
❸ 和名
❹ 種
❺ 種→属→科→目→綱→門→界
❻ ドメイン
❼ 分子系統樹

〈p.176〜177〉
2 生物の分類体系
❶ 界　　❷ リンネ
❸ 動物　　❹ 植物
(❸と❹は順不同)
❺ 二界　　❻ ヘッケル
❼ 原生生物　　❽ 原核生物
❾ 真核生物　　❿ 菌
⓫ つ　　⓬ たない
⓭ する　　⓮ 原生生物
⓯ 三界　　⓰ 系統樹
⓱ 原核生物　　⓲ 菌
⓳ 藻　　⓴ 植物界
㉑ 菌界　　㉒ 原生生物界
㉓ 原核生物界(モネラ界)
㉔ ドメイン説
㉕ 細菌(バクテリア)
㉖ 真核生物

ミニテスト
(解き方) ❶ ヘッケルの三界説では，単細胞の生物が原生生物として動物界や植物界から分けられる。
❷ 五界説では，植物界から菌界が分離され，さらに単細胞生物が原生生物界と原核生物界に分けられる。

ホイタッカーの五界説では原生生物界は単細胞の真核生物からなるというわかりやすい定義であるが，マーグリスの五界説では，藻類など体制の単純な多細胞生物も含んでおり，他の4界に分類できない生物を入れた界という性格が濃い。
❸ 3ドメイン説では，原核生物を大腸菌やシアノバクテリアなどの細菌(バクテリア)ドメインと，メタン菌や超高熱菌などの古細菌(アーキア)ドメインに分けている。

答 ❶ 動物界，植物界から原生生物界が分かれている点。
❷ 植物界，菌界，動物界，原生生物界，原核生物界(モネラ界)
❸ 細菌ドメイン(バクテリアドメイン)，古細菌ドメイン(アーキアドメイン)，真核生物ドメイン

〈p.178〉
3 細菌ドメインと古細菌ドメイン
❶ 単　　❷ 原核
❸ セルロース　　❹ 従属栄養
❺ 病原
❻ バクテリオクロロフィル
❼ 硫化水素
❽ クロロフィルa
❾ 酸素(O_2)　　❿ 化学
⓫ 独立栄養　　⓬ 硝化
⓭ 真核

〈p.179〜181〉
4 真核生物ドメイン(原生生物界・菌界)
❶ 原生　　❷ 従属
❸ 食胞　　❹ アメーバ
❺ 繊毛虫　　❻ 藻
❼ 褐藻　　❽ 紅藻
❾ フィコエリトリン
❿ 緑藻　　⓫ b
⓬ 褐藻　　⓭ c
⓮ ケイ藻　　⓯ c
⓰ ミドリムシ　　⓱ 陸上植物
⓲ シャジクモ　　⓳ 菌糸

⓴ セルロース　　㉑ 植物
㉒ ミズカビ　　㉓ 変形体
㉔ 細胞　　㉕ 子実体
㉖ 胞子　　㉗ アメーバ
㉘ 集合体　　㉙ 植物
㉚ 従属　　㉛ 菌糸
㉜ 胞子　　㉝ 子実体
㉞ 担子菌　　㉟ 接合子
㊱ 子のう　　㊲ 担子
㊳ コケ　　㊴ シダ
㊵ 種子

ミニテスト
(解き方) ❶ 原生生物界で，単細胞の従属栄養生物を原生動物といい，根足虫類やべん毛虫類，繊毛虫類などがある。
❷ 陸上植物の光合成色素はクロロフィルaとクロロフィルbである。クロロフィルaはシアノバクテリアや藻類すべてに共通するが，シアノバクテリアと紅藻類はbをもたずaのみ(フィコエリトリンとフィコシアニンをもつ)で，ケイ藻類と褐藻類はbのかわりにクロロフィルcをもつ。クロロフィルaとbをもつのは緑藻類とシャジクモ類だが，多くの場合は緑藻類だけ答えられれば十分である(シャジクモ類を扱っていない教科書も多いため)。
❸ 菌類は，無性生殖の場合は菌糸の先端が分裂して胞子をつくるだけだが，有性生殖の場合，胞子は子実体の中につくられ，菌類はその様式によって分類される(接合菌類は子実体をつくらない)。
❹ 担子菌類の子実体がきのことよばれる。

答 ❶ 原生動物
❷ 緑藻類(シャジクモ類)
❸ 子実体
❹ 担子菌類

⟨p.182〜183⟩
5 真核生物ドメイン(植物界)
- ❶ 葉緑体
- ❷ コケ
- ❸ 維管束
- ❹ シダ
- ❺ 種子
- ❻ 配偶体
- ❼ もたない
- ❽ 胞子体
- ❾ 胞子
- ❿ 原糸体
- ⓫ 配偶体
- ⓬ 受精卵
- ⓭ 胞子体
- ⓮ 胞子
- ⓯ 配偶体
- ⓰ 胞子体
- ⓱ 維管束
- ⓲ 前葉体
- ⓳ 胞子体
- ⓴ 配偶体
- ㉑ 胞子体
- ㉒ 花
- ㉓ 胚珠
- ㉔ 子房
- ㉕ 花粉管
- ㉖ 花粉管
- ㉗ 精細胞
- ㉘ n
- ㉙ 重複
- ㉚ $3n$
- ㉛ 単子葉
- ㉜ 双子葉
- ㉝ 精子
- ㉞ 精細胞
- ㉟ 卵細胞
- ㊱ 胚乳

ミニテスト
【解き方】❶ 胚珠が子房で包まれているかどうかで決まる。石炭紀に繁栄し絶滅したシダ種子類(裸子植物)では,胚珠は葉の先に葉の一部としてつくられるものがある。
❸ 本冊p.182の図を見るとわかるように,受精卵から生じて胞子をつくるのが$2n$の胞子体,配偶体は減数分裂の後に生じ,核相はn。
❹ 配偶子をつくるのが配偶体なのだから,造精器や造卵器は当然配偶体がもっている。

【答】❶ 被子植物は胚珠が子房で包まれているが,裸子植物は胚珠が裸出している。
❷ シダ植物は維管束が発達していて根・茎・葉の区別があるが,コケ植物はこれらの分化が未発達。
❸ 胞子体
❹ 配偶体

⟨p.184〜187⟩
6 真核生物ドメイン(動物界)
- ❶ 従属
- ❷ 二胚葉
- ❸ 三胚葉
- ❹ 中胚葉
- ❺ 旧口
- ❻ 口
- ❼ 新口
- ❽ 肛門
- ❾ 海綿
- ❿ 刺胞
- ⓫ 節足
- ⓬ 脊椎
- ⓭ 旧口
- ⓮ 新口
- ⓯ 中胚葉
- ⓰ えり
- ⓱ 刺胞
- ⓲ 肛門
- ⓳ 消化管
- ⓴ 散在
- ㉑ クラゲ
- ㉒ サンゴ
- ㉓ 扁平
- ㉔ 神経節
- ㉕ 頭足
- ㉖ 体節
- ㉗ はしご形
- ㉘ ミミズ
- ㉙ 脱皮
- ㉚ 胸部
- ㉛ 腹部
- ㉜ 頭胸部
- ㉝ キチン
- ㉞ 外
- ㉟ 脱皮
- ㊱ 昆虫
- ㊲ 五放射
- ㊳ 水管
- ㊴ 水管
- ㊵ 脊索
- ㊶ 神経管
- ㊷ 脊椎骨
- ㊸ 内
- ㊹ 脳
- ㊺ えら
- ㊻ 両生類
- ㊼ 肺
- ㊽ 変温
- ㊾ 鳥類
- ㊿ 羽毛
- 51 恒温
- 52 胎生(陸上)
- 53 毛(体毛)
- 54 羊膜
- 55 有羊膜

ミニテスト
【解き方】❷ ヒトなどを含む脊椎動物門が新口動物であることをまず覚え,それに加えて原索動物門と棘皮動物門が属することを覚える。それ以外の三胚葉性動物…節足動物・軟体動物・線形動物・環形動物・扁形動物が旧口動物である。
❸ 外骨格は小形の動物には軽くてじょうぶで,からだが傷つかないよう守る役割も果たす,すぐれたからだの支持のしくみであるが,大形化は難しい。
❹ 原索動物,脊椎動物ともに神経管を下から支える脊索が形成される。ここで「原索動物は成体になっても脊索が残るが」とするとホヤはこれにあてはまらないので,脊椎動物では脊椎骨が形成され,原索動物ではこれが形成されないという点から説明するとよい。

【答】❶ 旧口動物では原口がそのまま口になるのに対し,新口動物では原口が肛門となり,その反対側に口が新たに開口する。
❷ 旧口動物…扁形動物・軟体動物・環形動物・線形動物・節足動物
新口動物…棘皮動物,原索動物,脊椎動物
❸ 外骨格は外胚葉起源のキチン質などの表皮によって体を支える。内骨格は中胚葉起源の骨質の骨がからだの中央部にあり,そのまわりに筋肉などをつけてからだを支える。
❹ 原索動物と脊椎動物はともに発生過程で脊索が形成されるが,脊椎動物では,脊椎骨(脊柱)が形成されて脊索にとって替わる。

練習問題・定期テスト対策問題の解答

第1編 生命現象と物質

――――練習問題――――

1章 細胞と分子 〈p.40〜41〉

❶ (1) ㋐アミノ酸, ㋑ペプチド, ㋒ヘモグロビン, (2) ㋓アミノ基, ㋔カルボキシ基, (3) 20種類
(4) (a) 一次構造, (b) αヘリックス, (c) βシート, (d) 二次構造, (e) 三次構造, (f) 四次構造
(5) 変性

❷ (1) 基質特異性, (2) 最適温度, 30〜40℃, (3) 最適pH, (4) ①pH2, ②pH8, ③pH7
(5) 補酵素, NAD (FAD, NADPも正答)

❸ (1) リン脂質とタンパク質, (2) チャネル, 担体, ポンプ

❹ (1) 細胞骨格, (2) a…アクチンフィラメント (マイクロフィラメント), b…微小管, c…中間径フィラメント, (3) ①a, ②b

❺ (1) 解糖系:細胞質基質, クエン酸回路:ミトコンドリアのマトリックス, 電子伝達系:ミトコンドリアのクリステ, (2) 基質レベルのリン酸化, 酸化的リン酸化, (3) ATP合成酵素
(4) Hや電子を酸化して水にするため。(5) ①乳酸発酵, ②アルコール発酵

❻ (1) 葉緑体, (2) チラコイド, (3) クロロフィル, (4) 青色と赤色, (5) 光化学系Ⅱ
(6) チラコイドの膜, (7) 光リン酸化, (8) カルビン・ベンソン回路

解き方

❶ (1)(4) タンパク質は, 多数のアミノ酸がペプチド結合で結合した高分子化合物である。アミノ酸配列を**一次構造**, **αヘリックス**(らせん構造)や**βシート**(ジグザグ構造)などの部分的な立体構造を**二次構造**, それによってつくられるペプチド鎖全体の構造を**三次構造**, さらに, 複数のペプチド鎖によってつくられる構造を**四次構造**という。

(2)(3) アミノ酸は分子の中に**アミノ基**と**カルボキシ基**をもつ。側鎖は**20種類**あるので, アミノ酸の種類は20種類となる。

(5) 高次の構造をもつタンパク質は熱や酸などによってその立体構造が崩れる。これをタンパク質の**変性**という。酵素タンパク質が変性すると, 酵素は**失活**する。

❷ (1) 1種類の酵素は1種類の基質としか反応しない。この酵素のもつ性質を**基質特異性**という。

(2) 酵素は熱によって変性するため, 高温でははたらきを失うものが多い。酵素が最もよくはたらく温度を**最適温度**といい, ふつう30〜40℃である。

(3)(4) 酵素は酸やアルカリによっても変性するため, それぞれ最もよくはたらく最適pHをもつ。ペプシンはpH2(強酸性), トリプシンはpH8(弱アルカリ性), だ液アミラーゼはpH7(中性)である。

(5) 酵素の活性部位に結合して酵素活性に関係する低分子有機物を**補酵素**といい, デヒドロゲナーゼの補酵素には, 呼吸ではたらくNAD, FADがあり, 光合成ではNADPがある。

❸ (1) 生体膜は, 親水基を表面に出して向かい合って配置されている**リン脂質**と, リン脂質分子の間にはさまった**タンパク質**からなる。これを示したモデルを, **流動モザイクモデル**という。

(2) 輸送タンパク質には, 受動輸送によって物質やイオンを通す**チャネル**, 能動輸送によってイオンなどを運ぶ**ポンプ**, グルコースなどの輸送に関係する**担体**に分けられる。

❹ (1)(2) 細胞を支える細胞内のタンパク質からなる繊維状構造を細胞骨格といい, **アクチンフィラメント**(マイクロフィラメント), 微小管, 中間

径フィラメントの3つがある。
(3) 筋収縮に関係するのはアクチンフィラメントである。紡錘糸や鞭毛，繊毛をつくっているのは微小管である。

5 (1) 呼吸は，解糖系→クエン酸回路→電子伝達系の3つの経路からなる。
(2) 解糖系とクエン酸回路では**基質レベルのリン酸化**によって，電子伝達系では**酸化的リン酸化**によってATPが合成される。
(3) **ATP合成酵素**では，そこを流れるH^+の流れを利用してATPを合成する。
(4) 酸素はH^+と電子を酸化して水にするための**酸化剤**として利用されている。
(5) **乳酸菌は乳酸発酵**を行い，ピルビン酸を乳酸に還元するときにNADHを酸化してNAD$^+$とし，解糖系の反応を継続している。
酵母はアルコール発酵を行い，ピルビン酸をアセトアルデヒドを経てエタノールに還元するときにNADHを酸化してNAD$^+$とし，解糖系の反応を継続している。

6 (1)(2) 光合成は，緑葉の**さく状組織**や**海綿状組織**に含まれる葉緑体で行われる。葉緑体は二重の膜で囲まれ，その中に**チラコイド**という袋状の構造があり，このチラコイドの膜に光合成色素とタンパク質の複合体がはさまっている。
(3) 緑葉の光合成色素には，クロロフィルa，クロロフィルb，カロテン，キサントフィルがあり，**クロロフィル**が反応中心をつくっている。
(4) 光合成色素の吸収スペクトルを調べてみると，**赤色光**と**青色光**が強く吸収され，この波長で作用スペクトルも大きくなるので，赤色光と青色光を利用していると考えられる。
(5) **光化学系Ⅱ**では，クロロフィルが光エネルギーによって励起され，ここから飛び出した電子を補充するのに水の分解によって生じた電子を利用している。
(6) **電子伝達系**は，葉緑体の**チラコイド膜**上に存在する。
(7) 光エネルギーを利用してATPを生産する過程を**光リン酸化**という。
(8) 二酸化炭素は**ストロマ**にある**カルビン・ベンソン回路**で固定される。

2章 遺伝情報とその発現 〈p.60～61〉

1 (1) メセルソンとスタール，(2) 半保存的複製
(3) 1回目…0：1：0，2回目…0：1：1，3回目…0：1：3，4回目…0：1：7

2 (1) ⓐ相補，ⓑイントロン，ⓒmRNA，ⓓtRNA，ⓔペプチド，ⓕタンパク質
(2) 転写，(3) スプライシング，(4) エキソン，(5) 翻訳，(6) **UAUUUCGAU**，(7) **AUAAAGCUA**

3 (1) a…調節遺伝子，b…プロモーター，c…オペレーター，d…転写領域（構造遺伝子）
(2) **RNAポリメラーゼ**，(3) **負の調節**，(4) ジャコブとモノー

4 (1) 遺伝子（DNA），(2) 名称…パフ，現象…mRNAの合成（遺伝情報の転写），(3) 調節遺伝子

5 (1) 遺伝子組換え，(2) **PCR法**，(3) 長くなる，(4) トランスジェニック生物，(5) ノックアウト
(6) **DNA型鑑定**

解き方

1 (1)(2) メセルソンとスタールは，重い窒素^{15}Nと軽い窒素^{14}Nの違いを利用した，大腸菌を使った実験で，**DNAの半保存的複製**のしくみを明らかにした。
(3) 1回目はすべて中間の重さのDNA。この中間の重さのDNAは軽いヌクレオチド鎖と重いヌクレオチド鎖1本ずつからなる二重らせん構造で，2回目では，この鎖が分かれてそれぞれが軽いヌクレオチド鎖と新しい二重らせん構造をつくるので，中間DNAと軽いDNAが1：1となる。この後は，1回の分裂ごとに中間DNAから中間DNAと軽いDNAが1本ずつでき，軽いDNAからは軽いDNAが2本できることになる。図を書いて考えるとわかりやすい（→本冊p.45）が，2の（分裂の回数－1）乗のDNAができて，そのうち中間DNAが1本で残りが軽いDNAである。

2 (2) DNAの遺伝情報がRNAに写し取られる過程を**転写**という。

(3)(4) DNAの塩基配列の中には，遺伝子としてはたらく部分(**エキソン**)と，遺伝子としてはたらかない(**イントロン**)がある。転写されてできたRNAから，エキソンを残してイントロンを除去する過程を**スプライシング**といい，その結果**mRNA**ができる。

(5) mRNAの塩基配列がアミノ酸配列に読みかえられる過程を**翻訳**という。

(6)(7) 塩基配列は3つで1組となってそれぞれのアミノ酸を指定している。この3つで1組のセットを**トリプレット**といい，mRNAでは**コドン**，tRNAでは**アンチコドン**という。

コドンはDNAの塩基配列に対して相補的な塩基が対応しており，アンチコドンはコドンに対して相補的な塩基が対応している。

❸(1) **プロモーター**，**オペレーター**，**転写領域**は一つながりになって**オペロン**となっており，そこから離れた位置に**調節遺伝子**がある。調節遺伝子からつくられた**リプレッサー(抑制因子)**などの**調節タンパク質**は周囲の物質の状況に応じてオペレーターに結合する，結合しないという方法で，転写(DNAの塩基配列にもとづくRNAの合成)を制御している。それによって遺伝子の発現が制御されているのである。

(2) ラクトースがあると，リプレッサーがオペレーターから離れる。すると，RNAを合成する**RNAポリメラーゼ**がプロモーターに結合できるようになり，**転写領域**での転写が行われるようになる。

(3) リプレッサー(抑制因子)がはたらいて転写が抑制されるような調節を**負の調節**といい，**活性化因子**がはたらいて転写が促進されるような調節を**正の調節**という。

(4) オペロン説はジャコブとモノーがとなえた学説で，「遺伝子の発現の調節は，オペロンという複数の遺伝子の1セット単位で転写を調節することで行われている」という考え方である。オペロンは**プロモーター**，**オペレーター**，**転写領域(構造遺伝子)**などの遺伝子をまとめたセットである。

❹(1) 染色体突然変異で横じまに変化が見られれば，その位置(遺伝子座)にある遺伝子が突然変異で生じた形質と関係があることがわかる。

(2) パフでは染色体で折りたたまれたDNAがほどけ，二重らせんもほどけて，遺伝情報の**転写**が行われている。

❺(1) 遺伝子組換えで使われる**制限酵素**と**リガーゼ**のはたらきは必ず覚えておこう。制限酵素はDNAを特定の塩基配列の部分で切断するはさみのようなはたらきをもつ酵素であり，リガーゼはDNAをつなぎ合わせる接着剤のようなはたらきをもつ酵素である。

(2) DNAの二重らせんは90℃以上になると塩基対の水素結合がほどけて1本鎖となる。この性質を利用して，同一の塩基配列をもつDNAを大量にコピーする方法が，**PCR法(ポリメラーゼ連鎖反応法)**である。

(3) 電気泳動では，DNA断片が長いほど，ゲルの網目にDNA断片が引っかかるため，移動距離が短くなる。

(4) 人為的に外来の遺伝子を導入する技術を応用して，その生物が本来もっていない遺伝子をもつ細胞からなる個体を，**トランスジェニック生物**という。

ゴールデンライスは，ビタミンA欠乏症予防に効果があるβカロチンをつくるようにイネを遺伝子操作した**遺伝子組換え食品**である。

スーパーマウスは，ヒトの成長ホルモンをつくる遺伝子を導入することで，大形になったネズミである。

(5) 特定の遺伝子が発現しないようにする技術を**ノックアウト**といい，この技術を使ってつくったネズミを**ノックアウトマウス**という。未知のある遺伝子をノックアウトしてその影響を調べることで，その遺伝子の機能を解明する大きな手がかりが得られる。

(6) 同じヒト同士であっても，そのゲノムには**遺伝子多型(SNP)**のように多くの個人差がある。ゲノムに含まれている塩基配列のくり返し部分(反復配列)のパターンにも個人差があり，PCR法や電気泳動法を用いてその一致・不一致を調べることで，**DNA型鑑定**を行うことができる。

定期テスト対策問題

〈p.62〜65〉

1

問1	酵素タンパク質が変性し，失活するため。					
問2	ア	①	イ	②	ウ	③
問3	すべての酵素が基質と結合しているため。(19字)					

2

問1	薄層クロマトグラフィー		問2	葉緑体		問3 a	ウ	b	エ
問4	①	カロテン	②	クロロフィルa	③	クロロフィルb	④	キサントフィル	

3

問1	A	ATP	B	ピルビン酸	C	クエン酸	D	エタノール
問2	I	解糖系	細胞質基質	II	クエン酸回路	ミトコンドリアのマトリックス		
	III	電子伝達系	ミトコンドリアの内膜	問3 a	16	b	6	c	12
問4	$C_6H_{12}O_6 + 6O_2 + 6H_2O \rightarrow 6CO_2 + 12H_2O +$ (最大) 38ATP							
問5	X	乳酸発酵	乳酸菌	Y	アルコール発酵	酵母菌		
問6	発酵							

4

問1	a	水	b	酸素	c	二酸化炭素	d	水
	e	$C_6H_{12}O_6$	問2 A	エ	B	イ	C	ア	D	ウ
問3	①	A	②	B，C，D	問4 ①	A，B，C	②	D

5

問1	①	抗原	②	樹状細胞	③	細胞	④	T
	⑤	B	⑥	抗体産生(形質)	⑦	抗体	⑧	抗原抗体
	⑨	(免疫)記憶	問2	食作用	問3	免疫グロブリン		

6

問1	二重らせん構造	問2	ヌクレオチド			
問3	①	デオキシリボース	②	アデニン	チミン	シトシン	グアニン
問4	RNA	問5 ①	RNAでは リボース	②	DNAの チミン が RNAでは ウラシル		
問6	35%	問7	メセルソンとスタール	問8	半保存的複製		

7

問1	c→b→a→e→d							
問2	①	t(転移)	②	アミノ酸	③	m(伝令)	④	m(伝令)
	⑤	m(伝令)	⑥	ポリペプチド	⑦	t(転移)	⑧	m(伝令)
	⑨	アミノ酸	⑩	ペプチド				
問3	ア	核膜孔	イ	m(伝令)RNA	ウ	核膜	エ	t(転移)RNA
	オ	アミノ酸						
問4	プロリン―ロイシン―ロイシン―フェニルアラニン―プロリン							

解き方

1 問1 酵素タンパク質は，ふつう60℃ぐらいになると熱によって**変性**するので，60℃以上では酵素は**失活**する。

問2 胃ではたらくペプシンは，塩酸を含む酸性の胃液の中で作用するため，最適pHは約2である。だ液などに含まれるアミラーゼは中性(pH7近辺)でよくはたらき，腸ではたらくトリプシンは弱アルカリ性環境下(pH8近辺)で最もよくはたらく性質をもっている。

問3 基質濃度が低いときは，基質濃度が高ければ高いほど酵素分子が基質と反応しやすくなるので反応速度は上昇する。しかし，酵素がフルにはたらいている状態(カタラーゼは1秒

2 問1 ろ紙を使う場合をペーパークロマトグラフィー，TLCシートを使う場合を薄層クロマトグラフィーという（TLはThin Layer＝薄い層，Cはクロマトグラフィーの頭文字）。

問4 ペーパークロマトグラフィーの場合は，上からカロテン，キサントフィル，クロロフィルa，クロロフィルb（最初の文字で覚えると「カ→キ→ク→ク」）の順で分離するが，薄層クロマトグラフィーでは，キサントフィルが一番下に分離してくる。順序がちがうので注意すること。

3 問1 呼吸と発酵に共通する中間産物で，どの種類の呼吸に進むかの分かれ目にもなる**B**のピルビン酸は必ず覚えておこう。

問2 呼吸は，**解糖系→クエン酸回路→電子伝達系**の3つからなり，解糖系は発酵と共通の過程である。

クエン酸回路はミトコンドリアの**マトリックス**（基質）で起こる。光合成のカルビン・ベンソン回路も葉緑体のストロマで起こるので"**回路**"**は基質（液体）中で起こる**"と覚えておこう。

電子伝達系は，呼吸でも光合成でも電子が膜を伝わって起こる。呼吸の場合，ミトコンドリアの内膜で起こる。

問4 最大**38ATP**が合成されることも覚えておこう。

問5 二酸化炭素を出すのがアルコール発酵，出さないのが乳酸発酵および解糖。乳酸発酵と解糖は同じ反応で，乳酸を生成するが，ヒトの筋肉など動物の組織で起こる場合には**解糖**，乳酸菌が起こす場合は**乳酸発酵**とよぶ。

4 問2 **A**はクロロフィルの活性化（**光化学系**），**B**は水の分解と，取り出された[**H**]を使っての還元物質の生成である。**C**はATPの生成（ADPの**光リン酸化**）で，光化学系Ⅱと光化学系Ⅰをつなぐ電子伝達系で生じたエネルギーを使って行われる。

Dは，カルビン・ベンソン回路。二酸化炭素の固定が行われる。

問3 光合成の反応のなかで，光エネルギーによる光化学反応は，クロロフィルなどの光合成色素を活性化する反応（**A**）だけである。これ以外は酵素による化学反応であり，温度によって反応速度は左右される。光合成全体でみれば，真っ暗な状態で**A**の反応が止まれば**B**～**D**に必要な物質の供給も止まるので**A**～**D**すべてが影響を受けることになるが，ここでは光や温度以外の条件が十分なものとして**A**～**D**それぞれ単独で考えること。

問4 光合成の大部分の反応は葉緑体の**チラコイド**で起こる。**ストロマ**で起こるのは二酸化炭素を固定する**カルビン・ベンソン回路**だけである。

5 問1 T細胞にはいくつかの種類がある。抗体産生細胞（文中⑥）に変化して抗体をつくる**B細胞**（⑤）を先に確実に覚えておこう。T細胞には細胞性免疫に関係する**キラーT細胞**と，体液性免疫の司令官となる**ヘルパーT細胞**とがあり，文中に出てくる（④）はヘルパーT細胞である。樹状細胞から**抗原提示**で受け取った抗原情報を元にして，B細胞に抗体をつくらせる命令を出す。

①は文の1行目に出てくる際には「非自己」という答えでもあてはまるが，2行目・5行目・6行目に出てくるときには「**抗原**」しかあてはまらない。

6 問1・2 DNAは4種類のヌクレオチド分子が多数結合した2本のヌクレオチド鎖がはしご状につながってできており，それがねじれた**二重らせん構造**となっている。

問6 DNA分子では，GとC，AとTは塩基対をつくっているので，Gが15％ならCも15％となる。したがって，AとTは，いずれも，

$$\frac{100-15\times 2}{2}=35\%$$

となる。

7 問2・3 tRNA（転移RNA）は運搬RNAとよんでもよい。

問4 DNAの塩基配列を3つずつに分けてGGG，AAT，GAA，AAA，GGTとして，これを転写したmRNAの塩基配列から5つのコドンCCC，UUA，CUU，UUU，CCAが求められる（コドンはmRNAの3塩基が一組になった遺伝暗号）。これらのそれぞれについて，表から対応するアミノ酸を探そう。

第2編 生殖と発生

練習問題

1章 生殖と遺伝 〈p.82〜83〉

❶ (1) c, e, (2) ① e, ② a, ③ f, ④ f, ⑤ b, ⑥ c, ⑦ d, ⑧ a

❷ (1) (h)→(a)→(c)→(e)→(b)→(d)→(g)→(f)
(2) (ア)染色体, (イ)星状体, (ウ)紡錘糸, (エ)紡錘体
(3) (a)第一分裂前期, (d)第二分裂中期, (e)第一分裂後期, (g)第二分裂後期, (4) $2n = 4$
(5) ①相同染色体, ② $A-B$, $A-b$, $a-B$, $a-b$

❸ (1) [図] (2) $YYTT$, $YYtt$, $yyTT$, $yytt$, (3) [図]

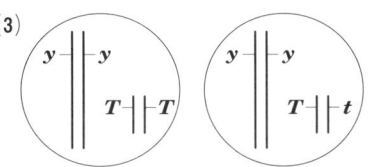

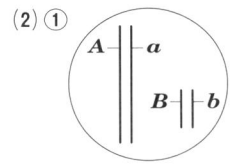

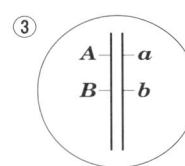

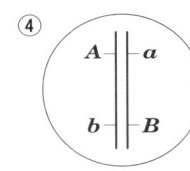

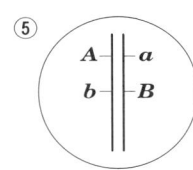

❹ (1) $aabb$
(2) ①②③④⑤ [図]

❺ (1) ①二次精母細胞, ②精細胞, ③一次卵母細胞, ④第一極体, ⑤第二極体, (2) b と f

❻ (1) a…先体, b…頭部, c…中片, d…尾部
(2) べん毛, (3) DNA, (4) 先体反応, (5) 卵膜

解き方

❶ (2) ジャガイモ(塊茎)やイチゴ(走出枝)は(e)受精によって子孫をつくることもできるが,ふつうは(f)栄養生殖でふえる。

❷ (5) これが(a)の時期(第一分裂前期)になると相同染色体が対合し,**二価染色体**とよばれるものになる。減数分裂で配偶子ができるとき,各配偶子は対となる染色体の片方ずつをもつ。

❸ (1) F_1 はすべて黄色・頂生で,その自家受精でできる F_2 の表現型の比が, **9:3:3:1に分離**していることから遺伝子 $Y(y)$ と $T(t)$ は独立していることがわかる。
(2) F_1 がつくる配偶子の比は, $YT:Yt:yT:yt=1:1:1:1$ である。従って,この自家受精でできる F_2 の遺伝子型の比は, $YYTT:2YYTt:2YyTT:4YyTt:YYtt:2Yytt:yyTT:2yyTt:yytt$ となる。この中で純系はそれぞれの対立遺伝子をホモにもつ $YYTT$, $YYtt$, $yyTT$, $yytt$ の4つである。

(3) F_2 の中で緑・頂は,$yyTT$ と $2yyTt$ である。この $Y(y)$ と $T(t)$ は独立している。

❹ (1) 検定交雑には**劣性ホモ接合体**の $aabb$ を使う。
(2) 1:1:1:1となる場合は独立している。また,組換え価が大きくなるほど遺伝子間の距離は遠く,組換え価が小さいほど遺伝子間の距離は近い。さらに,検定交雑でできた個体の数の多いほうが,もともと連鎖している遺伝子群である。

❺ (2) 染色体数が半減するのは減数分裂の第一分裂のときである。

❻ (2) 精子の運動器官はべん毛である。
(3) 精子の頭部には**染色体**が入っている。染色体には **DNA(デオキシリボ核酸)**という,遺伝子の本体である化学物質がふくまれている。
(4) 卵のゼリー層に精子が達すると先体反応が起こる。
(5) 受精膜は,表層反応が起きた部分で卵膜が卵の細胞膜からはがれてできる。

2章 発生とそのしくみ 〈p.98〜99〉

❶ (1) F→B→A→E→C→D

(2) 4，7，12，(3) 5，8，9，13

(4) 1…胞胚腔，2…原腸，3…原口，4…神経板，5…脊索，6…腸管，7…神経管，8…体節，9…側板，10…体腔，11…卵黄栓

❷ (1) 中胚葉誘導，(2) 原口背唇部

❸ (1) (a)眼胞，(b)眼杯，(c)水晶体(レンズ)，(d)角膜，(e)網膜

(2) 誘導，(3) 誘導の連鎖

❹ (1) 遺伝子…ビコイド遺伝子，調節タンパク質…ビコイドタンパク質

(2) 分節遺伝子，(3) ホメオティック遺伝子

❺ (1) ㋐精細胞，㋑花粉管核，㋒反足細胞，㋓中央細胞，㋔極核，㋕卵細胞，㋖助細胞

(2) (g)〜(i)と(a)〜(c)

(3) ㋐と㋕…受精卵，㋐と㋓…胚乳，(4) 重複受精

❻ (1) (a)胚球，(b)胚柄，(c)胚乳，(d)子葉，(e)幼芽，(f)胚軸，(g)幼根

(2) (d)，(3) 無胚乳種子

❼ ① おしべとめしべのみからなる花

② がくとめしべのみからなる花

③ がくと花弁のみからなる花

解き方

❶ (1) A，B，Eが原腸胚である。中胚葉の陥入に注意し，順番をまちがえないようにすること。

(4) 11は原口ではなく**卵黄栓**である。Dから発生がさらに進むと，9が指す位置には腎節が形成される。

❷ (1) 胞胚期の植物極側の細胞質がアニマルキャップを中胚葉性組織に誘導する現象を**中胚葉誘導**という。

(2) 原口背唇部の中胚葉が，神経誘導の作用をもっている。

❸ (1) 目は誘導の連鎖によってつくられる。眼胞は**眼杯**に分化すると，**外胚葉から水晶体(レンズ)**を誘導し，さらに水晶体は**表皮から角膜**を誘導する。

❹ (1) ショウジョウバエでは，母親のビコイド遺伝子を転写したビコイドmRNAが卵の前端部に詰め込まれた状態でつくられる。この未受精卵が受精するとビコイドmRNAの翻訳が始まり，ビコイドタンパク質が合成される。このタンパク質の濃度は卵の前端部では高く，後端部では低くなる濃度勾配ができる。これが前後軸となる。

(2),(3) **分節遺伝子**がはたらいて14の体節が形成された後，**ホメオティック遺伝子**がはたらいて，その体節に特徴的な構造がつくられる。

❺ (c)は胚のう細胞，(i)は花粉四分子，(j)は花粉である。

❻ (3) 無胚乳種子では，栄養は**子葉**にたくわえられる。

❼ A遺伝子ではがく，AとBでは花弁，BとCではおしべ，Cではめしべができることから，Aは花の外側のがくに近い部分の構造を，Cは花の中央部の構造をつくるためにはたらいていると考えられる。

① Aを欠くと花の外側に近い構造(がくや花弁)ができない。

② Bを欠くと，AとCがはたらくのでがくとめしべができる。

③ Cを欠くと，めしべができず，がくと花弁ができると予想される。

定期テスト対策問題

〈p.100〜101〉

1

問1	図A		尾芽胚		図B		原腸胚		図C		胞胚
問2	a	神経管	b	脊索	c	腸管	d	体節			
	e	側板	f	体腔	g	表皮	h	原腸			
	i	胞胚腔	j	卵黄栓	k	胞胚腔					
問3	③	問4	b,d,e	問5	i	c	ii	a	iii	c	iv	d

2

問1	原腸胚初期と神経胚初期の間	問2	原口背唇部	問3	形成体(オーガナイザー)
問4	外胚葉を神経管に誘導する形成体としてのはたらき(23字)				

3

問1	$AaBb$	問2	卵	$AB:Ab:aB:ab=83:17:17:83$	精子	$AB:ab=1:1$
問3	雌	17%	雄	0%	問4	〔正常体色・正常ばね〕:〔正常体色・痕跡ばね〕:〔黒体色・正常ばね〕:〔黒体色・痕跡ばね〕$=283:17:17:83$

4

問1	A —5— b —7— D, 12	問2	A b D / a B d	問3	方法	三点交雑法
					人名	モーガン

5

問1	母性効果遺伝子	問2	ナノスmRNA	問3	ビコイド遺伝子

解き方

1 問3 図A-2では，c腸管の下，側板との間に心臓原基が見える。心臓ができるのは③の位置。①の断面には眼胞，②の断面には耳胞，④の断面には腎節(前腎)，⑤の位置には肛門が見られる。

問4 外胚葉は表皮と神経管で，その下の脊索は中胚葉である。また，内胚葉は腸管のみで，体節・側板・腎節などはすべて中胚葉である。

問5 肺や肝臓などの呼吸器・消化器系は内胚葉由来，脊椎骨や骨格筋は中胚葉(体節)由来，表皮や脳などの神経系は外胚葉由来である。

2 実験3で，他の部分を除去して発生が停止しないことを確かめたのは対照実験である。

3 問2 F_1の検定交雑の結果から，体色の遺伝子とはねの形の遺伝子は連鎖しており，雄は完全連鎖，雌は遺伝子間の組換えがあることがわかる。キイロショウジョウバエは，雄では組換えが起こらない(組換え価0%)ことが知られている。

問4 雄がつくる精子は，$AB:ab=1:1$，雌がつくる卵は，$AB:Ab:aB:ab=83:17:17:83$であるから，次のような碁盤法から求められる。

♀\♂	$83AB$	$17Ab$	$17aB$	$83ab$
AB	$83AABB$	$17AABb$	$17AaBB$	$83AaBb$
ab	$83AaBb$	$17Aabb$	$17aaBb$	$83aabb$

この表から，〔AB〕:〔Ab〕:〔aB〕:〔ab〕
$=(83+17+17+83+83):17:17:83$
$=283:17:17:83$　となる。

4 問1 遺伝子間の距離は組換え価に比例する。遺伝子が離れすぎていると二重乗換えなどによる誤差が生じるので，組換え価1%を1の距離とし，近接している遺伝子どうしの相対的な位置関係をつなぎ合わせて遺伝子地図がつくられる。

問2 $AAbbDD$の親から受けついだ染色体にAbDの連鎖した遺伝子群が，$aaBBdd$の親から受けついだ染色体にはaBdの連鎖した遺伝子群がある。このとき，問1で求めた配列順と，遺伝子間の相対距離も反映させて描くこと。

問3 3つの遺伝子間の組換え価がわかればその配列順序と相対距離がわかる(三点交雑法)。これを考案したモーガンは，連鎖という現象の発見やメンデルの提唱した「遺伝要素」が染色体上に存在するという遺伝子説でも知られる。

5 問1・2 ビコイド遺伝子とナノス遺伝子はからだの前後を決める母性効果遺伝子である。各遺伝子から転写されたmRNAは受精前から卵内で局在し，受精後に翻訳されてできるタンパク質の濃度勾配により，からだの前後が決まる。

問3 ナノスタンパク質が低濃度，ビコイドタンパク質が高濃度の部分が前方になっている。

第3編　生物の環境応答

練習問題

1章　動物の刺激の受容と反応 〈p.118〜119〉

❶ (1) (ア)細胞体，(イ)樹状突起，(ウ)軸索，(エ)神経繊維
　(2) a…有髄神経繊維，b…無髄神経繊維
　(3) ①a，②b，③b

❷ (1) bとc，(2) e，(3) j，(4) 記号…o，名称…桿体細胞，(5) 記号…n，色…青色，緑色，赤色，(6) n

❸ (1) a…大脳，b…間脳，c…中脳，d…小脳，e…延髄，f…脊髄
　(2) ①a，②b，③f

❹ (1) ①c，②b，③a，④e
　(2) a…背根，b…白質，c…灰白質，d…シナプス，e…腹根
　(3) イ，ウ，エ，(4) エ

❺ (1) (a)潜伏期，(b)収縮期，(c)弛緩期，(2) 0.1秒
　(3) Ⅰ…単収縮，Ⅱ…不完全強縮，Ⅲ…強縮

❻ (1) b，c，(2) a…イ，b…エ，c…ア，d…ウ

解き方

❶ 軸索とそれをつつむ神経鞘を合わせたものを**神経繊維**という。神経鞘の内部に髄鞘をもつ場合，その神経繊維を**有髄神経繊維**という。有髄神経繊維は交感神経や中枢神経を除く脊椎動物の神経，**無髄神経繊維**は脊椎動物の交感神経と無脊椎動物の神経をつくっている。

❷ aは結膜，bは角膜，cは水晶体(レンズ)，dは瞳孔(ひとみ)，eは虹彩，fはチン小帯，gは毛様体，hはガラス体，iは強膜，jは網膜，kは脈絡膜，lは視神経，mは連絡細胞，nは錐体細胞，oは桿体細胞，pは色素上皮細胞である。
　光が眼球内に入る入り口を瞳孔(ひとみ)といい，網膜に栄養を送る血管が多く分布する膜を脈絡膜という。強膜はいわゆる白目の部分で，眼球を保護するはたらきがある。
(1) **水晶体(レンズ)**に厚さを変えることによって屈折率を大きく変化させることができる。また，**角膜**も光をかなり屈折させる。なお，**乱視**は角膜の屈折異常によって起こる。
(2) 網膜に届く光の量を調節するはたらきをもつのは，**虹彩**である。
(3) 図2は，桿体細胞や錐体細胞などの視細胞が見られるので網膜の拡大図である。
(4) 明暗のみを受容するのは**桿体細胞**である。
(5) 光の波長(色)を受容することができるのは錐体細胞である。錐体細胞には，**青色錐体細胞・緑色錐体細胞・赤色錐体細胞**の3種類があり，それぞれ青・緑・赤寄り(実際のピークは黄色に近い)の波長の光を最も敏感に受容する。
(6) **黄斑**の部分には，**錐体細胞**が密に分布する。

❸(1) 左側が前方である。ヒトのa大脳は非常に発達し，b間脳やc中脳は大脳におおわれるようになっている。後方にあるdは小脳である。

❹ 細胞体が集合しているのは**灰白質**で，これは**大脳では皮質**だが，**脊髄では髄質**である。一方，軸索の集まった白質は，大脳では髄質，脊髄では皮質である。また，感覚神経が通る背根と運動神経が通る腹根は**脊髄神経節**の有無で見分ける。

❺(2) 図1の音さは1波長が $\dfrac{1}{100}$ 秒となる。この波形の数から単収縮の時間を，
$\dfrac{1}{100} \times 11 \fallingdotseq 0.1\mathrm{s}$ と求めることができる。

❻(1) bの行動は，ミツバチの**8の字ダンス**などフェロモンを用いないものもあるが，ここではアリなどの**道しるべフェロモン**が該当する。
(2) a視覚によらずに自分とまわりの位置関係を知る方法としては，コウモリやイルカなどのように音波を発してその反響を聞くことで食物となる動物や障害物の位置などを知る**反響定位(エコーロケーション)**が知られている。

2章 植物の環境応答 〈p.130〜131〉

❶ ⓐR, ⓑ×, ⓒR, ⓓR, ⓔ×, ⓕ×, ⓖL, ⓗL, ⓘ×, ⓙ×

❷ (1) ①正, ②負, ③負, ④正, ⑤オーキシン, ⑥高, ⑦低, ⑧促進, ⑨抑制

(2) 吸水を促進して細胞を成長させる。

❸ (1) 細胞壁を囲む横方向のセルロース繊維を多くつくる。

(2) 子房の発達を促進する性質(単為結実)を利用している。

(3) 糊粉層でのアミラーゼ合成を促進する。

❹ (1) ジベレリン, (2) アブシシン酸, (3) エチレン, (4) オーキシン

❺ (1) ②, ⑤

(2) ①, ③, ④

(3) 光中断

❻ (1) (a)光発芽種子, (b)暗発芽種子, (b)の植物例…ア

(2) ①促進, ②抑制

(3) フィトクロム

❼ (1) ジャスモン酸, (2) ファイトアレキシン

[解き方]

❶ 成長を促進する物質(オーキシン)は, 幼葉鞘の**先端部**でつくられて, 真下方向に移動する。また, 光が当たると移動して, 光の当たらない側で濃度が高くなる。このオーキシンは**水溶性**の物質で, 寒天片を透過したり, 寒天片にたくわえられたりするが, 雲母片は透過できない。これらのことを考えて解答しよう。

ⓙ, ⓘオーキシンは, **極性**により, 基部から先端部に向かっては移動しないため, 切断してさかさまにつないだ部分は移動せず, その下の部分の伸長成長が促進されることはない。したがって, 切断した部分をずらして置いても, 同様に屈曲は起こらない。

❷ (1) 茎の先端部に左側から光を照射すると, 青色光受容体のフォトトロピンが光を受容し, オーキシン輸送タンパク質の配置を変えて, 光の当たらない側にオーキシンを輸送するようになる。オーキシンは木部の柔組織などを通って下方に運ばれて, **下方の伸長成長を促進する**。茎ではオーキシン濃度が高い方がよく成長するので, 右側が左側よりも伸長して, 左側に屈曲する。このようにして, 茎の正の光屈性が生じる。

植物体を水平に置くと, 茎では中心柱の木部の柔組織を通って移動するとき, 中心柱の外側の内皮細胞にある**アミロプラスト**(デンプン粒の一種)が重力によって下側に集まるため, **オーキシン輸送タンパク質の配置が変化して, 中心柱の下側に多くオーキシンを輸送するようになる**。すると, **下側の成長が促進されて茎は上側に屈曲する**。このようにして, **負の重力屈性**が生じる。

中心柱を通って茎から根の**根冠**まで移動してきた**オーキシン**は, 根冠部でUターンして, **伸長帯に移動して伸長帯を伸長させる**。根を水平に置くと, 根冠の細胞にある**アミロプラスト**が下方に集まるため, 下方にオーキシンを多く輸送するようになる。そのため, **中心柱の下側のオーキシン濃度が高くなる**。根ではオーキシン濃度が高いと成長が抑制されるので, 伸長帯の成長は抑制されて, 根は下側に屈曲する。このようにして, **正の重力屈性**が生じる。

(2) オーキシンは, 細胞壁を取り巻く**セルロース繊維**をゆるめることで, 細胞への**吸水**を促進して細胞を成長させる。

❸ (1) ジベレリンは, 細胞壁を囲む横方向のセルロース繊維を発達させる。すると, 横方向に細胞壁を締め付けた状態になるため, 細胞は**縦方向に成長**する。

なお, **エチレンやサイトカイニン**がはたらくと, 縦方向の繊維が発達するため, 横方向に肥大しやすくなる。

(2) ジベレリンに**子房を発達させるはたらきがあ**ることを利用して，まだ受精していない段階で，ブドウをジベレリン処理して，子房壁を人為的に肥大させている。

(3) 胚で合成されたジベレリンは，**糊粉層**に移動して，糊粉層の細胞で**アミラーゼ(酵素)の合成を促進する**。アミラーゼは，**胚乳のデンプンをグルコースに分解する**。このグルコースをエネルギー源として胚は成長して**発芽**する。

❹ (1) ジベレリンは，茎の伸長成長，発芽を促進する。また，子房の肥大も促進するため，種なしブドウづくりにも利用されている。

(2) 気孔を閉じさせるはたらきから**アブシシン酸**に特定される。

(3) **エチレン**は，成熟・老化にはたらく植物ホルモンである。また，エチレンには生育抑制の作用もあり，茎や枝の先端にたびたびふれると，その部分の生長が抑制される(**接触阻害**)。

(4) **オーキシン**については，**インドール酢酸**という物質名も覚えておこう。

❺ (1) 短日植物が花芽を形成して開花するのは，**限界暗期**以上の連続した暗期が続く場合である。この条件に合うのは②と⑤である。③は，1日あたりの暗期の長さは限界暗期以上であるが，連続した暗期の長さは限界暗期に足りない。⑤では**光中断**を行っているが，連続した暗期の長さが限界暗期をこえているので，花芽が形成される。

(2) 長日植物が花芽を形成して開花するのは，短日植物とは逆の条件である。すなわち，連続した暗期が限界暗期に達しないときである。この条件にあてはまるのは①，③，④である。

(3) 光照射によって暗期を中断することを，**光中断**といい，**赤色光**にその作用がある。また，**遠赤色光**は，赤色光の光中断のはたらきを打ち消す作用がある。

❻ (1) 発芽に光を必要とする種子を**光発芽種子**といい，レタス・タバコなどがある。これに対して発芽に光を必要としない種子を**暗発芽種子**といい，カボチャなどがある。

(2)(3) 光発芽種子で光を受容するのはフィトクロムである。フィトクロムにはPr型とPfr型があり，**Pfr型**ができると**発芽が促進**される。Pr型は赤色光を受容するとPfr型となって発芽を促進する。しかし，Pfr型に遠赤色光を照射すると，Pr型にもどるため，光発芽種子は発芽できなくなる。

❼ (1) ジャスモン酸は，食害を受けた葉で合成され，タンパク質分解酵素の阻害物質をつくるため，この葉を食べた昆虫は消化不良を起こす。そこで昆虫は，この種の葉を食べるのを嫌がるようになる。

また，ジャスモン酸は，他個体の植物に対しても同じ防衛機構をはたらかせるように促す揮発性物質ともなっている。さらに，ジャスモン酸は天敵の昆虫を集める揮発性物質とも関係している。

(2) 病原体に侵された植物は，病原体の構成成分を細胞膜にある受容体で受容すると，抗菌物質である**ファイトアレキシン**を合成して病原菌の侵入を防ぐ。

定期テスト対策問題 ⟨p.132〜133⟩

1

問1	ア	細胞体	イ	樹状突起	ウ	軸索	エ	髄鞘	オ	神経鞘
問2	静止電位	①	活動電位	④						

2

問1	a	筋繊維（筋細胞）	b	筋小胞体	c	筋原繊維		
問2	d	サルコメア（筋節）	e	明帯	f	暗帯	g	Z膜
問3	h	アクチン	i	ミオシン	問4	Ca^{2+}	問5	トロポニン

3

問1	太陽コンパス	問2	フェロモン	問3	慣れ	問4	知能行動（認知）

4

(1)	ジベレリン	c	(2)	アブシシン酸	a	(3)	オーキシン	d
(4)	エチレン	b	(5)	サイトカイニン	e			

5

問1	人工的に暗期をつくり，連続暗期を限界暗期よりも長くする操作。					
問2	a	光中断	b	環状除皮	問3 ①	A…×，B…×，C…×
問3	② A…○，B…○，C…○	③ A…○，B…○，C…○	④ A…○，B…○，C…○			
	⑤ A…×，B…×，C…×	⑥ A…×，B…○，C…×	⑦ A…×，B…○，C…○			

解き方

1 問1 神経細胞の細胞体から長く伸びた突起を**軸索**という。軸索の周囲は，ニューロンの支持や栄養分の供給にはたらく**グリア細胞**が皮膜となっておおっていて，これを**神経鞘**という。さらに，部分的にグリア細胞の細胞膜が何重にも軸索に巻きついた部分を**髄鞘**という。なお，髄鞘は絶縁性が高く，ランビエ絞輪からランビエ絞輪へと**跳躍伝導**が伝わるのに役立っている。

問2 静止状態では，電位変化に依存しない**K^+チャネル**だけが開いているため，細胞内に取り込まれたK^+（カリウムイオン）が細胞外に流出する。その結果，ニューロンの細胞膜の内側は－，**外側は＋**に帯電する。

活動電位が発生するときには，Na^+チャネルが開いて，Na^+（ナトリウムイオン）が細胞外から細胞内に流れ込むので，細胞内の電位が逆転する。

2 問1 **骨格筋**は，多核で細長い細胞からなり，これを**筋細胞**という。筋細胞は繊維状なので，**筋繊維**ともよばれる。筋繊維には多数の**筋原繊維**の束がつまっており，筋原繊維内の収縮の単位は**サルコメア（筋節）**とよばれる。サルコメアは多数つながっているので，筋肉全体では数cm収縮することができる。

問2・3 太いミオシンフィラメントの部分が**暗帯**となり，アクチンフィラメントの部分が**明帯**となる。明帯の中央部には**Z膜**があり，Z膜からZ膜までが筋収縮の単位（サルコメア）である。

問4・5 筋収縮には筋小胞体から放出されるCa^{2+}（カルシウムイオン）が必要である。Ca^{2+}がアクチンフィラメントを取り巻く**トロポミオシン**上の**トロポニン**に結合すると，トロポミオシンのはたらきが阻害される。すると，アクチンフィラメントとミオシンフィラメントが結合できるようになり，ミオシンがアクチンフィラメントをたぐり寄せて，筋収縮が起こる。

3 問1 動物が，特定の刺激を目印にして方向を定めることを**定位**という。定位のうち，太陽の位置を利用したものを**太陽コンパス**という。なお，そのほかにも，星座を利用して定位を行う**星座コンパス**や，地磁気を利用して定位を行う**地磁気コンパス**などもある。

問2 動物が体外に放出し，同種の個体にとってのかぎ刺激となる化学物質を**フェロモン**という。フェロモンには，異性を誘引する**性フェロモン**，集団の形成や維持にはたらく**集合フェロモン**，仲間に餌の場所を教える**道しるべフェロモン**，仲間に危険を知らせる**警報フェロモン**などがある。

問3 アメフラシの水管に刺激を与えると，えら引っ込め反射を起こすが，くり返し刺激するとえらを引っ込めなくなる。このような現象を**慣れ**といい，簡単な学習行動の1つである。

問4　学習による行動の中で，過去の経験をもとにして未経験なことに対してする合理的な行動を**知能行動(認知)**という。大脳皮質の発達したサルやヒトに見られる。

4 ある現象を促進したり抑制したりするおもな植物ホルモンをまとめると，次の表のようになる。

はたらき	促進	抑制
発芽	ジベレリン	アブシシン酸（休眠）
細胞の分化	オーキシン サイトカイニン	―
伸長成長	オーキシン ジベレリン ブラシノステロイド	エチレン アブシシン酸 オーキシン(過剰)
花芽形成	フロリゲン	―
果実形成	ジベレリン オーキシン	―
果実成熟	エチレン	―
落葉・落果	エチレン アブシシン酸 ジャスモン酸	オーキシン ブラシノステロイド

(1)・(2) 種子が**発芽**するときには，**ジベレリン**がはたらいて**糊粉層**での**アミラーゼ**の合成が促進される。すると，アミラーゼは**胚乳**に貯蔵された**デンプン**を**グルコース**に分解し，これによって呼吸が活発になるので発芽のエネルギーが供給される。

これに対して，種子の発芽を抑制して**休眠**を維持させるはたらきをもつ植物ホルモンは**アブシシン酸**である。

落葉・落果を促進させる植物ホルモンには**エチレン・アブシシン酸・ジャスモン酸**があるが，種子の発芽抑制のはたらきもあるのは，**アブシシン酸**である。

(3) 芽の先端でつくられるのはオーキシンであり，光や重力などの刺激によって移動し，**光屈性**や**重力屈性**を引き起こす。

(4) 果実の成熟を促進する植物ホルモンはエチレンである。例えば，成熟したリンゴと未成熟なバナナを同一の容器で保存しておくと，成熟リンゴからエチレン(気体)が放出されて，バナナが成熟する。

(5) **組織の分化**にはたらくホルモンにはオーキシン・サイトカイニンがあるが，**オーキシン**は頂芽優勢(側芽の成長抑制)にはたらき，**サイトカイニン**は側芽の成長を促進する。

5 問3　③，④1か所でも短日処理をすると，花成ホルモンは師管を通って全体に移動する。
⑤光中断を行ったのでAの短日処理は無効。
⑥アの位置で環状除皮をしているため，短日処理したBでつくられたフロリゲン(花成ホルモン)はC，Aには移動できないので，**B**のみが○。
⑦Cで合成されたフロリゲンはBには移動するが，Aには移動できないため，A以外で○となる。

第4編 生態系と環境

練習問題

1章 生物群集と生態系 〈p.148〜149〉

❶ a…個体群, b…生物群集, c…環境要因, d…非生物的, e…生態系

(2) ①相互作用, ②作用, ③環境形成作用(反作用)

(3) 同種…種内関係, 異種…種間関係

❷ (1) 群れ, (2) 順位, (3) 種内競争, (4) 縄張り(テリトリー), (5) 社会性昆虫

❸ (1) すみわけ, (2) 捕食(被食者―捕食者相互関係)

(3) 種間競争, (4) 共生(片利共生), (5) 共生(相利共生), (6) 寄生, (7) 生態的同位種

❹ (1) C…被食量, D…枯死量または死亡量, R…呼吸量, F…不消化排出量

(2) $P-(C_1+D_1+R_1)$

(3) $C_1-(C_2+D_2+R_2+F_2)$

❺ (1) ①生態系多様性, ②遺伝的多様性, ③種多様性

(2) 攪乱

(3) 人為攪乱

(4) ア, イ, エ

(5) ウ, カ

解き方

❶ (1) **生態系**は, そこに生息する生物群集と非生物的環境(無機的環境)から成り立っている。**個体群**は同種の生物の集まりであり, **生物群集**はいろいろな個体群の集まりである。

(2) 生物用語で**作用**といえば, 非生物的環境から生物群集への方向に限定されたはたらきかけであると覚えておく。逆に, 生物から非生物的環境へのはたらきかけが**環境形成作用(反作用)**である。そして**相互作用**はこのどちらとも別で, 生物群集内でのはたらきかけ, かかわり合いである。

(3) 同種の個体群にみられる関係を種内関係, 異種の個体群にみられる関係を種間関係という。

❷ (1) 同種の仲間が群れをつくることによって外敵に対する警戒(近づいてくる敵を早く発見することができる)・防衛能力の向上(魚や鳥は1匹で逃げるより群れで動いたほうが捕食者を攪乱して捕まりにくくなる。また, バイソンなどのように幼い個体を群れの内側に囲んで外敵から守る動物もいる)や摂食の効率化ができる。

(5) **社会性昆虫**では集団内での分業が進んでおり, 生殖だけを行う個体とえさ集めを行う個体, 外敵を排除する個体などに分かれ, コロニー(集団)全体で1個体のような機能をもつ。このような分業体制は**カースト制**ともよばれる。

❸ (1) カゲロウは, すむ場所の水流の強さによる形態の分化がみられる。

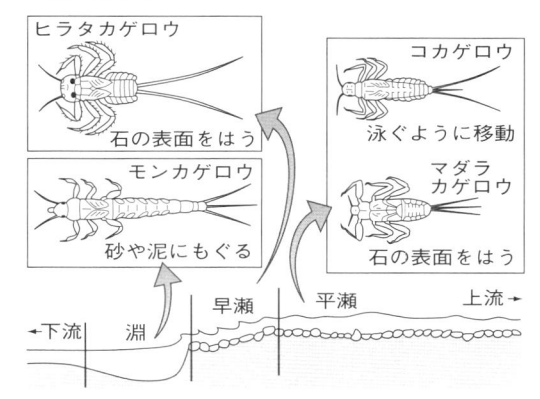

ヒラタカゲロウ 石の表面をはう
モンカゲロウ 砂や泥にもぐる
コカゲロウ 泳ぐように移動
マダラカゲロウ 石の表面をはう

←下流 淵 早瀬 平瀬 上流→

(6) 寄生には, 宿主の体内にはいりこんで生活する内部寄生もある。

❹ (1) 太陽光を利用して光合成ができるのは生産者(アルファベットの右下に1がついている栄養段階)であり, そのすぐ上が一次消費者, さら

にその上が二次消費者である。
　Cは，上位の栄養段階の摂食量と等しいので，**被食量**である。Fは，消費者の摂食量と同化量の差であるから**不消化排出量**である。Rは総生産量と純生産量の差であるから，**呼吸量**である。Dは分解者へと向かっているので，**枯死量または死亡量**であることがわかる。

(2)　生産者の純生産量＝総生産量－呼吸量
であることと，
　　生産者の成長量
　　　　　　　＝純生産量－(枯死量＋被食量)
であることを合わせて考えれば，
　　生産者の成長量
　　　　＝(総生産量－呼吸量)－(枯死量＋被食量)
　　　　＝総生産量－(呼吸量＋枯死量＋被食量)
である。

(3)　消費者の同化量＝摂食量－不消化排出量，
　　生産量＝同化量－呼吸量
であり，
　　消費者の成長量
　　　　　　　＝生産量－(被食量＋死亡量)
であることを合わせて考えれば，
　　消費者の成長量
　　　　＝(同化量－呼吸量)－(被食量＋死亡量)
　　　　＝((摂食量－不消化排出量)－呼吸量)
　　　　　－(被食量＋死亡量)
　　　　＝摂食量
　　　　　－(不消化排出量＋呼吸量＋被食量＋死亡量)
である。

❺(1)　生物多様性は，その規模から，**生態系多様性**，**種多様性**，**遺伝的多様性**の3つに分けられる。

(2)(3)　何らかの理由で生態系や生物群集が乱されることを**攪乱**という。
　攪乱には，火山噴火，台風，山火事，地震などの自然現象によるもの(自然攪乱)と，森林の伐採や過放牧，焼畑などの人間の手による**人為攪乱**がある。

(4)　**ジャワマングース(マングース)**は，毒ヘビであるハブを退治するために沖縄や奄美諸島に導入された外来生物である。結果的にマングースは繁殖したが，目的としたハブよりも，家畜や希少な野生生物などを捕食するようになってしまった。
　オオクチバスはブラックバスともよばれる北米原産の繁殖力が強い魚類である。さまざまな水生動物を捕食して日本の生態系に大きな影響をおよぼしているので，特定外来生物に指定されており，さまざまな方法での駆除が試みられている。
　セイタカアワダチソウは外来生物であるが，植物である。
　ゲンゴロウブナは琵琶湖固有の絶滅危惧種である。ただし，ゲンゴロウブナの巨大変異種を養殖したものは全国で放流されて繁殖しており，ヘラブナともよばれる。

定期テスト対策問題　〈p.150～151〉

1

問1	a	1000	b	1000	c	600
問2	①			混合飼育された種どうしで生活に必要な資源を取り合うため。		
	②	現象	カ	説明		b種のほうが食物をめぐる競争に勝ったため。
	③	現象	エ	説明		食物が異なるために生態的地位が重ならなかったから。

2

問1	標識再捕法	問2	2000匹

3

問1	a	(生産者の)総生産量	b	(生産者の)純生産量	c	一次消費者の摂食量
	d	一次消費者の同化量	e	一次消費者の生産量	f	二次消費者の摂食量
問2	$G=a-(C+D+R)$			問3	$G_1=c-(C_1+D_1+R_1+U_1)$	
問4	熱エネルギーとして生態系外に放出される。			問5	分解者の呼吸に利用される。	
問6	植物食性動物の食物のほうが，消化されずに排出される量が多いため。					

4

①	d	エ	②	b	イ	③	c	ア	④	a	オ	⑤	e	ウ

5

①	○	②	×	③	○	④	○

定期テスト対策問題の解答〈第4編〉 | 35

[解き方]

1 問1 a, b, cでグラフが平らになるときの個体群密度を読み取ると，aとbは200，cは120と読み取れる。個体群密度の相対値が100のときの個体数が500であるから，各個体数は，

aとb：$200 \times \dfrac{500}{100} = 1000$ 個体

c：$120 \times \dfrac{500}{100} = 600$ 個体

問2 ② 完全に要求が一致する2種間の食物をめぐる**種間競争**では，食物を捕食する能力の差やその条件での繁殖力の違いで一方が競争に勝ち，負けたほうは死滅する。

③ **食いわけ**や**すみわけ**によって**生態的地位（ニッチ）**が異なった2種類の生物は競争する関係にはないため，共存することができる。

2 問1 一度捕獲した個体に標識を付けて放し，再び捕獲して全個体数を推計する方法を**標識再捕法**という。ほぼ均等に分散していて，その空間内を自由に移動できる動物の個体数を推定する方法として適している。

問2 標識再捕法による個体数の推計は**比例関係**を応用している。

全体の個体数
= 最初の標識個体数 × $\dfrac{再捕獲された総個体数}{再捕獲された標識個体数}$
= $200 \times \dfrac{100}{10} = 2000$

3 問1 生産者の総生産量 = 純生産量 + 呼吸量
　　　　　　　　　 = （成長量 + 被食量 + 死滅量）+ 呼吸量

消費者の摂食量
　= 消費者の生産量（同化量）+ 不消化排出量
　= （成長量 + 被食量 + 死滅量 + 呼吸量）+ 不消化排出量

問2 問1より，生産者の成長量 = 総生産量 −（呼吸量 + 死滅量 + 被食量）

問3 一次消費者の成長量 = 摂食量 − 不消化排出量 −（呼吸量 + 死滅量 + 被食量）

問4 食物連鎖を通して移っていったエネルギーは最終的には**熱エネルギー（赤外線）**として生態系外に放出される。

問5 死滅量（遺体）や不消化排出量（排出物）は，菌類や細菌類の呼吸に使われ無機物に分解される。

問6 一次消費者の不消化排出量の割合は，二次消費者の不消化排出量の割合よりも大きい。これは，生産者のからだは繊維質など消化できないものが多く，エネルギー的には低いからである。

4 ① **コロニー**は，社会性昆虫が形成する高度に組織化された生物集団である。また，**カースト（カースト制）**は，コロニー内に見られる分業のことである。シロアリでは，**生殖カースト**として女王アリ・王アリが少数存在し，**非生殖カースト**としてはたらきアリ・兵アリが存在する。

② 個体群内に見られる序列を**順位制**といい，これにより群れの秩序が保たれる。個体群内では食物や配偶者をめぐる争いが起こりうるが，順位制がすでにあれば，順位が上位の個体が争わずに食物や配偶者を得る。こうして，個体間の不必要な争いをさけることができるのである。

③ 一定の生活空間を占有するのは**縄張り（テリトリー）**であり，食物を得る空間を確保する**採食縄張り**と，繁殖場所を確保する**繁殖縄張り**がある。縄張りどうしはふつう重なり合わないが，**行動圏**は互いに重なることが多い。

④ 同種の個体の統一的な行動が見られる集団は**群れ**であり，イワシやサンマなどの魚類や，ニホンザル，シマウマなどの哺乳類で見られる。群れを形成することで，単独でいる場合よりも生存や繁殖に有利なことが多い。

⑤ ライオンの集団は，雌の血縁集団に外部から繁殖のための雄が加わったもので，**プライド**とよばれる社会性のある群れである。プライドで生まれ，成長した雄は外部に出ていき，別のプライドで繁殖に加わるようになる。

5 ① 適度な撹乱が生物多様性や生態系の維持に作用するという考え方を**中規模撹乱説**という。一例として，里山での定期的な人為撹乱による種多様性の維持があげられる。

② **外来生物**は，在来生物に直接，または間接的に影響を与え，ときには絶滅させてしまう可能性があり，生物多様性の減少要因となる。

③ 地球温暖化は，移動することができない植物にとっては，特に重大な被害を与える可能性がある。

④ **絶滅の渦**とは，個体群の個体数が減少しすぎて，加速度的に絶滅に向かっていく状態。

第5編 生物の進化と系統

練習問題

1章 生物の起源と進化 〈p.170～171〉

❶ (1) CO_2, CO, N_2, H_2O のうち3つ, (2) アミノ酸, 糖, 塩基
(3) 熱水噴出孔, (4) 自己増殖をする, (5) コアセルベート説

❷ (1) ①光合成細菌, ②化学合成細菌, ③シアノバクテリア, ④酸素, ⑤紫外線, ⑥オゾン
(2) 従属栄養生物, (3) 独立栄養生物, (4) 呼吸

❸ (1) ①地質, ②先カンブリア, ③紀
(2) ⅰ) b, c, g, ⅱ) a, d, f, ⅲ) e

❹ (1) ①霊長, ②二足(直立二足), ③手
(2) オ, (3) ウ, (4) アウストラロピテクス(猿人)

❺ (1) ①示準化石, ②示相化石, (2) 大形化, 指の数が減少, (3) 生きている化石

❻ (1) ①突然変異説, ド・フリース, ②隔離説, ワグナー, ③自然選択説, ダーウィン, ④用不用説, ラマルク
(2) ④, (3) 工業暗化, (4) 大進化

解き方

❶ (1)(2) ミラーが無機物からアミノ酸などの有機物が生成することを実験で確かめた当時,原始大気の成分はメタン,アンモニア,水素,水蒸気であると考えられていた。しかし,現在では原始大気の成分は,現在の大気の主成分でもある N_2 のほか, CO_2, CO, H_2O などであったと考えられている。この成分をミラーの実験装置に入れた場合でもアミノ酸などが生成することがわかっている。
(4) 生物の最も重要な特徴は自己を増殖することで,その他,代謝系をもつ,一定のまとまりをつくるなどがある。
(5) オパーリンは,タンパク質などからできた液滴が生命体の起源だとする説を唱えた。

❷ (1) 原始生命は,無酸素環境での従属栄養から始まったとされる。呼吸を行う生物は,光合成細菌やシアノバクテリアといった光合成を行う独立栄養生物が発展し,海水中や大気中の酸素が増加した後に出現したと考えられている。
(4) 酸素を利用する呼吸は,有機物を CO_2 になるまで完全に酸化分解し,発酵に比べて多くのエネルギーを得ることができる。

❸ (1) **古生代**は,カンブリア・オルドビス・シルル・デボン・石炭・ペルム(二畳)紀の6つの紀に,**中生代**は三畳・ジュラ・白亜紀の3つの紀に,**新生代**は古第三紀・新第三紀・第四紀に分けられる。
(2) 三葉虫とフズリナ・ソテツシダ(シダ種子植物)は古生代,アンモナイト・始祖鳥・ティラノサウルス(恐竜)は中生代,マンモスは新生代の示準化石である。

❹ (1) 哺乳類のなかで,現生のツパイのような**食虫目**が樹上生活を始め,適応していくうちに**霊長類**に分化した。大形霊長類は再び地上生活をするようになり,ゴリラなどに見られるナックルウォーク(こぶしを地面につけて歩く)のような二足歩行から,化石人類の**直立二足歩行**に移行した。これによって前肢は手として道具を使ったりつくったりすることのできる器用さを獲得し,大脳も発達した。
(2) 樹上生活をするためには,距離を正確に測定できる**立体視のできる目(両眼視)**,枝をにぎれる指(**拇指対向性**),腕を使って枝から枝へ渡り歩く(**腕歩行**)には可動範囲の大きい腕が必要となる。嗅覚は視覚に比べて距離や方向などの情報量が少ないため,視覚の発達とともに退化した。
(3) 眼窩上隆起は,まゆ付近の頭骨の盛り上がり。
(4) 初期の化石人類としては,サヘラントロプス・チャデンシスや,アルディピテクス・ラミダス(ラミダス猿人)などもあげられる。

練習問題の解答〈第5編〉| 37

❺ (2) ウマでは，大形化とともに足の指の減少と，臼歯の複雑化が見られる。これをもとにして，コープは定向進化説を提唱した。
❻ (1) ②で書かれているのは**地理的隔離**だが，隔離にはこのほか**生殖的隔離**や**生態的隔離**がある。
(2) 用不用説では獲得形質の遺伝が前提だが，遺伝学では獲得形質は遺伝しないことがわかっているので，進化の説明として誤りである。
(3) **工業暗化**は，地域の工業化にともなう環境の変化によって適者が交代した例である。
(4) 遺伝子頻度の変化で説明がつくのは小進化についてまでである。

2章 生物の系統と分類 〈p.188～189〉

❶ a…人為分類，b…自然分類，c…種，d…属，e…科，f…目，g…綱，h…門，i…界，j…学名，k…和名

❷ (1) ①原生生物，②菌，③原核，④ホイタッカー，⑤原核生物(モネラ)
(2) a…二界説，b…三界説，c…五界説，d…ドメイン説

❸ (1) ①紅藻類，②褐藻類，③緑藻類，④コケ植物，⑤シダ植物，⑥裸子植物，⑦被子植物
(2) a…③，b…②，c…①，d…⑦，e…⑥，f…⑤

❹ (1) ①海綿動物，②えり，③刺胞動物，④旧口動物，⑤新口動物，⑥偽体腔，⑦真体腔
(2) クラゲ・イソギンチャク・サンゴ・ヒドラなど
(3) 棘皮(キョク皮)動物・原索動物・脊椎動物

❺ (1) A…刺胞動物，B…扁形動物，C…軟体動物，D…原索動物
(2) ア…旧口，イ…新口，ウ…真
(3) ①A，②C，③D，④B，(4) A

[解き方]
❶ ヒト，ネコなどの日本語の名称を**和名**，それに対して*Homo sapiens*といった世界共通の名前を**学名**といい，リンネは，ラテン語を使って**種，属，科，目，綱，門，界**のグループの生物の特徴を示し，種名を属名＋種小名で示す**二名法**を提唱した。近年では，界の上にドメインという大きな分類単位ができている。

❷ (1) ②生物を動物と植物の2つに大別する二界説はリンネまでさかのぼることができる。ヘッケルが提唱した三界説では，この動物界と植物界に加えて，菌界ではなく原生生物界を設けている。
④，⑤ホイタッカーとマーグリスはいずれも生物を原核生物界(モネラ界)・原生生物界・動物界・植物界・菌界の5つの界に分けているが，それぞれ独自の基準による五界説を提唱している。両者の最も大きな違いは原生生物界の扱いであり，ホイタッカーの説では単細胞の真核生物だけを含むのに対し，マーグリスの説では藻類や粘菌類(変形菌類)なども原生生物界に含めている。

(2) ドメイン説は，生物を細菌ドメイン，古細菌ドメイン，真核生物ドメインに分ける考え方で，真核生物ドメインに原生生物界，植物界，動物界，菌界が含まれる。

❸ (1) ①光合成を行う生物のうち，**クロロフィルa**のみをもつのがシアノバクテリアと紅藻類。問題文より原核生物は除かれるのでシアノバクテリアは含まれない。
②**クロロフィルaとc**をもつのが褐藻類とケイ藻類。このうち多細胞生物は褐藻類。そして③**クロロフィルaとb**をもつのが緑藻類，シャジクモ類，コケ植物，シダ植物，種子植物である。シャジクモ類を扱わない教科書もあるので，緑藻類だけ答えとしてもよい。
④，⑤陸上植物で胞子を形成するのが，コケ植物とシダ植物である。**コケ植物は本体がnの配偶体**，シダ植物は本体が$2n$の胞子体である。
⑥，⑦種子植物は，胚珠が子房に包まれているかどうかで区別され，裸出しているのが裸子植物，子房で包まれているのが被子植物である。

(2) アオサは緑藻類，コンブは褐藻類，アサクサノリは紅藻類，サクラは被子植物，ソテツは

裸子植物，ワラビはシダ植物の，いずれも代表的な例である。

4 (1)〜(3) 動物界は，発生過程において胚葉の分化とその胚葉のできかたによって分類される。胚葉を形成しない無胚葉段階で胞胚型の**海綿動物**，外胚葉と内胚葉からなる二胚葉性段階の**刺胞動物**，そして中胚葉を形成する三胚葉性段階である。原口付近から胞胚腔に陥入する**端細胞**から**中胚葉**ができる動物では，原口がそのまま口になるので**旧口動物**といい，そのなかで胞胚腔が体腔となる偽体腔段階が**扁形動物，線形動物**，裂体腔とよばれる真体腔段階が**環形動物，軟体動物，節足動物**である。一方，原腸壁から中胚葉ができる動物群では，原口が肛門となり，後に口が肛門の反対側に開口するので**新口動物**といい，この体腔は腸体腔とよばれる真体腔段階である。この動物群には**棘皮動物，原索動物，脊椎動物**が属する。

5 (3) クラゲ，イソギンチャクは刺胞動物，タコ，アサリ，アメフラシは軟体動物，ホヤ，ナメクジウオは原索動物，プラナリア，コウガイビルは扁形動物である。コウガイビルは湿った土壌や石の下などにすみ，カタツムリなどを食物とする扁形動物で，チスイビル，ヤマビル，ウマビルなどのヒル類（環形動物）には属さない。

(4) 二胚葉性段階は刺胞動物だけである。新口動物と旧口動物はいずれもすべてが三胚葉性である。

定期テスト対策問題 〈p.190〜191〉

1 問1 ① ミラー ② RNA ③ 嫌気性細菌 ④ 真核生物
問2 好気性細菌 問3 シアノバクテリア

2 問1 ① 酸素 ② 食虫 問2 有害な紫外線をさえぎる。
問3 乾燥に耐えるしくみ／重力に対応しからだを支えるしくみ
問4 時期 デボン紀 グループ 両生類 問5 ウ 問6 ア

3 ア ハ虫類 イ 哺乳類 ウ ジュラ エ 鳥 オ ハ虫 カ 前肢 キ 相同 ク 表皮 ケ 相似 コ 痕跡

4 問1 a 脊椎動物 b 哺乳 c 学名 d 属名 e 目
問2 リンネ 問3 ラテン語

5 問1 A ② B ① C ④ D ③ 問2 系統樹

解き方

1 問1 ① 原始大気のおもな成分は，二酸化炭素・一酸化炭素・窒素・水蒸気だと考えられており，ミラーが想定したものとは異なる。しかし，生物の作用がなくても，無機物だけから有機物ができ得ることを示したという点で，ミラーの実験は意義深いものである。その後，**化学進化**についての研究も進んでおり，現在では，原始大気の成分と考えられている混合気体からでも，有機物が生成することが確認されている。

② 現在の生物は遺伝物質としてDNA，代謝のための触媒（生体触媒）としてタンパク質を使っているため，この世界を**DNA**ワールドという。しかし，DNAワールドができあがる以前の生物の世界は**RNA**ワールドであったと考えられている。RNAワールドとは，RNAが遺伝物質であり，かつ，RNAが触媒としても使われている世界である。

③ 最初に地球上に生物が現れたころは，大気中にも水中にも酸素はなかったため，始原生物は**嫌気性**であったと考えられている。また，現在見つかっている最古の生物の化石は，約35億年前のオーストラリアの地層から発見された細菌類の微化石である。

④ 真核生物は，原核生物どうしが**細胞内共生**をして生じたと考えられている。

問2・3 好気性細菌が嫌気性細菌にとりこまれ，共生してミトコンドリアとなり，シアノバクテリアが共生して葉緑体になったと共生説では考えている。葉緑体やミトコンドリアは独自のDNAをもっており，細胞内で分裂して増殖する。また，これら細胞小器官のDNAの塩基配列はいわば古語のように古い形態の塩基

配列であることも共生説を裏付ける証拠とされている。

2 問1　①　好気性生物の出現やオゾン層形成による生物の陸上進出は，シアノバクテリア(ラン藻類)や藻類が光合成によって**酸素**を放出したことで可能になった。その酸素は，海水に溶けたり大気中に放出されたりする前に，まず海水中の鉄の酸化に消費され，このとき沈殿した**酸化鉄**によって巨大な**鉄鉱床**が世界各地に形成された。
　②　**霊長目**は，哺乳類のなかの**食虫目**(現生ではトガリネズミやモグラなどが属する)から分化したと考えられている。
問2　オゾン層は**紫外線を吸収**して，地表に降り注ぐ有害な紫外線を**減少**させる。
問3　光は水中では水に吸収されて弱まるため，陸上のほうがはるかに強い光を光合成に利用することができる。しかし陸上は海中と異なり，水が入手しにくく，さらに水の浮力がないため，乾燥に耐え，自らのからだを支えるしくみが必要であった。
問4　植物と昆虫類の陸上進出は**シルル紀**，脊椎動物(両生類)の陸上進出は**デボン紀**である。
問5　**アウストラロピテクス**は420～150万年前に存在した**猿人**で，直立二足歩行をした足跡の化石も見つかっている。
問6　ホモ・ネアンデルターレンシスは**ネアンデルタール人**ともよばれる**旧人**，ホモ・サピエンスは現生人類(**新人**)，ホモ・エレクトスは北京原人やジャワ原人などの**原人**である。

3　①　カモノハシは卵生であるが，体毛をもち，からだから分泌される乳汁によって子を育てる。
　②　始祖鳥は，体温調節のために体表に羽毛をもつようになった恐竜の仲間から出現したと考えられている。
　④　ヒトの尾骨・虫垂なども痕跡器官である。

4　問1・2　リンネは18世紀のスウェーデンの博物学者で，属名＋種小名で学名をつける**二名法**を提唱した。ヒトは，動物界・脊椎動物門・哺乳綱・霊長目・ヒト科・ヒト属に分類される。
問3　正式な和名(標準和名)は，学名とは違うので注意。学名は世界共通でラテン語である。

5　タンパク質のアミノ酸配列を決定しているDNAの塩基配列が遺伝形質のおおもととなる。しかも，一部のウイルスを除き，どの生物でも共通にもっており，この類似性を調べれば分子レベルで類縁関係を調べることができる。DNAに変異が生じる速さは，1つの塩基の置換あたり何(万)年というふうにほぼ一定であるので，置換した塩基の個数から何年前に分岐したものかを推定できる。これを**分子時計**という。
問1　核酸の塩基配列やタンパク質のアミノ酸配列の類似性が高いほど近縁であると判断する。**A**と**B**は類似性97％と最も高く，最も近縁と考えられるので，分岐点までの枝が最も短い①と②である。残る**C**，**D**に対して，**A**は69％と75％，**B**は66％と72％でいずれも**A**のほうが類似性が高いので，②が**A**を示していることがわかる。**C**と**D**では，**A**・**B**との類似性が最も低い**C**が④，残る③は**D**だとわかる。
問2　特に問題の図のように生体物質の共通性で求めた類縁関係の系統樹を**分子系統樹**という。

B